Analyse numérique

Francis Filbet

Analyse numérique

Algorithme et étude mathématique

2e édition

DUNOD

11 rue Paul Bert, 92240 Malakoff
www.dunod.com
ISBN 978-2-10-087379-1

TABLE DES MATIÈRES

AVANT-PROPOS

L'objet de cet ouvrage est de fournir au lecteur une présentation et une analyse des méthodes numériques les plus couramment utilisées pour la résolution de problèmes de mathématiques appliquées. Chaque chapitre fait l'objet d'une introduction et d'exemples puisés dans des applications à divers domaines des mathématiques. Il s'agit ici d'illustrer l'utilisation d'outils mathématiques pour des problèmes actuels (modèles économiques, physiques, algorithme de Google, etc).

Cet ouvrage s'adresse tout particulièrement aux étudiants de Licence 3, Master ou préparation à l'agrégation ainsi qu'aux élèves des écoles d'Ingénieurs intéressés par des problèmes issus de la physique, de la biologie ou encore de l'économie, et qui souhaitent avoir une idée des méthodes de bases utilisées aujourd'hui et être en mesure de les mettre en œuvre sur ordinateur.

Nous avons volontiers glissé plusieurs rappels théoriques qui devraient aider le lecteur à mieux appréhender les difficultés mathématiques de certaines démonstrations. Notons toutefois que certains résultats sont présentés dans un cadre simplifié de manière à ne pas noyer le lecteur dans des difficultés techniques.

L'ensemble des sujets abordés ici à déjà largement été traité dans la littérature et ce cours doit beaucoup à d'autres ouvrages et cours dispensés en France, comme les cours d'analyse numérique de Jean-Marie Thomas, Michel Pierre et Abderrahmane Bendali.

Lors de la rédaction de cet ouvrage, de nombreux collègues et étudiants ont bien voulu me faire part de leurs avis, commentaires, suggestions. À ce propos, je tiens tout particulièrement à exprimer ma reconnaissance à Jean-Pierre Bourgade, Nicolas Crouseilles, Thomas Lepoutre, Céline Parzani, Miguel Rodrigues, qui m'ont fait part de leurs conseils éclairés et pour certains ont bien voulu effectuer une relecture de ce document.

Je dédie ce livre à Raphaël et Flavien.

LES SYSTÈMES LINÉAIRES 1

La résolution d'un système linéaire algébrique est au cœur de la plupart des calculs en analyse numérique. Il paraît donc naturel de débuter un cours de calcul scientifique par là. Ici, nous décrivons les algorithmes de résolution les plus populaires qui sont appliqués à des systèmes généraux. Nous considérons le problème suivant : trouver le vecteur x solution de

$$A x = b,$$

où A est une matrice carrée et b un vecteur donné à coefficients réels ou complexes. La discrétisation d'équations différentielles ordinaires ou d'équations aux dérivées partielles, la modélisation de problèmes en physique, chimie ou économie conduit souvent à la résolution de systèmes linéaires de grande taille avec plusieurs milliers d'inconnues et il devient pratiquement impossible de résoudre ces systèmes d'équations sans l'aide d'un ordinateur. Il s'agit alors de trouver des algorithmes de résolution efficaces où le nombre d'opérations et donc le temps de calcul, n'est pas prohibitif. C'est un problème classique mais difficile en analyse numérique.

L'objectif de ce chapitre est de proposer différentes méthodes numériques de résolution des systèmes linéaires et de sensibiliser le lecteur à l'importance du choix de la méthode en fonction des propriétés du système. Nous distinguerons deux types de méthodes : *les méthodes directes* où nous calculons exactement la solution et *les méthodes itératives* où nous calculons une solution approchée.

1.1 EXEMPLE D'UN SYSTÈME LINÉAIRE

Commençons par présenter un problème provenant de l'économie, où nous sommes amenés à la résolution d'un système linéaire.

Exemple d'une analyse de l'offre et de la demande

Imaginons que plusieurs artisans décident de coopérer pour fabriquer différents produits utiles à chacun d'eux. Afin d'éviter le coût du stockage des produits fabriqués, nous recherchons une situation d'équilibre entre l'offre et la demande. Pour cela, considérons n artisans, sachant que chacun fabrique un produit spécifique. Ces artisans ont choisi de coopérer, c'est-à-dire qu'ils souhaitent adapter leur production, d'une part, à leurs propres besoins déterminés par la quantité de produit nécessaire aux autres artisans pour qu'ils puissent fabriquer leur propre produit et, d'autre part, aux besoins du marché.

Puisque chaque artisan fabrique un produit différent, nous notons par $i \in \{1, \dots, n\}$ le produit fabriqué par un artisan, x_i désigne le nombre total de produits i fabriqués par un artisan et b_i la demande du marché en ce produit. D'autre part $(c_{i,j})_{1 \leqslant i,j \leqslant n}$ exprime la quantité de produit i nécessaire à la confection d'une unité de produit j. En supposant que la relation qui lie les différents produits est linéaire, nous recherchons l'équilibre entre les besoins et la production, c'est-à-dire que nous imposons que la quantité de produit i fabriquée soit égale à la somme des besoins des autres artisans en produit i pour fabriquer leur propre produit et des besoins du marché en i

$$x_i = \sum_{j=1}^{n} C_{i,j}\, x_j + b_i, \quad i = 1, \dots, n$$

ou encore

$$x = C\, x + b,$$

où la matrice C est formée par les coefficients $(c_{i,j})_{1 \leqslant i,j \leqslant n}$ tandis que le vecteur b correspond à la demande du marché $b := (b_1, \dots, b_n)^T$. Par conséquent, la production totale $x = (x_1, \dots, x_n)^T$ est la solution du système linéaire $A\, x = b$, où la matrice A est donnée par $A = I_n - C$ et I_n est la matrice identité composée de 1 sur sa diagonale et de 0 ailleurs.

Cette modélisation pose plusieurs difficultés mathématiques. Tout d'abord nous nous interrogeons sur les propriétés de la matrice A permettant d'assurer que ce problème a bien une solution. Il vient ensuite la question du calcul de cette solution. En pratique, lorsque le nombre d'artisans considérés devient grand, il n'est plus possible de calculer l'inverse de la matrice A, il faudra donc fournir des algorithmes qui ne nécessitent pas l'inversion de cette matrice. C'est l'objectif de ce premier chapitre.

1.2 Rappels sur les matrices

Avant de s'intéresser à la résolution numérique de systèmes linéaires, présentons quelques rappels d'algèbre linéaire.

Par la suite, nous noterons $\mathscr{M}_{m,n}(\mathbb{K})$ l'ensemble des matrices à m lignes, n colonnes et à coefficient dans le corps des réels $\mathbb{K} = \mathbb{R}$ ou des complexes $\mathbb{K} = \mathbb{C}$. Pour un vecteur colonne $u \in \mathbb{K}^n$, la valeur u_i avec $1 \leqslant i \leqslant n$, désigne la i-ème composante dans la base canonique de $\mathbb{K}^n$ du vecteur u. Nous appelons *adjoint* du vecteur colonne u, le vecteur ligne $u^\star$ de $\mathbb{K}^n$ tel que $u^\star = (\overline{u}_1, \dots, \overline{u}_n)$ où $\overline{u}_i$ désigne le conjugué de u_i et transposé de u est le vecteur ligne $u^T = (u_1, \dots, u_n)$.

Rappelons également le produit matrice-vecteur. Soient A une matrice à m lignes et n colonnes et u un vecteur de $\mathbb{K}^n$, nous définissons $v = A\, u \in \mathbb{K}^m$ le vecteur dont les composantes sont données par

$$v_i = \sum_{j=1}^{n} a_{i,j}\, u_j, \quad i = 1, \dots, m$$

et pour B une matrice à n lignes et p colonnes, le produit $A\,B$ fournit une matrice $C \in \mathscr{M}_{m,p}$ donnée par

$$c_{i,j} = \sum_{k=1}^{n} a_{i,k}\, b_{k,j}, \qquad i = 1, \dots, m, \qquad j = 1, \dots, p.$$

Introduisons également la notion de matrice adjointe et transposée.

Définition 1.1

Soit $A \in \mathscr{M}_{m,n}(\mathbb{K})$, la matrice adjointe de A, notée $A^\star$, à n lignes et m colonnes, est donnée par $A^\star = (a^\star_{i,j})_{\substack{1\leqslant i\leqslant n\\ 1\leqslant j\leqslant m}}$ et $a^\star_{i,j} = \overline{a}_{j,i}$, pour $1 \leqslant i \leqslant n$ et $1 \leqslant j \leqslant m$.

La matrice transposée de A, notée A^T, à n lignes et m colonnes, est donnée par $A^T = (a^T_{i,j})_{\substack{1\leqslant i\leqslant n\\ 1\leqslant j\leqslant m}}$ et $a^T_{i,j} = a_{j,i}$, pour $1 \leqslant i \leqslant n$ et $1 \leqslant j \leqslant m$.

Dans la base canonique de $\mathbb{K}^n$, définissons le produit scalaire ou produit hermitien entre deux vecteurs u et $v \in \mathbb{K}^n$, le scalaire de $\mathbb{K}$ donné par

$$\langle u, v\rangle = u^\star\, v = \sum_{i=1}^{n} u^\star_i\, v_i.$$

1.2.1 Cas des matrices carrées

Considérons maintenant le cas particulier des matrices carrées, pour lesquelles le nombre de lignes est égal au nombre de colonnes. Nous rappelons les définitions suivantes :

Définition 1.2

Une matrice carrée $A \in \mathscr{M}_{n,n}(\mathbb{K})$ est dite inversible, ou régulière, ou encore non singulière, s'il existe une matrice $B \in \mathscr{M}_{n,n}(\mathbb{K})$ telle que $A\,B = B\,A = I_n$. Dans ce cas, la matrice B est unique et s'appelle la matrice inverse de A, elle est notée A^{-1}.

Définition 1.3

Soit $A \in \mathscr{M}_{n,n}(\mathbb{K})$, alors

- A est une matrice normale si $A^\star A = A\,A^\star$.
- A est une matrice unitaire si $A^\star A = A\,A^\star = I_n$, où I_n désigne la matrice identité. Dans le cas où $\mathbb{K} = \mathbb{R}$, nous parlons de matrice orthogonale et $A^T A = A\,A^T = I_n$, c'est-à-dire $A^T = A^{-1}$.
- A est une matrice hermitienne si $A^\star = A$. Dans le cas où $\mathbb{K} = \mathbb{R}$, nous parlons de matrice symétrique et $A^T = A$.

Il est alors facile de faire le lien entre les matrices hermitiennes et normales.

Proposition 1.4

Toute matrice hermitienne est une matrice normale.

Comme nous l'avons vu en début de chapitre, l'objectif de cette partie est de mettre au point des algorithmes de résolution numérique pour un système de la forme

$$A\,x = b, \tag{1.1}$$

où $A \in \mathcal{M}_{n,n}(\mathbb{K})$ et $b \in \mathbb{K}^n$ sont donnés et $x \in \mathbb{K}^n$ est l'inconnue. Nous donnons d'abord une condition nécessaire et suffisante sur la matrice A pour que ce système admette une solution unique. Le système linéaire (1.1) a une solution unique dès que la matrice A est inversible et cette solution est donnée par $x = A^{-1}\,b$. Il est alors important de connaître quelques propriétés des matrices inversibles [16].

Proposition 1.5

Soient A, $B \in \mathcal{M}_{n,n}(\mathbb{K})$ inversibles, nous avons alors

- pour tout $\alpha \in \mathbb{K}^*$, $(\alpha\,A)^{-1} = \dfrac{1}{\alpha}\,A^{-1}$.
- $(A\,B)^{-1} = B^{-1}\,A^{-1}$.
- $(A^\star)^{-1} = (A^{-1})^\star$.

Énonçons quelques propriétés des matrices inversibles, qui sont autant d'outils permettant de s'assurer que le problème (1.1) admet bien une solution [16].

Théorème 1.6 ***Théorème des matrices inversibles***

Soit $A \in \mathcal{M}_{n,n}(\mathbb{K})$, les propositions suivantes sont équivalentes :

- A est inversible,
- le déterminant de A est non nul,
- le rang de A est égal à n, c'est-à-dire que les n vecteurs colonnes forment une famille libre,
- le système homogène $A\,x = 0$ a pour unique solution $x = 0$,
- pour tout b dans $\mathbb{K}^n$, le système linéaire $A\,x = b$ a exactement une solution.

Pour conclure cette partie, rappelons qu'une valeur propre de A est donnée par $\lambda \in \mathbb{K}$ telle que $\det(A - \lambda\,I_n) = 0$. Ainsi, il existe au moins un vecteur v non nul, dit *vecteur propre*, vérifiant $A\,v = \lambda\,v$. Définissons alors le spectre d'une matrice.

Définition 1.7

Soit $A \in \mathcal{M}_{n,n}(\mathbb{K})$. Nous appelons spectre de A l'ensemble des valeurs propres de A :

$$\mathrm{Sp}(A) = \{\lambda \in \mathbb{K}; \quad \exists v \in \mathbb{K}^n \quad v \neq 0 \quad Av = \lambda v\}$$

Nous appelons rayon spectral de A le nombre réel positif $\rho(A)$ tel que

$$\rho(A) = \max \{|\lambda|, \lambda \in \mathbb{C}, v \in \mathbb{C} \setminus \{0\} Av = \lambda v\}$$

À partir de la définition d'une valeur propre, nous vérifions facilement qu'une matrice est inversible si et seulement si 0 n'est pas valeur propre.

La conséquence de ces propriétés est que l'ensemble des matrices carrées inversibles forme un groupe, appelé le groupe linéaire et noté habituellement $Gl_n(\mathbb{K})$. En général, « presque toutes » les matrices sont inversibles. Sur le corps $\mathbb{K}$, cela peut être formulé de façon plus précise : l'ensemble des matrices non inversibles, considéré comme sous-ensemble de $\mathcal{M}_{n,n}(\mathbb{K})$, est un ensemble négligeable, c'est-à-dire de mesure de Lebesgue nulle. Intuitivement, cela signifie que si vous choisissez au hasard une matrice carrée à coefficients réels, la probabilité pour qu'elle soit non inversible est égale à zéro. La raison est que des matrices non inversibles peuvent être considérées comme racines d'une fonction polynôme donnée par le déterminant [16].

Par la suite, nous nous intéresserons au calcul proprement dit de la solution de (1.1). Proposons d'abord un premier algorithme naïf qui permet de calculer la solution d'un système linéaire ; cet algorithme est dû à Cramer[1] [23].

Théorème 1.8 ***Résolution de Cramer***

Soit $A \in \mathcal{M}_{n,n}(\mathbb{K})$ une matrice inversible. Alors la solution du système $A\,x = b$ est donnée par $x_i = \det(A_i)/\det(A)$, pour tout $i = 1, \ldots, n$, où A_i est la matrice A pour laquelle la i-ème colonne est remplacée par le vecteur b.

Cette méthode bien que très élégante est très coûteuse puisqu'elle nécessite plus de $n!$ opérations où $n!$ est la factorielle de n, donnée par $n! = n \times (n-1) \times \ldots \times 2 \times 1$. Elle n'est donc jamais utilisée en pratique sauf en dimension $n = 2$. Cet algorithme revient à calculer explicitement la matrice A^{-1}. Hélas, ce calcul est souvent long et fastidieux, même pour un ordinateur, c'est pourquoi nous avons recours à des algorithmes de résolution exacte d'une complexité moindre (nous parlons alors d'une méthode directe), ou des méthodes itératives qui consistent à construire une suite de solutions approchées qui converge vers la solution exacte. Avant de présenter de tels algorithmes, nous introduirons des matrices dont la structure particulière est bien adaptée à la résolution du système linéaire (1.1). Puis nous verrons comment se ramener à ces cas particuliers.

1. En référence au mathématicien suisse Gabriel Cramer (1704-1752).

1.2.2 Quelques matrices particulières

Cette partie constitue la base théorique permettant de mettre au point des méthodes pour la résolution exacte de (1.1).

- *Matrices triangulaires*

Nous introduisons la notion de matrice triangulaire et montrons que pour les matrices de ce type, la résolution du système linéaire (1.1) devient très facile.

Définition 1.9

Soit $A \in \mathscr{M}_{n,n}(\mathbb{K})$,

- la matrice A est une matrice triangulaire inférieure si $A = (a_{i,j})_{1 \leqslant i,j \leqslant n}$ avec $a_{i,j} = 0, \quad 1 \leqslant i < j \leqslant n$.
- A est une matrice triangulaire supérieure lorsque $a_{i,j} = 0$, $1 \leqslant j < i \leqslant n$.
- A est une matrice diagonale dès lors que $a_{i,j} = 0$ pour $i \neq j$.

Nous vérifions d'abord que l'ensemble des matrices triangulaires supérieures (resp. inférieures) est stable par la somme et le produit. En outre, nous avons le résultat suivant.

Proposition 1.10

Soit $L \in \mathscr{M}_{n,n}(\mathbb{K})$ une matrice triangulaire inférieure inversible, ce qui signifie que tous les éléments diagonaux sont non nuls. Alors L^{-1} est aussi une matrice triangulaire inférieure.
Soit U une matrice triangulaire supérieure inversible. Alors U^{-1} est aussi une matrice triangulaire supérieure.

Les matrices triangulaires jouent un rôle important en analyse numérique car elles sont facilement inversibles ou du moins, nous pouvons facilement trouver la solution $x \in \mathbb{K}^n$ du système linéaire $A\,x = b$. En effet, considérons le cas d'une matrice triangulaire supérieure, alors la solution x se calcule par un algorithme dit de remontée. Nous observons d'abord qu'une matrice triangulaire inversible a tous ses éléments diagonaux non nuls, c'est pourquoi nous pouvons écrire $x_n = b_n / a_{n,n}$ puis pour tout $i = n-1, n-2, \ldots, 1$, nous pouvons calculer x_i de la manière suivante :

$$x_i = \frac{1}{a_{i,i}} \left(b_i - \sum_{j=i+1}^{n} a_{i,j}\, x_j \right).$$

Exemple

Soit $A \in \mathscr{M}_{3,3}(\mathbb{R})$ donnée par

$$A = \begin{pmatrix} 1 & 1 & 1 \\ 0 & 2 & 2 \\ 0 & 0 & 3 \end{pmatrix},$$

nous cherchons une solution de $Ax = b$ avec $b = (3,4,3)^T$. En commençant par la dernière ligne, nous trouvons $x_3 = 1$. Puis en injectant cette valeur dans l'avant-dernière équation, cela donne $x_2 = 1$. Finalement, connaissant x_2 et x_3, la première équation donne directement $x_1 = 1$.

Nous allons voir par la suite qu'une méthode directe calcule la solution exacte de (1.1) et consiste le plus souvent à trouver un système triangulaire équivalent.

C'est pourquoi nous énonçons le Théorème de Shur [7] qui sera justement utile pour rendre certaines matrices triangulaires par simple changement de base.

Théorème 1.11 ***Théorème de Shur***

Soit $A \in \mathscr{M}_{n,n}(\mathbb{K})$ une matrice quelconque. Alors il existe une matrice unitaire $U \in \mathscr{M}_{n,n}(\mathbb{K})$, c'est-à-dire $U^\star U = I_n$ et une matrice $T \in \mathscr{M}_{n,n}(\mathbb{K})$ triangulaire dont la diagonale est composée par l'ensemble des valeurs propres de A telles que $T = U^\star A U$.

- *Matrices hermitiennes*

Dans le cas des matrices hermitiennes, ce dernier résultat peut être sensiblement amélioré.

Corollaire 1.12

Soit $A \in \mathscr{M}_{n,n}(\mathbb{K})$ une matrice hermitienne. Alors il existe une matrice unitaire $U \in \mathscr{M}_{n,n}(\mathbb{K})$ et une matrice diagonale $D \in \mathscr{M}_{n,n}(\mathbb{K})$ dont la diagonale est composée par l'ensemble des valeurs propres de A, telles que $D = U^\star A U$.

Nous rappelons enfin quelques propriétés de base des matrices hermitiennes, définies positives. Nous introduisons d'abord la notion de sous-matrice principale.

Définition 1.13

Soit $A \in \mathscr{M}_{n,n}(\mathbb{K})$ une matrice quelconque. Nous appelons sous-matrice principale d'ordre i (pour $1 \leqslant i \leqslant n$) de A, la matrice $A_i \in \mathscr{M}_{i,i}(\mathbb{K})$ obtenue en ne gardant que les i premières lignes et les i premières colonnes de A.

Définition 1.14

Soit $A \in \mathscr{M}_{n,n}(\mathbb{K})$, nous disons que A est positive si pour tout $x \in \mathbb{K}^n$, elle vérifie $x^T A x \geqslant 0$ et A est définie positive si pour tout $x \in \mathbb{K}^n \setminus \{0\}$, elle vérifie $x^T A x > 0$ et $x^T A x = 0$ implique $x = 0$.

Nous avons alors les résultats suivants dont la preuve est laissée en exercice.

Proposition 1.15

Soit $A \in \mathscr{M}_{n,n}(\mathbb{K})$ une matrice hermitienne définie positive. Alors elle vérifie

- toute sous-matrice principale A_i, $1 \leqslant i \leqslant n$ est hermitienne définie positive ;
- tous les coefficients diagonaux de A sont des réels strictement positifs ;
- A est diagonalisable et ses valeurs propres sont strictement positives ;
- le déterminant de A est strictement positif, c'est-à-dire que A est inversible ;
- il existe une constante $\alpha > 0$, telle que $x^\star A\, x \geqslant \alpha \|x\|^2$, pour n'importe qu'elle norme vectorielle $\|.\|$.

• *Matrices de permutations*

Par la suite, nous utiliserons souvent les matrices de permutations pour réordonner les lignes ou les colonnes d'une matrice quelconque.

Définition 1.16

Une matrice de permutations est une matrice carrée qui ne possède que des 0 et des 1 comme coefficients, telle qu'il y ait un seul 1 par ligne et par colonne.

Une matrice de permutations vérifie alors

Proposition 1.17

Soient σ et τ deux permutations des indices $\{1,\ldots,n\}$, nous avons alors

- la matrice de permutations P_σ correspondant à la permutation σ s'écrit comme

$$(P_\sigma)_{i,j} = \delta_{i,\sigma(j)} = \begin{cases} 1, & \text{si } i = \sigma(j), \\ 0, & \text{sinon.} \end{cases}$$

- $P_\sigma\, P_\tau = P_{\sigma\circ\tau}$.
- $(P_\sigma)^T\, P_\sigma = I_n$, c'est une matrice orthogonale.

1.2.3 Conditionnement de matrices

Avant de décrire des algorithmes de résolution de systèmes linéaires (1.1), nous mettons en évidence une difficulté supplémentaire : la sensibilité de la solution par rapport aux perturbations des données $b \in \mathbb{K}^n$ ou des coefficients de la matrice A. En effet, considérons par exemple la matrice de Hilbert donnée par

$$a_{i,j} = \frac{1}{i+j-1}, \quad i, j = 1, \ldots, n.$$

Nous avons pour $n = 4$,

$$\begin{pmatrix} 1 & 1/2 & 1/3 & 1/4 \\ 1/2 & 1/3 & 1/4 & 1/5 \\ 1/3 & 1/4 & 1/5 & 1/6 \\ 1/4 & 1/5 & 1/6 & 1/7 \end{pmatrix}.$$

Ainsi, pour un vecteur donné $b \in \mathbb{R}^4$ tel que

$$b^T = \left(\frac{25}{12}, \frac{77}{60}, \frac{57}{60}, \frac{319}{420}\right) \simeq (2,08\,,\,1,28\,,\,0,95\,,\,0,76),$$

nous calculons $x = A^{-1}\,b$ et vérifions facilement que $x^T = (1, 1, 1, 1)$. Ensuite, si nous modifions légèrement la source $\tilde{b}^T = (2{,}1\,,\,1{,}3\,,\,1\,,\,0{,}8)$, la solution $\tilde{x}$ du système $\tilde{x} = A^{-1}\tilde{b}$ est donnée par $\tilde{x}^T = (5{,}6\,,\,\text{-}48\,,\,114\,,\,\text{-}70)$, ce qui est très loin de la solution de départ x.

En définitive, nous constatons qu'une petite perturbation de la donnée b conduit à une grande modification de la solution x, ce qui engendre des instabilités lors de la résolution du système.

• *Norme matricielle*

Pour mesurer l'ampleur de cette instabilité, nous introduisons la notion de *norme matricielle*. En effet, l'ensemble $\mathcal{M}_{n,n}(\mathbb{K})$ peut être considéré comme étant un $\mathbb{K}$-espace vectoriel muni d'une norme $\|.\|$.

Définition 1.18

Nous appelons *norme matricielle* toute application $\|.\|$ de $\mathcal{M}_{n,n}(\mathbb{K})$ à valeur dans $\mathbb{R}^+ := [0, +\infty[$ qui vérifie les propriétés suivantes :

- pour toute matrice $A \in \mathcal{M}_{n,n}(\mathbb{K})$, $\|A\| = 0 \Rightarrow A = 0_{\mathbb{K}^{n\times n}}$,
- pour toute matrice $A \in \mathcal{M}_{n,n}(\mathbb{K})$, et pour tout $\alpha \in \mathbb{K}$, $\|\alpha A\| = |\alpha|\,\|A\|$,
- pour toutes matrices A et $B \in \mathcal{M}_{n,n}(\mathbb{K})$, $\|A + B\| \leqslant \|A\| + \|B\|$, c'est l'inégalité triangulaire,
- pour toutes matrices A et $B \in \mathcal{M}_{n,n}(\mathbb{K})$, $\|A\,B\| \leqslant \|A\|\,.\,\|B\|$.

Notons bien que définir une norme matricielle requiert une condition supplémentaire par rapport à la définition d'une norme vectorielle (la dernière propriété de la définition). Il n'est donc pas évident *a priori* de pouvoir construire une telle application seulement à partir d'une norme vectorielle. À titre d'exemple la norme de Froebenus $\|.\|_F$ donnée par

$$\|A\|_F = \left(\sum_{i,j=1}^{n} |a_{i,j}|^2\right)^{1/2} \tag{1.2}$$

est bien une norme matricielle. Les trois premières propriétés sont connues puisque $\|.\|_F$ est une norme vectorielle de $\mathbb{K}^{n^2}$. Il reste à démontrer que pour toutes matrices A et $B \in \mathcal{M}_{n,n}(\mathbb{K})$, $\|A\,B\|_F \leqslant \|A\|_F\,\|B\|_F$. En effet,

$$\|A\,B\|_F^2 = \|C\|_F^2 = \sum_{i,j=1}^{n} c_{i,j}^2 = \sum_{i,j=1}^{n} \left(\sum_{k=1}^{n} a_{i,k}\,b_{k,j}\right)^2.$$

En utilisant l'inégalité de Cauchy-Schwarz, nous avons

$$\begin{aligned}\|A\,B\|_F^2 \leqslant \sum_{i,j=1}^{n}\left(\sum_{k=1}^{n} a_{i,k}^2\right)\left(\sum_{k=1}^{n} b_{k,j}^2\right) &= \left(\sum_{i,k=1}^{n} a_{i,k}^2\right)\left(\sum_{k,j=1}^{n} b_{k,j}^2\right),\\ &= \|A\|_F^2\,\|B\|_F^2.\end{aligned}$$

Pour construire une norme matricielle à partir d'une norme vectorielle quelconque, nous introduisons la définition suivante :

Définition 1.19

Soit $\|.\|$ une norme vectorielle sur $\mathbb{K}^n$. Nous définissons la norme matricielle $\|.\|$ subordonnée à la norme vectorielle $\|.\|$ comme étant l'application donnée par

$$A \in \mathcal{M}_{n,n}(\mathbb{K}) \mapsto \|A\| := \sup_{\substack{v\in\mathbb{K}^n\\ v\neq 0}} \frac{\|A\,v\|}{\|v\|}.$$

Nous vérifions facilement que cette application définit bien une norme matricielle.

Par exemple pour $1 \leqslant p \leqslant \infty$, nous savons que l'application qui à $v \in \mathbb{K}^n$ fait correspondre le réel positif

$$\|v\|_p = \left(\sum_{i=1}^{n} |v_i|^p\right)^{1/p}$$

ou $\|v\|_\infty = \max_{1\leqslant i\leqslant n} |v_i|$ pour $p = \infty$, est une norme vectorielle sur $\mathbb{K}^n$. Posons alors pour $p \in [1, +\infty]$ et $A \in \mathcal{M}_{n,n}(\mathbb{K})$

$$\|A\|_p = \sup_{\substack{v\in\mathbb{K}^n\\ v\neq 0}} \frac{\|A\,v\|_p}{\|v\|_p},$$

qui est une norme matricielle subordonnée à la norme vectorielle $\|.\|_p$. En général nous ne pouvons pas calculer $\|A\|_p$ directement en fonction de $(a_{i,j})_{1\leqslant i,j\leqslant n}$ sauf pour $p = 1$ et $p = \infty$.

Proposition 1.20 ***Caractérisation de $\|.\|_1$ et $\|.\|_\infty$***

Soit $A \in \mathscr{M}_{n,n}(\mathbb{K})$ une matrice quelconque. Alors nous avons

$$\|A\|_1 = \max_{1 \leqslant j \leqslant n} \sum_{i=1}^{n} |a_{i,j}|$$

et

$$\|A\|_\infty = \max_{1 \leqslant i \leqslant n} \sum_{j=1}^{n} |a_{i,j}|.$$

DÉMONSTRATION. Soit $v \in \mathbb{K}^n$. D'une part, nous avons

$$\begin{aligned} \|A\,v\|_1 &= \sum_{i=1}^{n} \left| \sum_{j=1}^{n} a_{i,j}\, v_j \right| \leqslant \sum_{i=1}^{n} \sum_{j=1}^{n} |a_{i,j}|\, |v_j|, \\ &\leqslant \sum_{j=1}^{n} \left(\sum_{i=1}^{n} |a_{i,j}| \right) |v_j| \leqslant \max_{1 \leqslant j \leqslant n} \sum_{i=1}^{n} |a_{i,j}| \|v\|_1. \end{aligned}$$

D'où

$$\|A\|_1 \leqslant \max_{1 \leqslant j \leqslant n} \sum_{i=1}^{n} |a_{i,j}|.$$

D'autre part, nous montrons qu'il existe $w \in \mathbb{K}^n$ tel que $\|w\|_1 = 1$ et

$$\|A\,w\|_1 = \max_{1 \leqslant j \leqslant n} \sum_{i=1}^{n} |a_{i,j}|.$$

En effet, choisissons $j_0 \in \{1, \ldots, n\}$ tel que

$$\sum_{i=1}^{n} |a_{i,j_0}| = \max_{1 \leqslant j \leqslant n} \sum_{i=1}^{n} |a_{i,j}|,$$

puis prenons $w \in \mathbb{K}^n$ tel que $w_i = 0$ pour $i \neq j_0$ et $w_{j_0} = 1$. Alors

$$\|A\,w\|_1 = \sum_{i=1}^{n} |(A\,w)_i| = \sum_{i=1}^{n} |a_{i,j_0}| = \max_{1 \leqslant j \leqslant n} \sum_{i=1}^{n} |a_{i,j}|.$$

Par un raisonnement analogue, nous montrons le résultat pour la norme matricielle $\|.\|_\infty$. □

Dans le cas particulier de la norme subordonnée à la norme euclidienne de $\mathbb{K}^n$ définie pour $A \in \mathcal{M}_{n,n}(\mathbb{K})$ par

$$\|A\|_2 = \sup_{\substack{v \in \mathbb{K}^n \\ v \neq 0}} \frac{\|A\, v\|_2}{\|v\|_2},$$

nous démontrons le résultat suivant.

Proposition 1.21

Pour $A \in \mathcal{M}_{n,n}(\mathbb{K})$, nous avons $\|A\|_2 = \sqrt{\rho(A^\star A)} = \sqrt{\rho(A\, A^\star)}$.

DÉMONSTRATION. Prenons $\mathbb{K} = \mathbb{C}$ ou $\mathbb{R}$, par définition de la norme subordonnée à la norme euclidienne, il vient

$$\begin{aligned} \|A\|_2^2 &= \sup_{\substack{v \in \mathbb{K}^n \\ v \neq 0}} \frac{\|A\, v\|_2^2}{\|v\|_2^2} = \sup_{\substack{v \in \mathbb{K}^n \\ v \neq 0}} \frac{(A\, v)^\star\,(A\, v)}{v^\star\, v}, \\ &= \sup_{\substack{v \in \mathbb{K}^n \\ v \neq 0}} \frac{v^\star\, A^\star\, A\, v}{v^\star\, v}. \end{aligned}$$

Or, nous vérifions que

$$(A^\star\, A)^\star = A^\star\,(A^\star)^\star = A^\star\, A.$$

Ainsi, d'après le Corollaire 1.12 puisque la matrice $A^\star\, A$ est hermitienne, elle est diagonalisable et il existe $U \in \mathcal{M}_{n,n}(\mathbb{K})$ unitaire telle que $U\, A^\star\, A\, U = \mathrm{diag}(\mu_k)$, où $\mathrm{diag}(\mu_k)$ représente une matrice diagonale formée à partir des valeurs μ_k sur la diagonale. Les scalaires $(\mu_k)_{1 \leqslant k \leqslant n}$ sont les valeurs propres de la matrice hermitienne $A^\star\, A$. Notons que $\mu_k \geqslant 0$ puisque de la relation $A^\star\, A p_k = \mu_k\, p_k$, nous déduisons que $(A\, p_k)^\star\, A p_k = \mu_k\, p_k^\star\, p_k$, c'est-à-dire $\mu_k = \|A\, p_k\|_2^2 / \|p_k\|_2^2 \geqslant 0$. Il vient ensuite

$$\sup_{\substack{v \in \mathbb{K}^n \\ v \neq 0}} \frac{v^\star\, A^\star\, A\, v}{v^\star\, v} = \sup_{\substack{v \in \mathbb{K}^n \\ v \neq 0}} \frac{v^\star\, U^\star\, U\, A^\star\, A\, U^\star\, U\, v}{v^\star\, U^\star\, U\, v}.$$

Puis, comme U est inversible, nous avons par changement de variable $w = U\, v$

$$\|A\|_2^2 = \sup_{\substack{w \in \mathbb{K}^n \\ w \neq 0}} \frac{w^\star\, U\, A^\star\, A\, U^\star\, w}{w^\star\, w} = \sup_{\substack{w \in \mathbb{K}^n \\ w \neq 0}} \frac{\sum_{k=1}^n \mu_k |w_k|^2}{\sum_{k=1}^n |w_k|^2},$$

où les μ_k sont les valeurs propres de $A^\star\, A$. Enfin, en prenant le vecteur de la base canonique dont toutes les composantes sont nulles exceptée la k_0-ème qui correspond à la plus grande valeur propre μ_{k_0} en module, nous obtenons $\|A\|_2^2 = \rho(A\, A^\star)$. □

• *Conditionnement d'une matrice*

Essayons maintenant de comprendre de manière plus générale le phénomène d'instabilité par rapport à la donnée $b \in \mathbb{K}^n$. Soient $A \in \mathscr{M}_{n,n}(\mathbb{K})$ inversible et b un vecteur de $\mathbb{K}^n$, non nul. Nous désignons par x la solution du système $A\,x = b$ et pour une perturbation δb du vecteur b, le vecteur $x+\delta x$ est la solution de $A\,(x+\delta x) = b+\delta b$.

Pour une norme vectorielle $\|.\|$ de $\mathbb{K}^n$, nous cherchons à contrôler l'erreur relative $\|\delta x\| \,/\, \|x\|$ en fonction de l'erreur relative $\|\delta b\| \,/\, \|b\|$ et de la norme matricielle subordonnée $\|A\|$.

Par linéarité et puisque A est inversible, nous avons d'une part $A\,\delta x = \delta b \Rightarrow \|\delta x\| \leqslant \|A^{-1}\|\,\|\delta b\|$ et d'autre part $A\,x = b$ implique que $\|b\| \leqslant \|A\|\,\|x\|$, ou encore de manière équivalente puisque b est non nul

$$\frac{1}{\|x\|} \leqslant \|A\|\,\frac{1}{\|b\|}.$$

Ainsi, nous obtenons l'estimation suivante :

$$\frac{\|\delta x\|}{\|x\|} \leqslant \|A^{-1}\|\,\|A\|\,\frac{\|\delta b\|}{\|b\|}$$

et proposons la définition suivante :

Définition 1.22

Nous appelons conditionnement de la matrice A relativement à la norme matricielle $\|.\|$ subordonnée à la norme vectorielle $\|.\|$, le nombre

$$\mathrm{cond}(A) = \|A\|\,\|A^{-1}\|.$$

Observons bien que le conditionnement sert à mesurer la sensibilité du système aux perturbations de b et de A. Il permet d'assurer le contrôle de $\|\delta x\|$ en fonction de la perturbation $\|\delta b\|$.

Définition 1.23

Soit $A \in \mathscr{M}_{n,n}(\mathbb{K})$ une matrice inversible. Nous disons que

- un système linéaire est bien conditionné, si $\mathrm{cond}(A)$ n'est pas trop grand par rapport à un, ce qui correspond au conditionnement de l'identité ;
- un système linéaire est mal conditionné, si $\mathrm{cond}(A)$ est grand par rapport à un.

Vérifions sur l'exemple précédent la cohérence de cette définition. Nous avons pour la norme $\|.\|_1$, $\mathrm{cond}_1(A) = \|A\|_1\,\|A^{-1}\|_1 \simeq 28\,375 \gg 1$ ou pour la norme $\|.\|_2$, $\mathrm{cond}_2(A) = \|A\|_2\,\|A^{-1}\|_2 \simeq 15\,514 \gg 1$. Les valeurs du conditionnement de la matrice A semblent être assez élevées indépendamment de la norme choisie.

Pour conclure cette partie, nous donnons quelques propriétés sur le conditionnement.

Proposition 1.24

Soient $A \in \mathcal{M}_{n,n}(\mathbb{K})$ une matrice carrée inversible et $\|.\|$ une norme matricielle subordonnée à la norme vectorielle $\|.\|$. Alors nous avons

- $\mathrm{cond}(A^{-1}) = \mathrm{cond}(A)$.
- Soit $\alpha \in \mathbb{K} \setminus \{0\}$, $\mathrm{cond}(\alpha A) = \mathrm{cond}(A)$.
- $\mathrm{cond}(I_n) = 1$.
- $\mathrm{cond}(A) \geqslant 1$.

L'inconvénient de la définition du conditionnement est qu'il fait apparaître $\|A^{-1}\|$, lequel n'est pas facile à calculer d'autant plus que nous ne connaissons pas la forme explicite de la matrice A^{-1}. Dans le cas particulier d'une matrice hermitienne et pour la norme matricielle $\|.\|_2$, nous avons néanmoins le résultat suivant qui ne nécessite pas le calcul de A^{-1} mais seulement la connaissance des valeurs propres de A.

Proposition 1.25

Soit A une matrice hermitienne ($A^\star = A$). Alors $\|A\|_2 = \rho(A)$. De plus, si A est une matrice hermitienne inversible et $(\lambda_i)_{1\leqslant i\leqslant n}$ ses valeurs propres. Alors,

$$\mathrm{cond}_2(A) = \frac{\max\{|\lambda_i|, i = 1, \dots, n\}}{\min\{|\lambda_i|, i = 1, \dots, n\}}.$$

Démonstration. Appliquons la Proposition 1.21 et puisque A est hermitienne, nous montrons que $\|A\|_2^2 = \rho(A)^2$.

Supposons ensuite que A est une matrice hermitienne inversible. Pour calculer $\mathrm{cond}_2(A)$, il suffit de remarquer que $1/\lambda_i$, où $\lambda_i \neq 0$, est valeur propre de A^{-1} et donc en appliquant le résultat précédent à A^{-1} (qui est également une matrice hermitienne), nous avons

$$\|A^{-1}\|_2 = \rho(A^{-1}) = \frac{1}{\min\{|\lambda_i|, i = 1, \dots, n\}}.$$

Nous en déduisons le résultat

$$\mathrm{cond}_2(A) = \|A\|_2 \, \|A^{-1}\|_2 = \frac{\max\{|\lambda_i|, i = 1, \dots, n\}}{\min\{|\lambda_i|, i = 1, \dots, n\}}. \qquad \square$$

- *Préconditionnement d'un système linéaire*

Pour remédier au problème du mauvais conditionnement d'une matrice, nous pouvons appliquer une méthode de préconditionnement. En effet, en vue de résoudre $Ax = b$ nous multiplions ce système d'équation à gauche par une matrice inversible P, il vient alors $P\,A\,x = P\,b$, avec P choisie de manière à ce que la matrice $P\,A$ soit mieux conditionnée que A (dans le cas le plus favorable, nous aurions $P = A^{-1}$). Cependant, il n'y a pas de méthode standard pour trouver la matrice P, le plus souvent nous chercherons une matrice à la fois facile à inverser et « assez proche » de A^{-1}.

Présentons maintenant les deux types de méthodes pour la résolution d'un système linéaire : les méthodes directes et les méthodes itératives.

1.3 MÉTHODES DIRECTES

1.3.1 Méthodologie générale

Soient $A \in \mathcal{M}_{n,n}(\mathbb{K})$ une matrice inversible et un vecteur $b \in \mathbb{K}^n$, nous recherchons $x \in \mathbb{K}^n$ solution de $A\,x = b$. Pour cela, construisons des matrices M et $N \in \mathcal{M}_{n,n}(\mathbb{K})$ telles que $A = M\,N$, où M est facile à inverser (triangulaire ou unitaire) et N triangulaire. Le système s'écrit alors $N\,x = M^{-1}\,b$, que nous résolvons en deux étapes de la manière suivante :

$$\begin{cases} \text{trouver } y \in \mathbb{K}^n \text{ tel que } M\,y = b, \\ \text{trouver } x \in \mathbb{K}^n \text{ tel que } N\,x = y. \end{cases}$$

1.3.2 Méthode de Gauss avec et sans pivot

Les méthodes directes permettent de calculer la solution exacte du problème (1.1) en un nombre fini d'étapes (en l'absence d'erreurs d'arrondi). La méthode directe la plus classique est la méthode d'élimination de Gauss ou Gauss-Jordan, qui consiste à décomposer la matrice A comme le produit $L\,U$ où L est une matrice triangulaire inférieure et U une matrice triangulaire supérieure[1].

L'élimination de Gauss ou l'élimination de Gauss-Jordan est un algorithme d'algèbre linéaire pour déterminer les solutions d'un système d'équations linéaires, pour déterminer le rang d'une matrice ou pour calculer l'inverse d'une matrice carrée inversible.

1. Cette méthode fut nommée d'après Carl Friedrich Gauss, mathématicien allemand (1777-1855) surnommé le prince des mathématiciens. Cependant, si l'on se réfère au livre chinois « Les neuf chapitres sur l'art du calcul » sa naissance remonte à la dynastie Han au premier siècle de notre ère. Elle constitue le huitième chapitre de ce livre sous le titre de la « disposition rectangulaire » et est présentée au moyen de dix-huit exercices [6].

• *Méthode de Gauss sans pivot*

Avant de décrire l'algorithme général, commençons par présenter un exemple de la méthode d'élimination Gauss. Elle consiste seulement à remplacer le système initial par un système triangulaire équivalent. Considérons le système d'équations suivant :

$$\begin{cases} x_1 + 2x_2 + 2x_3 = 2, & l_1^{(1)} \\ x_1 + 3x_2 + 3x_3 = 2, & l_2^{(1)} \\ 3x_1 + 7x_2 + 8x_3 = 8. & l_3^{(1)} \end{cases}$$

La matrice $A^{(1)}$ et le vecteur $b^{(1)}$ sont donnés par

$$A^{(1)} = \begin{pmatrix} 1 & 2 & 2 \\ 1 & 3 & 3 \\ 3 & 7 & 8 \end{pmatrix}, \quad x = \begin{pmatrix} x_1 \\ x_2 \\ x_3 \end{pmatrix}, \quad b^{(1)} = \begin{pmatrix} 2 \\ 2 \\ 8 \end{pmatrix}.$$

Appliquons la première étape de la méthode d'élimination de Gauss. Pour cela, nous conservons intacte la première ligne et ajoutons un multiple de la première ligne aux deux autres lignes pour annuler les premiers coefficients de ces lignes : nous faisons la différence entre la deuxième ligne et la première, puis la différence entre la troisième et trois fois la première soit $l_1^{(2)} \leftarrow l_1^{(1)}$, $l_2^{(2)} \leftarrow l_2^{(1)} - l_1^{(1)}$ et $l_3^{(2)} \leftarrow l_3^{(1)} - 3\,l_1^{(1)}$, il vient alors le système équivalent

$$\begin{cases} x_1 + 2x_2 + 2x_3 = 2, & l_1^{(2)} \\ 0 + x_2 + x_3 = 0, & l_2^{(2)} \\ 0 + x_2 + 2x_3 = 2, & l_3^{(2)} \end{cases}$$

ou encore $A^{(2)}\,x = b^{(2)}$ avec

$$A^{(2)} = \begin{pmatrix} 1 & 2 & 2 \\ 0 & 1 & 1 \\ 0 & 1 & 2 \end{pmatrix}, \quad b^{(2)} = \begin{pmatrix} 2 \\ 0 \\ 2 \end{pmatrix}.$$

Remarquons que les opérations réalisées sur les lignes du système sont linéaires et réversibles, comme nous le verrons par la suite. Par conséquent, les systèmes sont bien équivalents.

Ensuite, nous conservons les deux premières lignes et modifions la troisième en faisant apparaître un zéro sur la deuxième colonne. Pour cela, il suffit de remplacer la troisième ligne par la différence entre la troisième et la deuxième ligne soit $l_1^{(3)} \leftarrow l_1^{(2)}$, $l_2^{(3)} \leftarrow l_2^{(2)}$ et $l_3^{(3)} \leftarrow l_3^{(2)} - l_2^{(2)}$:

$$\begin{cases} x_1 + 2x_2 + 2x_3 = 2, & l_1^{(3)} \\ \phantom{x_1 + {}} x_2 + x_3 = 0, & l_2^{(3)} \\ + x_3 = 2, & l_3^{(3)} \end{cases}$$

ou encore $A^{(3)}\,x = b^{(3)}$ avec

$$A^{(3)} = \begin{pmatrix} 1 & 2 & 2 \\ 0 & 1 & 1 \\ 0 & 0 & 1 \end{pmatrix}, \quad b^{(3)} = \begin{pmatrix} 2 \\ 0 \\ 2 \end{pmatrix}.$$

Puisque la matrice $A^{(3)}$ est triangulaire, nous pouvons résoudre facilement ce système et la solution est donnée par $x = (2, -2, 2)^T$.

Le principe de la méthode consiste donc à se ramener par des opérations simples (combinaisons linéaires) à un système triangulaire équivalent qui sera alors facile à résoudre. Avant de décrire précisément l'algorithme, nous introduisons une forme de matrice bien particulière et présentons quelques-unes de ses propriétés.

Lemme 1.26

Soit $B^{(k)} \in \mathscr{M}_{n,n}(\mathbb{K})$ une matrice de la forme

$$B^{(k)} := \begin{pmatrix} 0 & \dots & 0 & 0 & 0 & \dots & 0 \\ \vdots & & \vdots & \vdots & \vdots & & \vdots \\ 0 & \dots & 0 & 0 & 0 & \dots & 0 \\ 0 & \dots & 0 & b_{k+1}^{(k)} & 0 & \dots & 0 \\ \vdots & & \vdots & \vdots & \vdots & & \vdots \\ 0 & \dots & 0 & b_n^{(k)} & 0 & \dots & 0 \end{pmatrix}.$$

Alors nous avons

(*i*) $B^{(k)}\,B^{(l)} = 0$, pour tout $1 \leqslant k \leqslant l \leqslant n$,
(*ii*) pour $L^{(k)} = I_n - B^{(k)}$, $L^{(k)}$ est inversible et $[L^{(k)}]^{-1} = I_n + B^{(k)}$,
(*iii*) $L^{(k)}\,L^{(l)} = I_n - (B^{(k)} + B^{(l)})$, pour tout $1 \leqslant k \leqslant l \leqslant n$.

DÉMONSTRATION. Il suffit d'effectuer le produit $B^{(k)}\,B^{(l)}$ et montrer que ce produit est nul lorsque $0 \leqslant k \leqslant l \leqslant n$. Puis les propriétés (*ii*) et (*iii*) se déduisent facilement. □

Voyons maintenant comment étendre la méthode de Gauss-Jordan au cas d'un système quelconque. Nous nous intéressons au système linéaire $A\,x = b$, où A est une matrice carrée inversible de taille $n \times n$ et $b \in \mathbb{K}^n$.

Posons $A^{(1)} = A$ et $b^{(1)} = b$, à partir de ce changement de notation le système s'écrit

$$\begin{cases} a_{1,1}^{(1)}\,x_1 + a_{1,2}^{(1)}\,x_2 + & \dots & +a_{1,n}^{(1)}\,x_n & = & b_1^{(1)}, \\ a_{2,1}^{(1)}\,x_1 + a_{2,2}^{(1)}\,x_2 + & \dots & +a_{2,n}^{(1)}\,x_n & = & b_2^{(1)}, \\ \vdots & & & & \vdots \\ a_{n,1}^{(1)}\,x_1 + a_{n,2}^{(1)}\,x_2 + & \dots & +a_{n,n}^{(1)}\,x_n & = & b_n^{(1)}. \end{cases}$$

Supposons que $a_{1,1}^{(1)} \neq 0$ et appelons ce coefficient le premier *pivot*. Pour $i = 2, \dots, n$, remplaçons simplement la ligne i par une combinaison linéaire des lignes 1 et i de manière à faire apparaître des 0 sur la première colonne. Pour cela, posons pour $i = 2, \dots, n$

$$\alpha_i^{(1)} = \frac{a_{i,1}^{(1)}}{a_{1,1}^{(1)}}$$

et appliquons la transformation $l_i \mapsto l_i - \alpha_i^{(1)} l_1$, ou encore

$$\left\{\begin{array}{lllll} a_{1,1}^{(1)} x_1 & +a_{1,2}^{(1)} x_2 + & \dots & +a_{1,n}^{(1)} x_n & = b_1^{(1)}, \\ 0\, x_1 & +(a_{2,2}^{(1)} - \alpha_2^{(1)} a_{1,2}^{(1)}) x_2 + & \dots & +(a_{2,n}^{(1)} - \alpha_2^{(1)} a_{1,n}^{(1)}) x_n & = b_2^{(1)} - \alpha_2^{(1)} b_1^{(1)}, \\ \vdots & & & & \\ 0\, x_1 & +(a_{n,2}^{(1)} - \alpha_n^{(1)} a_{1,2}^{(1)}) x_2 + & \dots & +(a_{n,n}^{(1)} - \alpha_n^{(1)} a_{1,n}^{(1)}) x_n & = b_n^{(1)} - \alpha_n^{(1)} b_1^{(1)}. \end{array}\right.$$

Nous aboutissons à un nouveau système linéaire

$$\left\{\begin{array}{lllll} a_{1,1}^{(1)} x_1 + & a_{1,2}^{(1)} x_2 + & \dots & +a_{1,n}^{(1)} x_n & = b_1^{(1)}, \\ & a_{2,2}^{(2)} x_2 + & \dots & +a_{2,n}^{(2)} x_n & = b_2^{(2)}, \\ & \vdots & & & \\ & a_{n,2}^{(2)} x_2 + & \dots & +a_{n,n}^{(2)} x_n & = b_n^{(2)}, \end{array}\right.$$

avec

$$\left\{\begin{array}{l} \alpha_i^{(1)} = \dfrac{a_{i,1}^{(1)}}{a_{1,1}^{(1)}}, \quad i = 2, \dots, n, \\ a_{i,j}^{(2)} = a_{i,j}^{(1)} - \alpha_i^{(1)} a_{1,j}^{(1)}, \quad i = 2, \dots, n, \ j = 2, \dots, n, \\ b_i^{(2)} = b_i^{(1)} - \alpha_i^{(1)} b_1^{(1)}, \quad i = 2, \dots, n, \end{array}\right.$$

et la première ligne est inchangée, c'est-à-dire $a_{1,j}^{(2)} = a_{1,j}^{(1)}$ pour tout $1 \leqslant j \leqslant n$. D'un point de vue matriciel, ceci revient à résoudre le système équivalent $A^{(2)} x = b^{(2)}$, où $A^{(2)}$ et $b^{(2)}$ sont obtenus par $A^{(2)} = L^{(1)} A^{(1)}, \quad b^{(2)} = L^{(1)} b^{(1)}$, où $L^{(1)} = I_n - B^{(1)}$ et $B^{(1)}$ est donnée par

$$B^{(1)} := \begin{pmatrix} 0 & 0 & \dots & \dots & 0 \\ \alpha_2^{(1)} & 0 & & & \vdots \\ \vdots & \vdots & & & \vdots \\ \alpha_n^{(1)} & 0 & \dots & \dots & 0 \end{pmatrix}.$$

Vérifions le nombre d'opérations que cette première étape nécessite. La transformation de $A^{(1)}x = b^{(1)}$ en $A^{(2)}x = b^{(2)}$ s'opère en

- $(n-1)$ divisions,
- $n(n-1) = (n-1)^2 + (n-1)$ multiplications,
- $n(n-1) = (n-1)^2 + (n-1)$ additions.

Pour poursuivre l'algorithme, raisonnons alors par récurrence. Supposons qu'à l'étape $(k-1)$, nous avons construit le système $A^{(k)}x = b^{(k)}$ qui s'écrit sous la forme

$$\left\{\begin{array}{ccccccc} a_{1,1}^{(1)}x_1 + & a_{1,2}^{(1)}x_2 + & \dots & \dots & +a_{1,n}^{(1)}x_n & = & b_1^{(1)}, \\ & a_{2,2}^{(2)}x_2 + & \dots & \dots & +a_{2,n}^{(2)}x_n & = & b_2^{(2)}, \\ & & \ddots & & \vdots & \vdots & \vdots \\ & & a_{k,k}^{(k)}x_k + & \dots & +a_{k,n}^{(k)}x_n & = & b_k^{(k)}, \\ & & \vdots & & \vdots & \vdots & \vdots \\ & & a_{n,k}^{(k)}x_k + & \dots & +a_{n,n}^{(k)}x_n & = & b_n^{(k)}. \end{array}\right.$$

L'étape suivante consiste à faire apparaître des 0 sur la k-ème colonne à partir de la $(k+1)$-ème ligne. Pour cela supposons que le coefficient $a_{k,k}^{(k)}$, aussi appelé pivot, est non nul. Alors les k premières lignes restent inchangées tandis que pour $i \geqslant k+1$,

$$\left\{\begin{array}{l} \alpha_i^{(k)} = \dfrac{a_{i,k}^{(k)}}{a_{k,k}^{(k)}}, \quad i = k+1, \dots, n, \\ a_{i,j}^{(k+1)} = a_{i,j}^{(k)} - \alpha_i^{(k)} a_{k,j}^{(k)}, \quad i = k+1, \dots, n, \qquad j = k+1, \dots, n, \\ b_i^{(k+1)} = b_i^{(k)} - \alpha_i^{(k)} b_k^{(k)}, \quad i = k+1, \dots, n. \end{array}\right.$$

À nouveau d'un point de vue matriciel cela revient à faire le produit $A^{(k+1)} = L^{(k)} A^{(k)}$ et $b^{(k+1)} = L^{(k)} b^{(k)}$, où $L^{(k)} = I_n - B^{(k)}$ et $B^{(k)}$ est donnée par

$$B^{(k)} := \begin{pmatrix} 0 & \dots & 0 & 0 & 0 & \dots & 0 \\ \vdots & & \vdots & \vdots & \vdots & & \vdots \\ 0 & \dots & 0 & 0 & 0 & \dots & 0 \\ 0 & \dots & 0 & \alpha_{k+1}^{(k)} & 0 & \dots & 0 \\ \vdots & & \vdots & \vdots & \vdots & & \vdots \\ 0 & \dots & 0 & \alpha_n^{(k)} & 0 & \dots & 0 \end{pmatrix}$$

et les $(\alpha_j^{(k)})_{k+1 \leqslant j \leqslant n}$ sont donnés par

$$\alpha_j^{(k)} = \frac{a_{j,k}^{(k)}}{a_{k,k}^{(k)}}, \quad k+1 \leqslant j \leqslant n.$$

Cette étape permet de passer du système $A^{(k)}x = b^{(k)}$ à $A^{(k+1)}x = b^{(k+1)}$ et nécessite

- $(n-k)$ divisions,
- $(n-k+1)(n-k) = (n-k)^2 + (n-k)$ multiplications,
- $(n-k+1)(n-k) = (n-k)^2 + (n-k)$ additions.

En itérant ce processus jusqu'à la $(n-1)$-ème étape, nous obtenons finalement un système de la forme $A^{(n)}x = b^{(n)}$, c'est-à-dire

$$\left\{\begin{array}{rrrrcl} a_{1,1}^{(1)}x_1 + & a_{1,2}^{(1)}x_2 + & \dots & +a_{1,n}^{(1)}x_n & = & b_1^{(1)}, \\ & a_{2,2}^{(2)}x_2 + & \dots & +a_{2,n}^{(2)}x_n & = & b_2^{(2)}, \\ & & \ddots & \vdots & \vdots & \vdots \\ & & & a_{n,n}^{(n)}x_n & = & b_n^{(n)}. \end{array}\right.$$

Remarquons que $A^{(n)}$ est une matrice triangulaire supérieure. Pour conclure la méthode d'élimination de Gauss, il reste à résoudre le système $A^{(n)}x = b^{(n)}$: nous commençons par la dernière ligne $x_n = b_n^{(n)}/a_{n,n}^{(n)}$. Ensuite, connaissant x_n nous calculons x_{n-1} en utilisant la $(n-1)$-ème ligne

$$x_{n-1} = \frac{1}{a_{n-1,n-1}^{(n-1)}}\left(b_{n-1}^{(n-1)} - a_{n-1,n}^{(n-1)}x_n\right).$$

Puis poursuivons la remontée

$$x_k = \frac{1}{a_{k,k}^{(k)}}\left(b_k^{(k)} - \sum_{i=k}^{n} a_{k,i}^{(k)}x_i\right), \quad k = n-2, \dots, 1.$$

Au final, pour résoudre le système triangulaire nous avons recours à n divisions, $\sum_{k=1}^{n} k = n(n+1)/2$ multiplications et additions, ce qui signifie qu'au total,

- le nombre de divisions est de

$$(n-1) + \dots + 1 + n = \frac{n(n+1)}{2},$$

- le nombre de multiplications est de

$$\begin{aligned} & (n-1)^2 + \dots + 1^2 + (n-1) + \dots + 1 + \frac{n(n+1)}{2} \\ = \; & \frac{n(n-1)(2n-1)}{6} + \frac{n^2}{2} = \frac{2n^3+n}{6}, \end{aligned}$$

- le nombre d'additions est de

$$\begin{aligned} & (n-1)^2 + \dots + 1^2 + (n-1) + \dots + 1 + \frac{n(n+1)}{2} \\ = \; & \frac{n(n-1)(2n-1)}{6} + \frac{n^2}{2} = \frac{2n^3+n}{6}. \end{aligned}$$

En conclusion la méthode est en $O\left(2n^3/3\right)$, ce qui est nettement meilleur que le coût de calcul en $n!$ de l'algorithme de Cramer.

Pour mieux comprendre et analyser la méthode d'élimination de Gauss, nous pouvons ré-écrire l'algorithme de manière plus abstraite en utilisant seulement des produits matriciels. En effet, la méthode d'élimination de Gauss présentée plus haut consiste à décomposer la matrice A comme le produit d'une matrice triangulaire inférieure L (comme « Low », bas en anglais) et d'une matrice triangulaire supérieure U (comme « Up », haut en anglais). Plus précisément, $A^{(n)} = L^{(n-1)} A^{(n-1)} = L^{(n-1)} \ldots L^{(1)} A$ et donc en appliquant le résultat du Lemme 1.26[(ii)], il vient

$$\begin{aligned} A &= \left(L^{(n-1)} \ldots L^{(1)}\right)^{-1} A^{(n)}, \\ &= \left(L^{(1)}\right)^{-1} \ldots \left(L^{(n-1)}\right)^{-1} A^{(n)}, \\ &= \left(I_n + B^{(1)}\right) \ldots \left(I_n + B^{(n-1)}\right) A^{(n)}. \end{aligned}$$

Puis, en appliquant le Lemme 1.26[(iii)] en changeant $B^{(k)}$ en $-B^{(k)}$, nous avons

$$\left(I_n + B^{(1)}\right) \ldots \left(I_n + B^{(n-1)}\right) = \left(I_n + B^{(1)} + \ldots + B^{(n-1)}\right)$$

et obtenons finalement $A = \left(I_n + B^{(1)} + \ldots + B^{(n-1)}\right) A^{(n)}$, où la matrice $L = \left(I_n + B^{(1)} + \ldots + B^{(n-1)}\right)$ est une matrice triangulaire inférieure tandis que $U = A^{(n)}$ est une matrice triangulaire supérieure.

Cependant, cette décomposition n'est pas toujours possible pour une matrice A quelconque puisqu'il est nécessaire qu'à chaque étape le pivot $a_{k,k}^{(k)}$ soit non nul. Démontrons alors un résultat qui donne une condition suffisante pour l'application de la méthode d'élimination de Gauss sans pivot.

Théorème 1.27 ***Existence et unicité de la décomposition $L\,U$***

Soit $A \in \mathcal{M}_{n,n}(\mathbb{K})$ une matrice inversible. Supposons que toutes les sous-matrices principales d'ordre 1 à $n-1$ de A soient inversibles. Alors il existe une unique matrice L triangulaire inférieure à diagonale unité (ne comportant que des 1 sur la diagonale) et une matrice U triangulaire supérieure inversible telles que $A = L\,U$.

DÉMONSTRATION. Établissons d'abord le résultat d'unicité. Soient (L_α, U_α) et (L_β, U_β) telles que $L_\alpha U_\alpha = A = L_\beta U_\beta$, où L_α et L_β sont des matrices triangulaires inférieures à diagonale unité et donc inversibles. Étant donné qu'U_α et U_β sont des matrices triangulaires supérieures inversibles, nous pouvons écrire

$$L_\beta^{-1} L_\alpha = U_\beta U_\alpha^{-1}.$$

Or, $L_\beta^{-1} L_\alpha$ est une matrice triangulaire inférieure à diagonale unité et $U_\beta U_\alpha^{-1}$ est une matrice triangulaire supérieure, elle est donc diagonale et $L_\beta^{-1} L_\alpha = I_n$ et

$U_\beta U_\alpha^{-1} = I_n$. Ainsi, $L_\alpha = L_\beta$ et $U_\alpha = U_\beta$, ce qui prouve que la décomposition est unique.

Démontrons maintenant l'existence d'une telle décomposition. Nous avons vu que pour pouvoir appliquer la méthode d'élimination de Gauss sans pivot, il suffit qu'à chaque étape le pivot $a_{i,i}^{(i)}$ soit non nul. Prouvons alors par récurrence que lorsque la matrice A a toutes ses sous-matrices principales inversibles, $a_{i,i}^{(i)}$ est bien différent de zéro.

Tout d'abord, puisque la première sous-matrice est de déterminant non nul, nous avons $a_{1,1} \neq 0$ et donc le premier pivot $a_{1,1}^{(1)} = a_{1,1}$ est bien non nul et pouvons effectuer la première étape de l'élimination de Gauss.

Supposons ensuite que pour tout $k \in \{1, \ldots, i-1\}$ le coefficient $a_{k,k}^{(k)}$ est différent de zéro, dans ce cas en suivant la méthode d'élimination de Gauss, nous avons

$$A = A^{(1)} = \left(L^{(i-1)} \ldots L^{(1)}\right)^{-1} A^{(i)}.$$

Développons alors le produit par blocs, il vient

$$\begin{pmatrix} A_i & \times \\ \times & \times \end{pmatrix} = \begin{pmatrix} L_i & 0 \\ \times & \times \end{pmatrix} \begin{pmatrix} A_i^{(i)} & \times \\ \times & \times \end{pmatrix},$$

où A_i (respectivement $A_i^{(i)}$) est la sous-matrice principale de A (respectivement $A^{(i)}$) tandis que $L_i \in \mathscr{M}_{i,i}(\mathbb{K})$ est une matrice tridiagonale inférieure avec uniquement des 1 sur la diagonale. Puisque $A_i^{(i)}$ est une matrice triangulaire supérieure, nous avons

$$\det(A_i) = \det\left(L_i A_i^{(i)}\right) = \det(L_i) \times \det\left(A_i^{(i)}\right) = 1 \times a_{1,1}^{(1)} \ldots a_{i,i}^{(i)}.$$

Or, puisque toutes les sous-matrices principales sont inversibles $\det(A_i)$ est différent de zéro et donc le produit $\prod_{k=1}^{i} a_{k,k}^{(k)}$ est aussi non nul et en particulier $a_{i,i}^{(i)} \neq 0$. Nous pouvons donc effectuer une nouvelle étape de la méthode d'élimination de Gauss.

Au final, nous obtenons la décomposition

$$\begin{aligned} A &= (L^{(1)})^{-1} L^{(1)} A^{(1)}, \\ &= (L^{(1)})^{-1} A^{(2)}, \\ &= \vdots \\ &= \left(I_n + B^{(1)} \ldots + B^{(n-1)}\right) A^{(n-1)}. \end{aligned}$$

Notons U la matrice triangulaire supérieure $A^{(n-1)}$ et $L = (L^{(1)})^{-1} \ldots (L^{(n-1)})^{-1}$, alors $A = LU$ □

À l'aide de ce résultat, nous pouvons démontrer le corollaire suivant qui est particulièrement important pour les applications.

Corollaire 1.28

Soit $A \in \mathscr{M}_{n,n}(\mathbb{K})$ une matrice définie positive. Alors A admet une décomposition $L\,U$.

DÉMONSTRATION. Les sous-matrices principales sont définies positives et donc inversibles. Par application du Théorème 1.27, A admet une décomposition $L\,U$. □

La décomposition $L\,U$ fournit donc un algorithme exact pour résoudre un système linéaire dont la solution $x \in \mathbb{K}^n$ vérifie $A\,x = b$. En écrivant la matrice A sous la forme $A = LU$, la résolution se décompose en deux étapes :

$$\begin{cases} \text{trouver } y \in \mathbb{K}^n \text{ tel que } L\,y = b, \\ \text{trouver } x \in \mathbb{K}^n \text{ tel que } U\,x = y, \end{cases}$$

et chaque étape porte sur un système triangulaire. Or, nous avons vu que les systèmes linéaires avec des matrices triangulaires peuvent être aisément résolus en utilisant un algorithme de descente puis de remontée.

Remarque

Notons que lorsque nous voulons résoudre ce système pour différents $b \in \mathbb{K}^n$, il est plus optimal de réaliser la décomposition $L\,U$ une fois pour toutes et de résoudre les systèmes linéaires avec les matrices triangulaires pour les différents b plutôt que d'utiliser l'élimination de Gauss-Jordan à de multiples reprises.

L'algorithme correspondant peut être décrit sous une forme compacte :

Algorithme 1.1. Élimination de Gauss sans pivot

Pour $k = 1, \ldots, n-1$
    Pour $i = k+1, \ldots, n$:
        - calculer
            $$\alpha_i^{(k)} = \frac{a_{i,k}^{(k)}}{a_{k,k}^{(k)}}.$$
            Pour $j = k+1, \ldots, n$
                $$a_{i,j}^{(k+1)} = a_{i,j}^{(k)} - \alpha_i^{(k)}\,a_{k,j}^{(k)}.$$
            Fin de la boucle sur j,
        - puis le second membre
            $$b_i^{(k+1)} = b_i^{(k)} - \alpha_i^{(k)}\,b_k^{(k)}.$$
    Fin de la boucle sur i
Fin de la boucle sur k.

Cet algorithme peut être implanté sur ordinateur pour résoudre des systèmes avec des milliers d'inconnues et d'équations. Il est cependant numériquement peu stable, c'est-à-dire que les erreurs d'arrondi effectuées durant le calcul sont accumulées et le résultat obtenu peut être loin de la solution surtout lorsque le système est mal conditionné. Pour remédier à ce problème, nous ajoutons une étape supplémentaire de permutation qui améliore la stabilité de l'algorithme.

- ***Méthode de Gauss avec pivot***

Jusqu'ici nous avons supposé qu'à chaque étape de la méthode d'élimination de Gauss, le pivot $a_{k,k}^{(k)} \neq 0$, l'inconvénient est que cette condition n'est pas assurée pour une matrice inversible quelconque. D'autre part, même lorsque cette condition est satisfaite, le pivot peut prendre des valeurs $|a_{k,k}^{(k)}|$ proches de 0, ce qui conduit à des instabilités numériques. C'est pourquoi en général, nous avons recours à une étape supplémentaire de permutation de lignes pour remplacer un pivot éventuellement nul par un autre pivot qui lui sera non nul à coup sûr. Cette étape permet également de stabiliser l'algorithme par rapport aux erreurs d'arrondi. En effet, considérons simplement le système à deux inconnues. Soit $\varepsilon > 0$ un petit paramètre,

$$\begin{cases} \varepsilon x_1 + x_2 &= 1, \\ x_1 + x_2 &= 2, \end{cases}$$

dont la solution exacte est $x_1 = 1/(1 - \varepsilon)$ et $x_2 = (1 - 2\varepsilon)/(1 - \varepsilon)$. D'une part, lorsque nous appliquons rigoureusement l'algorithme d'élimination de Gauss sans pivot avec des erreurs d'arrondi de l'ordre de ε, nous obtenons

$$\begin{cases} \varepsilon x_1 + x_2 &= 1, \\ \left(1 - \dfrac{1}{\varepsilon}\right) x_2 &= 2 - \dfrac{1}{\varepsilon}. \end{cases}$$

Par conséquent,

$$x_2 = \left(2 - \frac{1}{\varepsilon}\right)\left(1 - \frac{1}{\varepsilon}\right)^{-1}$$

et en supposant que l'erreur de calcul est de l'ordre de ε, nous obtenons une valeur approchée de x_2 donnée par $x_2^{app} = 1$ et en utilisant la première ligne, nous avons ensuite $x_1^{app} = 0$, ce qui est très loin de la valeur exacte. Le résultat approché obtenu pour x_1 n'est pas correct. En revanche, si avant d'appliquer la méthode d'élimination de Gauss nous échangeons les deux équations, nous avons alors le système

$$\begin{cases} x_1 + x_2 &= 2, \\ \varepsilon x_1 + x_2 &= 1. \end{cases}$$

Cette fois-ci, le pivot est égal à un et la méthode d'élimination de Gauss donne pour la deuxième équation $(1 - \varepsilon) x_2 = 1 - 2\varepsilon$ et donc le système est équivalent à

$$\begin{cases} x_1 + x_2 &= 2, \\ (1 - \varepsilon) x_2 &= 1 - 2\varepsilon. \end{cases}$$

De nouveau comme valeur approchée de x_2, sachant que l'erreur est de l'ordre ε, nous obtenons $x_2^{app} = 1$. Puis en substituant cette valeur approchée dans la première équation, nous trouvons comme valeur approchée $x_1^{app} = 1$. Cette fois-ci les deux valeurs numériques sont très proches de la solution exacte.

En définitive, la méthode que nous avons appliquée ici est l'algorithme d'élimination de Gauss avec pivot. C'est une méthode directe de résolution de système linéaire qui permet de transformer un système en un système équivalent composé d'une matrice triangulaire. L'algorithme est le même que celui décrit pour la méthode d'élimination de Gauss sans pivot mais avec une étape supplémentaire de permutation permettant d'obtenir le pivot le plus grand possible. Cela permet d'éviter de travailler avec un pivot proche de zéro, ce qui peut introduire des erreurs numériques grossières et au final donner une mauvaise approximation de la solution. Comme pour la méthode d'élimination de Gauss sans pivot après avoir obtenu un système triangulaire, nous résolvons le système à l'aide d'un algorithme de remontée.

L'algorithme est directement inspiré de l'algorithme sans pivot avec une étape supplémentaire de permutation.

Algorithme 1.2. Élimination de Gauss avec pivot

Pour $k = 1, \ldots, n-1$

    Pour $i = k+1, \ldots, n$:

        - rechercher $k_0 \in \{k, \ldots, n\}$ tel que

$$|a^{(k)}_{k_0,k}| = \max\{|a^{(k)}_{l,k}|,\ l \in \{k, \ldots, n\}\}$$

        et permuter les lignes k et k_0,

        - calculer

$$\alpha^{(k)}_i = \frac{a^{(k)}_{i,k}}{a^{(k)}_{k,k}}.$$

        Pour $j = k+1, \ldots, n$

$$a^{(k+1)}_{i,j} = a^{(k)}_{i,j} - \alpha^{(k)}_i\, a^{(k)}_{k,j}.$$

        Fin de la boucle sur j,

        - puis le second membre

$$b^{(k+1)}_i = b^{(k)}_i - \alpha^{(k)}_i\, b^{(k)}_k.$$

    Fin de la boucle sur i

Fin de la boucle sur k.

Nous avons donc le résultat suivant qui assure l'existence d'une décomposition LU pour n'importe quelle matrice inversible.

Théorème 1.29 ***Décomposition $L\,U$ d'une matrice inversible***

Soit $A \in \mathcal{M}_{n,n}(\mathbb{K})$ une matrice inversible. Alors la matrice A admet une décomposition $L\,U$ à quelques permutations près $P\,A = L\,U$ ou $A = P^T\,L\,U$, où P est une matrice de permutations (de même pour P^T), L est une matrice triangulaire inférieure ne contenant que des 1 sur sa diagonale et U une matrice triangulaire supérieure.

DÉMONSTRATION. Nous ne présentons pas le détail de la preuve qui est essentiellement technique, nous renvoyons le lecteur au livre [7] pour plus de détails. L'idée de la preuve consiste à démontrer que la méthode d'élimination de Gauss avec pivot est comme la méthode d'élimination de Gauss sans pivot une décomposition $L\,U$ mais avec en plus à chaque étape une permutation des lignes. Cette permutation permet d'assurer à chaque étape que le pivot $a_{k,k}^{(k)}$ est bien non nul. En effet, la méthode d'élimination de Gauss avec pivot peut s'écrire comme le produit suivant

$$A^{(k)} = L^{(k-1)}\,P^{(k-1)} \ldots L^{(1)}\,P^{(1)}\,A^{(1)},$$

où $L^{(i)}$ est la matrice déjà construite lors de la méthode d'élimination de Gauss sans pivot et $P^{(i)}$ est une matrice de permutations. Ainsi,

$$\begin{aligned}
|\det(A)| &= |\det(A^{(k)})| = \left| \begin{pmatrix} a_{1,1}^{(1)} & a_{1,2}^{(1)} & \ldots & \ldots & a_{1,n}^{(1)} \\ & a_{2,2}^{(2)} & \ldots & \ldots & a_{2,n}^{(2)} \\ & & \ddots & & \vdots \\ & & a_{k,k}^{(k)} & \ldots & a_{k,n}^{(k)} \\ & & \vdots & & \vdots \\ & & a_{n,k}^{(k)} & \ldots & a_{n,n}^{(k)} \end{pmatrix} \right|, \\
&= a_{1,1}^{(1)} \ldots a_{k-1,k-1}^{(k-1)} \left| \begin{pmatrix} a_{k,k}^{(k)} & \ldots & a_{k,n}^{(k)} \\ \vdots & & \vdots \\ a_{n,k}^{(k)} & \ldots & a_{n,n}^{(k)} \end{pmatrix} \right|.
\end{aligned}$$

Puisque $\det(A)$ est non nul, le déterminant de la sous-matrice est aussi non nul et donc il existe forcément un coefficient $a_{i,k}^{(k)}$ qui est non nul. Nous pouvons donc appliquer la stratégie de l'élimination de Gauss en ayant au préalable effectué si nécessaire une permutation des lignes.

Pour conclure la preuve, nous avons vu qu'à la k-ème étape, nous sélectionnons un pivot à la ligne $p_k \in \{k, \ldots, n\}$ et permutons ensuite les lignes k et p_k. Nous observons alors que la factorisation LU que nous obtenons est la même que si nous permutions les lignes de la matrice A, $k \leftrightarrow p_k$, $k = 1, \ldots, n-1$ avant d'effectuer la factorisation, ce qui correspondrait à une factorisation sans pivot de la matrice $P\,A$.

□

1.3.3 Factorisation de Cholesky

La factorisation de Cholesky[1] consiste pour une matrice hermitienne définie positive A à déterminer une matrice triangulaire supérieure R telle que : $A = R^\star\,R$. La matrice R est en quelque sorte la « racine carrée » de A. Cette décomposition permet

1. Cette méthode a d'abord été mise au point par le mathématicien et militaire français André-Louis Cholesky (1875-1918), puis redécouverte seulement dans les années 1940.

notamment de résoudre des systèmes linéaires du type (1.1) ou de calculer le déterminant de A qui n'est rien d'autre que le carré du produit des éléments diagonaux de R. Par la suite, nous démontrons l'existence et l'unicité d'une telle décomposition pour une matrice hermitienne, définie positive et proposons ensuite un algorithme de calcul.

Théorème 1.30 ***Factorisation de Cholesky d'une matrice***

Soit $A \in \mathcal{M}_{n,n}(\mathbb{K})$ une matrice hermitienne et définie positive. Alors il existe au moins une matrice triangulaire supérieure R telle que $A = R^\star R$.
Si de plus les éléments diagonaux de la matrice R sont tous positifs alors la factorisation correspondante est unique.

DÉMONSTRATION. Nous présentons ici la preuve, proposée par P. S. Dwyer en 1945 [15], qui se décompose en deux étapes : pour l'existence, il s'agit d'effectuer une décomposition LU puis de modifier L et U pour qu'elles aient la même diagonale. Puis, sachant que cette décomposition existe, nous construisons l'algorithme en effectuant le produit $R^\star R$ ce qui permet de calculer les coefficients de la matrice R de manière unique en imposant que les coefficients diagonaux soient positifs.

Tout d'abord, puisque la matrice A est définie positive, nous appliquons le Corollaire 1.28, ce qui assure que la matrice A admet une unique décomposition $L\,U$. De plus, en notant A_k la sous-matrice principale d'ordre k de A et en développant le produit par bloc, il vient alors

$$\det(A_k) = \det((L\,U)_k) = 1 \times u_{1,1} \times \ldots \times u_{k,k}.$$

Le déterminant de A_k correspond au produit des valeurs propres de A_k, qui sont strictement positives, ce qui signifie que $\det(A_k) > 0$. Ainsi, en raisonnant par récurrence, nous démontrons que $u_{k,k} > 0$ pour tout $1 \leqslant k \leqslant n$, ce qui permet de définir les matrices $\Lambda,\ R,\ U \in \mathcal{M}_{n,n}(\mathbb{K})$ comme suit :

$$\Lambda = \operatorname{diag}(\sqrt{u_{1,1}}, \ldots, \sqrt{u_{n,n}}), \qquad S = L\,\Lambda, \qquad R = \Lambda^{-1}U$$

et nous avons bien

$$A = L\,\Lambda\,\Lambda^{-1}U = S\,R.$$

De plus, comme la matrice A est hermitienne, $S\,R = R^\star S^\star$, ou encore puisque la matrice R est inversible $(R^\star)^{-1} S = S^\star R^{-1}$.

D'une part, la matrice de gauche est le produit de deux matrices triangulaires inférieures S et $(R^\star)^{-1}$. D'après la Proposition 1.10, la matrice $(R^\star)^{-1} S$ est donc triangulaire inférieure. D'autre part, la matrice de droite $S^\star R^{-1}$ est pour des raisons identiques, une matrice triangulaire supérieure. Cela signifie que $S^\star R^{-1}$ est tout simplement une matrice diagonale ne contenant que des 1 sur sa diagonale, c'est donc l'identité autrement dit $S^\star = R$. Ainsi, la matrice A se décompose comme $A = R^\star R$.

Enfin, dans la pratique pour construire la matrice R, nous cherchons la matrice R sous la forme

$$R = \begin{pmatrix} r_{1,1} & r_{1,2} & \dots & r_{1,n} \\ & r_{2,2} & \dots & r_{2,n} \\ & & \ddots & \vdots \\ & & & r_{n,n} \end{pmatrix},$$

en imposant que tous les termes diagonaux soient strictement positifs. De l'égalité $A = R^\star R$, nous déduisons :

$$a_{i,j} = (R^\star R)_{i,j} = \sum_{k=1}^{n} \overline{r}_{k,i}\, r_{k,j} = \sum_{k=1}^{\min(i,j)} \overline{r}_{k,i}\, r_{k,j}, \qquad 1 \leqslant i, j \leqslant n,$$

puisque $r_{p,q} = 0$ si $1 \leqslant q < p \leqslant n$.
La matrice A étant hermitienne, il suffit que les relations ci-dessus soient vérifiées pour $i \leqslant j$, c'est-à-dire

$$a_{i,j} = \sum_{k=1}^{i} \overline{r}_{k,i}\, r_{k,j}, \qquad 1 \leqslant i \leqslant j \leqslant n.$$

Pour $i = 1$, nous déterminons la première colonne de R : le coefficient $r_{1,1}$ est choisi strictement positif

$$[j = 1] \quad a_{1,1} = \overline{r}_{1,1}\, r_{1,1} \quad \Rightarrow \quad r_{1,1} = \sqrt{a_{1,1}} > 0,$$

et le choix des autres coefficients est alors déterminé par

$$\begin{aligned} &[j = 2] \quad a_{1,2} = r_{1,1}\, r_{1,2} \quad \Rightarrow \quad r_{1,2} = \frac{a_{1,2}}{r_{1,1}}, \\ &\vdots \\ &[j = n] \quad a_{1,n} = r_{1,1}\, r_{1,n} \quad \Rightarrow \quad r_{1,n} = \frac{a_{1,n}}{r_{1,1}}. \end{aligned}$$

Raisonnons ensuite par récurrence. Pour $i \geqslant 1$ fixé, nous supposons que les coefficients $(r_{i-1,j})_{j=i-1,\dots,n}$ sont connus et déterminons alors la i-ème ligne de R. Pour cela, écrivons d'abord le produit par bloc pour le calcul de la sous-matrice principale A_i de A, il vient alors

$$A_i = \begin{pmatrix} A_{i-1} & \alpha \\ \alpha^\star & a_{i,i} \end{pmatrix} = \begin{pmatrix} R_{i-1}^\star & 0 \\ \rho^\star & \overline{r}_{i,i} \end{pmatrix} \begin{pmatrix} R_{i-1} & \rho \\ 0 & r_{i,i} \end{pmatrix},$$

avec $\alpha = (a_{1,i}, \dots, a_{i-1,i})^T \in \mathbb{K}^{i-1}$ et $\rho = (r_{1,i}, \dots, r_{i-1,i})^T \in \mathbb{K}^{i-1}$ lequel est déjà déterminé. Par identification, nous obtenons d'abord

$$a_{i,i} = \rho^\star \rho + \overline{r}_{i,i}\, r_{i,i} \tag{1.3}$$

ou encore en utilisant les propriétés du déterminant

$$\det(A_i) = \overline{r}_{i,i} \det(R_{i-1}^\star) \times r_{i,i} \det(R_{i-1}) = \overline{r}_{i,i}\, r_{i,i} \det(A_{i-1})$$

et puisque A_i et A_{i-1} sont définies positives, nous avons bien

$$\overline{r}_{i,i}\, r_{i,i} = \frac{\det(A_i)}{\det(A_{i-1})} > 0.$$

Nous sommes alors en mesure de déterminer le seul réel positif vérifiant l'égalité (1.3)

$$r_{i,i} = \sqrt{a_{i,i} - \sum_{k=1}^{i-1} |r_{k,i}|^2}.$$

Ensuite, le calcul du terme $a_{i,j}$ pour $j > i$ permet de définir les autres composantes

$$[j = i+1] \quad a_{i,i+1} = \overline{r}_{1,i}\, r_{1,i+1} + \ldots + \overline{r}_{i,i}\, r_{i,i+1}$$

$$\Rightarrow r_{i,i+1} = \frac{a_{i,i+1} - \sum_{k=1}^{i-1} \overline{r}_{k,i}\, r_{k,i+1}}{r_{i,i}},$$

$$\vdots$$

$$[j = n] \quad a_{i,n} = \overline{r}_{1,i}\, r_{1,n} + \ldots + \overline{r}_{i,i}\, r_{i,n}$$

$$\Rightarrow r_{i,n} = \frac{a_{i,n} - \sum_{k=1}^{i-1} \overline{r}_{k,i}\, r_{k,n}}{r_{i,i}}.$$

□

L'algorithme correspondant peut être décrit sous une forme compacte comme suit :

Algorithme 1.3. Factorisation de Cholesky

Pour $i = 1, \ldots, n$

- calculer

$$r_{i,i} = \sqrt{a_{i,i} - \sum_{k=1}^{i-1} |r_{k,i}|^2}.$$

Pour $j = i+1, \ldots, n$

$$r_{i,j} = \frac{1}{r_{i,i}} \left(a_{i,j} - \sum_{k=1}^{i-1} \overline{r}_{k,i}\, r_{k,j} \right).$$

Fin de la boucle sur j,

Fin de la boucle sur i.

Exemple

Soit $A \in \mathcal{M}_{3,3}(\mathbb{R})$ donnée par

$$A = \begin{pmatrix} 1 & 1 & 1 \\ 1 & 2 & 2 \\ 1 & 2 & 3 \end{pmatrix},$$

nous cherchons une matrice R triangulaire supérieure vérifiant $R^T R = A$. Pour cela, écrivons simplement

$$R = \begin{pmatrix} r_{1,1} & r_{1,2} & r_{1,3} \\ 0 & r_{2,2} & r_{2,3} \\ 0 & 0 & r_{3,3} \end{pmatrix},$$

et en effectuant le produit $R^T R$, calculons d'abord $r_{1,1} = 1$. Puis nous en déduisons $r_{1,2} = 1$ puis $r_{1,3} = 1$. En passant à la deuxième ligne, il vient $r_{2,2} = 1$, puis $r_{2,3} = 1$. Enfin la dernière ligne donne $r_{3,3} = 1$.

1.3.4 Factorisation QR

L'objectif de cette partie est de proposer une méthode de factorisation des matrices A inversibles non nécessairement définies positives. Nous allons voir que toute matrice inversible peut être obtenue comme le produit de deux matrices Q et R. L'originalité de cette factorisation réside dans le fait que nous ne cherchons pas Q triangulaire mais pleine et orthogonale, c'est-à-dire $Q^T Q = I_n$, alors que la matrice R, pour sa part, est triangulaire supérieure.

Remarquons que lorsqu'une telle décomposition est connue, le système linéaire de la forme $A x = b$ se résout facilement. En effet, cela revient à trouver $x \in \mathbb{R}^n$ tel que $Q R x = b$. En multipliant alors par Q^T, puisque Q est orthogonale, il vient $R x = Q^T b$ qui peut être résolu facilement puisque R est triangulaire supérieure. Nous verrons également au chapitre suivant que la décomposition $Q R$ permet de définir un algorithme itératif pour la recherche de valeurs propres et de vecteurs propres d'une matrice. Cette décomposition est donc très utile dans la pratique bien qu'un peu plus coûteuse en termes de complexité que la factorisation $L U$.

Il existe plusieurs méthodes pour réaliser cette décomposition :

- la méthode de Householder où Q est obtenue par produits successifs de matrices orthogonales élémentaires ;
- la méthode de Givens où Q est obtenue par produits successifs de matrices de rotations planes ;
- la méthode de Schmidt, basée sur le procédé de Gram-Schmidt (voir Exercice 1.5).

Nous avons choisi ici de présenter la méthode de Householder qui mène à la factorisation $Q R$ d'une matrice A inversible.

Définition 1.31

Soit $u \in \mathbb{R}^n$. Nous appelons matrice de Householder, la matrice $H_u \in \mathcal{M}_{n,n}(\mathbb{R})$ donnée par

$$H_u = I_n - 2\,\frac{u\,u^T}{\|u\|^2}, \qquad (1.4)$$

où $\|u\|^2 = u^T u$ lorsque u est non nul, et $H_u = I_n$ lorsque $u = 0$.

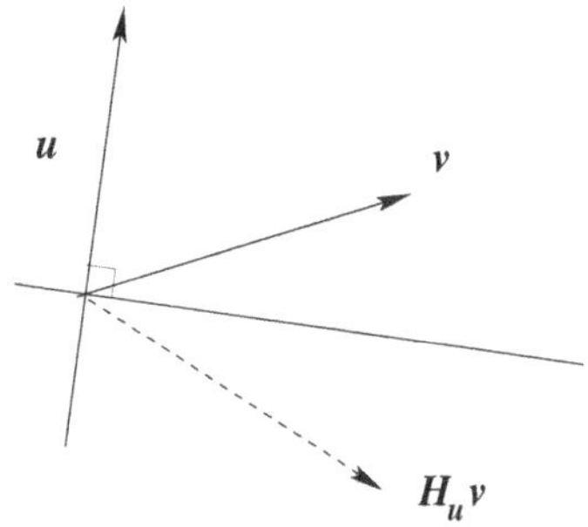

Figure 1.1

La matrice de Householder représente une réflection par rapport au vecteur u.

La matrice de Householder satisfait quelques propriétés particulières.

Proposition 1.32

Soit $u \in \mathbb{R}^n$. Alors,

(i) H_u est symétrique, c'est-à-dire $H_u = H_u^T$,

(ii) H_u est inversible et $H_u^{-1} = H_u$,

(iii) $H_u\,v = -v$, pour tout $v \in \mathbb{R}^n$ colinéaire à u et $H_u\,v = v$ pour tout $v \in \mathbb{R}^n$ orthogonal à u,

(iv) le déterminant de H_u est égal à -1 lorsque u est non nul et égal à +1 lorsque $u = 0$.

En définitive H_u est la matrice de la réflection d'hyperplan $\mathrm{Vect}\{u\}^T$.

DÉMONSTRATION. La démonstration étant triviale lorsque $u = 0$, considérons seulement le cas où le vecteur u est non nul. D'après la définition de la matrice de Householder, nous vérifions facilement que la matrice H_u est symétrique.

Nous vérifions ensuite la propriété (ii). Pour cela, calculons

$$H_u\,H_u = I_n - 4\,\frac{u\,u^T}{\|u\|^2} + 4\,\frac{u\,u^T}{\|u\|^2}\,\frac{u\,u^T}{\|u\|^2}.$$

Or, comme $(u\,u^T)(u\,u^T) = u\,(u^T u)\,u^T = \|u\|^2\,u\,u^T$, il vient

$$H_u\,H_u = I_n - 4\,\frac{u\,u^T}{\|u\|^2} + 4\,\frac{u\,u^T}{\|u\|^2} = I_n$$

et donc $H_u^{-1} = H_u$.

Ensuite pour démontrer (iii), prenons d'une part $v \in \mathbb{R}^n$ tel que $\langle v, u\rangle = u^T v = 0$. Alors

$$H_u\,v = v - \frac{2}{\|u\|^2}\,u\,(u^T v) = v.$$

D'autre part, pour $v \in \mathbb{R}^n$ colinéaire à u, c'est-à-dire qu'il existe $\alpha \in \mathbb{R}$ tel que $v = \alpha u$, nous avons

$$H_u v = \alpha u - \frac{2\alpha}{\|u\|^2}(u u^T)u = \alpha u - 2\alpha u = -v.$$

Enfin, nous démontrons (iv). Pour $u \in \mathbb{R}^n$, posons $u_1 = u$, puis appliquons le résultat précédent en formant une base de $\mathbb{R}^n$ en complétant u_1 par une famille de vecteurs libres $(u_j)_{2\leqslant j\leqslant n}$ et orthogonaux à u_1. Nous notons alors U la matrice composée des colonnes $(u_j)_{1\leqslant j\leqslant n}$. En utilisant la propriété (iii), nous obtenons

$$H_u U = H_u(u_1, u_2, \ldots, u_n) = (u_1, u_2, \ldots, u_n)\begin{pmatrix} -1 & 0^T_{\mathbb{R}^{n-1}} \\ 0_{\mathbb{R}^{n-1}} & I_{n-1} \end{pmatrix}$$

et donc en appliquant les propriétés du déterminant

$$\det(H_u)\det(U) = \det(H_u U) = -1 \times \det(U).$$

Puisque la matrice U est inversible, nous avons $\det(U) \neq 0$ et $\det(H_u) = -1$. □

À partir de la Proposition 1.32, nous vérifions que pour tout $v \in \mathbb{R}^n$ qui s'écrit aussi $v = x + y$ avec x colinéaire à u et y orthogonal à u, $H_u v = H_u(x+y) = y - x$, c'est bien une réflection d'hyperplan $\mathrm{Vect}\{u\}^T$. C'est cette propriété que nous allons maintenant exploiter pour démontrer le résultat qui suit.

Proposition 1.33

Pour tout $v \in \mathbb{R}^m$, $m \geqslant 1$ tel que $\|v\| = 1$, il existe $u \in \mathbb{R}^m$ tel que $H_u v = e_1$, où $e_1 = (1, 0, \ldots, 0)^T \in \mathbb{R}^m$ le vecteur de la base canonique dont seule la première composante est non nulle.

DÉMONSTRATION. Tout d'abord si v est colinéaire à e_1, posons $u = 0$ et $H_u = I_m$. En revanche lorsque v n'est pas colinéaire à e_1, posons $u = v - e_1$. Un calcul direct montre d'une part

$$H_u v = v - 2\frac{(v - e_1)(v - e_1)^T}{\|v - e_1\|^2} v = v - 2\frac{(v - e_1)^T v}{\|v - e_1\|^2}(v - e_1).$$

D'autre part, puisque $e_1^T e_1 = 1 = v^T v$ et en utilisant la symétrie du produit scalaire, nous avons

$$\begin{aligned} \|v - e_1\|^2 &= (v - e_1)^T v - v^T e_1 + 1 = (v - e_1)^T v - v^T(e_1 - v) \\ &= 2(v - e_1)^T v. \end{aligned}$$

En combinant, ces deux derniers résultats, nous obtenons $H_u v = e_1$. □

Maintenant que nous avons étudié les propriétés des matrices de Householder, nous pouvons effectuer la factorisation $Q\,R$.

Théorème 1.34 ***Existence et unicité de la décomposition $Q\,R$***

Soit $A \in \mathscr{M}_{n,n}(\mathbb{R})$ une matrice inversible. Alors il existe une matrice orthogonale Q et une matrice triangulaire supérieure R telles que $A = Q\,R$.

DÉMONSTRATION. Soit $A \in \mathscr{M}_{n,n}(\mathbb{R})$ une matrice inversible. L'idée de la factorisation $Q\,R$ consiste à multiplier la matrice A par des matrices de Householder de manière à faire apparaître au final une matrice triangulaire comme nous l'avons fait pour la décomposition $L\,U$.

Par récurrence, posons $A^{(1)} = A$ et pour $i \in \{1, \ldots, n\}$, notons $a_i^{(1)}$ la i-ème colonne de la matrice $A^{(1)}$, c'est-à-dire $A^{(1)} = \left(a_1^{(1)}, \ldots, a_n^{(1)}\right)$.

En appliquant la Proposition 1.33 au vecteur $a_1^{(1)} \in \mathbb{R}^n$: il existe $u_1 \in \mathbb{R}^n$ tel que $H_{u_1}\,a_1^{(1)} = \|a_1^{(1)}\|\,e_1$. Ainsi en notant $H_1 := H_{u_1}$, nous obtenons

$$A^{(2)} = H_1\,A^{(1)} = \begin{pmatrix} \|a_1^{(1)}\| & A_{1,2}^{(2)} \\ 0_{\mathbb{R}^{n-1}} & A_{2,2}^{(2)} \end{pmatrix}.$$

En poursuivant ce procédé et en s'inspirant de ce qui précède, nous mettons en place un algorithme, dit d'élimination de Householder. Supposons qu'au cours de l'étape $(k-1)$, nous ayons construit une matrice $A^{(k)}$ donnée par

$$A^{(k)} = \begin{pmatrix} A_{1,1}^{(k)} & A_{1,2}^{(k)} \\ 0 & A_{2,2}^{(k)} \end{pmatrix},$$

avec $A_{1,1}^{(k)} \in \mathscr{M}_{k-1,k-1}(\mathbb{R})$ une matrice triangulaire supérieure, $A_{1,2}^{(k)}$ une matrice rectangulaire réelle à $k-1$ lignes et $n-k+1$ colonnes et $A_{2,2}^{(k)}$ une matrice carrée réelle à $n-k+1$ lignes et colonnes.

La k-ème étape consiste donc à multiplier la matrice $A_{2,2}^{(k)}$ par une matrice de Householder pour faire apparaître des 0 sur la première colonne. Pour cela, nous notons $a_k^{(k)}$ le vecteur de $\mathbb{R}^{n-k+1}$ formé à partir des $(n-k+1)$ composantes de la première colonne de $A_{2,2}^{(k)} := \left(a_k^{(k)}, \ldots, a_n^{(k)}\right)$ et $e_1^{(k)} := (1, 0, \ldots, 0) \in \mathbb{R}^{n-k+1}$ le vecteur de la base canonique dont seule la première composante est non nulle.

Nous appliquons la Proposition 1.33 au vecteur $a_k^{(k)} \in \mathbb{R}^{n-k+1}$: il existe $u_k \in \mathbb{R}^{n-k+1}$ tel que $H_{u_k}\,a_k^{(k)} = \|a_k^{(k)}\|\,e_1^{(k)}$. Nous construisons alors la matrice $H_k \in \mathscr{M}_{n,n}(\mathbb{R})$ de réflection

$$H_k = \begin{pmatrix} I_{k-1} & 0 \\ 0 & H_{u_k} \end{pmatrix}$$

d'où nous déduisons la nouvelle matrice $A^{(k+1)}$

$$A^{(k+1)} = H_k\, A^{(k)} = \begin{pmatrix} I_{k-1} & 0 \\ 0 & H_{u_k} \end{pmatrix} \begin{pmatrix} A_{1,1}^{(k)} & A_{1,2}^{(k)} \\ 0 & A_{2,2}^{(k)} \end{pmatrix}.$$

En effectuant le produit par blocs, nous obtenons plus précisément

$$A^{(k+1)} = \begin{pmatrix} A_{1,1}^{(k)} & A_{1,2}^{(k)} \\ 0 & H_{u_k}\, A_{2,2}^{(k)} \end{pmatrix}.$$

Ainsi, la matrice $A^{(k+1)}$ s'écrit finalement sous la forme

$$A^{(k+1)} = \begin{pmatrix} A_{1,1}^{(k+1)} & A_{1,2}^{(k+1)} \\ 0 & A_{2,2}^{(k+1)} \end{pmatrix}$$

et $A_{1,1}^{(k+1)} \in \mathscr{M}_{k,k}(\mathbb{R})$ une matrice triangulaire supérieure, $A_{1,2}^{(k+1)} \in \mathscr{M}_{k,n-k}(\mathbb{R})$ et $A_{2,2}^{(k+1)} \in \mathscr{M}_{n-k,n-k}(\mathbb{R})$.

Ainsi, après n itérations, nous obtenons une matrice $A^{(n)}$ qui est triangulaire supérieure et telle que $H_{n-1} \dots H_1\, A = A^{(n)}$. Puisque, d'après la Proposition 1.32 chaque matrice H_k est symétrique et vérifie $H_k^{-1} = H_k$, la matrice H_k est orthogonale. Ainsi, en posant $Q = H_1 \dots H_{n-1}$ et $R = A^{(n)}$, la matrice A s'écrit sous la forme $A = Q\, R$ avec Q une matrice orthogonale et R une matrice triangulaire supérieure. □

Remarque

Une autre méthode pour démontrer qu'une matrice inversible A réelle admet une factorisation $Q\,R$, consiste à considérer la matrice $A^T A$ qui est symétrique et définie positive, elle admet donc une factorisation de Cholesky $A^T A = R^T R$. Il suffit donc de vérifier que $Q = (A^T)^{-1} R^T$ est orthogonale. Néanmoins, la méthode de Householder est constructive tandis qu'ici le calcul de Q n'est pas évident !

1.4 MÉTHODES ITÉRATIVES

Les méthodes directes sont certes intéressantes puisqu'elles fournissent la solution exacte mais lorsque le système devient de grande taille, les calculs deviennent trop fastidieux. À titre d'exemple, Carl Friedrich Gauss s'était rendu compte que sa méthode n'était pas adaptée aux systèmes de plus de vingt équations qu'il devait résoudre en cartographie (triangulation de Hannovre). D'autre part, les calculs sur ordinateur ne fournissent qu'une solution approchée à cause des erreurs d'arrondi et nous pouvons rencontrer des problèmes d'instabilité (voir la partie Méthode de Gauss sans pivot). Il peut donc s'avérer judicieux de ne pas rechercher la solution exacte mais plutôt une solution approchée.

C'est pourquoi dans cette partie, nous mettons en place un type de méthodes numériques tout à fait différent. Il ne s'agit plus de résoudre exactement un système linéaire de grande taille mais plutôt de construire une suite vectorielle convergeant vers la solution du système linéaire (1.1). C'est ce que nous appelons une méthode itérative. Dans un premier temps, nous donnons les grands principes de ces méthodes : construction de la suite et critère de convergence. Ensuite, nous détaillons deux méthodes classiques : la méthode de Jacobi puis celle de Gauss-Seidel.

1.4.1 Méthodologie générale

Soient $A \in \mathcal{M}_{n,n}(\mathbb{K})$ une matrice inversible et un vecteur $b \in \mathbb{K}^n$, recherchons une approximation de $x \in \mathbb{K}^n$ solution de $A\,x = b$.

Pour cela, posons $A = M - N$, où M est une matrice inversible et surtout facile à inverser (par exemple une matrice diagonale, triangulaire ou orthogonale). Alors résoudre le système $A\,x = b$ sera équivalent à résoudre le système $M\,x = N\,x + b$ ou encore, dès que M est facile à inverser, $x = M^{-1}\,N\,x + M^{-1}\,b =: F(x)$, où F est une fonction affine. À partir de cette dernière égalité, nous proposons la méthode itérative suivante : pour $x^{(0)}$ donné, et $k \geqslant 0$

$$x^{(k+1)} = F(x^{(k)}) = M^{-1}\,N\,x^{(k)} + M^{-1}\,b. \tag{1.5}$$

Si, par chance, la suite $(x^{(k)})_{k\in\mathbb{N}}$ converge, alors sa limite x^{∞} doit satisfaire $x^{\infty} = F(x^{\infty})$ car F est continue. Donc $x^{\infty} = M^{-1}Nx^{\infty} + M^{-1}b$ soit $(M - N)\,x^{\infty} = b$, c'est-à-dire $A\,x^{\infty} = b$. Nous disons alors que la solution $x^{\infty} = A^{-1}b \in \mathbb{K}^n$ est un point fixe ou un point stationnaire de (1.5). Plusieurs questions découlent de cette construction :

- Pour quelle décomposition de la matrice A obtenons-nous la convergence de la méthode ? Bien sûr, la décomposition la plus simple serait $M = I_n$ et $N = I_n - A$ mais nous rencontrons généralement des problèmes de convergence pour cette méthode itérative (voir la méthode de Richardson de l'Exercice 1.7).
- Est-il possible d'améliorer la vitesse de convergence en fonction de la décomposition ? Nous voyons bien que le choix de $M = A$ et $N = 0$ permet la convergence de la méthode en une seule itération mais ce choix n'est en général pas intéressant puisque nous ne connaissons pas $M^{-1} = A^{-1}$.
- Comment déterminer l'arrêt des itérations ? En effet, nous ne pouvons pas calculer l'écart exact entre $x^{(k)}$ et la solution x puisque nous ne connaissons pas la solution.

La construction d'une méthode itérative revient à chercher des réponses à ces trois questions. Nous commençons par la notion de convergence de la méthode itérative. Ensuite, nous proposons plusieurs décompositions possibles (méthode de Jacobi, Gauss-Seidel) et tentons d'évaluer la vitesse de convergence des différentes méthodes.

- *Notion de convergence et vitesse de convergence*

Définition 1.35

Soit $A = M - N \in \mathcal{M}_{n,n}(\mathbb{K})$ avec M une matrice inversible. La méthode itérative (1.5) converge si pour tout $b \in \mathbb{K}^n$ et tout $x^{(0)} \in \mathbb{K}^n$, la suite $(x^{(k)})_{k\geqslant 0}$ converge vers la solution $x = A^{-1}b$ dans $\mathbb{K}^n$, c'est-à-dire

$$\lim_{k\to\infty} \|x^{(k)} - x\| = 0.$$

Rappelons que toutes les normes sont équivalentes sur $\mathbb{K}^n$ et que la notion de convergence ne dépend pas du choix de la norme.

Notons bien qu'ici le critère de convergence porte essentiellement sur les propriétés de la décomposition de $A = M - N$, puisqu'aucune restriction n'est imposée sur le vecteur initial $x^{(0)} \in \mathbb{K}^n$ et la donnée $b \in \mathbb{K}^n$. Nous verrons au chapitre suivant que les choses se compliquent lorsque nous nous intéressons à des systèmes non linéaires, nous introduirons alors différentes notions de convergence.

Pour l'instant, essayons d'établir un critère sur les matrices M et N pour assurer la convergence de la méthode. Pour cela, introduisons l'erreur $e^{(k)}$ entre la solution approchée $x^{(k)}$ et la solution exacte x qui est donnée par $e^{(k)} = x^{(k)} - x$.

Rappelons qu'*a priori* nous ne connaissons pas la solution exacte x, ce qui signifie que dans la pratique nous ne pouvons pas calculer l'erreur $e^{(k)}$. Ici, notre objectif est plutôt de trouver un critère sur la décomposition assurant que cette erreur $e^{(k)}$ converge vers zéro lorsque k tend vers l'infini.

En utilisant (1.5) et le fait que la solution x est une solution de

$$x = A^{-1}b = M^{-1}(N\,x - b),$$

nous sommes en mesure de calculer l'erreur $e^{(k+1)}$ à l'étape $k+1$ en fonction de l'erreur $e^{(k)}$ à l'étape k : $e^{(k+1)} = M^{-1}N\,(x^{(k)} - x) = M^{-1}N\,e^{(k)}$.

Posons alors $B = M^{-1}N$, ce qui donne $e^{(k+1)} = B\,e^{(k)} = B^{k+1}\,e^{(0)}$. D'après la Définition 1.35, la méthode itérative va converger lorsque pour n'importe quel vecteur $e^{(0)} \in \mathbb{K}^n$ on a,

$$\lim_{k\to\infty} B^k\,e^{(0)} = 0. \tag{1.6}$$

Le théorème suivant établit des critères sur la matrice B pour que la propriété (1.6) soit vérifiée.

Théorème 1.36 ***Critères de convergence***

Soit $B \in \mathcal{M}_{n,n}(\mathbb{K})$, alors les quatre propositions suivantes sont équivalentes :

(i) Pour une norme matricielle subordonnée quelconque, nous avons $\lim_{k\to\infty} \|B^k\| = 0$.

(ii) Pour tout vecteur $v \in \mathbb{K}^n$, nous avons $\lim_{k\to\infty} B^k\,v = 0_{\mathbb{K}^n}$.

•••

•••
(*iii*) Le rayon spectral de B vérifie $\rho(B) < 1$.
(*iv*) Il existe une norme matricielle subordonnée (dont le choix dépend de B) telle que $\|B\| < 1$.

DÉMONSTRATION. Nous allons montrer que $(i) \Rightarrow (ii) \ldots \Rightarrow (iv)$ et enfin $(iv) \Rightarrow (i)$.

Montrons d'abord que $(i) \Rightarrow (ii)$. Supposons que $\lim_{k\to\infty} \|B^k\| = 0$, pour $\|.\|$ une norme quelconque. Vu qu'en dimension finie toutes les normes sont équivalentes, ceci est en particulier vraie pour une norme subordonnée. Soit $u \in \mathbb{R}^n$, nous avons pour une norme subordonnée $0 \leqslant \|B^k u\| \leqslant \|B^k\| \, \|u\|$. Or, d'après (i), nous savons que $\|B^k\|$ converge vers zéro lorsque k tend vers l'infini et donc pour tout vecteur $u \in \mathbb{R}^n$

$$\lim_{k\to\infty} \|B^k u\| = 0,$$

ce qui signifie bien que $B^k u$ tend vers zéro lorsque k tend vers l'infini.

Supposons maintenant que (ii) est vraie et montrons (iii). Pour cela, nous considérons $\lambda \in \mathrm{Sp}(B)$ et w un vecteur propre associé à la valeur propre λ : $B\,w = \lambda\,w$, nous avons alors

$$B^k w = B^{k-1}(B\,w) = B^{k-1}(\lambda\,w) = \ldots = \lambda^k w.$$

Or, nous savons que $\lim_{k\to\infty} \|B^k w\| = 0$, donc

$$\lim_{k\to\infty} |\lambda^k| \, \|w\| = 0,$$

où $w \in \mathbb{R}^n$ ne dépend pas de k et est non nul puisque c'est un vecteur propre. Nous avons alors $\lim_{k\to\infty} |\lambda|^k = 0$, ce qui implique que $|\lambda| < 1$. Ainsi, pour tout $\lambda \in \mathrm{Sp}(B)$, $|\lambda| < 1$, c'est-à-dire $\rho(B) < 1$.

Montrons ensuite que $(iii) \Rightarrow (iv)$. Supposons que pour tout $\lambda \in \mathrm{Sp}(B)$, nous ayons $|\lambda| < 1$. En appliquant le théorème de Shur, il existe une matrice unitaire telle que

$$T = U^\star B\,U = \begin{pmatrix} \lambda_1 & t_{1,2} & \ldots & t_{1,n} \\ & \ddots & \ddots & \vdots \\ & & \lambda_{n-1} & t_{n-1,n} \\ 0 & & & \lambda_n \end{pmatrix}$$

et nous ayons $|\lambda_i| < 1$ pour tout $i \in \{1, \ldots, n\}$. En appliquant la Proposition 1.20, nous pouvons alors calculer $\|T\|_\infty$ ou $\|T\|_1$ qui est donnée par

$$\|T\|_1 = \max\left(|\lambda_1|, \ldots, |\lambda_n| + \sum_{i=1}^{n-1} |t_{i,n}| \right).$$

Nous ne pouvons pas conclure directement ! Introduisons alors pour $\delta > 0$, un petit paramètre qui reste à déterminer, la matrice diagonale $D = \text{diag}(1, \delta, \ldots, \delta^{n-1})$ et $D^{-1} = \text{diag}(1, \delta^{-1}, \ldots, \delta^{1-n})$. Nous vérifions alors

$$D^{-1}\,T\,D = \begin{pmatrix} \lambda_1 & \delta t_{1,2} & \ldots & \delta^{n-1} t_{1,n} \\ & \ddots & \ddots & \vdots \\ & & \lambda_{n-1} & \delta t_{n-1,n} \\ 0 & & & \lambda_n \end{pmatrix}.$$

Ainsi, pour δ assez petit, nous avons $\|D^{-1} T D\|_1 < 1$ ou alors

$$\|D^{-1}\,U^\star\,B\,U\,D\|_1 < 1.$$

Choisissons alors l'application $\|.\|_B$ qui pour $A \in \mathcal{M}_{n,n}(\mathbb{R})$ associe

$$\|A\|_B = \|D^{-1}\,U^\star\,A\,U\,D\|_1.$$

Nous vérifions aisément que $\|.\|_B$, dépend de B par l'intermédiaire de U et D et est une norme matricielle subordonnée à la norme vectorielle

$$v \mapsto \|v\|_B = \|D^{-1}\,U^\star\,v\|_1.$$

Cette norme matricielle subordonnée est telle que par construction $\|B\|_B < 1$. Nous avons donc construit une norme matricielle subordonnée vérifiant $\|B\|_B < 1$, ce qui démontre (iv).

Finalement, montrons que $(iv) \Rightarrow (i)$. Supposons que pour une norme subordonnée donnée $\|.\|_\alpha$, $\|B\|_\alpha < 1$. En utilisant le fait que toutes les normes sont équivalentes, pour une norme quelconque $\|.\|$, il existe $C_1 > 0$ telle que

$$0 \leqslant C_1\,\|B^k\| \;\leqslant\; \|B^k\|_\alpha \;\leqslant\; \|B\|_\alpha^k \to 0.$$

Ce qui montre que $\|B^k\|$ converge vers zéro lorsque k tend vers l'infini. □

Ce théorème donne dans le même temps une indication sur la vitesse de convergence. En effet, puisque $\|e^{(k)}\| \leqslant \|B\|^k\,\|e^{(0)}\|$ pour tout $k \geqslant 0$, la vitesse de convergence de l'algorithme dépend directement du nombre $\|B\| < 1$ et nous chercherons à rendre cette norme la plus petite possible, ce qui permettra d'améliorer la vitesse de convergence.

• *Test d'arrêt et nombre d'itérations*

Nous venons de définir des critères de convergence mais dans la pratique il faudra stopper le processus lorsque nous estimerons que la solution numérique est suffisamment proche de la solution exacte. C'est pourquoi nous définissons un test d'arrêt et utilisons pour cela le vecteur résidu $r^{(k)} = b - A\,x^{(k)}$. En effet, le vecteur x est solution du problème $A\,x = b$ pour lequel le résidu $r = b - A\,x$ est nul. Il est donc clair que nous serons d'autant plus proche de la solution que le résidu sera petit. Ainsi, pour une précision donnée ε, nous poursuivons les itérations jusqu'à ce que le résidu $r^{(k)}$ vérifie

$$\frac{\|r^{(k)}\|}{\|b\|} = \frac{\|b - A\,x^{(k)}\|}{\|b\|} \leqslant \varepsilon.$$

Remarquons aussi que pour une méthode itérative dont nous connaissons pour une norme donnée la valeur $\|B\| < 1$, il est alors possible de calculer le nombre d'itérations maximal en fonction de l'erreur souhaitée. En effet, comme nous l'avons déjà démontré $\|e^{(k)}\| \leqslant \|B\|^k\,\|e^{(0)}\|$.

D'autre part, nous savons aussi que

$$\|e^{(0)}\| \leqslant \|x^{(0)} - x^{(1)}\| + \|e^{(1)}\| \leqslant \|x^{(0)} - x^{(1)}\| + \|B\|\,\|e^{(0)}\|$$

et donc puisque $\|B\| < 1$, nous obtenons

$$\|e^{(0)}\| \leqslant \frac{1}{1 - \|B\|}\,\|x^{(0)} - x^{(1)}\|,$$

d'où en regroupant les deux résultats

$$\|e^{(k)}\| \leqslant \frac{\|B\|^k}{1 - \|B\|}\,\|x^{(1)} - x^{(0)}\|.$$

Ainsi, si nous souhaitons que l'erreur $\|e^{(k)}\|$ soit inférieure à 10^{-N}, il suffit de calculer un nombre d'itérations $k_0 \in \mathbb{N}^\star$ tel que

$$\frac{\|B\|^{k_0}}{1 - \|B\|}\,\|x^{(1)} - x^{(0)}\| \leqslant 10^{-N},$$

c'est-à-dire

$$k_0 \geqslant \frac{\log\left(\frac{1-\|B\|}{\|x^{(1)}-x^{(0)}\|}\right) - N\log(10)}{\log(\|B\|)},$$

avec $\log(\|B\|) < 0$ puisque $\|B\| < 1$.

Intéressons-nous maintenant aux méthodes itératives les plus utilisées dans la pratique : les méthodes de Jacobi et de Gauss-Seidel.

1.4.2 Méthode de Jacobi

Pour construire l'algorithme de Jacobi[1], nous choisissons la décomposition suivante : $A = D - E - F$, où la matrice D est formée par la diagonale de A, $-E$ représente la partie sous-diagonale de A tandis que $-F$ désigne la partie sur-diagonale de A.

1. En référence à Charles Gustave Jacob Jacobi, mathématicien allemand (1804-1851). Ses principales contributions furent en analyse et calcul différentiel. Une autre contribution importante est la théorie de Hamilton-Jacobi en mécanique newtonienne. Il s'est également illustré en algèbre (fonction thêta de Jacobi et méthode de Jacobi pour la résolution approchée de systèmes linéaires) ainsi qu'en théorie des nombres.

Ainsi, en supposant que la diagonale de A ne contient pas d'éléments nuls, nous reprenons la méthode exposée précédemment en posant $M = D$ (qui est supposée inversible) et $N = E + F$. La suite $(x^{(k)})_{k \geqslant 0}$ est alors donnée par :

$$\begin{cases} x^{(0)} \in \mathbb{K}^n \\ D\,x^{(k+1)} = (E + F)\,x^{(k)} + b, \quad k \geqslant 0. \end{cases}$$

Nous pouvons aussi écrire la méthode de Jacobi sous la forme

$$\begin{cases} x^{(0)} \in \mathbb{K}^n, \\ a_{i,i} x_i^{(k+1)} = -\sum_{j<i} a_{i,j}\, x_j^{(k)} - \sum_{j>i} a_{i,j} x_j^{(k)} + b_i,\ 1 \leqslant i \leqslant n,\ k \geqslant 0. \end{cases} \tag{1.7}$$

Cette méthode peut être décrite sous une forme compacte comme suit. Un petit paramètre $\varepsilon > 0$ étant fixé et $x_0 \in \mathbb{K}^n$ donné,

Méthode de Jacobi

Poser $x^{(0)} = x_0$, $\varepsilon^{(0)} = 2\varepsilon$ et $k = 0$.
Tant que $\varepsilon^{(k)} \geqslant \varepsilon$
- calculer
$$x^{(k+1)} = D^{-1}\left((E + F)\,x^{(k)} + b\right),$$
- calculer un résidu qui doit être proche de zéro lorsque $x^{(k+1)}$ approche la solution $x = A^{-1}\,b$
$$\varepsilon^{(k+1)} = \|A\,x^{(k+1)} - b\|,$$
- itérer $k \leftarrow k + 1$.

Fin de tant que.

Cette méthode n'est pas toujours bien définie. En effet, il suffit qu'au moins un élément diagonal soit nul pour que l'algorithme ne soit plus valide. Néanmoins, lorsque la matrice A est une matrice définie positive, ses coefficients diagonaux sont strictement positifs et nous pouvons donc appliquer cet algorithme. Aussi lorsque A est à diagonale strictement dominante, la méthode est correctement définie et nous sommes même en mesure de présenter un résultat de convergence.

Théorème 1.37 ***Convergence de la méthode de Jacobi***

Soit $A \in \mathcal{M}_{n,n}(\mathbb{K})$ une matrice à diagonale strictement dominante, c'est-à-dire telle que

$$|a_{i,i}| > \sum_{j \neq i} |a_{i,j}|, \quad \forall\, i \in \{1, \ldots, n\}.$$

Alors pour tout $x^{(0)} \in \mathbb{K}^n$, la suite $(x^{(k)})_{k \in \mathbb{N}}$, donnée par la méthode de Jacobi (1.7), est bien définie et converge vers la solution x du système $A\,x = b$.

DÉMONSTRATION. D'une part puisque A est à diagonale strictement dominante, tous les coefficients diagonaux de A sont strictement positifs et $M = D$ est bien inversible.

D'autre part, d'après le Théorème 1.36, il suffit de prouver qu'il existe une norme matricielle subordonnée $\|.\|_*$ telle que la matrice $B = D^{-1}(E+F)$ vérifie $\|B\|_* < 1$. Considérons par exemple la norme $\|B\|_\infty$, nous savons d'après la Proposition 1.20 que cette norme peut être calculée exactement à partir des coefficients de B

$$\|B\|_\infty = \max_{1 \leqslant i \leqslant n} \sum_{j=1}^{n} |b_{i,j}|.$$

Or, par construction de B, nous avons aussi

$$b_{i,j} = \begin{cases} 0, & \text{si } i = j, \\ -\dfrac{a_{i,j}}{a_{i,i}}, & \text{si } i \neq j. \end{cases}$$

Puisque A est à diagonale strictement dominante, nous vérifions facilement que pour tout $i \in \{1, \ldots, n\}$

$$\sum_{j=1}^{n} |b_{i,j}| = \frac{\sum_{\substack{j=1 \\ j \neq i}}^{n} |a_{i,j}|}{|a_{i,i}|} < 1$$

et donc $\|B\|_\infty < 1$. Ainsi, par application du Théorème 1.36, la méthode de Jacobi est convergente. □

L'inconvénient de cette méthode est que le critère de convergence est assez restrictif pour pouvoir traiter des systèmes généraux. Citons le cas d'une matrice symétrique définie positive pour laquelle la méthode de Jacobi ne converge pas.

Exemple

Soit $A \in \mathcal{M}_{3,3}(\mathbb{R})$ donnée par

$$A = \begin{pmatrix} 1 & a & a \\ a & 1 & a \\ a & a & 1 \end{pmatrix},$$

où a est un réel. Nous voulons approcher la solution du système $Ax = b$ par la méthode de Jacobi. Puisque les éléments diagonaux sont non nuls, la suite $(x^{(k)})_{k \in \mathbb{N}}$ est bien définie.

D'une part, nous vérifions que A est symétrique définie positive si et seulement si $a \in]-1/2, 1[$. En effet, le polynôme caractéristique est donné par

$$P(\lambda) = (1-\lambda)^3 - 3a^2(1-\lambda) + 2a^3 = -(\lambda - (1-a))^2 (\lambda - (1+2a))$$

et les valeurs propres de A sont $\lambda_1 = \lambda_2 = 1 - a$ et $\lambda_3 = 1 + 2a$.

Lorsque $-1/2 < a < 1$, les valeurs propres sont strictement positives, ce qui assure que A est définie positive. En revanche, la méthode Jacobi converge seulement lorsque $a \in]-1/2, 1/2[$. En effet, la suite est donnée par $x^{(k+1)} = D^{-1}(D-A)x^{(k)} + D^{-1}b$, avec ici $D = I_3$. Les valeurs propres de $D - A$ sont de la forme $\mu = 1 - \lambda$ où λ est une valeur propre de A et donc $\mu_1 = \mu_2 = a$ et $\mu_3 = -2a$. Nous en concluons que la méthode de Jacobi converge pour $-1/2 < a < 1/2$ puisqu'il est nécessaire que $\rho(D^{-1}(D-A)) < 1$ et ici $D^{-1}(D-A) = I_3 - A$.

Cet exemple montre bien que la méthode de Jacobi n'est pas toujours la plus adaptée pour traiter des applications concrètes, où les systèmes linéaires à résoudre font intervenir des matrices définies positives. Une alternative possible est de recourir à la méthode de Gauss-Seidel.

1.4.3 Méthode de Gauss-Seidel

Décomposons également la matrice A de la façon suivante : $A = D - E - F$, avec le même choix pour D, E et F que celui de la méthode de Jacobi. Cependant, pour la méthode de Gauss-Seidel[1] nous choisissons $M = D - E$ et $N = F$

$$\begin{cases} x^{(0)} \in \mathbb{K}^n \\ (D - E)\, x^{(k+1)} = F\, x^{(k)} + b, \quad k \geqslant 0. \end{cases}$$

Dans ce cas, $D - E$ est une matrice triangulaire inférieure, elle est donc facilement inversible en utilisant un algorithme de descente (nous calculons d'abord x_1, puis $x_2, \ldots$). Nous avons cette fois-ci

$$\begin{cases} x^{(0)} \in \mathbb{K}^n, \\ a_{i,i}\, x_i^{(k+1)} = -\displaystyle\sum_{j<i} a_{i,j}\, x_j^{(k+1)} - \sum_{j>i} a_{i,j}\, x_j^{(k)} + b_i,\ i = 1, \ldots, n, \quad k \geqslant 0. \end{cases}$$

Notons bien qu'ici le terme de droite dépend de $x^{(k+1)}$, il faut donc utiliser une méthode de descente à chaque itération.

Cette méthode peut être décrite sous une forme compacte comme suit. Un petit paramètre $\varepsilon > 0$ étant fixé et $x_0 \in \mathbb{K}^n$ donné,

Méthode de Gauss-Seidel

Poser $x^{(0)} = x_0$, $\varepsilon^{(0)} = 2\varepsilon$ et $k = 0$.
Tant que $\varepsilon^{(k)} \geqslant \varepsilon$
- pour $k \geqslant 0$, résoudre par un algorithme de descente
  $x^{(k+1)} = (D - E)^{-1}\left(F\, x^{(k)} + b\right)$,
- calculer le résidu qui doit être proche de zéro lorsque $x^{(k+1)}$ approche la solution :
  $\varepsilon^{(k+1)} = \|A\, x^{(k+1)} - b\|$,
- itérer $k \leftarrow k + 1$.

Fin de tant que.

Nous pouvons démontrer que la méthode de Gauss-Seidel converge dans le cas de matrices symétriques définies positives. Avant cela, énonçons un lemme qui se révèle souvent utile pour démontrer la convergence d'une méthode itérative.

---

1. En référence à Carl Friedrich Gauss, qui mit au point cet algorithme pour le calcul approché de la solution d'un système linéaire. Cet algorithme fut ensuite redécouvert en 1847 par le mathématicien allemand Philipp Ludwig von Seidel (1821-1896). L'algorithme de Gauss-Seidel est toujours utilisé de nos jours pour la résolution numérique de très grands systèmes.

Lemme 1.38

Soit $A \in \mathscr{M}_{n,n}(\mathbb{R})$ une matrice symétrique définie positive, décomposée sous la forme $A = M - N$ avec M inversible. Si $M^T + N$ est symétrique définie positive, alors $\rho(M^{-1} N) < 1$.

DÉMONSTRATION. Soit $A = M - N$ telle que $M^T + N$ soit symétrique définie positive. D'après le Théorème 1.36, la condition $\rho(M^{-1} N) < 1$ est équivalente à démontrer qu'il existe une norme matricielle subordonnée $\|.\|_\star$ telle que $\|M^{-1} N\|_\star < 1$. Puisque la matrice A est définie positive, nous pouvons considérer la norme matricielle subordonnée à la norme vectorielle donnée par $\|x\|_\star = \sqrt{x^T A x}$. Il vient alors

$$\begin{aligned} \|M^{-1} N\|_\star^2 &= \sup_{\substack{x\in\mathbb{R}^n \\ x\neq 0}} \frac{\|M^{-1} N x\|_\star^2}{\|x\|_\star^2}, \\ &= \sup_{\substack{x\in\mathbb{R}^n \\ x\neq 0}} \frac{(M^{-1} N x)^T A M^{-1} N x}{x^T A x}. \end{aligned}$$

Or, en écrivant $N = M - A$ puis $y = M^{-1} A x$, nous avons pour $x \in \mathbb{R}^n$ non nul

$$\begin{aligned} (M^{-1} N x)^T A M^{-1} N x &= ((I_n - M^{-1} A) x)^T A (I_n - M^{-1} A) x, \\ &= x^T A x - y^T A x - x^T A y + y^T A y \end{aligned}$$

et puisque A est symétrique et $\|x\|_\star^2 = x^T A x$,

$$\frac{\|M^{-1} N x\|_\star^2}{x^T A x} = \frac{(M^{-1} N x)^T A M^{-1} N x}{x^T A x} = \frac{x^T A x - 2 y^T A x + y^T A y}{x^T A x}.$$

Ce dernier terme est positif et donc pour démontrer que $\|M^{-1} N\|_\star^2 < 1$, il suffit de prouver que

$$\sup_{\substack{x\in\mathbb{R}^n\setminus\{0\} \\ Ax=My}} \frac{2 y^T A x - y^T A y}{x^T A x} > 0.$$

Puisque $A x = M y$, nous vérifions que

$$2 y^T A x - y^T A y = 2 y^T M y - y^T A y.$$

Or, par symétrie du produit euclidien $y^T M y = y^T M^T y$, nous obtenons

$$2 y^T A x - y^T A y = y^T M^T y + y^T (M - A) y = y^T (M^T + N) y.$$

Finalement, comme $M^T + N$ est définie positive, ce dernier terme est strictement positif et puisque x est non nul, il vérifie également $x^T A x > 0$. Ainsi,

$$\sup_{\substack{x\in\mathbb{R}^n\setminus\{0\} \\ Ax=My}} \frac{2 y^T A x - y^T A y}{x^T A x} = \sup_{\substack{x\in\mathbb{R}^n\setminus\{0\} \\ Ax=My}} \frac{y^T (M^T + N) y}{x^T A x} > 0,$$

ce qui montre que $\|M^{-1} N\|_\star < 1$ ou encore $\rho(M^{-1} N) < 1$. □

Nous démontrons alors le résultat suivant.

Théorème 1.39 ***Convergence de la méthode de Gauss-Seidel***

Soit $A \in \mathcal{M}_{n,n}(\mathbb{R})$ une matrice symétrique définie positive. Alors pour tout $x^{(0)}$ la méthode de Gauss-Seidel est bien définie et converge vers la solution x du système $A\,x = b$.

DÉMONSTRATION. Vérifions d'abord que la méthode de Gauss-Seidel est bien définie. Posons $A = M - N$, avec $M = D - E$ et $N = F$, où la matrice D représente la diagonale de A, la matrice $-E$ est la partie inférieure de A et la matrice $-F$ la partie supérieure.

Pour que la méthode de Gauss-Seidel soit bien définie, il suffit de vérifier que M est inversible. Puisque M est une matrice triangulaire, nous avons

$$\det(M) = \det(D) = \prod_{i=1}^{n} a_{i,i}$$

et puisque A est définie positive tous les termes diagonaux sont positifs, nous avons alors $\det(M) > 0$.

Maintenant, pour prouver que la méthode de Gauss-Seidel converge, nous appliquons le Lemme 1.38, il suffit donc de vérifier que la matrice $M^T + N$ est symétrique définie positive $M^T + N = (D - E)^T + F = D - E^T + F$ et puisque A est symétrique $E^T = F$ et donc $M^T + N = D$, qui est bien symétrique définie positive. Par application du Lemme 1.38, nous obtenons $\rho(M^{-1}N) < 1$, ce qui implique que la méthode de Gauss-Seidel est convergente. □

Exercices

1.1 Équivalence des conditionnements

L'objectif de cet exercice est de vérifier l'équivalence des normes l^p de $\mathbb{C}^n$ et des conditionnements associés.

Soit $p \geqslant 1$. Pour tout $v = (v_1, \ldots, v_n)^T \in \mathbb{C}^n$, posons $\|v\|_p = \left(\sum_{i=1}^{n} |v_i|^p\right)^{1/p}$ et $\|v\|_\infty = \max_{1 \leqslant i \leqslant n} \{|v_i|\}$.

1. Montrer que pour tout $v \in \mathbb{C}^n$, $\|v\|_\infty \leqslant \|v\|_p \leqslant n^{1/p}\|v\|_\infty$ et en déduire que $\lim_{p \to \infty} \|v\|_p = \|v\|_\infty$.

2. Soient p et $q \in \mathbb{R}^+$ tels que $1 \leqslant p \leqslant q < +\infty$. Montrer que pour tout $v \in \mathbb{C}^n$, $\|v\|_p \leqslant n^{1/p-1/q}\|v\|_q$.
3. Soit $A \in \mathcal{M}_{n,n}(\mathbb{C})$ une matrice inversible. Montrer les inégalités suivantes :

$$\begin{aligned}
\frac{\text{cond}_2(A)}{n} &\leqslant \quad \text{cond}_1(A) &\leqslant n\,\text{cond}_2(A),\\
\frac{\text{cond}_\infty(A)}{n} &\leqslant \quad \text{cond}_2(A) &\leqslant n\,\text{cond}_\infty(A),\\
\frac{\text{cond}_1(A)}{n^2} &\leqslant \quad \text{cond}_\infty(A) &\leqslant n^2\,\text{cond}_1(A).
\end{aligned}$$

1.2 Calcul de conditionnement

Soit $A \in \mathcal{M}_{n,n}(\mathbb{R})$ une matrice inversible.

1. Quelle relation existe-t-il en général entre $\text{cond}(A^2)$ et $[\text{cond}(A)]^2$?
2. Supposons que A soit symétrique. Montrer que $\text{cond}_2(A^2) = [\text{cond}_2(A)]^2$.

1.3 Estimation du conditionnement

Soit $A \in \mathcal{M}_{n,n}(\mathbb{R})$ vérifiant : il existe $\theta > 0$ tel que pour tout $x \in \mathbb{R}^n$,

$$\|Ax\| \geqslant \theta\,\|x\|. \tag{1.8}$$

1. Montrer que l'inégalité (1.8) est équivalente à dire que A est inversible et que $1/\|A^{-1}\|$ est le meilleur des minorants $\theta > 0$.
2. Supposons que A est à diagonale dominante stricte, c'est-à-dire que

$$|a_{i,i}| > \sum_{j \neq i} |a_{i,j}|, \quad \forall i \in \{1, \ldots, n\}.$$

Montrer que l'hypothèse (1.8) est satisfaite et donner une valeur pour θ lorsque la norme $\|.\|_\infty$ est utilisée.
3. Montrer que si A est inversible alors il existe $\delta > 0$ tel que $A + E$ est inversible pour toute matrice E vérifiant $\|E\| \leqslant \delta$, où $\|.\|$ est une norme matricielle subordonnée.
4. Soit $A \in \mathcal{M}_{n,n}(\mathbb{R})$ inversible. Montrer que si B est singulière alors

$$\frac{1}{\text{cond}(A)} \leqslant \frac{\|A - B\|}{\|A\|},$$

où $\|.\|$ est une norme matricielle subordonnée.
5. Utiliser ce résultat pour estimer le conditionnement des matrices suivantes :

$$\begin{pmatrix} 1 & 2 \\ 1,0001 & 2 \end{pmatrix}, \quad \begin{pmatrix} 3,9 & 1,8 \\ 6,2 & 2,7 \end{pmatrix}.$$

Comparer à la valeur exacte du conditionnement. À votre avis, comment faut-il choisir B pour obtenir une bonne estimation ?

1.4 Décomposition $L\,D\,L^\star$

Une matrice $A \in \mathcal{M}_{n,n}(\mathbb{C})$ admet une décomposition $L\,D\,L^\star$ s'il existe une matrice L triangulaire inférieure avec seulement des 1 sur la diagonale et une matrice diagonale réelle D avec $D_{i,i} > 0$ pour tout $i = 1\ldots,n$ telles que $A = L\,D\,L^\star$.

1. Soit A une matrice admettant une factorisation $L\,D\,L^\star$. Montrer que A est hermitienne et définie positive.

2. Soit A une matrice hermitienne définie positive telle que $A = R^\star R$ où R est la matrice obtenue par la factorisation de Cholesky. Notons B la matrice diagonale définie par $B_{i,i} = R_{i,i}$ pour tout $i = 1,\ldots,n$. Montrer que B est inversible et calculer les éléments diagonaux de $R^\star B^{-1}$.

3. En déduire que A admet une décomposition $L\,D\,L^\star$ et que cette décomposition est unique.

4. Indiquer comment résoudre le système $Ax = b$ avec $b \in \mathbb{C}^n$ donné, à l'aide de la décomposition $L\,D\,L^\star$ de A.

1.5 Décomposition QR par Gram-Schmidt

Considérons $\mathbb{C}^n$ muni du produit scalaire usuel et notons $Gl_n(\mathbb{C})$ le groupe des matrices inversibles de taille n, $U_n(\mathbb{C})$ le groupe des matrices unitaires de taille n et $TS_n^+(\mathbb{C})$ le groupe des matrices triangulaires supérieures de taille n, dont tous les éléments diagonaux sont strictement positifs.

1. Soit $\{a_1,\ldots,a_n\}$ une base de $\mathbb{C}^n$. Montrer que nous pouvons trouver $\{q_1,\ldots,q_n\}$ une base orthonormée de $\mathbb{C}^n$ et des nombres complexes $(r_{j,i})_{1\leqslant i\leqslant n, 1\leqslant j\leqslant i}$ tels que les éléments diagonaux $r_{i,i} > 0$ et

$$a_i = \sum_{j=1}^{i} r_{j,i}\, q_j, \quad \forall i \in \{1,\ldots,n\}.$$

2. En déduire que pour $A \in Gl_n(\mathbb{C})$, il existe $(Q,R) \in U_n(\mathbb{C}) \times TS_n^+(\mathbb{C})$ telles que $A = QR$.

3. Montrer que $TS_n^+ \cap U_n = \{I_n\}$ et en déduire l'unicité de la décomposition $Q\,R$.

4. Montrer que la factorisation QR permet de résoudre le système $Ax = b$.

1.6 Méthode des relaxations successives

L'idée de la méthode des relaxations successives est de dire que $x^{(k+1)}$ est une combinaison linéaire de la solution approchée à l'étape précédente $x^{(k)}$ et de la solution approchée $\tilde{x}^{(k+1)}$ calculée par Gauss-Seidel. Plus précisément, en effectuant la décomposition habituelle $A = D - E - F \in \mathcal{M}_{n,n}(\mathbb{K})$, nous construisons $x^{(k+1)}$ comme suit,

$$\begin{cases} x^{(k+1)} = \omega\,\tilde{x}^{(k+1)} + (1-\omega)\,x^{(k)}, \\ D\,\tilde{x}^{(k+1)} - E\,x^{(k+1)} = F\,x^{(k)} + b. \end{cases} \tag{1.9}$$

1. Donner l'expression de $x^{(k+1)}$ en fonction de $x^{(k)}$.

2. Si A est symétrique et définie positive, montrer que pour $0 < \omega < 2$, la méthode des relaxations successives converge.

1.7 Méthode itérative de Richardson

1. Considérons simplement la décomposition $A = M - N$ avec $M = I_n$ et $N = I_n - A$, la méthode numérique est donnée par

$$x^{(k+1)} = (I_n - A)\,x^{(k)} + b = x^{(k)} - \left(A\,x^{(k)} - b\right).$$

Montrer que si pour tout $\lambda(A) \in \mathrm{Sp}(A)$, $|1 - \lambda(A)| < 1$ alors la méthode est convergente.

2. Cette dernière condition a peu de chance d'être vérifiée en général. Pour remédier à ce problème, nous introduisons une décomposition similaire $A = M - N$ avec $M = \dfrac{1}{\gamma} I_n$ et $N = \dfrac{1}{\gamma} I_n - A$.

- Écrire la méthode correspondante.
- Montrer que la méthode est bien convergente dès que $0 < \gamma < 2/\rho(A)$.

3. En notant $r^{(k)} := -A\,x^{(k)} + b$, le résidu à l'étape k. La méthode de Richardson s'écrit alors $x^{(k+1)} = x^{(k)} + \gamma\,r^{(k)}$. En déduire que $x^{(k)} - x^{(0)}$ est une combinaison linéaire de $\{r^{(0)}, A\,r^{(0)}, \ldots, A^{k-1}\,r^{(0)}\}$.

Nous disons que $x^{(k)} - x^{(0)}$ appartient à l'espace de Krylov $\mathcal{K}_k(A, r^{(0)})$ donné par

$$\mathcal{K}_k(A, r^0) = \mathrm{Vect}\left\{r^{(0)}, A\,r^{(0)}, \ldots, A^{k-1}\,r^{(0)}\right\}.$$

La plupart des méthodes d'approximation développées récemment consistent à construire une base de l'espace de Krylov $\mathcal{K}_k(A, r^0)$ dans laquelle nous exprimons la solution numérique.

1.8 Les matrices creuses

Il n'y a pas de définition précise d'une matrice creuse, disons qu'une matrice creuse est une matrice contenant beaucoup de zéros. Dans ce cas, de nombreux calculs peuvent être évités. Par exemple, en considérant le problème de propagation de la chaleur posé sur l'intervalle $]0, 1[$, ce qui correspond au chauffage d'un fil, nous recherchons des solutions u vérifiant l'équation de Poisson

$$-u''(x) = f(x), \tag{1.10}$$

où f est une fonction supposée deux fois différentiable et les conditions aux limites sont données par $u(0) = u(1) = 0$.

1. Pour $i \in \{0, \ldots, n+1\}$, nous notons v_i une approximation de la solution u de l'équation de Laplace au point $x_i = i\,\Delta x$ avec $\Delta x = 1/(n+1)$. En reprenant les

arguments de la partie 1.1 sur l'équation de la chaleur, montrer que $v_h \in \mathbb{R}^n$ est solution de $A_h\, v_h = b$, avec $A_h = \dfrac{1}{h^2} A$,

$$A = \begin{pmatrix} 2 & -1 & 0 & \dots & 0 \\ -1 & 2 & -1 & \ddots & \vdots \\ 0 & \ddots & \ddots & \ddots & 0 \\ \vdots & \ddots & -1 & 2 & -1 \\ 0 & \dots & 0 & -1 & 2 \end{pmatrix} \tag{1.11}$$

et le vecteur $b \in \mathbb{R}^n$ est donné par $b = (f(x_1), \dots, f(x_n))^T$.

2. Montrer que la matrice $A \in \mathscr{M}_{n,n}(\mathbb{R})$ est symétrique et définie positive.
3. Justifier que A admet une décomposition LU.
4. Calculer les matrices L et U et montrer que cela nécessite seulement $O(n)$ opérations.

Solutions des exercices

1.1 Rappelons d'abord quelques inégalités classiques :

- l'inégalité de Minkowski : soient $u, v \in \mathbb{C}^n$,

$$\left(\sum_{i=1}^{n} |u_i + v_i|^p\right)^{1/p} \leqslant \left(\sum_{i=1}^{n} |u_i|^p\right)^{1/p} + \left(\sum_{i=1}^{n} |v_i|^p\right)^{1/p},$$

- l'inégalité de Hölder : soient $u, v \in \mathbb{C}^n$ et $p, q \geqslant 1$ tels que $1/p + 1/q = 1$,

$$\left(\sum_{i=1}^{n} |u_i\, v_i|\right) \leqslant \left(\sum_{i=1}^{n} |u_i|^p\right)^{1/p} \left(\sum_{i=1}^{n} |v_i|^q\right)^{1/q}.$$

Notons que lorsque $p = q = 2$, c'est l'inégalité de Cauchy-Schwarz.

1. Soient $p \geqslant 1$ et $v \in \mathbb{C}^n$,

$$\|v\|_p^p = \sum_{i=1}^{n} |v_i|^p \leqslant \sum_{i=1}^{n} \max_{1 \leqslant j \leqslant n} |v_j|^p = n\, \|v\|_\infty^p.$$

D'où, $\|v\|_p \leqslant n^{1/p}\, \|v\|_\infty$. D'autre part, comme le max est atteint

$$|v_{j_0}| = \max_{1 \leqslant k \leqslant n} |v_k|$$

et

$$\|v\|_\infty^p = \left(\max_{1\leqslant j\leqslant n} |v_j|\right)^p = \max_{1\leqslant j\leqslant n} |v_j|^p = |v_{j_0}|^p \leqslant \sum_{i=1}^{n} |v_i|^p = \|v\|_p^p$$

et donc $\|v\|_\infty \leqslant \|v\|_p$. Nous obtenons ainsi le résultat

$$\|v\|_\infty \leqslant \|v\|_p \leqslant n^{1/p}\|v\|_\infty.$$

Puisque $n^{1/p} = \mathrm{e}^{\frac{\log(n)}{p}}$, en passant à la limite il vient,

$$\|v\|_\infty \leqslant \lim_{p\to\infty} \|v\|_p \leqslant \lim_{p\to\infty} \left(\mathrm{e}^{\frac{\log(n)}{p}}\right) \|v\|_\infty = \|v\|_\infty.$$

Ainsi,

$$\lim_{p\to\infty} \|v\|_p = \|v\|_\infty.$$

Observons à la lumière de ce résultat que la norme $\|.\|_\infty$ est le prolongement par continuité de la norme $\|.\|_p$ lorsque p tend vers l'infini.

2. Soient $p, q \in \mathbb{R}^+$ tels que $1 \leqslant p \leqslant q < \infty$ et $w \in \mathbb{C}^n$. Supposons que p soit différent de q sinon le résultat est évident et posons alors $u_i = |w_i|^p$ et $v_i = 1$ pour tout $i = \{1, \ldots, n\}$. Nous choisissons alors $l = q/p$ et m tel que $1/m + 1/l = 1$, c'est-à-dire $m = l/(l-1) = q/(q-p)$ et en appliquant l'inégalité de Hölder, nous obtenons

$$\begin{aligned}
\sum_{i=1}^{n} |w_i|^p \times 1 &\leqslant \left(\sum_{i=1}^{n} |u_i|^l\right)^{1/l} \left(\sum_{i=1}^{n} |v_i|^m\right)^{1/m} \\
&= \left(\sum_{i=1}^{n} |w_i|^{p\times\frac{q}{p}}\right)^{p/q} \left(\sum_{i=1}^{n} 1^{\frac{q}{q-p}}\right)^{(q-p)/q} \\
&= \left(\sum_{i=1}^{n} |w_i|^q\right)^{p/q} n^{\frac{q-p}{q}}.
\end{aligned}$$

Finalement, en prenant la racine p-ème, $\|w\|_p \leqslant \|w\|_q\, n^{\frac{q-p}{pq}}$.

3. Soit $A \in \mathcal{M}_{n,n}(\mathbb{C})$ inversible. Pour $u \in \mathbb{C}^n$, nous avons $\|u\|_1 \leqslant n^{1/2}\,\|u\|_2$ et

$$\|u\|_2^2 = \sum_{i=1}^{n} |u_i|^2 \leqslant \sum_{i=1}^{n} \left(|u_i| \times \left(\sum_{j=1}^{n} |u_j|\right)\right) \leqslant \|u\|_1^2.$$

D'où, $\|u\|_2 \leqslant \|u\|_1 \leqslant n^{1/2}\,\|u\|_2$. D'une part en appliquant ce résultat au vecteur $A\,v$ pour $v \in \mathbb{C}^n$, il vient

$$\|A\,v\|_2 \leqslant \|A\,v\|_1 \leqslant n^{1/2}\,\|A\,v\|_2.$$

D'autre part $n^{1/2}\,\|v\|_2 \geqslant \|v\|_1 \geqslant \|v\|_2$. Ainsi, en regroupant ces deux inégalités

$$\frac{\|A\,v\|_2}{n^{1/2}\,\|v\|_2} \leqslant \frac{\|A\,v\|_1}{\|v\|_1} \leqslant n^{1/2}\,\frac{\|A\,v\|_2}{\|v\|_2}.$$

Puis en passant au sup de la gauche vers la droite, nous avons

$$\|A\|_2 \leqslant \|A\|_1 \leqslant n^{1/2}\|A\|_2.$$

En procédant de la même manière pour A^{-1}, nous obtenons également pour $v \in \mathbb{C}^n$ quelconque

$$\frac{\|A^{-1}\|_2}{n^{1/2}} \leqslant \|A^{-1}\|_1 \leqslant n^{1/2}\,\|A^{-1}\|_2.$$

Finalement, en utilisant la définition du conditionnement, nous obtenons le résultat

$$\frac{1}{n}\,\mathrm{cond}_2(A) \leqslant \mathrm{cond}_1(A) \leqslant n\,\mathrm{cond}_2(A).$$

En procédant de la même manière, nous montrons le résultat pour cond_1 et cond_∞.

1.2 Nous rappelons la définition du conditionnement pour une matrice carré A,

$$\mathrm{cond}(A) = \|A\|\,\|A^{-1}\|$$

1. Par définition du conditionnement et de la norme matricielle, nous avons

$$\begin{aligned}\mathrm{cond}(A^2) &= \|A^2\|\,\|(A^2)^{-1}\| = \|A^2\|\,\|(A^{-1})^2\| \\ &\leqslant \|A\|^2\,\|A^{-1}\|^2 = [\mathrm{cond}(A)]^2.\end{aligned}$$

2. Pour une matrice symétrique $\mathrm{cond}_2(A) = \dfrac{|\lambda_1|}{|\lambda_n|}$, avec λ_1 la plus grande valeur propre en module de A et λ_n la plus petite en module. Montrons que si λ est valeur propre de A alors λ^2 est valeur propre de A^2, ce qui démontrera le résultat. Soit $\lambda \in \mathrm{Sp}(A)$, alors il existe $v \in \mathbb{K}^n$ non nul tel que $Av = \lambda v$ et donc en multipliant par A, il vient $A^2\,v = \lambda\,A\,v = \lambda^2\,v$ et $\lambda^2 \in \mathrm{Sp}(A^2)$.

1.3 On donne dans cet exercice une estimation du conditionnement.

1. Nous procédons en deux étapes :

($\Rightarrow$) Montrons que $A\,x = 0 \Rightarrow x = 0$, ce qui est équivalent à prouver que A est inversible. Prenons $x_0 \in \mathbb{R}^n$ tel que $A\,x_0 = 0$. En utilisant l'inégalité (1.8), nous avons $0 = \|A\,x_0\| \geqslant \theta\,\|x_0\| \geqslant 0$. Or, comme $\theta > 0$, cela signifie que $\|x_0\| = 0$ et donc $x_0 = 0$.

($\Leftarrow$) Supposons que A est inversible. Pour tout $x \in \mathbb{R}^n$,

$$\|x\| = \|A^{-1}\,A\,x\| \leqslant \|A^{-1}\|\,\|A\,x\|$$

et donc en multipliant par $\theta_0 := 1/\|A^{-1}\|$, il vient

$$\|A\,x\| \geqslant \theta_0\,\|x\|, \quad \forall x \in \mathbb{R}^n$$

ce qui démontre (1.8) avec $\theta = \theta_0$.
Notons par θ le plus grand des minorants. D'une part, $\theta \geqslant \theta_0 = 1/\|A^{-1}\| > 0$. D'autre part pour $y \in \mathbb{R}^n$ non nul, nous notons $x = A^{-1}\,y$ et l'hypothèse (1.8) donne

$$\|y\| = \|A\,x\| \geqslant \theta\,\|x\| = \theta\,\|A^{-1}\,y\|.$$

Ainsi, en prenant le sup sur $y \in \mathbb{R}^n \setminus \{0\}$, nous obtenons

$$\theta \leqslant \frac{1}{\|A^{-1}\|} = \theta_0.$$

Finalement en regroupant les deux résultats nous montrons $\theta = 1/\|A^{-1}\|$.

2. Soient $A \in \mathscr{M}_{n,n}(\mathbb{R})$ une matrice à diagonale dominante stricte et $x \in \mathbb{R}^n$, notons $i_0 \in \{1, \ldots, n\}$ tel que $|x_{i_0}| = \max_{1\leqslant i\leqslant n} |x_i|$,

$$\begin{aligned}
\|A\,x\|_\infty &\geqslant \left| a_{i_0,i_0}x_{i_0} + \sum_{\substack{j=1\\ j\neq i_0}}^{n} a_{i,j}\,x_j \right| \geqslant |a_{i_0,i_0}|\,|x_{i_0}| - \sum_{\substack{j=1\\ j\neq i_0}}^{n} |a_{i_0,j}|\,|x_j| \\
&\geqslant \left(|a_{i_0,i_0}| - \sum_{\substack{j=1\\ j\neq i_0}}^{n} |a_{i_0,j}| \right) |x_{i_0}| \\
&\geqslant \min_{1\leqslant i\leqslant n} \left(|a_{i,i}| - \sum_{\substack{j=1\\ j\neq i}}^{n} |a_{i,j}| \right) \|x\|_\infty,
\end{aligned}$$

ce qui montre (1.8) avec $\theta = \min_{1\leqslant i\leqslant n} \left(|a_{i,i}| - \sum_{\substack{j=1\\ j\neq i}}^{n} |a_{i,j}| \right) > 0$.

3. Supposons que A est inversible et cherchons une condition sur E pour que la matrice $A + E$ soit inversible, ce qui équivaut à (1.8). D'abord, nous avons

$$\|(A + E)\,x\| \geqslant \|A\,x\| - \|E\,x\| \geqslant \|A\,x\| - \|E\|\,\|x\|.$$

Or, puisque A est inversible, elle vérifie (1.8) et donc

$$\|(A + E)\,x\| \geqslant \left(\frac{1}{\|A^{-1}\|} - \|E\| \right) \|x\|.$$

En prenant $\|E\| < 1/\|A^{-1}\|$, nous avons $\|(A+E)x\| \geqslant (\|A^{-1}\|^{-1} - \|E\|)\,\|x\|$, ce qui signifie que $(A+E)$ satisfait la condition (1.8).

4. Soit $A \in \mathcal{M}_{n,n}(\mathbb{R})$ une matrice inversible et $B \in \mathcal{M}_{n,n}(\mathbb{R})$ singulière. D'après la question précédente : pour une norme subordonnée quelconque si $E \in \mathcal{M}_{n,n}(\mathbb{R})$ est telle que $\|E\| < 1/\|A^{-1}\|$ alors $A+E$ est inversible. D'où par contraposé, si $A+E$ est singulière alors $\|E\| \geqslant 1/\|A^{-1}\|$. Posons alors $E = B - A$, ce qui signifie que $A + E = B$ est singulière et donc

$$\frac{\|A-B\|}{\|A\|} = \frac{\|E\|}{\|A\|} \geqslant \frac{1}{\|A^{-1}\|\,\|A\|} = \frac{1}{\mathrm{cond}(A)}.$$

5. Posons

$$B = \begin{pmatrix} 1 & 2 \\ 1 & 2 \end{pmatrix}, \quad A = \begin{pmatrix} 1 & 2 \\ 1,0001 & 2 \end{pmatrix}.$$

D'après ce qui précède

$$\mathrm{cond}_1(A) \geqslant \frac{\|A\|_1}{\|A-B\|_1} = \frac{4}{10^{-3}} = 4\,000,$$

ce qui signifie d'après cette estimation que le système est mal conditionné. en effet, $\|A\|_1 = 4$ et $\|A^{-1}\|_1 = \dfrac{3}{2.10^{-4}}$, d'où $\mathrm{cond}_1(A) = 60\,000$.

Pour le second exemple, posons

$$B = \begin{pmatrix} 4 & 2 \\ 6 & 3. \end{pmatrix}, \quad A = \begin{pmatrix} 3,9 & 1,8 \\ 6,2 & 2,7 \end{pmatrix},$$

il vient $\|A-B\|_1 = 0,5$ et $\|A\|_1 = 10,1$, ce qui donne $\mathrm{cond}_1(A) \leqslant 20,2$.

Il suffit de choisir B singulière et le plus proche possible de A.

1.4 La méthode présentée ici est inspirée de la décomposition LU.

1. Considérons $A = L\,D\,L^\star$ avec D diagonale et $D_{i,i} > 0$ pour tout $1 \leqslant i \leqslant n$. A est hermitienne $A^\star = L\,D\,L^\star = A$. Puis pour $x \in \mathbb{C}^n$ non nul,

$$x^\star LDL^\star x = y^\star D_{i,i}\, y > 0 \quad \text{avec} \quad y = L^\star x.$$

2. $\det(B) = \prod_{i=1}^{n} R_{i,i} > 0$ donc B est inversible et B^{-1} est la matrice diagonale dont les coefficients $B_{i,i}$ sont donnés par $B_{i,i} = 1/R_{i,i}$. D'autre part, le produit $R^\star B^{-1}$ donne une matrice triangulaire inférieure dont les coefficients diagonaux sont $(R^\star B^{-1})_{i,i} = R_{i,i}/R_{i,i} = 1$.

3. Posons $L = R^\star B^{-1}$ et $D = B^2$, il vient

$$L^\star = B^{-1} R \quad \text{et} \quad A = R^\star R = R^\star B^{-1} B^2 B^{-1} R = L\,D\,L^\star.$$

Considérons deux décompositions $L_1 D_1 L_1^\star = L_2\, D_2\, L_2^\star$, il vient

$$\underbrace{L_2^{-1}\, L_1 D_1}_{\text{matrice triangulaire inférieure}} \quad = \quad \underbrace{D_2\, L_2^\star (L_1^{-1})^\star}_{\text{matrice triangulaire supérieure}} \quad .$$

Puisque L_1 et L_2 ne contiennent que des 1 sur la diagonale, cela montre que $D_1 = D_2$ et par la suite $L_2 = L_1$.

4. Résolvons le système $A\,x = L\,D\,L^\star\,x = b$. En utilisant une méthode de descente, calculons $y \in \mathbb{C}^n$ tel que $L\,y = b$. Puis, en appliquant un algorithme de remontée, nous résolvons le système $D\,L^\star x = y$.

1.5 Nous proposons une autre méthode pour la factorisation $Q\,R$.

1. Soit $\{a_1, \ldots, a_n\}$ une base de $\mathbb{C}^n$. En appliquant le procédé d'orthonormalisation de Gram-Schmidt, il est possible de construire une nouvelle base orthonormée. Pour cela posons $q_1 = a_1/\|a_1\|$ puis construisons les autres vecteurs par la formule de récurrence de Gram-Schmidt

$$q_j = \frac{w_j}{\|w_j\|}, \quad \text{avec} \quad w_j = a_j - \sum_{k=1}^{j-1} (q_k^\star\, a_j)\, q_k, \quad 2 \leqslant j \leqslant n.$$

La base $\{q_1, \ldots, q_n\}$ ainsi construite est une base orthonormée. Exprimons alors $a_1 = r_{1,1}\, q_1$, avec $r_{1,1} = \|a_1\|$ puis pour $j \geqslant 2$

$$a_j = r_{j,j}\, q_j + \sum_{k=1}^{j-1} r_{k,j}\, q_k$$

avec $r_{j,j} = \|w_j\| > 0$ et $r_{k,j} = q_k^\star\, a_j$ pour $1 \leqslant k \leqslant j-1$.

2. Soit A une matrice inversible, ses vecteurs colonnes forment alors une base de $\mathbb{C}^n$, les vecteurs $(q_i)_{1 \leqslant i \leqslant n}$ obtenus en appliquant le procédé d'orthonormalisation de Gram-Schmidt forment la matrice Q

$$Q = (q_1, \ldots, q_n),$$

qui est unitaire puisque les vecteurs $(q_i)_{1 \leqslant i \leqslant n}$ sont orthogonaux. Notons alors pour $i \in \{1, \ldots, n\}$ fixé $(q_{i,j})_{1 \leqslant j \leqslant n}$ les composantes du vecteur q_j. La matrice R est construite à partir des coefficients $r_{i,j}$ de la question précédente. Il vient alors

$$A = \begin{pmatrix} q_{1,1} & \cdots & q_{1,n} \\ \vdots & & \vdots \\ q_{n,1} & \cdots & q_{n_n} \end{pmatrix} \begin{pmatrix} r_{1,1} & \cdots & r_{1,n} \\ & \ddots & \vdots \\ & & r_{n,n} \end{pmatrix} = Q\,R.$$

3. Il est d'abord facile de vérifier que $I_n \in T\,S_n^+ \cap U_n$. Ensuite, pour $M \in T\,S_n^+ \cap U_n$ montrons que forcément $M = I_n$. En effet, M est une matrice triangulaire supérieure

vérifiant $M^{\star} A = I_n$. En effectuant le produit, nous prouvons que les termes extra-diagonaux de M sont nuls et les termes diagonaux valent 1, d'où $M = I_n$.

Montrons l'unicité de la factorisation QR et supposons qu'il existe (Q_1, R_1) et (Q_2, R_2) telles que $Q_1 R_1 = Q_2 R_2$. Il vient alors

$$(Q_2)^{-1} Q_1 = R_2 (R_1)^{-1}.$$

D'une part, $Q_2^{-1} Q_1$ est une matrice unitaire et d'autre part $R_2 R_1^{-1}$ est une matrice triangulaire supérieure dont tous les termes diagonaux sont strictement positifs, donc $(Q_2)^{-1} Q_1$ et $R_2 (R_1)^{-1}$ $U_n \cap TS_n^{+}$ et d'après la question qui précède

$$R_2 (R_1)^{-1} = I_n \quad \text{et} \quad (Q_2)^{-1} Q_1 = I_n,$$

ce qui montre que la décomposition est unique.

4. Le système $Ax = b$ devient $QRx = b$ et en multipliant par $Q^{\star}$, nous avons $Rx = Q^{\star} b$, qui sera résolu par un algorithme de descente puisque R est triangulaire supérieure.

1.6 Intéressons-nous maintenant aux méthodes itératives.

1. En substituant $\tilde{x}^{(k+1)}$ dans (1.9), il vient $\tilde{x}^{(k+1)} = x^{(k+1)}/\omega - (1-\omega)x^{(k)}/\omega$, et donc

$$D\left(\frac{1}{\omega} x^{(k+1)} - \frac{1-\omega}{\omega} x^{(k)}\right) - E\,x^{(k+1)} = F\,x^{(k)} + b,$$

c'est-à-dire

$$\left(\frac{D}{\omega} - E\right) x^{(k+1)} = \left(\frac{1-\omega}{\omega} D + F\right) x^{(k)} + b.$$

2. Posons ensuite $M = D/\omega - E$ et $N = (1-\omega) D/\omega + F$, il suffit alors de prouver que $\rho(M^{-1} N) < 1$. Puisque la matrice A est symétrique définie positive, nous appliquons le Lemme 1.38 en vérifiant au préalable que $M^T + N$ est symétrique et définie positive

$$M^T + N = \frac{D}{\omega} - E^T + \frac{1-\omega}{\omega} D + F = \frac{2-\omega}{\omega} D,$$

Ainsi, la matrice $M^T + N$ est symétrique et puisque A est définie positive, ses termes diagonaux sont strictement positifs et donc $M^T + N$ est définie positive dès lors que $\frac{2-\omega}{\omega} > 0$, c'est-à-dire $0 < \omega < 2$. Par conséquent, la méthode converge lorsque $0 < \omega < 2$.

1.7 Intéressons-nous à la convergence d'une méthode itérative.

1. En posant $B = M^{-1} N = I_n - A$, vérifions sous quelle condition $\rho(B) < 1$. Il est facile de vérifier que si $\lambda(A)$ est une valeur propre de A, les valeurs propres $\lambda(B)$ de B sont alors données par $\lambda(B) = 1 - \lambda(A)$. Par conséquent, la méthode converge si et seulement si $|1 - \lambda(A)| < 1$ pour tout $\lambda(A) \in \mathrm{Sp}(A)$.

2. En utilisant le même critère pour l'étude de la convergence, la matrice d'itération $B = M^{-1}N$ est donnée par $B = I_n - \gamma A$ et ses valeurs propres sont $\lambda(B) = 1 - \gamma\,\lambda(A)$, où $\lambda(A) \in \mathrm{Sp}(A)$. Ce schéma définit une méthode convergente si et seulement si

$$|1 - \gamma\,\lambda(A)| < 1, \quad \forall\,\lambda(A) \in \mathrm{Sp}(A).$$

En choisissant $0 < \gamma < 2/\rho(A)$, la méthode est bien convergente.

3. Par récurrence nous démontrons que

$$r^{(k+1)} = (I_n - \gamma\,A)\,r^{(k)} = (I_n - \gamma\,A)^{k+1}\,r^{(0)} \tag{1.12}$$

et par itérations successives, ceci donne alors

$$\begin{aligned} x^{(k+1)} &= x^{(k)} + \gamma\,r^{(k)}, \\ &= x^{(k-1)} + \gamma\,r^{(k-1)} + \gamma\,r^{(k)}, \\ &= x^{(0)} + \gamma\sum_{l=0}^{k} r^{(l)}. \end{aligned}$$

Nous obtenons donc par (1.12)

$$x^{(k)} = x^{(0)} + \gamma\sum_{l=0}^{k-1} r^{(l)} = \gamma\,\left(I_n + [I_n - \gamma A] + \ldots + [I_n - \gamma A]^{k-1}\right)\,r^{(0)}.$$

1.8 Voici une application qui découle sur la résolution d'un système linéaire.

1. À l'aide d'un développement de Taylor de la solution u au point x_i, nous avons d'une part

$$u(x_{i+1}) = u(x_i) + h\,u'(x_i) + \frac{h^2}{2}\,u''(x_i) + \frac{h^3}{6}\,u^{(3)}(x_i) + \varepsilon^+(h^4)$$

et d'autre part

$$u(x_{i-1}) = u(x_i) - h\,u'(x_i) + \frac{h^2}{2}\,u''(x_i) - \frac{h^3}{6}\,u^{(3)}(x_i) + \varepsilon^-(h^4).$$

En sommant ces deux égalités et en divisant par h^2, nous obtenons

$$u''(x_i) = \frac{u(x_{i+1}) - 2\,u(x_i) + u(x_{i-1})}{h^2} - (\varepsilon^+(h^2) + \varepsilon^-(h^2)). \tag{1.13}$$

Pour $i \in \{0, \ldots, n+1\}$, notons v_i une approximation de la solution u de l'équation de Laplace au point x_i. Posons $v_h = (v_1, \ldots, v_n) \in \mathbb{R}^n$ et A la matrice symétrique réelle de $\mathscr{M}_{n,n}(\mathbb{R})$ définie par

$$A = \begin{pmatrix} 2 & -1 & 0 & \dots & 0 \\ -1 & 2 & -1 & \ddots & \vdots \\ 0 & \ddots & \ddots & \ddots & 0 \\ \vdots & \ddots & -1 & 2 & -1 \\ 0 & \dots & 0 & -1 & 2 \end{pmatrix}.$$

En négligeant les termes en $\varepsilon^{\pm}(h^2)$ dans l'égalité (1.13), le problème discret s'écrit $A_h\, v_h = b$ avec $A_h = \dfrac{1}{h^2}\, A$, le vecteur $b \in \mathbb{R}^n$ est donné par $b = (f(x_1), \dots, f(x_n))^T$ et nous adoptons la convention $v_0 = v_{n+1} = 0$ pour approcher les conditions de bords $u(x = 0) = u(x = 1) = 0$.

2. La symétrie est évidente. Montrons que A est définie positive : pour tout vecteur $x = (x_1, \dots, x_n)^T$ de $\mathbb{R}^n$,

$$\begin{aligned} x^T A\, x &= 2\, x_1^2 - 2\, x_1\, x_2 + 2\, x_2^2 + \dots - 2\, x_{n-1}\, x_n + 2\, x_n^2, \\ &= x_1^2 + \sum_{i=1}^{n-1} (x_{i+1} - x_i)^2 + x_n^2. \end{aligned}$$

Ainsi, $x^T A\, x$ est toujours positif, et ne s'annule que lorsque $x = 0$.

3. Puisque A est définie positive, elle admet une factorisation $L\, U$.

4. Nous allons tirer profit de la forme particulière de A pour diminuer fortement la complexité du calcul de la factorisation. En appliquant directement l'algorithme d'élimination de Gauss nous obtenons pour L et U

$$A = \begin{pmatrix} 1 & 0 & \dots & \dots & 0 \\ l_2 & \ddots & \ddots & & \vdots \\ 0 & \ddots & \ddots & \ddots & \vdots \\ \vdots & \ddots & \ddots & \ddots & 0 \\ 0 & \dots & 0 & l_n & 1 \end{pmatrix} \begin{pmatrix} u_1 & -1 & 0 & \dots & 0 \\ 0 & \ddots & \ddots & \ddots & \vdots \\ \vdots & \ddots & \ddots & \ddots & 0 \\ \vdots & & \ddots & \ddots & -1 \\ 0 & \dots & \dots & 0 & u_n \end{pmatrix},$$

où les valeurs des coefficients $(l_i)_{2 \leqslant i \leqslant n}$ et $(u_i)_{1 \leqslant i \leqslant n}$ sont données par

$$\begin{cases} u_i = \dfrac{i+1}{i}, & i = 1, \dots, n, \\[2ex] l_i = -\dfrac{i-1}{i}, & i = 2, \dots, n. \end{cases}$$

Le coût de calcul s'élève en définitive à $(2\, n - 1)$ divisions !

CALCUL NUMÉRIQUE DE VALEURS PROPRES

2

Ce chapitre est consacré à l'approximation numérique des valeurs propres $\lambda \in \mathbb{K}$ et vecteurs propres $v \in \mathbb{K}^n$ d'une matrice $A \in \mathcal{M}_{n,n}(\mathbb{K})$ solution du système

$$A\,v = \lambda\,v,$$

où $\mathbb{K}$ est un corps ($\mathbb{R}$ ou $\mathbb{C}$). C'est un problème important rencontré dans le traitement des équations d'évolution, d'équations différentielles ordinaires ou partielles et dans l'étude des propriétés algébriques d'une matrice comme le calcul du conditionnement. Les méthodes sont itératives car le calcul exact des valeurs propres est en général impossible pour $n \geqslant 5$. Nous étudierons deux types de méthodes : les méthodes partielles fournissant seulement certaines valeurs propres et les méthodes globales qui rendent compte de l'ensemble du spectre.

2.1 QUELQUES EXEMPLES DE PROBLÈMES AUX VALEURS PROPRES

2.1.1 Algorithme de Google

Dans cette partie nous proposons d'expliquer l'idée de base proposée par Sergey Brin et Larry Page pour mettre au point le moteur de recherche Google en 1999. C'est un algorithme mathématique très efficace, appelé « PageRank », qui détermine le degré d'importance d'une page Web. En effet, la plupart des pages Web incluent des liens hypertextes vers d'autres pages, c'est pourquoi lors d'une requête le moteur de recherche sélectionne les pages qui sont en adéquation avec la requête en analysant le contenu de la page Web et, d'autre part, propose un classement des pages en fonction de leur indice de popularité. Ce dernier ne dépend pas de la consultation de la page par les internautes mais seulement du nombre de liens qui pointent sur cette page à partir d'autres pages Web. C'est cet indice qui distingua Google de ses concurrents dès le départ. Nous nous intéressons ici au calcul de cet indice et nous allons voir que celui-ci fait intervenir le calcul des vecteurs propres et des valeurs propres d'une grande matrice. Pour cela, nous considérons qu'il y a n pages Web au total, dans la pratique n est de l'ordre de 8 à 9 milliards en 2005. La structure du Web peut être représentée simplement par une matrice $C \in \mathcal{M}_{n,n}(\mathbb{R}^+)$ telle que

$$c_{i,j} = \begin{cases} 1 & \text{si la page } j \text{ pointe sur la page } i, \\ 0 & \text{sinon.} \end{cases}$$

Les liens d'une page sur elle-même ne sont pas pris en compte, c'est pourquoi nous posons $c_{i,i} = 0$.

La Figure 2.1 illustre par exemple les liens entre quatre pages Web, il est possible de construire une matrice $C \in \mathscr{M}_{4,4}(\mathbb{R})$ ne contenant que des 1 ou des 0 correspondant à ce graphe :

$$C = \begin{pmatrix} 0 & 1 & 1 & 0 \\ 1 & 0 & 1 & 0 \\ 0 & 0 & 0 & 0 \\ 0 & 0 & 0 & 0 \end{pmatrix}.$$

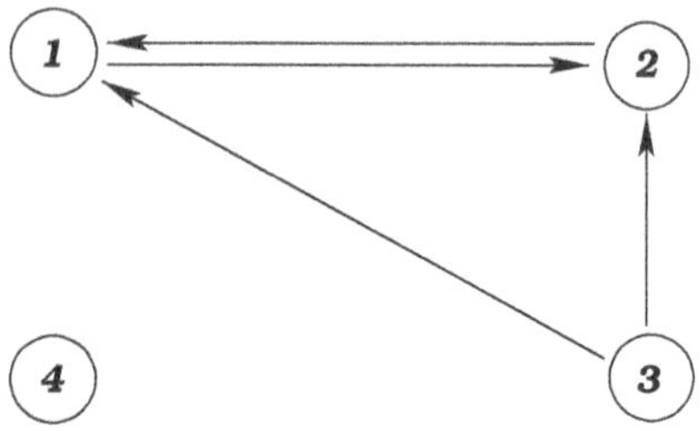

Figure 2.1
Exemple de liens entre quatre pages Web.

Nous souhaitons attribuer à chaque page Web i un indice de pertinence $x_i \in \mathbb{R}^+$ de façon à pouvoir classer l'ensemble des pages par score décroissant et présenter à l'utilisateur une liste classée des pages relatives à sa requête. Il s'agit donc de calculer l'indice x_i correspondant à la page i, en partant du principe qu'un lien de la page j pointant sur la page i contribue au score de cette dernière, avec une pondération par x_j (une page ayant un indice élevé a plus de poids qu'une page n'ayant qu'un indice médiocre) et par le nombre total de liens présents sur ladite page $n_j = \sum_{k=1}^{n} c_{k,j}$ (une page ayant beaucoup de liens a moins d'influence). La composante x_i vérifie ainsi l'équation suivante

$$x_i = \sum_{j=1}^{n} c_{i,j} \frac{x_j}{n_j}.$$

Le problème du classement des pages du Web se trouve ainsi ramené à la recherche d'un vecteur propre associé à la valeur propre 1 de la matrice $\tilde{C}$ dont les composantes sont $(\tilde{C}_{i,j} = \frac{c_{i,j}}{n_j})_{1 \leqslant i,j \leqslant n}$. Cependant, nous ne sommes pas assurés que 1 soit valeur propre, puisque cette matrice contient des lignes entières pleines de zéros. C'est pourquoi nous rajoutons des liens artificiels pondérés par $1/n$ qui tend vers zéro et considérons plutôt la matrice $P = (p_{i,j})_{1 \leqslant i,j \leqslant n}$ telle que

$$p_{i,j} = \frac{1}{n_j} c_{i,j} + \frac{1}{n} d_j,$$

où $d \in \mathbb{R}^n$ est tel que

$$d_j = \begin{cases} 1 & \text{si } n_j = 0, \\ 0 & \text{sinon.} \end{cases}$$

La matrice P est la transposée d'une matrice stochastique, c'est-à-dire que ses coefficients sont tous positifs et la somme des coefficients de chaque colonne vaut un, pour le vecteur $e^T = (1, \ldots, 1) \in \mathbb{R}^n$, nous avons alors $e^T P = e^T$, ce qui signifie que P admet bien la valeur propre 1.

Dans l'exemple précédent, nous fabriquons des liens artificiels de manière à obtenir une matrice $P \in \mathcal{M}_{4,4}(\mathbb{R})$ dont la transposée est stochastique (voir Figure 2.2).

$$P = \begin{pmatrix} 0 & 1 & 1/2 & 1/4 \\ 1 & 0 & 1/2 & 1/4 \\ 0 & 0 & 0 & 1/4 \\ 0 & 0 & 0 & 1/4 \end{pmatrix}.$$

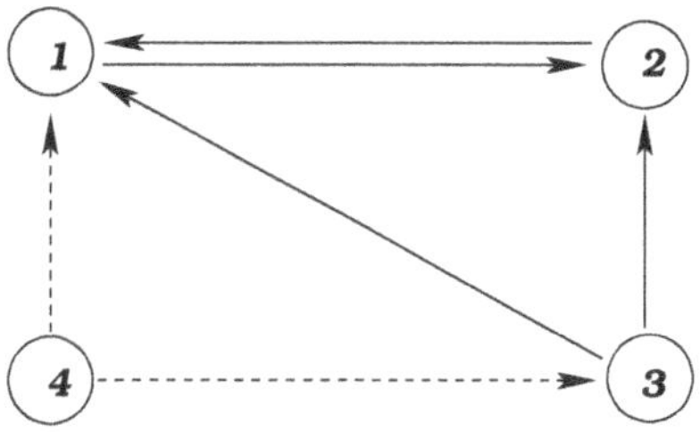

Figure 2.2
Exemple de liens entre quatre pages Web et d'ajout de liens artificiels.

Finalement, pour assurer que cette valeur propre est simple, nous posons $A = \alpha P + (1-\alpha)\frac{1}{n} e\, e^T$, où nous choisissons $0 < \alpha < 1$. Notons que pour Google, $\alpha = 0,85$ est optimal ! Nous sommes alors conduits à rechercher le vecteur $x \in \mathbb{R}^n$ tel que $A\,x = x$, c'est-à-dire le vecteur propre associé à la valeur propre 1 de la matrice A. En appliquant le théorème de Perron-Froebenus, nous montrons que A admet 1 comme valeur propre simple et $\rho(A) = 1$.

Ce système n'est en général pas facile à résoudre pour $n = 4$, et encore moins lorsqu'il s'agit de tenir compte de l'ensemble des pages Web et de l'ensemble des requêtes. Il faut donc résoudre un problème aux valeurs propres avec un grand nombre d'inconnues et pratiquement de manière instantanée.

Dans la suite du chapitre, nous mettons en œuvre une méthode numérique permettant d'approcher la plus grande valeur propre d'une matrice (ici la valeur propre 1), c'est ce que nous appelons une méthode partielle.

2.1.2 Mouvement de ressorts

Considérons un système de deux billes de masse unité reliées par trois ressorts de raideur unité. Notons $x_1(t)$ et $x_2(t)$ les positions des deux billes au temps t, par rapport à leur position d'équilibre. Soient $F_1(t)$, $F_2(t)$ et $F_3(t)$ les forces appliquées sur les billes : ce sont les forces de rappel des trois ressorts. Nous allons voir que l'étude des positions des billes au cours du temps, $x_1(t)$ et $x_2(t)$, se ramène à un calcul de valeurs propres.

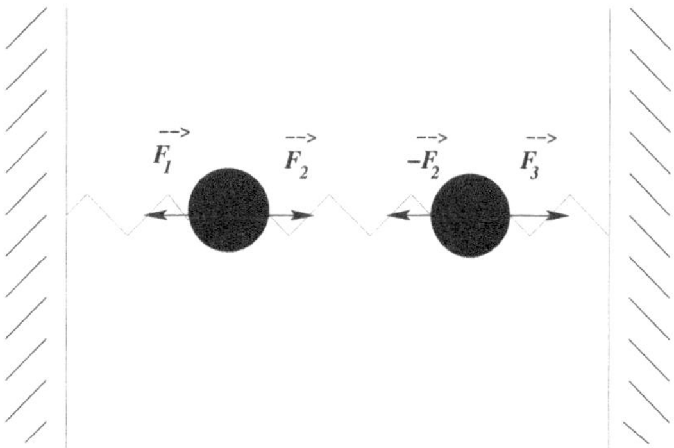

Figure 2.3
Étude du mouvement de deux billes maintenues par trois ressorts.

Pour cela, nous écrivons d'abord les équations de Newton pour les deux billes : *masse × accélération = somme des forces extérieures*, ce qui se traduit par

$$\begin{cases} x_1''(t) = +F_1(t) + F_2(t), \\ x_2''(t) = -F_2(t) + F_3(t). \end{cases}$$

En considérant le cas simplifié où les forces sont proportionnelles à l'allongement du ressort, nous avons

$$F_1(t) = -x_1(t), \quad F_2(t) = x_2(t) - x_1(t), \quad F_3(t) = -x_2(t),$$

et donc

$$\begin{cases} x_1''(t) = -2\,x_1(t) + x_2(t), \\ x_2''(t) = x_1(t) - 2\,x_2(t). \end{cases}$$

Cette relation peut s'écrire sous forme matricielle en posant

$$A = \begin{pmatrix} +2 & -1 \\ -1 & +2 \end{pmatrix}, \quad x(t) = \begin{pmatrix} x_1(t) \\ x_2(t) \end{pmatrix},$$

les équations du mouvement deviennent $x''(t) + A\,x(t) = 0$. Le vecteur $x(t)$ est alors solution d'un système d'équations différentielles linéaire qui peut être résolu de manière exacte. Les positions des billes $x_1(t)$ et $x_2(t)$ s'écrivent sous la forme $x_1(t) = \alpha_1 \cos(\omega\,t)$ et $x_2(t) = \alpha_2 \cos(\omega\,t)$, où les grandeurs α_1, α_2 et ω restent à déterminer. En substituant ces relations dans les équations du mouvement, il vient

$$\begin{cases} x_1''(t) = -\omega^2\,\alpha_1 \cos(\omega\,t), \\ x_2''(t) = -\omega^2\,\alpha_2 \cos(\omega\,t). \end{cases}$$

Puis après simplification par $\cos(\omega\,t)$, nous avons

$$A \begin{pmatrix} \alpha_1 \\ \alpha_2 \end{pmatrix} = \omega^2 \begin{pmatrix} \alpha_1 \\ \alpha_2 \end{pmatrix}. \tag{2.1}$$

Le problème consiste donc à chercher α_1, et α_2 tels que les deux équations ci-dessus soient satisfaites.

Ainsi, la connaissance des valeurs propres et vecteurs propres de la matrice A, c'est-à-dire $\lambda_1, \lambda_2 \in \mathbb{R}$ et $v_1, v_2 \in \mathbb{R}^2$ tels que $A\,v_1 = \lambda_1\,v_1$ et $A\,v_2 = \lambda_2\,v_2$ permet de résoudre complètement le système différentiel. En effet, puisque A est symétrique définie positive, les valeurs propres λ_1 et λ_2 sont réelles strictement positives, les grandeurs α_1, α_2 et ω solutions de (2.1) sont alors données par $\omega = \sqrt{\lambda_1}$ et $(\alpha_1, \alpha_2)^T = v_1^T$ ou $\omega = \sqrt{\lambda_2}$ et $(\alpha_1, \alpha_2) = v_2^T$. Dans le cas présent, nous obtenons $\lambda_1 = 3$ et $v_1 = (1, -1)^T$ ou $\lambda_2 = 1$ et $v_2 = (1, 1)^T$.

Nous avons considéré un système de deux billes et trois ressorts, ce qui conduit à la résolution d'un problème de valeurs propres pour une matrice 2×2. Cependant, nous pouvons généraliser au cas du système de n billes et $n+1$ ressorts (n grand), ce qui équivaut à la recherche de valeurs propres d'une matrice de taille $n \times n$.

Par la suite, nous mettons au point des algorithmes permettant d'approcher l'ensemble des valeurs propres et des vecteurs propres d'une matrice, c'est ce que nous appelons une méthode globale.

Notons que dans la pratique, il n'est pas toujours nécessaire de chercher toutes les valeurs propres et vecteurs propres. Par exemple, pour l'étude de la réponse dynamique d'un pont, il est intéressant de déterminer simplement les valeurs propres correspondant aux fréquences induites par des piétons marchant sur ce pont.

Définition 2.1

Soit $A \in \mathcal{M}_{n,n}(\mathbb{K})$, nous appelons élément propre le couple formé d'une valeur propre et d'un vecteur propre associé : $(\lambda, v) \in \mathbb{K} \times \mathbb{K}^n$ tel que $A\,v = \lambda\,v$.

Nous présentons d'abord quelques résultats intermédiaires sur la localisation des valeurs propres. Puis poursuivons avec la méthode de la puissance qui permet d'évaluer la plus grande des valeurs propres. Cet algorithme est d'ailleurs utilisé par le moteur de recherche Google pour le calcul de l'indice de pertinence. Enfin, nous proposons de décrire brièvement les méthodes de Jacobi et $Q\,R$ pour le calcul numérique des valeurs propres et des vecteurs propres d'une matrice quelconque.

2.2 Localisation des valeurs propres

Dans la première partie, nous donnons quelques résultats généraux sur la localisation des valeurs propres puis illustrons rapidement les problèmes de stabilité que nous pouvons rencontrer dans l'approximation des éléments propres.

2.2.1 Approximation des valeurs propres

Commençons par énoncer un résultat, facile à démontrer, qui pourra se révéler utile par la suite pour le calcul d'éléments propres.

Théorème 2.2 ***Théorème de Gershgorine***

Soient $A \in \mathcal{M}_{n,n}(\mathbb{K})$ et $\lambda \in \mathrm{Sp}(A)$ une valeur propre de A. Il existe un indice $i \in \{1, \ldots, n\}$ tel que

$$|\lambda - a_{i,i}| \leqslant \sum_{j \neq i} |a_{i,j}|,$$

c'est-à-dire que toutes les valeurs propres $\lambda \in \mathrm{Sp}(A)$ se trouvent dans $D = \cup_{i=1}^{n} \mathcal{D}_i$ avec

$$\mathcal{D}_i := \left\{ \lambda \in \mathbb{C}, \quad |\lambda - a_{i,i}| \leqslant \sum_{j \neq i} |a_{i,j}| \right\}.$$

La démonstration est présentée dans l'Exercice 2.4.

Ce théorème fournit une première estimation de la localisation des valeurs propres de la matrice A. Cependant, il ne fournit pas un algorithme pour le calcul des valeurs propres. Avant de construire des méthodes d'approximation, étudions la sensibilité des valeurs propres par rapport aux coefficients de la matrice. Autrement dit, une petite variation sur les coefficients de la matrice A implique-t-elle une forte variation des valeurs propres de A ?

Il arrive en effet que suite à des erreurs d'arrondi, les coefficients d'une matrice $A = (a_{i,j})_{1 \leqslant i,j \leqslant n}$ ne soient pas connus de manière exacte. Supposons que les coefficients vérifient

$$a_{i,j}(\varepsilon) = a_{i,j} + \varepsilon\, c_{i,j}, \quad 1 \leqslant i,\, j \leqslant n,$$

avec $|c_{i,j}| \leqslant 1$ et le paramètre ε est de l'ordre de la précision de l'ordinateur et est supposé très petit. Lorsque nous voulons calculer une approximation des valeurs propres de la matrice A, il est très important d'étudier l'influence qu'auront ces perturbations à chaque étape du calcul. Montrons pour cela le résultat suivant.

Théorème 2.3 ***Stabilité des valeurs propres***

Soit $A \in \mathcal{M}_{n,n}(\mathbb{K})$ une matrice diagonalisable : il existe $U \in \mathcal{M}_{n,n}(\mathbb{K})$ inversible et telle que $U^{-1} A\, U = \operatorname{diag}(\lambda_i)$, où λ_i est valeur propre de A. Notons $A(\varepsilon) = A + \varepsilon\, C$, la matrice donnée par $a_{i,j}(\varepsilon) = a_{i,j} + \varepsilon\, c_{i,j}$ où $C \in \mathcal{M}_{n,n}(\mathbb{K})$ quelconque. Alors pour chaque valeur propre $\lambda(\varepsilon)$ de $A(\varepsilon)$, il existe un $\lambda_i \in \operatorname{Sp}(A)$ vérifiant

$$|\lambda(\varepsilon) - \lambda_i| \leqslant \varepsilon \operatorname{cond}_\infty(U)\, \|C\|_\infty.$$

DÉMONSTRATION. Soit $\lambda(\varepsilon)$ une valeur propre de la matrice approchée $A(\varepsilon)$. D'abord, transformons la matrice $A(\varepsilon)$ de manière à avoir une représentation de la matrice A sous sa forme diagonale :

$$U^{-1} A(\varepsilon)\, U = U^{-1} A\, U + \varepsilon\, U^{-1} C\, U.$$

Notons par $e_{i,j}$ les éléments de $U^{-1} C\, U$ et appliquons le Théorème 2.2 à la matrice $U^{-1} A(\varepsilon)\, U$, ce qui implique l'existence d'un indice i tel que

$$|\lambda(\varepsilon) - (U^{-1} A(\varepsilon)\, U)_{i,i}| \leqslant \sum_{\substack{j=1 \\ j \neq i}}^{n} |(U^{-1} A(\varepsilon)\, U)_{i,j}|.$$

Or, $(U^{-1}\,A(\varepsilon)\,U)_{i,i} = \lambda_i + \varepsilon\, e_{ii}$, où λ_i est une valeur propre de A. L'inégalité triangulaire donne alors

$$|\lambda(\varepsilon) - \lambda_i| \leqslant |\lambda(\varepsilon) - (\lambda_i + \varepsilon\, e_{ii})| + \varepsilon\,|e_{ii}|.$$

En rassemblant les deux dernières inégalités, il vient

$$\begin{aligned}
|\lambda(\varepsilon) - \lambda_i| &\leqslant \varepsilon \sum_{\substack{j=1\\ j\neq i}}^{n} |e_{i,j}| + \varepsilon\,|e_{ii}| \\
&= \varepsilon \sum_{j=1}^{n} |e_{i,j}| \\
&\leqslant \varepsilon \max_{1\leqslant i\leqslant n} \sum_{j=1}^{n} |e_{i,j}| \\
&= \varepsilon \|U^{-1}\,C\,U\|_\infty \leqslant \varepsilon\,\mathrm{cond}_\infty(U)\,\|C\|_\infty,
\end{aligned}$$

ce qui démontre l'énoncé du théorème. □

2.2.2 Ce qu'il ne faut pas faire!

La première méthode que nous proposons était déjà utilisée par Joseph Louis Lagrange[1] pour calculer les valeurs propres d'une matrice. Elle consiste à d'abord calculer les coefficients du polynôme caractéristique $P(\lambda) = \det(A - \lambda\, I_n)$, puis à déterminer les racines de ce polynôme $P(\lambda) = (-1)^n \lambda^n + a_{n-1}\lambda^{n-1} + \ldots + a_1\lambda + a_0$.

Si la dimension de la matrice A est très petite (disons $n \leqslant 3$) ou si nous faisons le calcul en arithmétique exacte, cet algorithme peut être très utile. En revanche, si nous faisons le calcul avec des erreurs d'arrondi, cet algorithme peut donner de mauvaises surprises.

Considérons, par exemple, le problème du calcul des valeurs propres de la matrice diagonale $A = \mathrm{diag}(1, \ldots, n)$, dont le polynôme caractéristique est

$$\begin{aligned}
P(\lambda) &= (1-\lambda)\ldots(n-\lambda), \\
&= (-1)^n\lambda^n + a_{n-1}\lambda^{n-1} + \ldots + a_1\lambda + a_0.
\end{aligned}$$

Supposons de plus que les coefficients calculés ne soient pas connus de manière exacte mais $\hat{a}_i = a_i(1+\varepsilon_i)$ avec $|\varepsilon_i| \leqslant \varepsilon \simeq 10^{-8}$. Nous calculons alors les racines d'un polynôme $\hat{P}(\lambda)$ formé par les coefficients $(\hat{a}_i)_{0\leqslant i\leqslant n-1}$. La perturbation des coefficients provoque une grande erreur dans le calcul des racines du polynôme.

1. Mathématicien français et italien (1736-1813). Il est l'un des fondateurs de l'École polytechnique où il enseigna l'analyse.

Les résultats numériques pour $n = 13$ sont représentés sur la Figure 2.4 pour les polynômes $P(\lambda)$ et $\hat{P}(\lambda)$ et quelques racines sont reportées ci-dessous.

Racines de $P(\lambda)$	Racines de $\hat{P}(\lambda)$
8	$8{,}086 + 1{,}001i$
9	$8{,}086 - 1{,}001i$
10	$10{,}439 + 1{,}683i$
11	$10{,}439 - 1{,}683i$
12	$13{,}105 + 0{,}963i$
13	$13{,}105 - 0{,}963i$

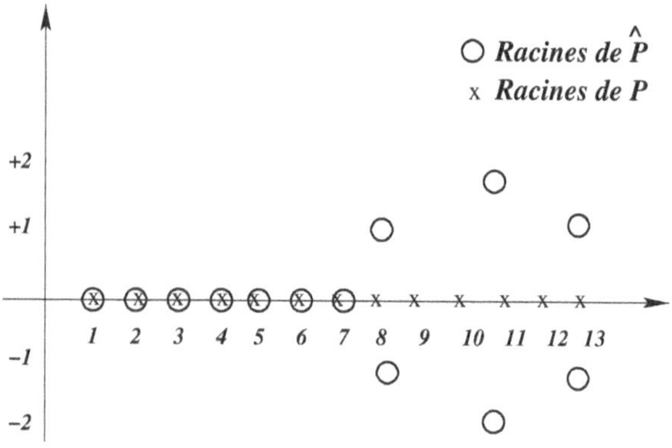

Figure 2.4
Racines de $P(\lambda)$ et d'une petite perturbation $\hat{P}(\lambda)$ pour $n = 13$.

Les sept premières racines de P et $\hat{P}$ sont relativement proches les unes des autres avec une erreur de l'ordre de 10^{-4}. En revanche, pour les racines suivantes, l'erreur est de l'ordre de 1, ce qui est largement supérieur à la perturbation des coefficients qui est de l'ordre de 10^{-8}.

En conclusion, il faut éviter le calcul des coefficients du polynôme caractéristique car un tel algorithme est numériquement instable.

2.3 Méthode de la puissance

2.3.1 La méthode

La méthode de la puissance est une méthode numérique qui permet de déterminer une approximation de la valeur propre λ_1 de module maximal d'une matrice réelle $A \in \mathscr{M}_{n,n}(\mathbb{R})$. Nous supposons que λ_1 est de multiplicité p, avec de plus,

$$|\lambda_1| = \ldots = |\lambda_p| > |\lambda_{p+1}| \geqslant \ldots \geqslant |\lambda_n|.$$

Soit $x_0 \in \mathbb{K}^n$ un vecteur colonne quelconque, en espérant que x_0 ne soit pas orthogonal à l'espace vectoriel $\text{Ker}(A - \lambda_1 I_n)$ (nous trouverons une explication de cela dans la preuve du Théorème 2.4) et pour $k \geqslant 0$ calculons la suite récurrente $(x^{(k)})_{k\in\mathbb{N}}$ telle que

$$\begin{cases} x^{(0)} = x_0 \in \mathbb{K}^n, \\ x^{(k+1)} = A\,x^{(k)}, \quad k \in \mathbb{N}. \end{cases} \tag{2.2}$$

Notons bien que d'un point de vue pratique la méthode de la puissance ne peut pas être implémentée en l'état car elle pourrait conduire à un « overflow », c'est-à-dire que les valeurs $\|x^{(k+1)}\|$ sont susceptibles de devenir de plus en plus grandes. Pour remédier à cela et pour fixer la norme du vecteur limite de la suite $(x^{(k)})_{k\in\mathbb{N}}$, nous ajoutons une étape de renormalisation de sorte qu'il existe $j_{k+1} \in \{1,\dots,n\}$ tel que

$$x^{(k+1)}_{j_{k+1}} = \|x^{(k+1)}\|_\infty = 1, \tag{2.3}$$

c'est-à-dire que nous fixons la norme $\|.\|_\infty$ de chaque itéré égale à 1.

Plus précisément, la méthode s'écrit sous la forme suivante. Pour $\varepsilon > 0$ un petit paramètre fixé et $x_0 \in \mathbb{R}^n$,

Méthode de la puissance

Poser $x^{(0)} = x_0$, $k = 0$ et $\varepsilon^{(0)} = 2\,\varepsilon$.
Tant que $\varepsilon^{(k)} \geqslant \varepsilon$
- calculer $z^{(k+1)}$ tel que $z^{(k+1)} = A\,x^{(k)}$,
- normaliser le résultat $x^{(k+1)} = z^{(k+1)}/c_{k+1}$ où c_{k+1} est tel qu'il existe $j_{k+1} \in \{1,\dots,n\}$ vérifiant $x^{(k+1)}_{j_{k+1}} = \|x^{(k+1)}\|_\infty = 1$,
- calculer une approximation de la valeur propre $\beta^{(k+1)} = (A\,x^{(k+1)})_{j_{k+1}}$,
- calculer un résidu : $\varepsilon^{(k+1)} = |\beta^{(k+1)} - \beta^{(k)}|$,
- itérer $k \leftarrow k+1$.

Fin de tant que

Cette méthode permet ainsi d'approcher la valeur propre de module maximal et un vecteur propre associé de norme égale à 1. Cependant, la convergence d'une telle méthode n'est pas toujours assurée.

2.3.2 Un résultat de convergence

Montrons par exemple un résultat de convergence de la méthode de la puissance pour les matrices diagonalisables.

Théorème 2.4 ***Convergence de la méthode de la puissance***

Soient $A \in \mathcal{M}_{n,n}(\mathbb{R})$ une matrice diagonalisable dans $\mathbb{K}$ et λ_1 la plus grande valeur propre en module de multiplicité $p \geqslant 1$. Supposons qu'il n'y ait pas de valeur propre $\lambda \in \mathrm{Sp}(A)$ telle que $\lambda \neq \lambda_1$ et $|\lambda| = |\lambda_1|$.
Si $x_0 \in \mathbb{K}^n$ est tel que $x_0 \notin \mathrm{Ker}(A - \lambda_1\, I_n)^T$. Alors la suite $(x^{(k)})_{k\in\mathbb{N}}$, fournie par l'algorithme (2.2)-(2.3), converge vers un vecteur propre $x \in \mathbb{K}^n$ associé à la valeur propre λ_1 : $A\,x = \lambda_1\,x$.
En outre la suite $\beta^{(k)}$ converge vers λ_1.

DÉMONSTRATION. Comme la matrice A est diagonalisable dans $\mathbb{K}$, il existe une base normée de vecteurs propres $(v^i)_{1\leqslant i\leqslant n}$. Pour $1 \leqslant i \leqslant n$, notons par λ_i la valeur propre associée au vecteur propre v^i, c'est-à-dire $A\,v^i = \lambda_i\,v^i$.

De plus, ordonnons les valeurs propres de sorte que $\lambda_1 = \ldots = \lambda_p$ et

$$|\lambda_1| = \ldots = |\lambda_p| > \ldots \geqslant |\lambda_n| \geqslant 0,$$

où p désigne la multiplicité de λ_1.

Le vecteur $x_0 \in \mathbb{K}^n$ s'écrit alors dans la base $\{v^1, \ldots, v^n\}$, c'est-à-dire il existe $(\alpha_i)_{1 \leqslant i \leqslant n} \subset \mathbb{K}$ tels que $x_0 = \sum_{i=1}^n \alpha_i \, v^i$ et donc

$$A\, x_0 = \sum_{i=1}^{n} \alpha_i \, \lambda_i \, v^i.$$

En appliquant une première fois l'algorithme de la puissance (2.2), nous obtenons d'abord $z^{(1)} = A\, x_0$, puis construisons $x^{(1)}$ par une étape de normalisation. En notant $j_1 \in \{1 \ldots, n\}$ tel que $|z^{(1)}_{j_1}| = \|z^{(1)}\|_\infty$, nous posons

$$x^{(1)} = \frac{z^{(1)}}{c_1}, \quad \text{avec} \quad c_1 = z^{(1)}_{j_1} \neq 0,$$

ce qui donne $x^{(1)}_{j_1} = \|x^{(1)}\|_\infty = 1$. En utilisant l'écriture de x_0 dans la base formée par les vecteurs propres $(v^i)_{1 \leqslant i \leqslant n}$, nous obtenons

$$x^{(1)} = \frac{1}{c_1} A\, x_0 = \frac{1}{c_1} \sum_{i=1}^{n} \alpha_i \, \lambda_i \, v^i.$$

Ainsi en appliquant l'algorithme (2.2), nous obtenons à l'issue de la k-ème étape

$$z^{(k)} = A\, x^{(k-1)} = \frac{1}{c_1 \ldots c_{k-1}} A^k \, x_0 = \frac{1}{c_1 \ldots c_{k-1}} \sum_{i=1}^{n} \alpha_i \, \lambda_i^k \, v^i.$$

Puis, en notant $j_k \in \{1 \ldots, n\}$ le plus petit indice vérifiant $|z^{(k)}_{j_k}| = \|z^{(k)}\|_\infty$, nous construisons le vecteur $x^{(k)}$,

$$x^{(k)} = \frac{z^{(k)}}{c_k} = \frac{1}{c_1 \ldots c_k} \sum_{i=1}^{n} \alpha_i \, \lambda_i^k \, v^i, \quad \text{avec} \quad c_k = z^{(k)}_{j_k} \neq 0$$

de sorte que $x^{(k)}_{j_k} = 1 = \|x^{(k)}\|_\infty$. En factorisant par λ_1^k, il s'écrit encore

$$x^{(k)} = \frac{\lambda_1^k}{c_1 \ldots c_k} \sum_{i=1}^{n} \alpha_i \left(\frac{\lambda_i}{\lambda_1}\right)^k v^i. \tag{2.4}$$

Nous voulons démontrer que ce vecteur tend vers un vecteur propre de A associé à λ_1. Pour cela, notons d'abord qu'il n'existe pas de valeur propre à la fois différente de

λ_1 et de même module. Posons alors $p \in \{1, \ldots, n\}$ l'entier vérifiant $\lambda_1 = \ldots = \lambda_p$ et $|\lambda_{p+1}| < |\lambda_1|$, puis $z := \sum_{i=1}^{p} \alpha_i\, v^i$. Nous obtenons une nouvelle écriture de $x^{(k)}$ telle que

$$x^{(k)} = \frac{\lambda_1^k}{c_1 \ldots c_k} z + \frac{\lambda_1^k}{c_1 \ldots c_k} \sum_{i=p+1}^{n} \alpha_i \left(\frac{\lambda_i}{\lambda_1}\right)^k v^i. \tag{2.5}$$

L'inégalité triangulaire permet d'établir

$$1 = \|x^{(k)}\|_\infty \geqslant \left|\frac{\lambda_1^k}{c_1 \ldots c_k}\right| \left\{ \|z\|_\infty - \| \sum_{i=p+1}^{n} \alpha_i \left(\frac{\lambda_i}{\lambda_1}\right)^k v^i \|_\infty \right\}$$

et puisque $\lim_{k\to\infty} \left(\lambda_i/\lambda_1\right)^k = 0$, pour tout $i \geqslant p+1$, ceci assure que $|\frac{\lambda_1^k}{c_1 \ldots c_k}|\ \|z\|_\infty \leqslant C$, où $C > 0$ est une constante ne dépendant pas de $k \in \mathbb{N}$. Par conséquent, pour tout $k \geqslant 0$, la suite complexe $(\frac{\lambda_1^k}{c_1 \ldots c_k} z)_{k\in\mathbb{N}}$ est bornée.

D'autre part en prenant la norme $\|.\|_\infty$ et en passant à la limite dans (2.5), nous obtenons, compte tenu de ce que nous venons de démontrer,

$$\begin{aligned} 1 = \lim_{k\to+\infty} \|x^{(k)}\|_\infty &= \lim_{k\to+\infty} \left|\frac{\lambda_1^k}{c_1 \ldots c_k}\right| \left\| z + \sum_{i=p+1}^{n} \alpha_i \left(\frac{\lambda_i}{\lambda_1}\right)^k v^i \right\|_\infty, \\ &= \lim_{k\to+\infty} \left|\frac{\lambda_1^k}{c_1 \ldots c_k}\right| \|z\|_\infty. \end{aligned}$$

Notons alors $\bar{j} \in \{1, \ldots, n\}$ le plus petit indice tel que $|z_{\bar{j}}| = \|z\|_\infty$ et posons $x = z/z_{\bar{j}}$ le vecteur colinéaire à z tel que $\|x\|_\infty = 1 = x_{\bar{j}}$. Puisque la suite vectorielle $(x^{(k)})_{k\in\mathbb{N}}$ est bornée dans l^∞, il existe une sous-suite convergente. En écrivant simplement (2.5) pour la composante $\bar{j} \in \{1, \ldots, n\}$, il vient alors pour une sous-suite extraite convergente, toujours notée $(x^{(k)})_{k\in\mathbb{N}}$,

$$1 = x_{\bar{j}} = \lim_{k\to+\infty} x_{\bar{j}}^{(k)} = \lim_{k\to+\infty} \frac{\lambda_1^k}{c_1 \ldots c_k} z_{\bar{j}},$$

d'où

$$\lim_{k\to\infty} \frac{\lambda_1^k}{c_1 \ldots c_k} = \frac{1}{z_{\bar{j}}}.$$

Ceci signifie que toutes les sous-suites extraites convergentes ont la même limite, c'est donc toute la suite $(x^{(k)})_{k\in\mathbb{N}}$ qui converge vers le vecteur x.

Étant donné que les vecteurs $(v^i)_{1\leqslant i\leqslant p}$ sont des vecteurs propres associés à la valeur propre λ_1, nous vérifions facilement que $A\,x = \lambda_1\, x$. Assurons-nous également que $x \neq 0_{\mathbb{K}^n}$. En effet, puisque $x_0 \notin \mathrm{Ker}(A - \lambda_1 I_n)^\perp$, il existe donc $1 \leqslant j_0 \leqslant p$ tel que $\alpha_{j_0} \neq 0$.

Enfin, montrons que la suite $(\beta^{(k)})_{k\in\mathbb{N}}$ converge bien vers la valeur propre λ_1. Par construction, nous avons $\beta^{(k)} = (Ax^{(k)})_{j_k}$, où j_k est l'indice tel que $x^{(k)}_{j_k} = 1$, ceci montre bien que la suite $(\beta^{(k)})_{k\in\mathbb{N}}$ tend vers λ_1 puisque la suite $(x^{(k)})_{k\in\mathbb{N}}$ converge vers le vecteur propre x associé à la valeur propre λ_1, elle vérifie, par continuité de l'application norme, $(A\,x^{(k)})_{j_k} \to (A\,x)_{\bar{j}} = \lambda_1$, lorsque $k \to \infty$. □

Des problèmes de convergence peuvent survenir en utilisant la méthode de la puissance lorsque la valeur propre de module maximal n'est pas unique.

Exemple

Lorsque $|\lambda_1| = |\lambda_2|$ avec $\lambda_2 = -\lambda_1$ ou $\lambda_2 = \bar{\lambda}_1$, la méthode ne converge pas forcément. Nous pouvons constater certaines de ces difficultés en calculant la suite $(x^{(k)})_{k\in\mathbb{N}}$ pour les exemples suivants

$$\begin{pmatrix} 1 & 1 \\ 0 & -1 \end{pmatrix}, \quad \begin{pmatrix} 1 & 1 & 0 & 0 \\ 0 & 1 & 0 & 0 \\ 0 & 0 & -1 & 0 \\ 0 & 0 & 0 & -1 \end{pmatrix} \text{ et } \begin{pmatrix} 1 & 1 & 0 & 0 \\ 0 & 1 & 0 & 0 \\ 0 & 0 & -1 & 1 \\ 0 & 0 & 0 & -1 \end{pmatrix}.$$

Pour la première matrice, l'ensemble des valeurs propres est donné par $\{-1, 1\}$ mais la méthode de la puissance ne converge pas lorsque nous choisissons $x^{(0)} = (1, -1)^T$.
Dans le second cas, les valeurs propres sont $\{-1, -1, 1, 1\}$ et la méthode de la puissance donne les résultats présentés ci-contre. Ici $(x^{(k)})_{k\in\mathbb{N}}$ ne converge pas vers un vecteur propre de A lorsque k tend vers l'infini.

k	$x^{(k)}$	$\|x^{(k)}\|_\infty$
0	$(1, 0, 1, 1)^T$	1
1	$(1, 0, -1, -1)^T$	1
2	$(1, 0, 1, 1)^T$	1
3	$(1, 0, -1, -1)^T$	1

2.4 MÉTHODE DE JACOBI

Nous cherchons à déterminer numériquement les valeurs propres et vecteurs propres d'une matrice A symétrique réelle ($A^T = A$). Nous savons qu'une telle matrice est diagonalisable, c'est-à-dire qu'il existe une matrice réelle et orthogonale U telle que $D = U^T\,A\,U$ soit diagonale, la diagonale étant composée des valeurs propres de A. La diagonalisation consiste donc à trouver la matrice U, c'est-à-dire à trouver une base dans laquelle la représentation de A est diagonale.

Commençons par un exemple simple en dimension deux et généralisons ensuite le procédé aux dimensions supérieures.

2.4.1 Cas de la dimension deux

Soient $A \in \mathcal{M}_{2,2}(\mathbb{K})$ une matrice symétrique et P une matrice de rotation

$$A = \begin{pmatrix} \alpha & \beta \\ \beta & \gamma \end{pmatrix}, \quad P = \begin{pmatrix} \cos(\theta) & \sin(\theta) \\ -\sin(\theta) & \cos(\theta) \end{pmatrix}.$$

Nous décidons de choisir θ pour que la matrice $P\,A\,P^T$ soit diagonale. Pour cela, notons $A^{(0)} = A$ et calculons

$$A^{(1)} = P\,A^{(0)}\,P^T = \begin{pmatrix} \alpha' & \beta' \\ \beta' & \gamma' \end{pmatrix},$$

il suffit donc de chercher pour quel angle $\theta \in [0, 2\pi]$ le coefficient β' devient nul. Vérifions alors que θ donné par

$$\operatorname{cotan}(2\theta) = \frac{\cos^2\theta - \sin^2\theta}{2\cos\theta\sin\theta} = \frac{\alpha - \gamma}{2\beta}$$

convient et implique $\beta' = 0$, ce qui donne une matrice $A^{(1)}$ diagonale. En particulier, puisque P est une rotation, c'est donc une matrice orthogonale et elle conserve la norme de Froebenus (définie au Chapitre 1 par (1.2)), d'où

$$\alpha'^2 + 2\,\beta'^2 + \gamma'^2 = \alpha^2 + 2\,\beta^2 + \gamma^2.$$

Ainsi, le fait d'annuler le coefficient β' implique que $\alpha'^2 + \gamma'^2 \geqslant \alpha^2 + \gamma^2$. En définitive, la méthode de Jacobi va consister à accroître la somme des carrés des termes diagonaux et à diminuer la somme des carrés des termes extradiagonaux. En dimension deux, une seule étape suffit à diagonaliser une matrice A symétrique, la matrice $A^{(1)}$ contient les valeurs propres de A et les vecteurs colonnes de P fournissent les vecteurs propres de la matrice A.

Voyons maintenant comment étendre cette méthode aux dimensions supérieures.

2.4.2 Cas général

Chaque étape k de la méthode de Jacobi consiste à construire une matrice $A^{(k)}$ à partir de la matrice précédente $A^{(k-1)}$ et d'une matrice de rotation choisie de façon à annuler des éléments non diagonaux de $A^{(k-1)}$. Une rotation, d'un angle θ dans le plan défini par les vecteurs d'indices p et q avec $q > p$, est donnée par la matrice orthogonale (*rotation de Givens*)

$$(P_{pq})_{i,j} = \begin{cases} 1, & \text{si } i = j, \text{ avec } j \neq p, j \neq q, \\ \cos\theta, & \text{si } i = j = p \text{ ou } i = j = q, \\ \sin\theta, & \text{si } i = p \text{ et } j = q, \\ -\sin\theta, & \text{si } i = q \text{ et } j = p, \\ 0, & \text{sinon.} \end{cases}$$

Nous avons aussi

$$P_{pq} = \begin{pmatrix} I_{p-1} & 0 & 0 & 0 \\ 0 & \cos\theta & \sin\theta & \\ 0 & 0 & I_{q-p-1} & 0 \\ 0 & -\sin\theta & \cos\theta & 0 \\ 0 & 0 & 0 & I_{n-q} \end{pmatrix}.$$

La matrice $P_{pq} \in \mathcal{M}_{n,n}(\mathbb{R})$ ainsi construite satisfait les propriétés suivantes.

Lemme 2.5

La matrice P_{pq} vérifie les propriétés suivantes.

- Pour la norme de Froebenus donnée par $\|A\|_F = \sqrt{\text{tr}(A^*A)}$,

$$\|P_{pq}\|_F^2 = \sum_{i,j=1}^{n} |(P_{pq})_{i,j}|^2 = n.$$

- La matrice P_{pq} est orthogonale, c'est-à-dire $P_{pq}\, P_{pq}^T = I_n$.

DÉMONSTRATION. Le premier résultat est évident

$$\|P_{pq}\|_F^2 = (n-2) \times 1^2 + 2 \times (cos^2\theta + \sin^2\theta) = n.$$

D'autre part en écrivant le produit $P_{pq}\, P_{pq}^T$ et en effectuant un produit matriciel par bloc, nous obtenons le résultat $P_{pq}\, P_{pq}^T = I_n$. □

Posons alors $A^{(0)} = A$ puis pour $k \geqslant 0$, calculons par récurrence $A^{(k+1)}$ comme la rotation de $A^{(k)}$ par la matrice de rotation P_{pq}, $A^{(k+1)} = P_{pq}\, A^{(k)}\, P_{pq}^T$. La représentation de la matrice $A^{(k+1)} = (a_{i,j}^{(k+1)})_{1 \leqslant i,j \leqslant n}$, qui reste symétrique dans la nouvelle base obtenue après rotation s'écrit en posant $c = \cos\theta$ et $s = \sin\theta$

$$a_{i,j}^{(k+1)} = \begin{cases} a_{i,j}^{(k)}, & \text{si } j \neq p, q \text{ et } i \neq p, q, \\ c\, a_{i,p}^{(k)} - s\, a_{i,q}^{(k)}, & \text{si } j = p \text{ avec } i \neq p, q, \\ c\, a_{i,q}^{(k)} + s\, a_{i,p}^{(k)}, & \text{si } j = q \text{ avec } i \neq p, q, \\ c^2\, a_{p,p}^{(k)} + s^2\, a_{q,q}^{(k)} - 2s\, c\, a_{p,q}^{(k)}, & \text{si } i = p \text{ et } j = p, \\ s^2\, a_{p,p}^{(k)} + c^2\, a_{q,q}^{(k)} + 2s\, c\, a_{p,q}^{(k)}, & \text{si } i = q \text{ et } j = q, \\ (c^2 - s^2)\, a_{p,q}^{(k)} + c\, s\, (a_{p,p}^{(k)} - a_{q,q}^{(k)}), & \text{si } (i,j)=(p,q) \text{ ou } (i,j)=(q,p). \end{cases}$$

Observons que seuls les éléments sur les lignes et colonnes p et q sont modifiés. L'idée consiste alors à choisir l'angle de la rotation de façon à annuler le terme $a_{p,q}^{(k+1)}$, ce qui conduit à

$$\text{cotan}(2\,\theta) = \frac{\cos^2\theta - s^2}{2\,c\,s} = \frac{a_{q,q}^{(k)} - a_{p,p}^{(k)}}{2\,a_{p,q}^{(k)}},$$

mais ce choix modifie les autres éléments non diagonaux.

Nous résumons les modifications induites par la rotation dans la proposition suivante :

Proposition 2.6

Supposons que la matrice $A^{(0)} = A$ soit symétrique. Alors pour tout $k \geqslant 0$ nous construisons la matrice $A^{(k+1)} = P_{pq}^T A^{(k)} P_{pq}$, laquelle est symétrique et vérifie $\|A^{(k+1)}\|_F = \|A^{(k)}\|_F$.
D'autre part, en notant $S^{(k+1)}$ la somme des carrés des termes diagonaux de $A^{(k+1)}$, nous avons

$$S^{(k+1)} := \sum_{i=1}^{n} [a_{i,i}^{(k+1)}]^2 = S^{(k)} + 2\,[a_{p,q}^{(k)}]^2 \geqslant S^{(k)}.$$

DÉMONSTRATION. D'une part, nous rappelons que $\|A\|_F^2 = \mathrm{tr}(A\,A^*)$, ce qui signifie en particulier pour toute matrice A, si U est orthogonale $\|AU\|_F = \|A\|_F$. D'où le résultat pour $A^{(k+1)}$ et $A^{(k)}$, $\|A^{(k)}\|_F = \|A^{(k+1)}\|_F$. Ensuite, en calculant la somme des éléments extra-diagonaux au carré, il vient

$$\begin{aligned}
\sum_{\substack{i,j=1\\ i\neq j}}^{n} |a_{i,j}^{(k+1)}|^2 &= \sum_{\substack{i=1\\ i\neq p,q}}^{n} \left(\sum_{\substack{j=1\\ j\neq i,p,q}}^{n} |a_{i,j}^{(k)}|^2 + (c\,a_{i,p}^{(k)} - s\,a_{i,q}^{(k)})^2 + (c\,a_{i,q}^{(k)} + s\,a_{i,p}^{(k)})^2 \right), \\
&= \sum_{\substack{i,j=1\\ i\neq j}}^{n} |a_{i,j}^{(k)}|^2 - 2\,[a_{p,q}^{(k)}]^2.
\end{aligned}$$

En combinant ce dernier résultat avec la conservation de la norme de Froebenus, nous avons donc $S^{(k+1)} = S^{(k)} + 2\,[a_{p,q}^{(k)}]^2$. □

Nous vérifions que la somme $S^{(k)}$ croît lorsque l'itération k augmente et est bornée par la somme des carrés de tous les termes, c'est-à-dire la norme de Froebenus de $\|A\|_F^2$. Ainsi, pour une matrice $A \in \mathscr{M}_{n,n}(\mathbb{R})$ donnée et un petit paramètre $\varepsilon > 0$ fixé, la méthode de Jacobi s'écrit sous forme compacte :

Méthode de Jacobi pour le calcul de valeurs propres

Poser $A^{(0)} = A$, $k = 0$.
Tant que $\max_{p\neq q} |a_{p,q}^{(k)}| \geqslant \varepsilon$
- chercher $p_0, q_0 \in \{1, \ldots, n\}$ tel que $p_0 \neq q_0$,
$|a_{p_0,q_0}^{(k)}| = \max\{|a_{p,q}^{(k)}|, p, q \in \{1, \ldots, n\}, p \neq q\}$,
- construire la matrice orthogonale $P^{(k)} := P_{p_0 q_0}$
de rotation d'angle θ tel que
$$\mathrm{cotan}(2\,\theta) = \frac{\cos^2\theta - \sin^2\theta}{2\cos\theta\sin\theta} = \frac{a_{q_0,q_0}^{(k)} - a_{p_0,p_0}^{(k)}}{2\,a_{p_0,q_0}^{(k)}},$$
- construire la matrice $A^{(k+1)} = (P^{(k)})^T A^{(k)} P^{(k)}$,
- itérer $k \leftarrow k+1$.

Fin de tant que.

En appliquant ce procédé à une matrice de départ $A \in \mathcal{M}_{n,n}(\mathbb{K})$, les itérés successifs vont converger vers une matrice diagonale D ne contenant que les valeurs propres de A sur sa diagonale.

La méthode de Jacobi fournit également les vecteurs propres de A. En effet, pour (λ, x) un élément propre de A, il vérifie $A\,x = \lambda\,x$. L'application de la méthode de Jacobi donne

$$A^{(k+1)} = (P^{(k)})^T\, A^{(k)}\, P^{(k)},$$

où $P^{(k)}$ est une matrice de rotation et donc par récurrence en notant $Q^{(k)}$ la matrice orthogonale définie par $Q^{(k)} := \prod_{i=0}^{k} P^{(i)}$, il vient $A^{(k+1)} = (Q^{(k)})^T\, A\, Q^{(k)}$. En notant $y^{(k+1)} = (Q^{(k)})^T\, x$, nous avons $A^{(k+1)}\, y^{(k+1)} = \lambda\, y^{(k+1)}$, ce qui signifie que $y^{(k+1)}$ est vecteur propre de $A^{(k+1)}$. Puisque $A^{(k+1)}$ converge vers une matrice diagonale D dont les vecteurs propres sont les vecteurs de la base canonique, le vecteur propre x de A est donné par $x = \lim_{k\to\infty} Q^{(k)}\, e_i$ où e_i est le vecteur de la base canonique associé à la valeur propre λ, c'est-à-dire $D_{i,i} = \lambda$.

En définitive la méthode de Jacobi pour l'approximation d'éléments propres est une méthode itérative, c'est-à-dire que la convergence est asymptotique lorsque k tend vers l'infini. Nous montrons alors le résultat général suivant [7].

Théorème 2.7 ***Convergence de la méthode de Jacobi***

Soient $A \in \mathcal{M}_{n,n}(\mathbb{R})$ une matrice symétrique et $(A^{(k)})_{k\in\mathbb{N}} \subset \mathcal{M}_{n,n}(\mathbb{R})$ la suite définie par la méthode de Jacobi. Alors la suite $(A^{(k)})_{k\in\mathbb{N}}$ converge vers une matrice diagonale D ne contenant que les valeurs propres de A. De plus, les vecteurs colonnes du produit des matrices de passage P_{pq} construites à chaque itération convergent vers les vecteurs propres associés.

2.5 La méthode *QR* pour le calcul des valeurs propres

Nous avons déjà vu au Chapitre 1 [section 1.3.4] qu'une matrice A inversible admet une factorisation $Q\,R$ avec Q une matrice orthogonale $Q^T\,Q = I_n$ et R une matrice triangulaire supérieure. La méthode $Q\,R$ pour la recherche de valeurs propres est donnée pour $A \in \mathcal{M}_{n,n}(\mathbb{R})$ et $\varepsilon > 0$ un petit paramètre fixé,

***Calcul de l'ensemble des valeurs propres par la méthode** QR*

```
Poser A^(0) = A et k = 0.
Tant que max_{i≠j} |a_{i,j}^(k)| ≥ ε
        - calculer R^(k) et Q^(k) telles que
              A^(k) = Q^(k) R^(k),
        - calculer A^(k+1) par
              A^(k+1) = R^(k) Q^(k),
       - itérer k ← k+1.
Fin de tant que.
```

La matrice $A^{(k)}$ est alors censée converger vers une matrice diagonale ne comprenant que les valeurs propres de A. Plus précisément, nous avons le résultat suivant [25]

Théorème 2.8 ***Convergence de la méthode QR***

Soit $A \in \mathcal{M}_{n,n}(\mathbb{R})$ une matrice dont les valeurs propres $(\lambda_i)_{1\leqslant i\leqslant n}$ sont telles que $|\lambda_1| > \ldots > |\lambda_n| > 0$. Alors la suite des termes diagonaux de matrices $(A^{(k)})_k$ construite par la méthode QR donnée ci-dessus converge vers les valeurs propres de A

$$\lim_{k\longrightarrow+\infty} \operatorname{diag}(A^{(k)}) = (\lambda_1, \ldots, \lambda_n)$$

Si de plus A est symétrique, alors la suite $(A^{(k)})$ converge vers une matrice diagonale.

Nous présentons dans la Figure 2.5 une illustration de ce que donne cet algorithme de factorisation $Q\,R$ pour une matrice symétrique aléatoire. En quelques itérations l'algorithme converge vers une matrice diagonale contenant les valeurs propres approchées et les coefficients extradiagonaux sont en dessous d'un seuil $\varepsilon > 0$ fixé.

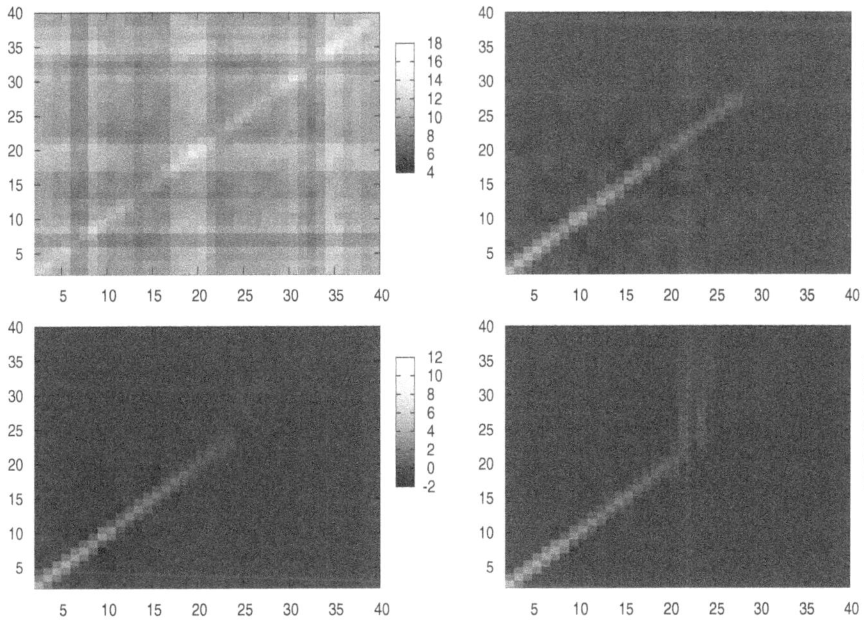

Figure 2.5
Illustration des itérations successives obtenues par la méthode QR pour une matrice A symétrique aléatoire.

En partant d'une matrice pleine aléatoire $A \in M_{40,40}(\mathbb{R})$, les images de la Figure 2.5 représentent différentes itérations. Après seulement 6 itérations, la matrice $A^{(6)}$ contient un fort pourcentage de coefficients extradiagonaux en dessous du seuil fixé $\varepsilon = 10^{-4}$ mais pour obtenir que l'ensemble des coefficients extradiagonaux soit en dessous de ε, cela nécessite environ 200 itérations.

Exercices

2.1 Valeurs propres complexes de matrice à coefficients réels

Ce premier exercice cherche simplement à illustrer le fait qu'une matrice à coefficients réels peut avoir des valeurs propres complexes.

1. Déterminer les valeurs propres de la matrice

$$A = \begin{pmatrix} 1 & 2 & 1 \\ 0 & 1 & 3 \\ 2 & 1 & 1 \end{pmatrix}.$$

2.2 Propriétés des valeurs propres I

Nous disons que deux matrices A et B sont semblables s'il existe une matrice P inversible telle que $B = P\,A\,P^{-1}$.

1. Montrer que deux matrices semblables ont les mêmes valeurs propres.

2.3 Propriétés des valeurs propres II

Soient p et n des entiers naturels non nuls tels que $n \leqslant p$, et soient $A \in \mathcal{M}_{n,p}(\mathbb{R})$ et $B \in \mathcal{M}_{p,n}(\mathbb{R})$.

1. Montrer que $\lambda \in \mathbb{C} \setminus \{0\}$ est valeur propre de AB si et seulement si elle l'est de BA.
2. Montrer que si $\lambda = 0$ est valeur propre de AB alors λ est valeur propre de BA.

Il est recommandé de distinguer les cas $Bx \neq 0$ et $Bx = 0$, où x est le vecteur propre associé à la valeur propre $\lambda = 0$ de AB. Pour le second cas, distinguer selon que $\mathrm{Im}A = \mathbb{R}^n$ ou non.

3. Montrer, en prenant par exemple $n = 1$ et $p = 2$, que λ peut être une valeur propre de $B\,A$ sans être valeur propre de $A\,B$.
4. Supposons que $n = p$, en déduire que l'ensemble des valeurs propres de $A\,B$ est égal à l'ensemble des valeurs propres de la matrice $B\,A$.

2.4 Théorème de Gershgorine

Soient $A \in \mathcal{M}_{n,n}(\mathbb{K})$.

1. Montrer que pour tout vecteur propre $v \in \mathbb{K}^n$ de A et sa valeur propre associée $\lambda \in \text{Sp}(A)$, $|v_i| = \max\limits_{1 \leqslant j \leqslant n} |v_j|$ vérifie

$$\sum_{\substack{j=1 \\ j \neq i}}^{n} |a_{i,j}| \geqslant \left| \sum_{\substack{j=1 \\ j \neq i}}^{n} a_{i,j} \frac{v_j}{|v_i|} \right| = |\lambda - a_{i,i}|.$$

2. En déduire que $\text{Sp}(A) \subset \cup_{i=1}^{n} \mathcal{D}_i$ avec

$$\mathcal{D}_i := \left\{ r \in \mathbb{C}, \quad |r - a_{i,i}| \leqslant \sum_{\substack{j=1 \\ j \neq i}}^{n} |a_{i,j}| \right\}.$$

2.5 Localisation des valeurs propres II

Considérons une matrice A diagonalisable par la transformation $P^{-1}AP$ et B une matrice quelconque.

1. Montrer que

$$\text{Sp}(A + B) = \text{Sp}(D + P^{-1}BP),$$

où D est la matrice diagonale constituée des valeurs propres de A. 2. Montrer alors que les valeurs propres de $A + B$ appartiennent à l'union des disques

$$\{\lambda \in \mathbb{C}, \quad |\lambda - \lambda_i| \leqslant \kappa_\infty \|B\|\},$$

où λ_i est une valeur propre de A et $\kappa_\infty = \text{cond}_\infty(P)$.

2.6 Convergence de la méthode de la puissance inverse

Soit $A \in \mathcal{M}_{n,n}(\mathbb{R})$ une matrice symétrique définie positive n'ayant que des valeurs propres simples. À partir de la méthode de la puissance, nous souhaitons calculer la valeur approchée de la plus petite valeur propre $\lambda_n > 0$.

1. Quel est le lien entre les éléments propres de A et A^{-1} ?
2. En s'inspirant de la méthode de la puissance, proposer alors une méthode numérique pour le calcul approché de la plus petite valeur propre de A.
3. Montrer que cette méthode fournit une suite qui converge vers λ_n.

2.7 Approximation des valeurs propres du Laplacien

Cet exercice est consacré à la théorie spectrale des équations aux dérivées partielles, c'est-à-dire à la recherche des valeurs propres et des fonctions propres d'une équation différentielle. Jusqu'à présent, nous avons défini la notion de valeur propre et de vecteur propre pour une matrice $A \in \mathcal{M}_{n,n}(\mathbb{K})$ mais nous pouvons généraliser cette définition à un opérateur différentiel en dimension infinie. Cela permet d'étudier des solutions particulières (dites oscillantes en temps) d'un problème d'évolution et de construire des méthodes de résolution. Plus précisément, nous recherchons une fonction u et une valeur propre $\lambda \in \mathbb{R}$ telles que le couple (u, λ) satisfait l'équation de Laplace suivante

$$-u''(x) = \lambda\, u(x), \quad x \in]0, 1[, \tag{2.6}$$

avec les conditions aux limites $u(0) = u(1) = 0$.

Observons qu'ici la résolution est explicite en utilisant les séries de Fourier à coefficients réels et les fonctions de bases $x \mapsto \sin(k\,\pi\, x)$. Nous trouvons alors

$$\lambda_k = k^2\,\pi^2, \qquad \varphi_k(x) = \sin(k\,\pi\, x).$$

En décomposant l'intervalle $[0, 1]$ en sous-intervalles réguliers $[x_i, x_{i+1}]$ avec $i = 0, \ldots, n$, les points x_i sont donnés par $x_i = i\,h$ avec $h = 1/(n+1)$ et n est le nombre total de points de discrétisation.

1. Soit $v_h = (v_1, \ldots, v_n) \in \mathbb{R}^n$, où la composante v_i désigne une valeur approchée de $u(x_i)$ la solution de (2.6).

À l'aide d'un développement de Taylor, montrer que $(v_h, \lambda_h) \in \mathbb{R}^n \times \mathbb{R}$ est solution de l'équation algébrique

$$\begin{cases} A_h\, v_h = \lambda_h\, v_h, \\ \|v_h\|_2 = 1. \end{cases}$$

où $A_h = \dfrac{1}{h^2} A \in \mathscr{M}_{n,n}(\mathbb{R})$ où A est donnée par

$$A = \begin{pmatrix} 2 & -1 & 0 & \ldots & 0 \\ -1 & 2 & -1 & \ddots & \vdots \\ 0 & \ddots & \ddots & \ddots & 0 \\ \vdots & \ddots & -1 & 2 & -1 \\ 0 & \ldots & 0 & -1 & 2 \end{pmatrix}. \tag{2.7}$$

2. Montrer que la matrice $A_h \in \mathscr{M}_{n,n}(\mathbb{R})$ est symétrique définie positive et ses valeurs propres sont données par

$$\begin{cases} \lambda_h^{(k)} = \dfrac{4}{h^2} \sin^2\left(\dfrac{k\,\pi}{2(n+1)}\right), \quad k \in \{1, \ldots, n\}, \\ v_h^{(k)} = (v_1^{(k)}, \ldots, v_n^{(k)}), \text{ avec } v_j^{(k)} = \sin\left(\dfrac{j\,k\,\pi}{(n+1)}\right). \end{cases}$$

Appliquer le Théorème de Gershgorine pour montrer que si $\lambda \in Sp(A)$ alors $\lambda \in [0,4]$. Puis, écrire $\lambda = 2 - 2\cos(\theta)$ avec $\theta \in]0, \pi[$.

Il n'est pas toujours possible de calculer de manière exacte l'ensemble du spectre d'une matrice. Nous souhaitons donc proposer une méthode numérique permettant d'approcher l'ensemble des éléments propres de la matrice A_h, c'est la méthode de Lanczòs qui s'inspire directement de la méthode de la puissance.

3. Supposons que l'élément propre $(v_{h,1}, \lambda_{h,1})$ est connu, où $\lambda_{h,1}$ est la plus grande valeur propre en module de A_h calculée à partir de la méthode de la puissance avec la donnée initiale $x_0 \in \mathbb{R}^n$. Posons $x^{(0)} = x_0 - \langle x_0, v_{h,1}\rangle\, v_{h,1}$, où $\langle .,.\rangle$ désigne le produit scalaire euclidien.
Construisons ensuite $z^{(1)} = A\,x^{(0)} - \langle A\,x^{(0)}, v_{h,1}\rangle\, v_{h,1}$ et procédons à l'étape de normalisation $v_{h,2}^{(1)} = z^{(1)}/\|z^{(1)}\|_2$.
Montrer que $v_{h,2}^{(1)}$ est orthogonal à $v_{h,1}$ et en déduire un schéma numérique pour le calcul de $\lambda_{h,2}$ la seconde valeur propre la plus grande en module.

Rappelons que puisque A_h est symétrique, l'ensemble des vecteurs propres de A_h forme une base orthogonale.

4. Proposer alors une méthode numérique permettant d'approcher l'ensemble des valeurs propres de la matrice A_h. En faisant varier le paramètre h, vérifier que les valeurs propres λ_h approchent bien les valeurs propres de (2.6).

Solutions des exercices

2.1 Le polynôme caractéristique s'écrit

$$\det \begin{bmatrix} 1-\lambda & 2 & 1 \\ 0 & 1-\lambda & 3 \\ 2 & 1 & 1-\lambda \end{bmatrix} = -\lambda^3 + 3\lambda^2 + 2\lambda + 8.$$

Les racines sont alors donnés par

$$\lambda_1 = 4, \quad \lambda_2 = -\frac{1}{2} + \frac{1}{2}\sqrt{7}i, \quad \lambda_2 = -\frac{1}{2} - \frac{1}{2}\sqrt{7}i.$$

2.2 Soient A et B deux matrices semblales, il existe alors une matrice P inversible telle que $B = P\,A\,P^{-1}$ et le calcul du polynôme caractéristique donne alors

$$\begin{aligned} \det(B - \lambda I) &= \det(P\,A\,P^{-1} - \lambda I) \\ &= \det\left(P\,(A - \lambda I)\,P^{-1}\right) \\ &= \det(P)\det(A - \lambda I)\det(P^{-1}) \\ &= \det(A - \lambda I). \end{aligned}$$

2.3 On s'intéresse ici aux propriétés des valeurs propres.

1. Soient $\lambda \in \mathbb{K} \setminus \{0\}$ et $v \in \mathbb{K}^n$ tels que $A\,B\,v = \lambda\,v$. Tout d'abord, notons que le vecteur $w = Bv$ est non nul car sinon $ABv = 0$ ce qui est impossible puisque λv est non nul. Donc, $B\,A\,w = \lambda\,w$, ce qui signifie que λ est valeur propre de BA et $w = Bv$ est le vecteur propre associé. De la même manière, nous montrons que si $\lambda \neq 0$ est valeur propre de BA, alors λ est aussi valeur propre de AB.

2. Soit $\lambda = 0$ une valeur propre de AB, il existe donc $v \in \mathbb{K}^n \setminus \{0\}$, tel que $A\,B\,v = 0$.

- D'une part supposons que $B\,v \neq 0$, alors en multipliant l'égalité par B à gauche, nous obtenons $B\,A\,(B\,v) = 0$, donc $w = B\,v \neq 0$ est vecteur propre de $B\,A$ associé à la valeur propre 0.
- D'autre part supposons que $B\,v = 0$, nous avons alors deux cas.
  - ◇ Si $\mathrm{Im}(A) = \mathbb{K}^n$, puisque $v \in \mathbb{K}^n$, il existe $w \in \mathbb{K}^p$, non nul, tel que $v = Aw$ et donc en multipliant à gauche par B, $B\,A\,w = B\,v = 0$ donc w est vecteur propre associé à $\lambda = 0$.
  - ◇ Si $\mathrm{Rang}(A) < n$, alors $\mathrm{Ker}(A) \neq \{0\}$ et il existe $x \in \mathbb{K}^p$, non nul, tel que $A\,x = 0$ ou encore $B\,A\,x = 0$.

3. Prenons une matrice $B^T = (b_1, b_2)$ et $A = (a_1, a_2)$, tels que le produit BA donne

$$B\,A = \begin{pmatrix} 0 & 0 \\ 0 & 1 \end{pmatrix}.$$

Les valeurs propres de BA sont alors 0 et 1. En choisissant $b_2 = a_2 = 1$ et $b_1 = a_1 = 0$, la matrice AB est réduite au scalaire 1.

4. Il suffit d'inverser le rôle de n et p.

2.4 Il s'agit ici d'avoir une localisation des valeurs propres en fonction des coefficients de la matrice.

1. Soient $v \in \mathbb{K}^n \setminus \{0\}$ un vecteur propre de A et $i \in \{1, \ldots, n\}$ l'indice tel que $|v_i| \geqslant |v_j|$ pour tout $j \in \{1, \ldots, n\}$.

La ligne i de l'équation $A\,v = \lambda\,v$ donne $\sum_{j=1}^{n} a_{i,j}\,v_j = \lambda\,v_i$ ou encore

$$\sum_{\substack{j=1 \\ j\neq i}}^{n} a_{i,j}\,v_j = (\lambda - a_{i,i})\,v_i.$$

2. En divisant par $|v_i|$, qui est non nul et en appliquant l'inégalité triangulaire, nous obtenons

$$\sum_{\substack{j=1 \\ j\neq i}}^{n} |a_{i,j}| \geqslant \left| \sum_{\substack{j=1 \\ j\neq i}}^{n} a_{i,j}\,\frac{v_j}{|v_i|} \right| = |\lambda - a_{i,i}|.$$

Par conséquent, pour tout $\lambda \in \mathrm{Sp}(A)$, il existe $i \in \{1, \ldots, n\}$ tel que $\lambda \in \mathcal{D}_i$, d'où $\mathrm{Sp}(A) \subset \cup_{i=1}^{n} \mathcal{D}_i$.

2.5 Une autre application du Théorème de Gershgorine.

1. Tout d'abord nous avons

$$\mathrm{Sp}(A+B) = \mathrm{Sp}(P^{-1}(A+B)P) = \mathrm{Sp}(D + P^{-1}BP).$$

2. Nous appliquons ensuite le théorème de Gershgorine à la matrice $D + C$ avec $C = P^{-1}BP$, nous endéduisons alors que le spectre de $A + B$ est contenu dans l'union des disques

$$\left\{ \lambda \in \mathbb{C}, \quad |\lambda - \lambda_i - c_{i,i}| \leqslant \sum_{j \neq i} |d_{i,j} + c_{i,j}| = \sum_{j \neq i} |c_{i,j}| \right\}.$$

Finalement, à l'aide de l'inégalité triangulaire, nous obtenons le résultat

$$|\lambda - \lambda_i| \leqslant |\lambda - \lambda_i - c_{i,i}| + |c_{i,i}| \leqslant \sum_{j=1}^{n} |c_{i,j}| \leqslant \kappa_\infty \|B\|_\infty.$$

2.6 Une variante de la méthode de la puissance : la méthode de la puissance inverse.

1. Remarquons d'abord que lorsque A est inversible, les valeurs propres de A^{-1} sont les inverses des valeurs propres de A. En effet, pour un élément propre (λ, v) de A, nous avons $A\,v = \lambda\,v$ et puisque A est inversible, $\lambda \neq 0$ et en multipliant cette égalité par A^{-1}, il vient $A^{-1}\,v = \dfrac{1}{\lambda}\,v$, donc $(1/\lambda, v)$ est un élément propre de A^{-1}.

2. Appliquons alors la méthode de la puissance à A^{-1} pour approcher la valeur propre de $A \in \mathcal{M}_{n,n}(\mathbb{K})$ de plus petit module. Cela se fait sans calcul d'inverse mais à partir d'une factorisation de Cholesky puisque la matrice est symétrique définie positive. Plus précisément, la méthode de la puissance inverse est le suivant. Pour $x_0 \in \mathbb{R}^n$ donné et $\varepsilon > 0$ un petit paramètre fixé

Méthode de la puissance inverse

Effectuer une décomposition $R^\star R$ de la matrice A.
Poser $k=0$, $z^{(0)} = x_0 \in \mathbb{R}^n$ et $\varepsilon^{(0)} = 2\,\varepsilon$.
Tant que $\varepsilon^{(k)} \geqslant \varepsilon$
- calculer $z^{(k+1)}$ tel que $A\,z^{(k+1)} = z^{(k)}$,
- normaliser le résultat $x^{(k+1)} = z^{(k+1)}/\|z^{(k+1)}\|_2$,
- calculer une approximation de la valeur propre $\beta^{(k+1)} = (x^{(k+1)})^T A\,x^{(k+1)}$,
- calculer le résidu : $\varepsilon^{(k+1)} = |\beta^{(k+1)} - \beta^{(k)}|$,
- itérer $k \leftarrow k+1$.

Fin de tant que

3. Soit $x_0 \in \mathbb{R}^n$ quelconque. En écrivant le vecteur x_0 dans la base $\{w_1, \ldots, w_n\}$ formée par les vecteurs propres de A et en appliquant la méthode de la puissance à A^{-1} une première fois, il vient

$$z^{(1)} = A^{-1}\, x_0 = \sum_{i=1}^{n} \beta_i\, A^{-1}\, w_i = \sum_{i=1}^{n} \frac{\beta_i}{\lambda_i}\, w_i.$$

En procédant par récurrence jusqu'à l'étape k, nous obtenons

$$z^{(k)} = A^{-1}\, z^{(k-1)} = \sum_{i=1}^{n} \frac{\beta_i}{(\lambda_i)^k}\, w_i$$

et donc $\lambda_n^k\, z^{(k)} = \displaystyle\sum_{i=1}^{n} \beta_i \left(\frac{\lambda_n}{\lambda_i}\right)^k w_i.$

Puisque chaque valeur propre est simple, nous en déduisons que

$$\lim_{k\to\infty} \left(\frac{\lambda_n}{\lambda_i}\right)^k = 0, \quad \text{pour} \quad i \neq n,$$

ce qui signifie que

$$\lim_{k\to\infty} \lambda_n^k\, z^{(k)} = \beta_n\, w_n =: z.$$

En outre, $x^{(k)} = z^{(k)}/\|z^{(k)}\|_2$, d'où

$$\lim_{k\to\infty} x^{(k)} = \lim_{k\to\infty} \frac{\lambda_n^k\, z^{(k)}}{\lambda_n^k\, \|z^{(k)}\|_2} = \frac{z}{\|z\|_2}.$$

Puisque w_n est un vecteur propre de A^{-1} associé à la valeur propre $1/\lambda_n$, nous vérifions que x est vecteur propre de A associé à la valeur propre λ_n, c'est-à-dire $A\, x = \lambda_n\, x$.

Enfin, puisque $x_0 \notin \mathrm{Ker}(A - \lambda_n\, I_n)^{\perp} = \mathrm{Vect}\{w_1, \ldots, w_{n-1}\}$, la composante β_n est non nulle et x est bien non nul.

Maintenant, il reste à prouver que la suite de terme général $\beta^{(k)}$ converge vers la plus petite valeur propre $\lambda_n > 0$. Puisque la limite x est vecteur propre et $x^T\, x = 1$, nous avons

$$\lim_{k\to\infty} \beta^{(k)} = \lim_{k\to\infty} (x^{(k)})^T\, A\, x^{(k)} = x^T\, A\, x = \lambda_n\, x^T\, x = \lambda_n.$$

2.7 Application du calcul approché des valeurs propres.

1. En effectuant un développement de Taylor à l'ordre 4, nous obtenons

$$u(x_{i\pm 1}) = u(x_i) \pm h\, u'(x_i) + \frac{h^2}{2}\, u''(x_i) \pm \frac{h^3}{6}\, u^{(3)}(x_i) + \frac{h^4}{24}\, u^{(3)}(\eta_i^{\pm}).$$

Puis, en sommant et en négligeant les terme d'ordre supérieur, il vient alors pour v_i une approximation de $u(x_i)$:

$$-\frac{v_{i+1} - 2\,v_i + v_{i-1}}{h^2} = \lambda_h\, v_i, \quad 1 \leqslant i \leqslant n,$$

avec $v_0 = v_{n+1}$. Puisque nous recherchons un vecteur $v_h = (v_1, \ldots, v_n) \in \mathbb{R}^n$ de norme égale à 1, nous imposons $\sum_{i=1}^{n} v_i^2 = 1$ et donc $(v_h, \lambda_h) \in \mathbb{R}^n \times \mathbb{R}$ est solution de l'équation algébrique

$$\begin{cases} A_h\, v_h = \lambda_h\, v_h, \\ \|v_h\|_2 = 1. \end{cases}$$

avec $A_h = \dfrac{1}{h^2} A$ et A donnée par (2.7).

2. Nous avons déjà vu dans l'Exercice 1.8 que A est symétrique définie positive, ce qui assure que A_h l'est aussi. Il reste à déterminer les valeurs propres et vecteurs propres de la matrice A_h. Remarquons bien qu'il suffit de trouver les éléments propres (λ, v) de A et $(\lambda/h^2, v)$ sera alors un élément propre de A_h.

Soit λ une valeur propre de A et v le vecteur propre associé, en appliquant le Théorème de Gershgorine (Théorème 2.2), il vient $\lambda \in [0, 4]$. D'où, il existe $\theta \in]0, \pi[$ tel que $\lambda = 2 - 2\cos(\theta)$ et pour le vecteur propre associé

$$-v_{i-1} + 2\,v_i - v_{i+1} = \lambda\, v_i = (2 - 2\cos\theta)\, v_i, \quad i = 1, \ldots, n$$

avec $v_0 = v_{n+1} = 0$.

Recherchons alors la solution sous la forme $v_i = r^i$, où r est la solution de $(1 - 2\cos\theta\, r + r^2)\, r^{i-1} = 0$. Puisque la matrice A est inversible, $r = 0$ n'est pas solution, nous trouvons donc deux solutions $r_1 = e^{i\,\theta}$ et $r_2 = e^{-i\theta}$ et le vecteur propre s'écrit alors $v_i = \alpha\, r_1^i + \beta\, r_2^i$, avec $i = 1, \ldots, n$.

En utilisant les conditions aux limites $v_0 = v_{n+1} = 0$, nous obtenons d'une part $\alpha + \beta = v_0 = 0$ et donc $\alpha = -\beta$. D'autre part $\alpha \left(e^{i(n+1)\theta} - e^{-i(n+1)\theta}\right) = 0$, ce qui implique que $\sin((n+1)\,\theta) = 0$ ou encore que $\theta^{(k)} = \dfrac{k\,\pi}{n+1}$, pour $0 < k < n + 1$.

Finalement, nous obtenons pour $k = 1, \ldots, n$

$$\lambda^{(k)} = 2 - 2\cos(\theta^{(k)}) = 4\sin^2\left(\frac{k\pi}{2(n+1)}\right)$$

et

$$v_i^{(k)} = \sin\left(\frac{ik\pi}{n+1}\right), \quad i = 1, \ldots, n.$$

3. Puisque A_h est une matrice symétrique définie positive, nous pouvons appliquer la méthode de la puissance pour calculer une approximation de la plus grande valeur propre. D'autre part, nous savons qu'il existe une base orthonormée de vecteurs propres de la matrice A_h. Nous allons utiliser cette propriété pour mettre au point

une méthode numérique permettant de calculer une approximation de l'ensemble des valeurs propres de A_h :

$$x_0 = \sum_{i=1}^{n} \langle x_0 \, , \, v_{h,i} \rangle \, v_{h,i},$$

où $(v_{h,i})_{1 \leqslant i \leqslant n}$ désigne l'ensemble des vecteurs propres de A_h. Un simple calcul donne

$$\begin{aligned} \langle v_{h,2}^{(1)}, v_{h,1} \rangle &= \frac{1}{\|z^1\|_2} \sum_{i=2}^{n} \langle z^{(1)}, v_{h,1} \rangle, \\ &= \frac{1}{\|z^1\|_2} \sum_{i=2}^{n} \sum_{i=2}^{n} \langle x_0, v_{h,i} \rangle \, \lambda_{h,i} \langle v_{h,i}, v_{h,1} \rangle = 0. \end{aligned}$$

La méthode va donc consister à construire une suite $(v_{h,2}^{(k)}, \lambda_{h,2}^{(k)})_{k \in \mathbb{N}} \subset \mathbb{R}^+ \times \mathbb{R}^n$, telle que pour tout $k \in \mathbb{N}$, le vecteur $v_{h,2}^{(k)}$ est orthogonal au vecteur propre $v_{h,1}$ pour le produit scalaire euclidien $\langle ., . \rangle$. Pour cela, posons $x^{(0)} = x_0 - \langle x_0, v_{h,1} \rangle \, v_{h,1}$, où $\langle ., . \rangle$ désigne le produit scalaire euclidien. Puis, construisons pour $k \geqslant 0$ $z^{(k+1)} = A \, x^{(k)} - \langle A \, x^{(k)}, v_{h,1} \rangle \, v_{h,1}$ et procédons à l'étape de normalisation $v_{h,2}^{(k+1)} = z^{(k+1)} / \|z^{(k+1)}\|_2$.

En réitérant ce procédé, nous construisons bien une suite $(v_{h,2}^{(k)})_{k \in \mathbb{N}}$ qui converge vers un vecteur propre de la matrice A_h, ce vecteur propre est associé à la deuxième valeur propre la plus grande en module.

4. Nous obtenons les résultats de la Figure 2.6.

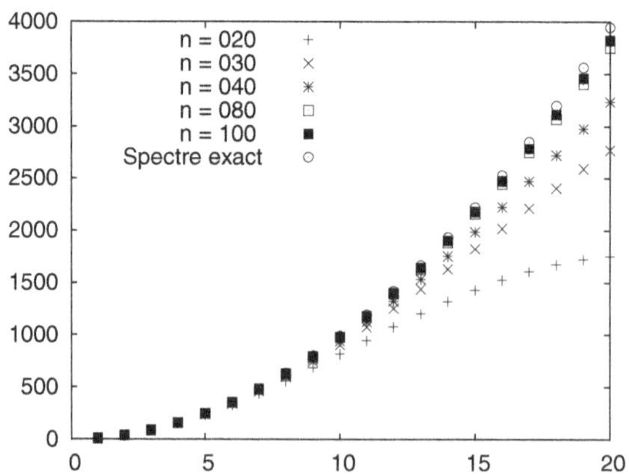

Figure 2.6
Approximation des 20 premières valeurs propres à l'aide de la méthode de Lanczòs.

La méthode est alors donnée pour $x_0 \in \mathbb{R}^n$ et $\varepsilon > 0$ un petit paramètre fixé.

Calcul approché de l'ensemble des valeurs propres

Pour $i = 1, \ldots, n$

- calculer
$$v_{h,i}^{(0)} = x_0 - \sum_{l=1}^{i-1} \langle x_0, v_{h,l} \rangle \, v_{h,l}.$$
et poser $k = 0$, $z^{(0)} = v_{h,i}^{(0)}$, $\varepsilon^{(0)} = 2\varepsilon$.

Tant que $\varepsilon^{(k)} \geqslant \varepsilon$
- calculer $z^{(k+1)} = A_h z^{(k)}$,
- calculer $z^{(k+1)} = z^{(k+1)} - \sum_{l=1}^{i-1} \langle z^{(k+1)}, v_{h,l} \rangle \, v_{h,l}$,
  puis $v_{h,i}^{(k+1)} = \dfrac{z^{(k+1)}}{\|z^{(k+1)}\|_2}$
  et $\lambda_{h,i}^{(k+1)} = \langle A_h v_{h,i}^{(k+1)}, v_{h,i}^{(k+1)} \rangle$,
- calculer le résidu pour le test d'arrêt
$$\varepsilon^{(k+1)} := \frac{|\lambda_{h,i}^{(k+1)} - \lambda_{h,i}^{(k)}|}{|\lambda_{h,i}^{(k)}|},$$
- itérer $k \leftarrow k+1$.

Fin de tant que.
- poser $v_{h,i} = v_{h,i}^{(k)}$ et $\lambda_{h,i} = \lambda_{h,i}^{(k)}$.

Fin de pour i

LES SYSTÈMES NON LINÉAIRES

3

Dans ce chapitre, nous nous intéressons à la résolution de systèmes non linéaires issus de la modélisation en mécanique, chimie ou en dynamique des populations. C'est une étape clé dans la résolution de la plupart des problèmes en mathématiques appliquées tenant compte de phénomènes non linéaires. Le problème s'écrit sous la forme

$$\begin{cases} \text{trouver } \bar{x} \in E, \\ \text{tel que } f(\bar{x}) = 0, \end{cases}$$

où E est un ensemble donné. Il s'agit tout d'abord de proposer un cadre mathématique adapté à ce type de problème non linéaire (existence et unicité de solution, localisation de la solution). Différentes méthodes numériques seront proposées et la notion de convergence des algorithmes sera abordée (convergence locale et globale) ainsi que l'ordre de convergence indiquant la vitesse à laquelle la solution numérique se rapproche de la solution exacte.

3.1 INTRODUCTION AUX PROBLÈMES NON LINÉAIRES

Nous commençons par un exemple simple de problème non linéaire.

3.1.1 Modèle de coagulation et fragmentation

Des modèles de coagulation et fragmentation ont été introduits par M. von Smoluchowski en 1916 et décrivent l'évolution en fonction du temps $t \geqslant 0$ de la densité $C_i(t)$ de particules de masse $i > 0$, où l'unité de masse est la masse d'une particule de référence (proton, soleil). Nous rencontrons ces modèles dans l'étude de la formation d'agrégats (polymères, étoiles). Ils décrivent les mécanismes par lesquels deux agrégats coagulent pour en former un plus gros tandis que dans le même temps d'autres particules se fragmentent en particules de plus petites masses ; la masse globale étant conservée au cours de chaque réaction de coalescence. Dans le cas le plus simple, les masses des agrégats ne prennent que des valeurs discrètes, l'évolution temporelle des densités des agrégats de masse i est donnée par un système d'équations différentielles fortement couplées. Nous nous intéressons ici non pas au processus d'évolution mais aux états d'équilibre. Plus précisément, C_i la densité de masse i avec $i \in \mathbb{N}^\star$ est le résultat d'une réaction de coagulation

$$C_j + C_{i-j} \overset{a_{j,i-j}}{\longmapsto} C_i, \quad \text{(coagulation binaire)} \qquad (3.1)$$

et d'une réaction de fragmentation

$$C_i \overset{b_{i-j,j}}{\longmapsto} C_{i-j} + C_j, \quad \text{(fragmentation binaire)}, \tag{3.2}$$

où a et b désignent les taux de coagulation et de fragmentation, c'est-à-dire que $a_{i,j}$ représente la probabilité qu'une particule de masse i fusionne avec une particule de masse j pour donner une nouvelle particule de masse $i + j$ tandis que $b_{i,j}$ représente la probabilité qu'une particule de masse $i + j$ se scinde en deux particules de masse i et une autre de masse j. Nous supposons que les taux de coagulation et de fragmentation dépendent uniquement de la masse des particules. Nous obtenons alors à l'équilibre le modèle de coagulation-fragmentation suivant [28] : pour tout $i \in \mathbb{N}^\star$

$$\begin{aligned} 0 \;=\; & \underbrace{\frac{1}{2}\sum_{j=1}^{i-1} a_{i-j,j} C_{i-j}\, C_j}_{C_i \text{ créée par coagulation}} - \underbrace{\sum_{j=1}^{\infty} a_{i,j}\, C_j\, C_i}_{C_i \text{ détruite après coagulation}} \\ & - \underbrace{\frac{1}{2}\sum_{j=1}^{i-1} b_{i-j,j} C_i}_{C_i \text{ détruite après fragmentation}} + \underbrace{\sum_{j=1}^{\infty} b_{i,j}\, C_{i+j}}_{C_i \text{ créée par fragmentation}}. \end{aligned}$$

La suite $(C_i)_{i\in\mathbb{N}^\star}$ est donc solution d'un système infini d'équations non linéaires dont il est pratiquement impossible de calculer la solution exacte. Il est donc indispensable d'avoir recours à des algorithmes numériques qui réduisent ce problème en un système fini d'équations couplées ; dès lors une méthode numérique permet d'en calculer une solution approchée.

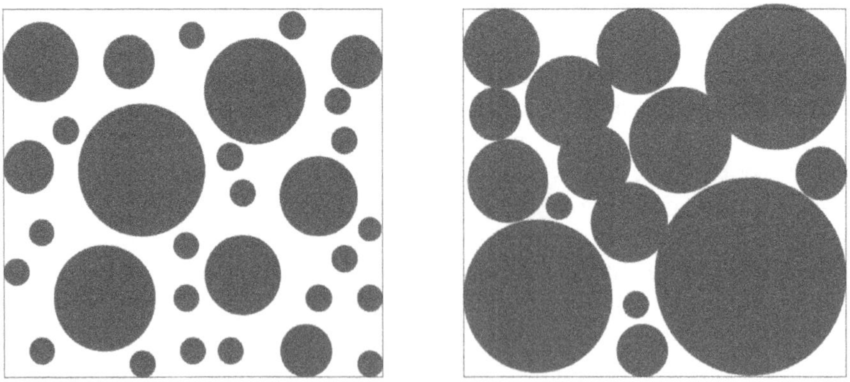

Figure 3.1
Exemple de l'évolution de la densité de particules $(C_i)_{i\in\mathbb{N}^\star}$ obtenue en résolvant le modèle non linéaire de coagulation-fragmentation au temps $t = 0$ et $t = 1$.

3.1.2 Résultats généraux et définitions

Il est temps de formaliser ces problèmes non linéaires d'un point de vue mathématique. Considérons E un espace métrique où d est la distance associée[1] et F un $\mathbb{R}$-espace vectoriel, supposons que K soit un sous-ensemble de E, et f une fonction de K à valeurs dans F. Nous nous intéressons à la résolution du problème suivant

$$\begin{cases} \text{trouver } \bar{x} \in K, \\ \text{tel que } f(\bar{x}) = 0_F \end{cases} \tag{3.3}$$

et disons que $\bar{x}$ est un zéro de la fonction f.

Ce problème est non linéaire dans le sens où la fonction f n'est plus seulement une fonction du type $f(x) = Ax - b$ avec $A \in \mathcal{M}_{n,n}(\mathbb{R})$, $b \in \mathbb{R}^n$ et $x \in \mathbb{R}^n$. Pour la résolution numérique de ce problème, nous ne pouvons donc pas utiliser les algorithmes développés dans la partie précédente mais nous verrons qu'il s'agit plutôt de construire une suite d'approximations $(x^{(k)})_{k\in\mathbb{N}}$ dont la limite $\bar{x}$ est solution de (3.3). Précisons d'abord la notion de convergence de la suite $(x^{(k)})_{k\in\mathbb{N}}$, puis introduisons la notion d'ordre de convergence.

Définition 3.1

Soient E un espace métrique muni de la distance $d(.,.)$ et $(x^{(k)})_{k\in\mathbb{N}}$ une suite de E approchant la solution $\bar{x}$ de (3.3) et vérifiant $x^{(0)} = x_0 \in U$. Nous disons que la suite $(x^{(k)})_{k\in\mathbb{N}}$ converge vers $\bar{x}$ si $\lim_{k\to\infty} d\left(x^{(k)}, \bar{x}\right) = 0$. De plus, nous disons que la méthode itérative fournissant les valeurs de $(x^{(k)})_{k\in\mathbb{N}}$ est d'ordre p, s'il existe deux constantes C_1 et $C_2 > 0$ telles que

$$C_1 \leqslant \lim_{k\to\infty} \frac{d\left(x^{(k+1)}, \bar{x}\right)}{d\left(x^{(k)}, \bar{x}\right)^p} \leqslant C_2.$$

La notion de vitesse de convergence est évidemment essentielle en analyse numérique. Afin de diminuer le temps de calcul, nous choisissons souvent d'utiliser l'algorithme qui converge le plus rapidement, c'est-à-dire d'ordre le plus élevé. En effet, lorsque $x^{(k)}$ est suffisamment proche de $\bar{x}$ pour la distance d, l'itéré suivant sera de l'ordre de $d(x^{(k+1)}, \bar{x}) \leqslant C_2\, d(x^{(k)}, \bar{x})^p$ qui est d'autant plus petit que p est grand.

Une autre notion importante est la distinction entre la convergence *locale* et la convergence *globale*.

Définition 3.2

Soient E un espace métrique et $(x^{(k)})_{k\in\mathbb{N}} \subset E$ une suite d'approximation de la solution $\bar{x}$ de (3.3) telle que $x^{(0)} = x_0$.

1. La distance d est une application de $E \times E$ à valeurs dans $\mathbb{R}^+$ telle que pour tout x, y et $z \in E$, $d(x, y) = d(y, x)$, $d(x, y) = 0 \Rightarrow x = y$ et $d(x, z) \leqslant d(x, y) + d(y, z)$.

- Nous disons que la suite $(x^{(k)})_{k\in\mathbb{N}}$ converge globalement vers $\bar{x} \in K$ si pour tout $x_0 \in K$, la suite $(x^{(k)})_{k\in\mathbb{N}}$ converge vers $\bar{x}$.
- Nous disons que la suite $(x^{(k)})_{k\in\mathbb{N}}$ converge localement vers $\bar{x} \in K$ s'il existe un voisinage $V_{\bar{x}}$ de $\bar{x}$, tel que pour tout $x_0 \in V_{\bar{x}}$, la suite $(x^{(k)})_{k\in\mathbb{N}}$ converge vers $\bar{x}$.

Dans la pratique, nous préférons souvent des méthodes qui donnent la convergence globale de la solution à moins bien sûr d'avoir une idée *a priori* de la localisation de la solution.

Dans une première partie, nous présentons une méthode générale et simple, pour laquelle la recherche d'un zéro d'une fonction $f : K \subset E \mapsto E$ est remplacée par la recherche d'un point fixe d'une nouvelle fonction Φ. Ensuite, nous proposons plusieurs algorithmes pour la résolution numérique de problèmes non linéaires dans le cas de fonctions à valeurs dans $\mathbb{R}$. Puis, nous traitons le cas $E = F = \mathbb{R}^n$, en proposant la méthode de Newton-Raphson pour les systèmes non linéaires.

3.2 MÉTHODE DE POINT FIXE

Considérons E un espace métrique muni d'une distance d, K un sous-ensemble fermé de E et f une fonction : $K \subset E \to E$. La méthode de point fixe consiste à remplacer la fonction f par la fonction Φ en posant par exemple $\Phi(x) = f(x)+x$ tout en s'assurant que l'ensemble K est stable par l'application Φ, c'est-à-dire $\Phi(K) \subset K$, nous verrons qu'il y a plusieurs choix possibles pour cela. Nous remplaçons alors l'équation (3.3) par un nouveau problème : $\bar{x} \in K$, tel que $\Phi(\bar{x}) = \bar{x}$.

Présentons tout d'abord la méthode de Héron permettant d'approcher des racines carrées d'un nombre réel. Cet algorithme est basé sur le principe du point fixe. Proposons ensuite une méthode générale et indiquons les critères que doit satisfaire la fonction Φ pour assurer la convergence.

3.2.1 Méthode de Héron

La méthode de Héron[1] fournit un algorithme pour la recherche de la racine carrée d'un nombre réel positif a. Nous allons utiliser le fait que le réel $\alpha = \sqrt{a}$ n'est rien d'autre que la longueur du côté d'un carré dont l'aire est a. L'idée de base de la méthode de Héron va donc consister à construire un tel carré en construisant une suite de rectangles d'aire a qui converge vers le carré en question.

Considérons une valeur $x^{(0)}$ donnée, qui représente une estimation grossière de α. Choisissons alors le rectangle d'aire a ayant un côté de longueur $L = x^{(0)}$ et un second côté égal à $l = a/L = a/x^{(0)}$. Pour construire un nouveau rectangle qui soit plus proche du carré d'aire a, nous prenons simplement pour

1. En référence à Héron d'Alexandrie qui vécut au premier siècle après J.-C. et fut un des grands mécaniciens de l'Antiquité. L'algorithme de calcul des racines carrées lui est attribué bien qu'il semble que cet algorithme fût déjà connu des Babyloniens.

longueur d'un côté la moyenne des longueurs des côtés du rectangle précédent, c'est-à-dire, $L = x^{(1)} = \left(x^{(0)} + a/x^{(0)}\right)/2$ tandis que le second côté aura pour longueur $l = a/L = a/x^{(1)}$. Nous continuons ce procédé jusqu'à ce que nous ne soyons plus en mesure de distinguer les longueurs des deux côtés, cela revient à construire une suite $(x^{(k)})_{k \geqslant 0}$ dont le terme général vérifie pour $k \in \mathbb{N}$, $x^{(k+1)} = \left(x^{(k)} + a/x^{(k)}\right)/2$.

Par exemple, si nous recherchons la racine carrée de $a = 200$ nous obtenons alors les valeurs données dans le tableau ci-contre. Avec seulement quatre itérations, nous avons obtenu la racine cherchée à la précision machine.

k	$x^{(k)}$	$\frac{a}{x^{(k)}}$
0	10,000	20,000
1	15,000	13,333
2	14,166	14,117
3	14,142	14,142
4	14,142	14,142

Voyons maintenant comment généraliser cette approche pour la résolution d'une équation du type (3.3).

3.2.2 Méthode générale

Soit E un espace métrique et $K \subset E$ un sous-ensemble fermé de E. Comme nous l'avons déjà précisé, la méthode de point fixe consiste à d'abord remplacer l'équation (3.3) par une nouvelle équation

$$\begin{cases} \bar{x} \in K, \\ \text{tel que } \Phi(\bar{x}) = \bar{x}, \end{cases} \tag{3.4}$$

où Φ est une fonction $\Phi : K \subset E \mapsto K$, nous pouvons choisir $\Phi(x) = f(x) + x$. Cependant, pour assurer qu'à chaque itération $x^{(k)} \in K$ puisque l'inconnue $\bar{x} \in K$, la fonction Φ doit satisfaire $\Phi(K) \subset K$ ce qui n'est pas facile à vérifier en général.

Par exemple, en reprenant la méthode de Héron, nous approchons la racine carrée de $a \in \mathbb{R}^+$, laquelle vérifie l'équation $f(x) := x^2 - a = 0$. Dans ce cas, nous avons pris la fonction Φ définie sur $K := \mathbb{R}^+$ et donnée par $\Phi(x) = \left(x + a/x\right)/2$, laquelle vérifie bien $\Phi(K) \subset K$ et $\Phi(\sqrt{a}) = \sqrt{a}$. Cependant nous aurions pu prendre aussi :

- $\Phi(x) = x^2 - a + x$, mais nous ne pouvons pas assurer la stabilité $\Phi(K) \subset K$ lorsque $K = \mathbb{R}^+$.
- $\Phi(x) = a/x$, et $K = \mathbb{R}^+$, cette fois nous avons bien $\Phi(\mathbb{R}^+) \subset \mathbb{R}^+$ mais nous ne pouvons pas toujours assurer la convergence de l'algorithme itératif.

En nous inspirant de la méthode de Héron, nous proposons alors un algorithme de point fixe pour approcher la solution de (3.3) dans le cas où f est une fonction de E dans E. Nous construisons une fonction Φ telle que la solution $\bar{x}$ de (3.3) soit aussi un point fixe de Φ. Puis, pour $x_0 \in K \subset E$

$$\begin{cases} x^{(0)} = x_0, \\ x^{(k+1)} = \Phi(x^{(k)}), \qquad k \geqslant 0, \end{cases} \tag{3.5}$$

où Φ est définie de K dans K.

La méthode de point fixe général pour le problème (3.4) est alors donné, pour $\varepsilon > 0$ un petit paramètre et $x_0 \in K$, par

Méthode de point fixe

Poser $x^{(0)} = x_0$, $\varepsilon^{(0)} = d\left(\Phi(x^{(0)}), x^{(0)}\right)$ et $k = 0$
Tant que $\varepsilon^{(k)} \geqslant \varepsilon$
- calculer $x^{(k+1)} = \Phi(x^{(k)})$,
- calculer le résidu pour le test d'arrêt $\varepsilon^{(k+1)} := d\left(x^{(k+1)}, x^{(k)}\right)$,
- itérer $k \leftarrow k+1$.

Fin de tant que.

Il reste à déterminer des critères sur la fonction Φ pour que la méthode de point fixe soit effectivement convergente.

Rappelons d'abord la définition d'une suite de Cauchy

Définition 3.3

Soient E un espace métrique et $(x^{(k)})_{k\in\mathbb{N}}$ une suite de E. Nous disons que $(x^{(k)})_{k\in\mathbb{N}}$ est une suite de Cauchy lorsqu'elle vérifie : pour tout $\varepsilon > 0$, il existe $N_\varepsilon > 0$ tel que pour tout $k, l \geqslant N_\varepsilon$, $d(x^{(k)}, x^{(l)}) \leqslant \varepsilon$.

Nous construisons une suite d'approximation $(x^{(k)})_{k\in\mathbb{N}}$ fournie par l'algorithme (3.5) et cherchons à établir la convergence de la suite $(x^{(k)})_{k\in\mathbb{N}}$ vers une solution $\bar{x}$ de l'équation $f(\bar{x}) = 0$. Pour cela, nous donnons le théorème suivant.

Théorème 3.4 ***Théorème du point fixe de Banach***

Soit E un espace métrique muni de la distance d, complet c'est-à-dire que toutes les suites de Cauchy sont convergentes, $K \subset E$ un sous-ensemble fermé de E et $\Phi : K \mapsto K$ une fonction strictement contractante, c'est-à-dire qu'il existe une constante L telle que $0 < L < 1$ et

$$d\left(\Phi(x), \Phi(y)\right) \leqslant L\, d(x, y), \quad x, y \in K. \tag{3.6}$$

Alors

- il existe un unique point fixe $\bar{x} \in K$ tel que $\bar{x} = \Phi(\bar{x})$;
- pour toute donnée initiale $x_0 \in K$, la suite d'approximation définie par (3.5) converge vers le point fixe de Φ et vérifie $d\left(x^{(k+1)}, \bar{x}\right) \leqslant L\, d\left(x^{(k)}, \bar{x}\right)$. Nous disons alors que la convergence est linéaire.

DÉMONSTRATION. Soit $(x^{(k)})_{k\in\mathbb{N}}$ la suite définie par $x^{(k+1)} = \Phi(x^{(k)})$, pour $k \in \mathbb{N}$. Nous allons démontrer que c'est une suite de Cauchy. Tout d'abord, d'après l'hypothèse (3.6) nous avons

$$d\left(x^{(k+1)}, x^{(k)}\right) \leqslant L\, d\left(x^{(k)}, x^{(k-1)}\right) \leqslant \ldots \leqslant L^k\, d\left(x^{(1)}, x^{(0)}\right).$$

Soient m et k deux entiers, nous obtenons alors

$$\begin{aligned} d\left(x^{(k+m)}, x^{(k)}\right) &\leqslant d\left(x^{(k+m)}, x^{(k+m-1)}\right) + d\left(x^{(k+m-1)}, x^{(k+m-2)}\right) + \ldots \\ &+ d\left(x^{(k+1)}, x^{(k)}\right) \\ &\leqslant \left(L^{k+m-1} + \ldots + L^k\right) d\left(x^{(1)}, x^{(0)}\right) \\ &\leqslant \frac{L^k}{1-L}\, d\left(x^{(1)}, x^{(0)}\right). \end{aligned}$$

Puisque L^k converge vers zéro, lorsque k tend vers l'infini, nous avons prouvé que $(x^{(k)})_{k\in\mathbb{N}}$ est une suite de Cauchy et donc puisque E est complet, le sous-ensemble fermé K l'est aussi et la suite $(x^{(k)})_{k\in\mathbb{N}}$ est convergente vers un point $\bar{x} \in K$. Signalons que la fonction Φ étant contractante, elle est continue donc en passant à la limite dans le schéma itératif, nous obtenons $\bar{x} = \Phi(\bar{x})$. Puis, enfin $d\left(\Phi(x^{(k)}), \Phi(\bar{x})\right) = d\left(x^{(k+1)}, \bar{x}\right) \leqslant L\, d\left(x^{(k)}, \bar{x}\right)$.

Pour terminer la démonstration nous vérifions que le point fixe de l'application Φ est unique. En effet, soient $\bar{x}$ et $\bar{y}$ deux points fixes de Φ alors

$$0 \leqslant d(\bar{x}, \bar{y}) = d(\Phi(\bar{x}), \Phi(\bar{y})) \leqslant L\, d(\bar{x}, \bar{y}) < d(\bar{x}, \bar{y}),$$

d'où $0 \leqslant d(\bar{x}, \bar{y}) < d(\bar{x}, \bar{y})$, ce qui montre forcément que $\bar{x} = \bar{y}$. □

Corollaire 3.5

Soient $(E, \|.\|)$ un $\mathbb{R}$-espace vectoriel normé complet (nous disons que c'est un espace de Banach), U un ouvert de E et $\Phi : U \mapsto U$ une fonction différentiable dont la différentielle est continue sur U. Supposons que $\bar{x} \in U \subset E$ soit un point fixe de Φ tel que $\|\Phi'(\bar{x})\| < 1$. Alors il existe δ tel que pour tout $x^{(0)} = x_0 \in \mathcal{B}(\bar{x}, \delta)$, boule de centre $\bar{x}$ et de rayon $\delta > 0$, telle que la suite $(x^{(k)})_{k\in\mathbb{N}}$ converge vers le point fixe $\bar{x}$. La convergence est dans ce cas seulement locale.

Notons bien que la méthode de point fixe n'est pas seulement une méthode numérique pour la résolution du problème non linéaire (3.3) puisqu'elle fournit également une démonstration de l'existence de solutions lorsque le problème est mis sous la forme (3.5). C'est d'ailleurs une méthode classique d'existence de solutions pour un problème non linéaire.

L'avantage de cette méthode est qu'elle est très générale lorsque la fonction va de E dans E et fonctionne en dimension quelconque sans faire intervenir aucune dérivée de la fonction Φ. Cependant, cette méthode n'est souvent pas très efficace puisque la convergence est seulement linéaire. Nous construisons par la suite des méthodes d'ordre plus élevé.

Par la suite, nous donnons d'autres théorèmes de point fixe sous des hypothèses plus faibles.

Rappelons d'abord la notion de convexité qui joue un rôle important dans la résolution de problème non linéaire et d'optimisation.

Définition 3.6

Une partie K de E est dite convexe si, pour tout $x, y \in K$ et tout $\lambda \in \mathbb{R}$ vérifiant $0 \leqslant \lambda \leqslant 1$, le point $\lambda x + (1-\lambda) y \in K$. Géométriquement, cela signifie que le segment de droite joignant deux points x et y de K est entièrement contenu dans K.

Définition 3.7

Nous disons qu'une partie K d'un espace vectoriel normé E est compacte si toute suite de K possède une suite extraite convergente.

Nous énonçons alors le théorème de Brouwer lorsque E est l'espace euclidien $\mathbb{R}^n$.

Théorème 3.8 ***Théorème de point fixe de Brouwer***

Soient K un sous-ensemble convexe et compact[1] de l'espace euclidien $E = \mathbb{R}^n$ et Φ une application continue de K dans K. Alors Φ possède un point fixe $\Phi(\bar{x}) = \bar{x}$.

Nous pouvons également utiliser le Théorème de Schauder, démontré en 1930 qui est souvent utilisé pour traiter les problèmes d'existence d'équations aux dérivées partielles non linéaires et qui généralise le théorème précédent.

Théorème 3.9 ***Théorème de point fixe de Schauder***

Soient E un $\mathbb{R}$-espace de Banach, $K \subset E$ une partie non vide, convexe, compacte de E et Φ une application continue de K dans K. Alors Φ possède un point fixe $\Phi(\bar{x}) = \bar{x}$.

1. Ici cela revient à supposer que K est fermé, borné et convexe dans E.

3.3 Vers la méthode de Newton-Raphson

Soit $[a, b] \subset \mathbb{R}$, nous considérons le cas simplifié d'une fonction f de $\mathbb{R}$ dans $\mathbb{R}$ ($E = F = \mathbb{R}$) et proposons plusieurs méthodes itératives qui ont pour but d'approcher la solution de

$$\begin{cases} \bar{x} \in [a, b], \\ f(\bar{x}) = 0. \end{cases} \tag{3.7}$$

Avant de procéder à la présentation de méthodes numériques pour approcher la solution de (3.7), nous rappelons le théorème des valeurs intermédiaires qui assure l'existence d'une solution dans l'intervalle $[a, b]$.

Théorème 3.10 ***Théorème des valeurs intermédiaires***

Supposons que $f : [a, b] \mapsto \mathbb{R}$ est une fonction continue et k un réel entre $f(a)$ et $f(b)$. Alors il existe un réel $\xi \in]a, b[$ tel que $k = f(\xi)$. En particulier, si $f(a)\, f(b) \leqslant 0$, alors l'équation (3.7) admet au moins une solution.

Commençons par présenter la méthode de dichotomie qui est certainement la plus naturelle mais pas forcément la plus efficace en termes de vitesse de convergence. Nous proposons ensuite la méthode de la sécante et poursuivons par la méthode de Newton-Raphson.

Dans cette partie, supposons que $f : [a, b] \mapsto \mathbb{R}$ est une fonction continue telle que $f(a)\, f(b) < 0$. Ainsi, puisque f est continue il existe forcément $\bar{x} \in]a, b[$ tel que $f(\bar{x}) = 0$.

3.3.1 Méthode de dichotomie

La méthode de dichotomie est la plus simple et sûrement la plus intuitive. Elle consiste à encadrer la solution $\bar{x}$ par un intervalle de plus en plus petit. Nous posons $m = (a + b)/2$ et calculons $f(m)$. Puisque f est continue, testons le signe de la quantité $f(a)\, f(m)$. Ainsi, si $f(a)\, f(m) < 0$, ou autrement dit $f(a)$ et $f(m)$ sont de signes différents, cela signifie qu'il existe au moins un $\bar{x} \in [a, m]$ solution de $f(\bar{x}) = 0$. En revanche si $f(a)\, f(m) \geqslant 0$, ou autrement dit $f(a)$ et $f(m)$ sont de même signe, alors $f(m)\, f(b) \leqslant 0$ et par continuité de f, il existe $\bar{x} \in [m, b]$ tel que $f(\bar{x}) = 0$.

En itérant ce procédé, nous obtenons ainsi l'algorithme suivant : pour $\varepsilon > 0$ un petit paramètre,

Méthode de dichotomie

Poser $a^{(0)} = a$, $b^{(0)} = b$, $\varepsilon^{(0)} = b^{(0)} - a^{(0)}$ et $k = 0$.
Tant que $\varepsilon^{(k)} > \varepsilon$
- poser

$$m := \frac{a^{(k)} + b^{(k)}}{2},$$

```
        si f(a^(k)) f(m) < 0, alors
                a^(k+1) = a^(k)  et  b^(k+1) = m,
        sinon
                a^(k+1) = m  et  b^(k+1) = b^(k),
        - calculer ε^(k+1) = b^(k+1) − a^(k+1)  et  k ← k + 1.
Fin de tant que
```

Observons bien qu'à chaque itération l'intervalle encadrant la solution $\bar{x}$ telle que $f(\bar{x}) = 0$ est divisé par deux, soit par récurrence $(b^{(k)} - a^{(k)}) = (b^{(0)} - a^{(0)})/2^k$. Il en résulte que la méthode de dichotomie converge puisque $b^{(k)} - a^{(k)}$ tend vers zéro lorsque k tend vers l'infini. Nous pouvons donc choisir le temps d'arrêt N tel que

$$\frac{1}{2^N}\,(b^{(0)} - a^{(0)}) \leqslant \varepsilon,$$

où ε est la précision choisie.

Cet algorithme paraît très intéressant mais nous verrons qu'en fait cette méthode converge plutôt lentement. Néanmoins elle présente l'avantage d'être très simple et nécessite seulement que la fonction f soit continue.

3.3.2 Méthode de la sécante

Une autre méthode consiste simplement à remplacer f par une fonction affine approchée dans l'équation (3.7). En effet, prenons $a^{(0)}$ et $b^{(0)} \in [a, b]$ et plaçons-nous sur l'intervalle $[a^{(0)}, b^{(0)}]$, puis remplaçons f par un polynôme y de degré égal à un

$$y(x) := f(a^{(0)}) + (x - a^{(0)})\,\frac{f(b^{(0)}) - f(a^{(0)})}{b^{(0)} - a^{(0)}},$$

où $y(x)$ est la fonction affine telle que $y(a^{(0)}) = f(a^{(0)})$ et $y(b^{(0)}) = f(b^{(0)})$. L'avantage est que pour une fonction affine y, l'équation $y(x) = 0$ peut être résolue exactement, pour tout $x \in [a^{(0)}, b^{(0)}]$. En effet, nous vérifions que $y(x^{(1)}) = 0$ avec

$$x^{(1)} = a^{(0)} - f(a^{(0)})\,\frac{b^{(0)} - a^{(0)}}{f(b^{(0)}) - f(a^{(0)})}.$$

Géométriquement, ceci revient à remplacer la courbe $y = f(x)$ par la droite passant par les points $(a^{(0)}, f(a^{(0)}))$ et $(b^{(0)}, f(b^{(0)}))$ tandis que $x^{(1)}$ est simplement l'intersection de l'axe des abscisses avec cette droite. Pour trouver une meilleure approximation que $x^{(1)}$, il suffit de répéter le procédé soit sur l'intervalle $[a^{(0)}, x^{(1)}]$ ou $[x^{(1)}, b^{(0)}]$ selon le signe de $f(a^{(0)})\,f(x^{(1)})$ comme pour la méthode de dichotomie.

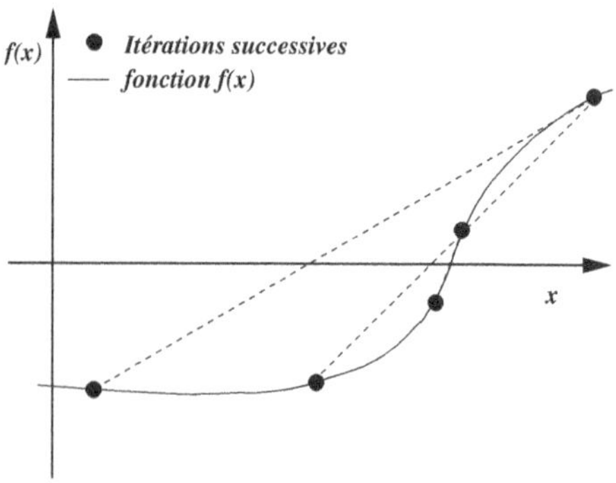

Figure 3.2
Illustration de la méthode de la sécante pour approcher la solution de $f(\bar{x}) = 0$.

Cette méthode peut se révéler plus efficace puisqu'à chaque étape nous réduisons la taille de l'intervalle bien plus vite que pour la méthode de dichotomieen fonction des variations de f.

Finalement, pour une fonction $f : [a,b] \mapsto \mathbb{R}$ vérifiant $f(a)\,f(b) < 0$ et pour un petit paramètre $\varepsilon > 0$.

Méthode de la sécante

Poser $a^{(0)} = a$, $b^{(0)} = b$, $k = 0$ et $\varepsilon^{(0)} = b^{(0)} - a^{(0)}$.
Tant que $\varepsilon^{(k)} \geqslant \varepsilon$
- calculer $x^{(k)} := a^{(k)} - f(a^{(k)})\dfrac{a^{(k)} - b^{(k)}}{f(a^{(k)}) - f(b^{(k)})}$
  si $f(a^{(k)})\,f(x^{(k)}) < 0$, alors
  $a^{(k+1)} = a^{(k)}$ et $b^{(k+1)} = x^{(k)}$,
  sinon
  $a^{(k+1)} = x^{(k)}$ et $b^{(k+1)} = b^{(k)}$.
- calculer le résidu $\varepsilon^{(k+1)} = b^{(k+1)} - a^{(k+1)}$ et $k \leftarrow k+1$.

Fin de tant que.

Donnons alors un résultat de convergence pour la méthode de la sécante.

Théorème 3.11 ***Convergence de la méthode de la sécante***

Soient $f \in \mathscr{C}^0([a,b],\mathbb{R})$ vérifiant $f(a)\,f(b) < 0$ et $\bar{x} \in [a,b]$ une solution de (3.7). Alors en posant $a^{(0)} = a$ et $b^{(0)} = b$, la suite $(x^{(k)})_{k\in\mathbb{N}}$ donnée par la méthode de la sécante est bien définie et converge vers $\bar{x} \in [a,b]$.

3.3.3 Méthode de Newton-Raphson

La méthode de Newton-Raphson[1] nécessite quelques hypothèses supplémentaires sur la fonction f, il faut notamment être en mesure de calculer sa dérivée.

Soit $f : [a,b] \longmapsto \mathbb{R}$ une fonction deux fois dérivable dont les dérivées sont continues, c'est-à-dire que $f \in \mathscr{C}^2([a,b],\mathbb{R})$. Nous cherchons à calculer numériquement les solutions de l'équation non linéaire $f(x) = 0$. Considérons $x_0 \in [a,b]$, une valeur approchée de la solution $\bar{x}$ de (3.7). Posons alors $x^{(0)} = x_0$, puis en effectuant un développement de Taylor, nous obtenons

$$0 = f(\bar{x}) = f(x^{(0)}) + f'(x^{(0)})(\bar{x} - x^{(0)}) + \frac{1}{2}f''(\eta)(\bar{x} - x^{(0)})^2,$$

1. En référence à Isaac Newton et son contemporain Joseph Raphson. Cette méthode fut décrite de manière indépendante par les mathématiciens anglais Isaac Newton (1643-1727) et Joseph Raphson (1648-1715). Toutefois, Isaac Newton n'appliqua cet algorithme que pour la recherche de zéros d'équations polynomiales (voir Exercice 3.5), ce qui est assez simple. Notons qu'en 1690, Joseph Raphson en publia une description simplifiée, mais ce n'est qu'en 1740 que Thomas Simpson (1710-1761) décrivit cette méthode de calcul itératif pour approcher les solutions d'une équation non linéaire.

avec $\eta \in [a, b]$. En négligeant le terme d'ordre deux $|\bar{x} - x^{(0)}|^2$ qui sera petit dès que f'' est bornée et $x^{(0)}$ suffisamment proche de la solution $\bar{x}$, nous calculons une nouvelle approximation $x^{(1)}$ de $\bar{x}$ donnée par

$$x^{(1)} = x^{(0)} - \frac{f(x^{(0)})}{f'(x^{(0)})}.$$

Ainsi, en réitérant le procédé, nous obtenons un schéma itératif appelé méthode de Newton-Raphson

$$\begin{cases} x^{(0)} = x_0, \\ x^{(k+1)} = x^{(k)} - \dfrac{f(x^{(k)})}{f'(x^{(k)})}, \quad k \geqslant 0. \end{cases} \tag{3.8}$$

Nous en déduisons que pour $\varepsilon > 0$ un petit paramètre

Méthode de Newton-Raphson

Soit $x^{(0)} \in [a, b]$. Poser $k = 0$ et $\varepsilon^{(0)} = b - a$.
Tant que $\varepsilon^{(k)} \geqslant \varepsilon$
- calculer $x^{(k+1)} := x^{(k)} - \dfrac{f(x^{(k)})}{f'(x^{(k)})}$
- calculer le résidu $\varepsilon^{(k+1)} = |x^{(k+1)} - x^{(k)}|$
et $k \leftarrow k + 1$.

Fin de tant que.

Pour cette méthode nous démontrons le théorème de convergence locale suivant.

Théorème 3.12

Convergence locale de la méthode de Newton-Raphson

Soient $f \in \mathscr{C}^2([a, b], \mathbb{R})$ et $\bar{x} \in [a, b]$ une solution de (3.7) telle que $f'(\bar{x})$ soit non nul. Alors il existe $\delta > 0$ tel que pour tout $x_0 \in [\bar{x} - \delta, \bar{x} + \delta]$ la suite $(x^{(k)})_{k \in \mathbb{N}}$ donnée par (3.8) est bien définie et converge vers $\bar{x} \in [a, b]$. En outre, il existe une constante $C > 0$ telle que $|x^{(k+1)} - \bar{x}| \leqslant C\,|x^{(k)} - \bar{x}|^2$. Nous disons que la méthode de Newton-Raphson est au moins d'ordre deux.

DÉMONSTRATION. Comme f est de classe $\mathscr{C}^2([a, b], \mathbb{R})$ et $f'(\bar{x})$ est différent de zéro, il existe $\delta > 0$, $L > 0$ et $M > 0$ tels que pour tout $x \in [\bar{x} - \delta, \bar{x} + \delta]$, les valeurs $f'(x)$ sont différentes de zéro et

$$\frac{1}{|f'(x)|} \leqslant \frac{1}{L}, \qquad |f''(x)| \leqslant M.$$

En effet, en utilisant la continuité de f' au point $\bar{x}$, pour tout $\varepsilon > 0$, il existe $\delta > 0$, tel que pour tout $x \in [\bar{x} - \delta, \bar{x} + \delta]$, $|f'(x) - f'(\bar{x})| \leqslant \varepsilon$, alors en notant $\alpha = f'(\bar{x})$

que nous supposons par exemple strictement positif et en prenant $\varepsilon = \alpha/2$, nous obtenons $\alpha/2 \leqslant f'(x) \leqslant 3\,\alpha/2$. Donc, en prenant $L = \alpha/2$, nous avons pour tout $x \in [\bar{x} - \delta, \bar{x} + \delta]$, $|f'(x)| \geqslant L$. De plus, f étant de classe $\mathscr{C}^2$ sur l'intervalle $[\bar{x} - \delta, \bar{x} + \delta]$, il existe $M > 0$ tel que $|f''(x)| \leqslant M$.

Ainsi, en prenant au besoin une valeur de $\delta > 0$ plus petite encore, nous pouvons choisir $\delta > 0$ qui vérifie $M\,\delta/(2\,L) < 1$. En prenant $x^{(0)} \in]\bar{x} - \delta, \bar{x} + \delta[$ et en effectuant un développement de Taylor au voisinage du point $x^{(0)}$, nous obtenons

$$f(\bar{x}) = f(x^{(0)}) + f'(x^{(0)})(\bar{x} - x^{(0)}) + \frac{1}{2} f''(\eta^{(0)})(\bar{x} - x^{(0)})^2,$$

où $\eta^{(0)} \in [\bar{x} - \delta, \bar{x} + \delta]$. Puis, en écrivant

$$\begin{aligned} x^{(1)} &= x^{(0)} - [f'(x^{(0)})]^{-1}\left(f(x^{(0)}) - f(\bar{x})\right), \\ &= x^{(0)} + (\bar{x} - x^{(0)}) - \frac{1}{2}\frac{f''(\eta^{(0)})}{f'(x^{(0)})}(\bar{x} - x^{(0)})^2, \\ &= \bar{x} - \frac{1}{2}\frac{f''(\eta^{(0)})}{f'(x^{(0)})}(\bar{x} - x^{(0)})^2. \end{aligned}$$

Ainsi, en utilisant une majoration de $|f''|$ et une minoration de $|f'|$, nous avons finalement

$$|x^{(1)} - \bar{x}| \leqslant \frac{M}{2\,L}|x^{(0)} - \bar{x}|^2 \leqslant \frac{M}{2\,L}\delta^2 \leqslant \delta.$$

Nous procédons ensuite par récurrence. Supposons que $|x^{(k)} - \bar{x}| \leqslant \delta$, par un calcul analogue au précédent, il vient

$$|x^{(k+1)} - \bar{x}| \leqslant \frac{M}{2\,L}|x^{(k)} - \bar{x}|^2 \leqslant \delta. \tag{3.9}$$

Ainsi, en posant

$$e^{(k)} = \frac{M}{2\,L}|x^{(k)} - \bar{x}|,$$

nous obtenons en utilisant (3.9) que

$$e^{(k)} \leqslant [e^{(k-1)}]^2 \leqslant [e^{(k-2)}]^{2^2} \leqslant \ldots \leqslant [e^{(0)}]^{2^k}.$$

Or, en ayant choisi au préalable $x^{(0)}$ tel que $e^{(0)} = |x^{(0)} - \bar{x}| \leqslant M\,\delta/2\,L < 1$, nous montrons que la méthode de Newton-Raphson est localement convergente. □

Remarque

Observons que cette méthode donne la convergence locale de la suite $(x^{(k)})_{k\in\mathbb{N}}$ vers la solution $\bar{x} \in [a, b]$. Il faut donc partir d'un point $x^{(0)}$ suffisamment proche de $\bar{x}$, cela nécessite la connaissance *a priori* de la solution $\bar{x}$, ce qui n'est pas toujours possible !

Nous venons de voir que sous certaines hypothèses, la suite $(x^{(k)})_{k\in\mathbb{N}}$ converge vers la solution $\bar{x} \in [a,b]$. Néanmoins dans la pratique un critère d'arrêt est nécessaire pour stopper les itérations. Par exemple, le critère d'arrêt peut être $|x^{(k+1)} - x^{(k)}| < \varepsilon$, où $\varepsilon > 0$ est un petit paramètre fixé. Toutefois cela n'assure pas à chaque fois la convergence vers la solution $\bar{x}$. En effet, considérons par exemple la suite $x^{(k)} = \sum_{l=1}^{k} 1/l$ nous avons

$$\lim_{k\longrightarrow+\infty} |x^{(k+1)} - x^{(k)}| = 0,$$

mais $x^{(k)}$ tend vers l'infini. Remarquons qu'un autre choix possible est le critère $|f(x^{(k)})| < \varepsilon$.

Exemple

Prenons $f(x) = x\,e^{-x^2}$, nous avons alors $f'(x) = (1-2x^2)\,e^{-x^2}$. L'algorithme de la méthode de Newton-Raphson s'écrit $x^{(k+1)} = x^{(k)} - x^{(k)}/(1-2\,|x^{(k)}|^2)$.

D'une part, en prenant $x^{(0)} = 0,3$, nous obtenons :

k	$x^{(k)}$	$f(x^{(k)})$
0	$0,3$	$0,274$
1	$-6,6\,10^{-02}$	$-6,6\,10^{-02}$
2	$+5,8\,10^{-04}$	$+5,8\,10^{-04}$
3	$-3,8\,10^{-10}$	$-3,8\,10^{-10}$
4	$+1,1\,10^{-28}$	$+1,1\,10^{-28}$
5	$-2,8\,10^{-84}$	×

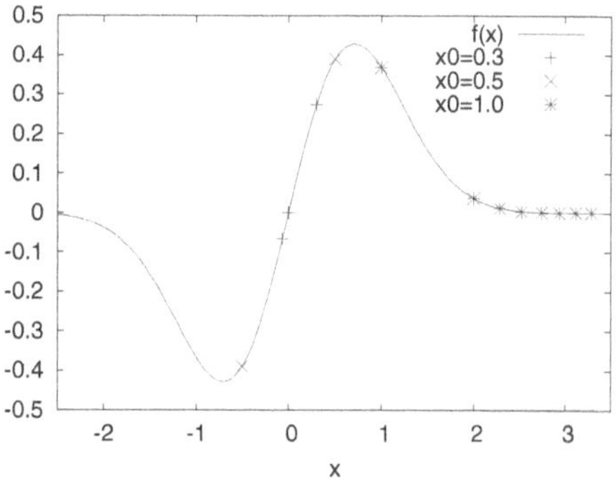

Figure 3.3
La fonction $f(x)$ et des valeurs $(x^{(k)})_{k\in\mathbb{N}}$ pour des données initiales différentes : $x^{(0)} = 0,3$ (+), $x^{(0)} = 0,5$ (x) et $x^{(0)} = 1$ ($\star$).

D'autre part, en prenant $x^{(0)} = 0,5$, la méthode ne converge pas mais $(x^{(k)})_k$ prend seulement les valeurs $\pm 0,5$.

Enfin pour $x^{(0)} = x_0 = 1$, la suite $(x^{(k)})_k$ converge vers $+\infty$ lorsque k tend vers l'infini.

3.3.4 Combinaison de méthodes

La méthode de Newton-Raphson est incontestablement la meilleure parmi celles présentées dans ce chapitre mais à la seule condition de choisir la donnée initiale x_0 assez proche de la solution recherchée, où « assez proche » dépend de la fonction f. Plus précisément, lorsque nous connaissons bien les dérivées premières et secondes de f au voisinage de la solution, nous pouvons combiner deux méthodes de façon pragmatique.

La méthode est simplement donnée, pour un petit paramètre $\varepsilon > 0$, par

Combinaison de méthodes
Poser $a^{(0)} = a$ et $b^{(0)} = b$ tels que $f(a^{(0)})\, f(b^{(0)}) < 0$
et $\varepsilon^{(0)} = b^{(0)} - a^{(0)}$, $k = 0$.
Tant que $\varepsilon^{(k)} > \varepsilon$
- calculer $x^{(k+1)}$ à l'aide de la méthode de Newton-Raphson :
  - si $x^{(k+1)} \notin [a^{(k)}, b^{(k)}]$, le rejeter et effectuer une itération de dichotomie pour trouver $[a^{(k+1)}, b^{(k+1)}]$.
  - si $x^{(k+1)} \in [a^{(k)}, b^{(k)}]$, alors :
    si $f(x^{(k+1)})\, f(a^{(k)}) < 0$, poser
    $a^{(k+1)} = a^{(k)}$ et $b^{(k+1)} = x^{(k+1)}$.
    si $f(x^{(k+1)})\, f(b^{(k)}) < 0$, poser
    $a^{(k+1)} = x^{(k+1)}$ et $b^{(k+1)} = b^{(k)}$.
- calculer $\varepsilon^{(k+1)} = b^{(k+1)} - a^{(k+1)}$ et $k \leftarrow k + 1$.

Fin de tant que

3.4 Méthode de Newton-Raphson dans $\mathbb{R}^n$

Avant de procéder à la présentation de la méthode de Newton-Raphson pour des fonctions de $\mathbb{R}^n$ à valeurs dans $\mathbb{R}^n$, nous rappelons quelques notions de calcul différentiel.

3.4.1 Quelques rappels de calcul différentiel

Considérons deux $\mathbb{R}$-espaces de Banach E et F. Notons $\mathcal{L}(E, F)$ l'espace des applications linéaires continues de E dans F, muni de la norme

$$\|l\| = \sup_{h \in E} \frac{\|l\, h\|_F}{\|h\|_E},$$

laquelle correspond à la norme matricielle lorsque $E = F = \mathbb{R}^n$. Observons que $\mathcal{L}(E, F)$ est également un espace de Banach.

Supposons que U est un ouvert (non vide !) de E et considérons une fonction $f : U \mapsto F$.

Définition 3.13

Nous disons que la fonction f est différentiable en un point $x \in U$ si elle est continue au point x et s'il existe $l(x) \in \mathcal{L}(E, F)$ tel que

$$\lim_{h \to 0_E} \frac{\|f(x+h) - f(x) - l(x)\, h\|_F}{\|h\|_E} = 0. \tag{3.10}$$

L'application $l(x)$ dépend du point x, nous la noterons désormais $l(x) = \nabla f(x)$, de sorte que (3.10) se réécrit

$$\lim_{h \to 0_E} \frac{\|f(x+h) - f(x) - \nabla f(x)\, h\|_F}{\|h\|_E} = 0.$$

L'application $\nabla f(x)$ est appelée différentielle de f au point x.

Définition 3.14

Nous disons que la fonction f est différentiable sur U si elle est différentiable en tout point $x \in U$. Dans ce cas, nous appelons différentielle de f la fonction

$$\nabla f : \begin{array}{l} U \mapsto \mathcal{L}(E, F) \\ x \mapsto \nabla f(x). \end{array}$$

Si de plus ∇f est continue par rapport à x, nous disons que f est continûment différentiable, ou de façon équivalente que f est de classe $\mathscr{C}^1(E, F)$.

a) Cas particulier $E = \mathbb{R}^p$ et $F = \mathbb{R}^q$

Pour tout $x \in U \subset E$, $x = (x_1, \ldots, x_p)^T$ et pour tout $i \in \{1, \ldots, p\}$, l'ensemble

$$V_i(x) := \{t \in \mathbb{R}, \quad (x_1, \ldots, x_{i-1}, t, x_{i+1}, \ldots, x_p) \in U\}$$

est un voisinage ouvert de x_i.

Supposons $f : U \subset E \mapsto F$ différentiable. Alors l'application partielle $g_i : V_i(x) \mapsto F$, donnée par $t \mapsto f(x_1, \ldots, x_{i-1}, t, x_{i+1}, \ldots, x_p) = f(x + (t - x_i)e_i)$, est dérivable en x_i et $g_i'(x_i) = \nabla f(x)\, e_i$, c'est en fait la dérivée partielle de f dans la direction e_i au point x. Dans la suite, nous notons cette dérivée partielle $\frac{\partial f}{\partial x_i}(x)$ et

$$\frac{\partial f}{\partial x_i} : \begin{array}{l} U \longmapsto F \\ x \longmapsto \frac{\partial f}{\partial x_i}(x) \end{array}$$

pour $i \in \{1, \ldots, p\}$. Par linéarité de $\nabla f(x)$, nous vérifions que pour tout $h \in \mathbb{R}^p$, $h = (h_1, \ldots, h_p)^T$,

$$\nabla f(x) h = \sum_{i=1}^{p} h_i \frac{\partial f}{\partial x_i}(x).$$

Pour tout $i \in \{1, \ldots, p\}$, l'application $h \in E \mapsto h_i \in \mathbb{R}$ est une forme linéaire continue, c'est-à-dire un élément de $\mathcal{L}(\mathbb{R}^p, \mathbb{R})$. Nous la notons dx_i. Ainsi, la différentielle de f au point x s'écrit

$$\nabla f(x) = \sum_{i=1}^{p} \frac{\partial f}{\partial x_i}(x)\, dx_i.$$

Notons bien que l'existence de dérivées partielles n'est pas suffisante en général pour qu'une fonction soit différentiable. En revanche,

Théorème 3.15

Une application $f : U \subset E \mapsto F$ est continûment différentiable si et seulement si ses p dérivées partielles existent et sont continues sur U.

Si une fonction $f : U \subset E \mapsto F$, de composantes $(f_1, \ldots, f_q)$, est différentiable au point x, nous définissons sa matrice jacobienne au point x comme la matrice de l'application linéaire $\nabla f(x)$ dans les bases canoniques de E et F. Elle est donnée par

$$\nabla f(x) = \begin{pmatrix} \frac{\partial f_1}{\partial x_1}(x) & \ldots & \frac{\partial f_1}{\partial x_p}(x) \\ \vdots & & \vdots \\ \frac{\partial f_q}{\partial x_1}(x) & \ldots & \frac{\partial f_q}{\partial x_p}(x) \end{pmatrix} \in \mathcal{M}_{q,p}(\mathbb{R}).$$

Autrement dit, le coefficient de la matrice jacobienne de f d'indice $i \in \{1, \ldots, q\}$ en ligne et $j \in \{1, \ldots, p\}$ en colonne est $(\nabla f(x))_{i,j} = \frac{\partial f_i}{\partial x_j}(x)$.

En particulier, si $q = 1$, $\nabla f(x)$ est une matrice ligne. De façon générale, les lignes des $\nabla f(x)$ sont les $\nabla f_i(x)$.

b) Cas général

Supposons maintenant que E et F sont des espaces de Banach. Définissons alors les fonctions lipschitziennes de la façon suivante :

Théorème 3.16 ***Fonction lipschitzienne***

Soit $f : U \subset E \mapsto F$ une fonction différentiable sur un ouvert convexe U. Supposons que sa différentielle est bornée, c'est-à-dire il existe $k > 0$ tel que $\|\nabla f(u)\| \leqslant k$, pour tout $u \in U$. Alors la fonction f est lipschitzienne, c'est-à-dire que $\|f(x) - f(y)\|_F \leqslant k\|x - y\|_E$, pour tout $(x, y) \in U \times U$

Remarque

La démonstration donne en fait l'inégalité plus fine

$$\|f(y) - f(x)\|_F \leqslant \sup_{t\in[0,1]} \|\nabla f(x + t(y - x))\| \, \|y - x\|_E.$$

- *Théorèmes des fonctions implicites*

Soient U et V des ouverts (non vides) des espaces de Banach E et F respectivement.

Définition 3.17

Une application $f : U \mapsto V$ est un $\mathscr{C}^1$-difféomorphisme de U sur V si et seulement si

- la fonction f est une bijection,
- la fonction f est de classe $\mathscr{C}^1(U, V)$, c'est-à-dire continûment différentiable sur U,
- la fonction inverse f^{-1} est de classe $\mathscr{C}^1(V, U)$.

Le théorème d'inversion locale est le suivant :

Théorème 3.18 ***Théorème d'inversion locale***

Si $f : U \mapsto V$ est une fonction de classe $\mathscr{C}^1(U, V)$, si $a \in U$ est tel que $\nabla f(a)$ soit un isomorphisme de E sur F, alors il existe un voisinage ouvert U_a de a dans U et un voisinage ouvert V_b de $b = f(a)$ dans V tel que la restriction de f à U_a soit un $\mathscr{C}^1$-difféomorphisme de U_a sur V_b.

Parmi les conséquences fondamentales du théorème d'inversion locale, nous trouvons un résultat tout aussi important, connu sous le nom de théorème des fonctions implicites. Il concerne le problème qui nous occupe dans ce chapitre, c'est-à-dire la résolution d'équations non linéaires.

Considérons trois espaces de Banach E, F et G et $f : E \times F \mapsto G$ et recherchons les solutions $(x, y) \in E \times F$ de l'équation $f(x, y) = 0_F$. Sous des hypothèses que nous allons préciser, nous pouvons en tirer y comme fonction de x : nous disons alors que $f(x, y) = 0$ définit implicitement y, ou encore y comme fonction implicite de x. Plus précisément, nous avons :

Théorème 3.19 ***Théorème des fonctions implicites***

Soit U un ouvert de $E \times F$ et

$$f : \begin{array}{ccc} U & \mapsto & G \\ (x, y) & \mapsto & f(x, y), \end{array}$$

une fonction de classe $\mathscr{C}^1(U, G)$ et notons $\nabla f = (\nabla_x f, \nabla_y f)$ le gradient de la fonction f par rapport à $x \in E$ et $y \in F$. Supposons qu'il existe $(a, b) \in U$ tel que $f(a, b) = 0_G$ et $\nabla_y f(a, b) \in \mathcal{L}(F, G)$ est un isomorphisme de F sur G. Alors il existe un voisinage ouvert $U(a, b)$ de (a, b) dans U, un voisinage ouvert W_a de a dans E et une fonction $\varphi \in \mathscr{C}^1(W_a, F)$ tels que

$$(x, y) \in U(a, b), \quad \text{et} \quad f(x, y) = 0_G \Leftrightarrow y = \varphi(x).$$

c) Dérivées d'ordre supérieur et développements de Taylor

Commençons par définir une fonction deux fois différentiable puis enchaînons sur les développements de Taylor à l'ordre supérieur.

Définition 3.20

Une fonction f définie sur un ouvert (non vide) U d'un $\mathbb{R}$-espace de Banach E et à valeurs dans un $\mathbb{R}$-espace de Banach F est dite deux fois différentiable en $x \in U$ si elle est différentiable dans un voisinage ouvert U_x de x et si sa différentielle $\nabla f : U_x \mapsto \mathcal{L}(E, F)$ est différentiable en x. Nous disons que f est deux fois différentiable dans U si elle est deux fois différentiable en tout point de U.

Par définition, la différentielle de ∇f en x, $\nabla^2 f := \nabla(\nabla f)(x)$ est une application linéaire continue de E dans $\mathcal{L}(E, F)$. De même, définissons de manière récursive les espaces de fonctions p-fois continûment différentiables, notés $\mathscr{C}^p(E, F)$ et la différentielle d'ordre p d'une fonction f, notée $\nabla^p f$ puis $\nabla^{p+1} f = \nabla(\nabla^p f)$.

Théorème 3.21 ***Développement de Taylor avec reste intégral***

Soient E, F deux espaces de Banach, U un ouvert de E et $f : U \mapsto F$ une fonction de classe $\mathscr{C}^{n+1}$. Alors pour tout $(x, h) \in U \times E$ tel que le segment $[x, x+h]$ soit inclus dans U,

$$f(x+h) = f(x) + \sum_{p=1}^{n} \frac{1}{p!} \nabla^p f(x)\, h^{[p]} + \int_0^1 \frac{(1-t)^n}{n!} \nabla^{n+1} f(x+th)\, h^{[n+1]}\, dt.$$

où $h^{[p]} = (\underbrace{h, \ldots, h}_{p \text{ fois}})$.

Présentons également une autre version de la formule de Taylor, valable sous des hypothèses encore moins fortes, et qui pour cette raison donne un résultat local seulement.

Théorème 3.22

Soient E, F deux espaces de Banach, U un ouvert de E et $f : U \mapsto F$ une fonction n fois différentiable en $x \in U$. Alors

$$\| f(x+h) - f(x) - \sum_{p=1}^{n} \frac{1}{p!} \nabla^p f(x)\, h^{[p]} \| = o(\|h\|^n),$$

où $o(\|h\|^n)$ signifie qu'il existe une fonction $\epsilon(h)$ telle que $\epsilon(h)/\|h\|^n \to 0$ lorsque h tend vers 0.

3.4.2 Méthode de Newton-Raphson

Soient U un ouvert de $\mathbb{R}^n$ et $f \in \mathscr{C}^0(U, \mathbb{R}^n)$. Supposons dans cette partie qu'il existe $\bar{x} \in U$ solution de $f(\bar{x}) = 0$. Nous souhaitons mettre au point une méthode numérique pour approcher cette solution. Pour cela, nous procédons de manière analogue à ce que nous avons fait pour des fonctions à valeurs réelles.

Tout d'abord, nous choisissons une première approximation $x_0 \in U$ de $\bar{x}$ et remplaçons ensuite la fonction f par son développement de Taylor à l'ordre un au point x_0, puis en itérant ce procédé nous obtenons une suite $(x^{(k)})_{k \in \mathbb{N}}$ donnée par

$$\begin{cases} x^{(0)} = x_0 \in U, \\ f(x^{(k)}) + \nabla f(x^{(k)})\,(x^{(k+1)} - x^{(k)}) = 0_{\mathbb{R}^n}, \quad k \geqslant 0. \end{cases} \tag{3.11}$$

Pour chaque $k \in \mathbb{N}$, nous devons donc résoudre le problème (3.11). Il nous faut donc :

- calculer la matrice jacobienne $A = \nabla f(x^{(k)})$,
- s'assurer que cette matrice $A \in \mathscr{M}_{n,n}(\mathbb{R})$ est bien inversible,
- résoudre le système $A\,x^{(k+1)} = -f(x^{(k)}) + A\,x^{(k)} \in \mathbb{R}^n$,
- s'assurer que l'itéré suivant $x^{(k+1)}$ appartient bien à U pour pouvoir continuer les interactions suivantes.

Lorsque $n = 1$, nous avons facilement montré que la méthode de Newton-Raphson est convergente et d'ordre deux. Nous allons voir que ce résultat est toujours vrai en dimension $n \geqslant 1$.

Théorème 3.23

Convergence locale de la méthode de Newton-Raphson dans $\mathbb{R}^n$

Considérons $f : U \subset \mathbb{R}^n \longmapsto \mathbb{R}^n$ une fonction deux fois différentiable et dont la différentielle d'ordre deux est continue, c'est-à-dire que f est de classe $\mathscr{C}^2(U, \mathbb{R}^n)$.

Soit $\bar{x} \in U$ tel que $f(\bar{x}) = 0$ et la matrice $\nabla f(\bar{x})$ est inversible. Alors :

- il existe $\delta > 0$ tel que pour tout $x_0 \in \mathcal{B}(\bar{x}, \delta)$, la suite $(x^{(k)})_{k\in\mathbb{N}}$ donnée par (3.11) est bien définie et $x^{(k)} \in \mathcal{B}(\bar{x}, \delta)$, pour tout $k \in \mathbb{N}$;
- la suite $(x^{(k)})_{k\in\mathbb{N}}$ donnée par (3.11) converge vers la solution $\bar{x} \in U$;
- il existe une constante $C > 0$ telle que $\|x^{(k+1)} - \bar{x}\| \leqslant C\,\|x^{(k)} - \bar{x}\|^2$.

Ici $\mathcal{B}(\bar{x}, \delta)$ représente la boule de $\mathbb{R}^n$ de centre $\bar{x}$ et de rayon δ.

Avant d'aborder la preuve de ce théorème, présentons trois lemmes intermédiaires : le premier est simplement un résultat technique sur les matrices, le deuxième fournit un résultat de stabilité de la fonction f au voisinage du point $\bar{x} \in U$ tel que $f(\bar{x}) = 0$ et enfin le troisième lemme assure l'existence d'une solution à chaque étape de l'algorithme de Newton-Raphson.

D'abord, proposons un rappel sur les matrices et les normes matricielles.

Lemme 3.24

Soit $B \in \mathscr{M}_{n,n}(\mathbb{K})$ une matrice dans un corps $\mathbb{K}$ telle que $\|B\| < 1$, pour une norme matricielle subordonnée $\|.\|$.

Alors la matrice $(I_n - B)$ est inversible et

$$(I_n - B)^{-1} = \sum_{k\leqslant 0} B^k, \qquad \|(I_n - B)^{-1}\| \leqslant \frac{1}{1 - \|B\|}.$$

DÉMONSTRATION. Remarquons tout d'abord que la condition $\|B\| < 1$ assure la convergence de la série puisque

$$\|\sum_{k=0}^{+\infty} B^k\| \leqslant \sum_{k=0}^{+\infty} \|B\|^k < +\infty.$$

En outre, pour tout $p \geqslant 1$, on a

$$(I_n - B)\sum_{k=0}^{p} B^k = \sum_{k=0}^{p}(I_n - B)B^k = I_n - B^{p+1}$$

et puisque $\|B\| < 1$, nous obtenons en passant à la limite $p \to +\infty$

$$(I_n - B)\sum_{k\geqslant 0} B^k = I_n.$$

Donc $(I_n - B)^{-1} = \sum_{k\geqslant 0} B^k$. Enfin,

$$\|(I_n - B)^{-1}\| = \|\sum_{k\geqslant 0} B^k\| \leqslant \sum_{k\geqslant 0} \|B\|^k \leqslant \frac{1}{1-\|B\|}.$$

□

Ensuite, mettons en évidence un résultat de régularité de la fonction f au voisinage du point $\bar{x} \in U$ vérifiant $f(\bar{x}) = 0$.

Lemme 3.25

Soient $f : U \subset \mathbb{R}^n \longmapsto \mathbb{R}^n$ une fonction de classe $\mathscr{C}^2(U, \mathbb{R}^n)$ et $\bar{x} \in U$ tel que $f(\bar{x}) = 0$ et $\nabla f(\bar{x})$ est inversible. Alors il existe $L > 0$, $M > 0$ et un paramètre $\delta > 0$ vérifiant $M\,\delta/L < 1$, tels que pour tout $x \in \mathcal{B}(\bar{x}, \delta)$, $\|\,[\nabla f(x)]^{-1}\,\| \leqslant 1/L$ et de plus $\|\nabla f(x) - \nabla f(y)\| \leqslant M\,\|x - y\|$.

DÉMONSTRATION. Puisque $f \in \mathscr{C}^2(U, \mathbb{R}^n)$, pour tout $x \in U$ le terme $\|\nabla^2 f(x)\|$ est borné sur tout sous-ensemble borné de U et d'après le Théorème 3.16, pour un rayon $r > 0$ fixé, il existe $M(r) > 0$ tel que pour tout $x, y \in \mathcal{B}(\bar{x}, r) \subset U$,

$$\|\nabla f(x) - \nabla f(y)\| \leqslant M(r)\,\|x - y\|.$$

Remarquons bien que r est fixé et quelconque ; il reste donc à montrer qu'il existe $\delta > 0$ et $L > 0$ tels que pour tout $x \in \mathcal{B}(\bar{x}, \delta)$, la matrice $\nabla f(x)$ est inversible et vérifie

$$\|\nabla f(x)^{-1}\| \leqslant \frac{1}{L}.$$

Pour cela, nous écrivons

$$\begin{aligned}\nabla f(x) &= \nabla f(\bar{x}) - \nabla f(\bar{x}) + \nabla f(x),\\ &= \nabla f(\bar{x})\left[I_n - [\nabla f(\bar{x})]^{-1}\left(\nabla f(\bar{x}) - \nabla f(x)\right)\right]\end{aligned}$$

et posons $B = [\nabla f(\bar{x})]^{-1} (\nabla f(\bar{x}) - \nabla f(x))$, ce qui s'écrit alors

$$\nabla f(x) = \nabla f(\bar{x}) [I_n - B].$$

Ainsi, puisque $\nabla f(\bar{x})$ est inversible, la matrice $\nabla f(x)$ est inversible dès que $[I_n - B]$ est elle-même inversible. En vue d'appliquer le Lemme 3.24, il nous suffit de montrer qu'il existe $\delta_0 > 0$ tel que pour tout $x \in \mathcal{B}(\bar{x}, \delta_0)$, nous avons $\|B\| < 1$. Or d'après ce qui précède nous avons

$$\|B\| \leqslant \| [\nabla f(\bar{x})]^{-1} \| \, \|\nabla f(x) - \nabla f(\bar{x})\| \leqslant \| [\nabla f(\bar{x})]^{-1} \| \, M(r) \, \|x - \bar{x}\|$$

et en prenant $\delta_0 > 0$ suffisamment petit tel que $M(r) \, \| [\nabla f(\bar{x})]^{-1} \| \, \delta_0 < 1$, nous avons pour tout $x \in \mathcal{B}(\bar{x}, \delta_0)$, $\|B\| < 1$, ce qui signifie que pour tout $x \in \mathcal{B}(\bar{x}, \delta_0)$, la matrice $\nabla f(x)$ est inversible et

$$\begin{aligned} \| [\nabla f(x)]^{-1} \| &\leqslant \| [\nabla f(\bar{x})]^{-1} \| \, \|(I_n - B)^{-1}\|, \\ &\leqslant \| [\nabla f(\bar{x})]^{-1} \| \, \frac{1}{1 - \|B\|} =: \frac{1}{L}. \end{aligned}$$

Nous choisissons finalement $M := M(r)$ et $\delta \in]0, \delta_0[$ tel que $M(r) \, \delta / L < 1$, ce qui conclut la démonstration. □

Enfin, le troisième lemme assure l'existence de la suite $(x^{(k)})_{k \in \mathbb{N}}$ obtenue à l'aide de la méthode de Newton-Raphson.

Lemme 3.26

Soient ω un ouvert de $\mathbb{R}^n$ et $f : \omega \mapsto \mathbb{R}^n$ une fonction telle que $f \in \mathscr{C}^1(\omega, \mathbb{R}^n)$, $\nabla f(x)$ est inversible pour tout $x \in \omega$ et il existe $L > 0$ et $M > 0$ vérifiant

$$\|[\nabla f(x)]^{-1}\| \leqslant \frac{1}{L}, \quad \|\nabla f(x) - \nabla f(y)\| \leqslant M \, \|x - y\| \tag{3.12}$$

et pour $k \geqslant 1$, $x^{(k-1)} \in \omega$.

Alors le terme $x^{(k)}$ donné par la méthode de Newton-Raphson est bien défini et tel que

$$\|x^{(k)} - x^{(k-1)}\| \leqslant \frac{1}{L} \, \|f(x^{(k-1)})\| \tag{3.13}$$

et

$$\|f(x^{(k)})\| \leqslant M \, \|x^{(k)} - x^{(k-1)}\|^2. \tag{3.14}$$

DÉMONSTRATION. D'une part, puisque $x^{(k-1)} \in \omega$, la matrice jacobienne $\nabla f(x^{(k-1)})$ est inversible, nous pouvons donc construire

$$x^{(k)} = x^{(k-1)} - [\nabla f(x^{(k-1)})]^{-1} \, f(x^{(k-1)}),$$

d'où nous déduisons, grâce à l'hypothèse (3.12), que

$$\|x^{(k)} - x^{(k-1)}\| = \|[\nabla f(x^{(k-1)})]^{-1} f(x^{(k-1)})\| \leqslant C \, \|f(x^{(k-1)})\|.$$

D'autre part, à l'aide de la formule de Taylor-Young avec reste intégral, nous avons aussi

$$f(x^{(k)}) \;=\; f(x^{(k-1)}) + \int_0^1 \nabla f(x^{(k-1)} + t\,(x^{(k)} - x^{(k-1)}))\,(x^{(k)} - x^{(k-1)})\,dt.$$

Puis, en utilisant la méthode de Newton-Raphson à l'étape $k-1$,

$$f(x^{(k-1)}) + \nabla f(x^{(k-1)})\,(x^{(k)} - x^{(k-1)}) = 0,$$

nous avons

$$f(x^{(k)}) = \int_0^1 \left[\nabla f(x^{(k-1)} + t\,(x^{(k)} - x^{(k-1)})) - \nabla f(x^{(k-1)})\right]\,(x^{(k)} - x^{(k-1)})dt.$$

D'où,

$$\begin{aligned} &\|f(x^{(k)})\| \\ &\leqslant \sup_{t\in]0,1[} \left(\|\nabla f(x^{(k-1)} + t\,(x^{(k)} - x^{(k-1)})) - \nabla f(x^{(k-1)})\|\right) \|x^{(k)} - x^{(k-1)}\|, \\ &\leqslant \sup_{t\in]0,1[} \left(M\,t\|x^{(k)} - x^{(k-1)}\|\right) \|x^{(k)} - x^{(k-1)}\|, \end{aligned}$$

c'est-à-dire $\|f(x^{(k)})\| \leqslant M\,\|x^{(k)} - x^{(k-1)}\|^2$. □

Nous sommes dorénavant en mesure de démontrer le Théorème 3.23.

DÉMONSTRATION DU THÉORÈME 3.23. D'abord, en appliquant le Lemme 3.25, puisque la matrice $\nabla f(\bar{x})$ est inversible et $f \in \mathscr{C}^2(\overline{U}, \mathbb{R}^n)$, il existe $L > 0$, M et $\delta > 0$ vérifiant $M\,\delta/L < 1$, tels que pour tout $x \in \mathcal{B}(\bar{x}, \delta)$, la matrice $\nabla f(x)$ est inversible et

$$\|[\nabla f(x)]^{-1}\| \leqslant \frac{1}{L}.$$

De plus, pour tout $x, y \in \mathcal{B}(\bar{x}, \delta)$, $\|\nabla f(x) - \nabla f(y)\| \leqslant M\,\|x - y\|$.

Dans un premier temps, nous souhaitons démontrer que chaque terme $x^{(k)}$ est bien défini pour tout $k \in \mathbb{N}$ et ensuite que la suite $(f(x^{(k)}))_{k\geqslant 0}$ tend vers zéro lorsque k tend vers l'infini. Pour cela, nous raisonnons par récurrence.

Soit $x_0 \in \mathcal{B}(\bar{x}, \delta)$. Montrons que si le terme $x^{(k)} \in \mathcal{B}(\bar{x}, \delta)$ pour $k \geqslant 0$, alors nous avons aussi $x^{(k+1)} \in \mathcal{B}(\bar{x}, \delta)$. Tout d'abord en appliquant le Lemme 3.26, la valeur $x^{(k+1)}$ est bien définie. Ensuite à l'aide d'un développement de Taylor-Young à l'ordre deux de la fonction f et en rappelant que $f(\bar{x}) = 0$, il vient

$$\|f(x^{(k)}) + \nabla f(x^{(k)})\,(\bar{x} - x^{(k)})\| \leqslant M\,\|\bar{x} - x^{(k)}\|^2.$$

Aussi, en utilisant la définition de $x^{(k+1)}$, nous avons

$$\|\nabla f(x^{(k)})\,(x^{(k+1)} - \bar{x})\| \leqslant M\,\|\bar{x} - x^{(k)}\|^2.$$

Puis,

$$\begin{aligned}
\|x^{(k+1)} - \bar{x}\| &= \|\nabla f(x^{(k)})^{-1}\,\nabla f(x^{(k)})\,(x^{(k+1)} - \bar{x})\| \\
&\leqslant \|\nabla f(x^{(k)})^{-1}\|\,\|\nabla f(x^{(k)})\,(x^{(k+1)} - \bar{x})\| \\
&\leqslant \frac{M}{L}\,\|x^{(k)} - \bar{x}\|^2 \qquad (3.15)
\end{aligned}$$

et donc par définition de δ, nous avons $\|x^{(k+1)} - \bar{x}\| \leqslant M\,\delta^2/L \leqslant \delta$, ce qui montre bien que $x^{(k+1)} \in \mathcal{B}(\bar{x}, \delta)$ et donc le premier point du Théorème 3.23.

Notons que nous avons par la même occasion démontré l'existence d'une constante $C = M/L > 0$ telle que $\|x^{(k+1)} - \bar{x}\| \leqslant C\,\|x^{(k)} - \bar{x}\|^2$, ce qui prouve la dernière assertion du Théorème 3.23.

Intéressons-nous alors au deuxième point, c'est-à-dire à la convergence de la suite $(x^{(k)})_{k\geqslant 0}$. Pour cela posons $e^{(k)} := M\,\|x^{(k)} - \bar{x}\|/L$, il vient alors en multipliant (3.15) par M/L,

$$e^{(k+1)} \leqslant [e^{(k)}]^2 \leqslant [e^{(k-1)}]^{2^2} \leqslant \ldots \leqslant [e^{(0)}]^{2^{k+1}}.$$

Or, en ayant choisi au préalable $x^{(0)}$ tel que $e^{(0)} = M|x^{(0)} - \bar{x}|/L \leqslant M\,\delta/L < 1$, nous montrons que la méthode de Newton-Raphson est bien localement convergente.

□

Ce théorème montre la convergence locale de la méthode de Newton-Raphson, c'est-à-dire que si x_0 est suffisamment proche d'une solution $f(\bar{x}) = 0$, alors la suite $(x^{(k)})_{k\in\mathbb{N}}$ converge vers $\bar{x}$. Concernant la convergence globale, nous en savons très peu et nous ne pouvons analyser que quelques cas de fonctions simples.

Un exemple classique de convergence globale est $f(\bar{z}) = 0$, où $\bar{z} \in \mathbb{C}$, avec

$$f(z) = z^3 - 1, \quad z \in \mathbb{C}$$

ou encore

$$f(x, y) = \begin{pmatrix} x^3 - 3\,x\,y^2 - 1 \\ 3\,x^2\,y - y^3 \end{pmatrix},$$

avec $z = x + i y$ et pour lequel l'itération devient

$$\begin{aligned}
z^{(k+1)} &= z^{(k)} - \frac{(z^{(k)})^3 - 1}{3(z^{(k)})^2} \\
&= \frac{1}{3}\left(2\,z^{(k)} + \frac{1}{(z^{(k)})^2}\right).
\end{aligned}$$

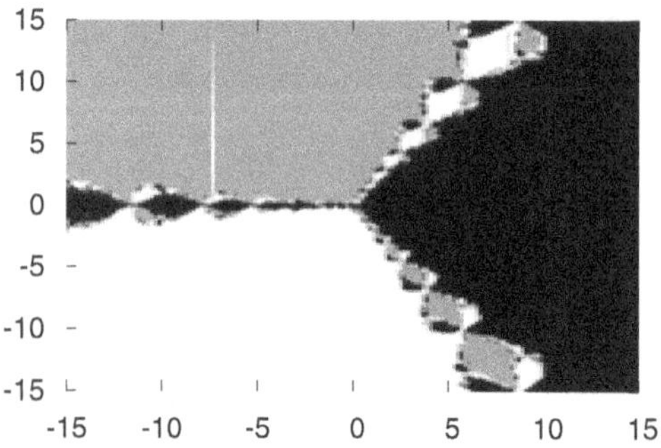

Figure 3.4
Données initiales convergeant vers la solution $z = 1$ (noir), $z = -(1 - \sqrt{3})/2$ (gris) et $z = (-1 - \sqrt{3})/2$ (blanc).

Nous posons alors

$$A(a) = \left\{ z_0 \in \mathbb{C}, \quad (z^{(k)})_k \text{ converge vers } a \right\},$$

avec $a = 1, (-1 \pm i\sqrt{3})/2$ racines de $f(z) = 0$. Dans ce cas, nous vérifions à l'aide d'un ordinateur que pour toutes valeurs de z_0, l'algorithme de Newton-Raphson converge vers une solution (voir pour cela la Figure 3.4).

Dans la pratique, il arrive souvent que la forme analytique de la matrice $\nabla f(x)$ est inconnue. Dans ce cas nous approchons les éléments $\partial f_i / \partial x_j$ de la matrice jacobienne par

$$\frac{\partial f_i}{\partial x_j}(x_1, \ldots, x_n) \simeq \frac{f_i(x_1, \ldots, x_j + \delta, \ldots, x_n) - f_i(x_1, \ldots, x_j, \ldots, x_n)}{\delta},$$

en choisissant le paramètre δ de l'ordre de l'erreur d'arrondi.

Notons que beaucoup de méthodes dites quasi Newton pour la résolution numérique de systèmes non linéaires consistent à trouver de nouveaux algorithmes qui ne nécessitent plus le calcul exact de la jacobienne. Nous renvoyons le lecteur à l'ouvrage de J. E. Dennis et R. B. Schnabel [12], qui dresse l'état de l'art des méthodes de Newton-Raphson et quasi-Newton tant du point de vue théorique que pratique.

Exercices

3.1 Calcul de racine carrée

Nous avons vu que la méthode de Héron pour le calcul approché de la racine carré de a consiste à construire la suite

$$x^{(k+1)} = \frac{1}{2}\left(x^{(k)} + \frac{a}{x^{(k)}}\right).$$

1. Montrer que cela correspond au choix de la méthode de Newton-Raphson avec $f(x) = x^2 - a$.

2. Considérons maintenant le problème du calcul de $\sqrt{2}$. Cela revient à trouver le zéro positif $\alpha = \sqrt{2}$ de la fonction $f(x) = x^2 - 2$.

Posons $\phi(x) = -x^2/4 + x + 1/2$. Vérifier que $\alpha = \sqrt{2}$ est un point fixe de la fonction et montrer que $\phi([1, 2]) \subset [1, 2]$. En déduire que pour tout $x^{(0)} \in [1, 2]$, il existe une constante $C > 0$ telle que $|x^{(k)} - \alpha| \leqslant C^k \, |x^{(0)} - \alpha|$ pour tout $k \geqslant 0$.

3. Quel est le comportement de la suite $(x^{(k)})_{k \in \mathbb{N}}$ lorsque $k \to +\infty$?

4. Combien d'itérations de la méthode de point fixe sont nécessaires pour trouver une valeur approchée de $\sqrt{2}$ qui soit exacte jusqu'au huitième chiffre après la virgule ?

3.2 Méthode de la sécante

Une variante de la méthode de la sécante consiste à approcher $\bar{x}$ un zéro d'une fonction f par

$$x^{(k+1)} = x^{(k)} - f(x^{(k)}) \frac{x^{(k)} - x^{(k-1)}}{f(x^{(k)}) - f(x^{(k-1)})} \quad k \geqslant 1.$$

1. En adaptant la preuve de convergence de la méthode de Newton-Raphson, montrer que

$$|e^{(k+1)}| = |x^{(k+1)} - \bar{x}| \leqslant C\,|e^{(k)}||e^{(k-1)}|.$$

2. En supposant que pour k assez grand on a

$$a|e^{(k)}|^{\alpha} \leqslant |e^{(k+1)}|,$$

où α représente le taux de convergence de la méthode de la sécante, montrer que $\alpha = (1 + \sqrt{5})/2$.

3.3 Calcul de racine cubique

Nous souhaitons calculer les zéros de la fonction $f(x) = x^3 - 2$ en utilisant la méthode de point fixe $x^{(k+1)} = \phi(x^{(k)})$ avec ϕ donnée par

$$\phi(x) = \frac{2 - x^3}{3x^2} + x.$$

Notons $\alpha = \sqrt[3]{2}$ la solution du problème.

1. Vérifier que $\phi(\alpha) = \alpha$ et montrer que lorsque $x^{(0)} \in [1, 2]$, la méthode du point fixe est convergente.
2. Montrer qu'en définitive la méthode est d'ordre deux.

3.4 Application des méthodes de point fixe et de Newton

Nous voulons résoudre $f(x) = 0$ avec $f(x) = x - \sin(x)/5 - 1/2$ en utilisant la méthode du point fixe et de Newton-Raphson. Soit $\bar{x} \in \mathbb{R}$ une solution de ce problème.

1. **Méthode du point fixe**

- Construire une fonction ϕ qui soit strictement contractante $|\phi(x) - \phi(y)| \leqslant k|x - y|$ avec $0 < k < 1$ et $\phi(\bar{x}) = \bar{x}$.
- En déduire une suite $(x^{(k)})_{k \in \mathbb{N}}$ qui converge vers la solution de $f(\bar{x}) = 0$.
- Donner la vitesse de convergence.

2. **Méthode de Newton-Raphson**

- Écrire la méthode de Newton pour approcher la solution de $f(\bar{x}) = 0$.
- Montrer que la méthode est localement convergente. Est-elle globalement convergente ?
- Estimer la vitesse de convergence $|x^{(k+1)} - \bar{x}|$.

3.5 Recherche de racines de polynômes

Soit $p(x)$ un polynôme de degré $n \geqslant 2$ à coefficients réels et admettant n racines distinctes réelles $x_n < x_{n-1} < \ldots < x_1$.

1. Appliquer la méthode de Newton-Raphson pour l'approximation des racines de p.
2. Démontrer que pour toute valeur initiale $x^{(0)} > x_1$, la suite $(x^{(k)})_{k \geqslant 0}$ donnée par la méthode de Newton-Raphson est strictement décroissante et converge vers la plus grande racine x_1.
3. Montrer que la convergence est quadratique.

3.6 Applications aux systèmes

Soit le système d'équations non linéaire suivant :

$$\begin{cases} -5\,x_1 + 2\,\sin(x_1) + 2\,\cos(x_2) = 0, \\ 2\,\cos(x_1) + 2\,\sin(x_2) - 5\,x_2 = 0, \end{cases} \tag{3.16}$$

Notons $\bar{x} = (\bar{x}_1, \bar{x}_2)$ une solution de ce système.

1. **Méthode du point fixe**

- Montrer que ce système peut s'écrire sous la forme $\phi(\bar{x}) = \bar{x}$ où ϕ est strictement contractante pour la norme $\|.\|_1$.
- Vérifier que la solution $\bar{x}$ est unique.
- À partir de la fonction ϕ, construire une suite $(x^{(k)})_{k \in \mathbb{N}}$ qui converge vers $\bar{x}$ et estimer la vitesse de convergence.

2. **Méthode de Newton**

- Écrire une méthode de Newton pour le système (3.16).
- La solution est-elle toujours bien définie ?

3.7 Calcul d'éléments propres

Considérons $A \in \mathscr{M}_{n,n}(\mathbb{R})$ une matrice symétrique et $\mu \in \mathbb{R}$ une valeur propre simple de A et $v \in \mathbb{R}^n$ un vecteur propre associé à μ tel que $\|v\|_2 = 1$.

1. Écrire le système sous la forme $F(x, \lambda) = 0$ où F est une fonction de $\mathbb{R}^{n+1}$ dans $\mathbb{R}^{n+1}$. En déduire la méthode de Newton-Raphson associée à ce problème.
2. Calculer ∇F et montrer que la solution est bien définie et que la suite converge localement.

Solutions des exercices

3.1 Le calcul approché d'une racine carré.

1. Nous avons $f'(x) = 2 * x$ et donc la méthode de Newton-Raphson donne

$$x^{(k+1)} = x^{(k)} - \frac{(x^{(k)})^2 - \alpha}{2x^{(k)}} = \frac{1}{2}\left(x^{(k)} + \frac{\alpha}{x^{(k)}}\right).$$

2. Vérifions que pour $\alpha = \sqrt{2}$, $\phi(\alpha) = -\alpha^2/4 + 1/2 + \alpha = \alpha$. Ensuite, le calcul de la dérivée donne $\phi'(x) = -x/2+1$, ce qui signifie que ϕ est croissante sur l'intervalle $[1, 2]$, $\phi(1) = 5/4$ et $\phi(2) = 3/2$, d'où $\phi([1, 2]) \subset [1, 2]$.
En outre, observons que $|\phi'(x)| \leqslant 1/2$ pour tout $x \in [1, 2]$. En appliquant un développement de Taylor à l'ordre un, il vient alors $\phi(x) = \phi(\alpha) + (x - \alpha)\,\phi'(\eta)$, avec $\eta \in [1, 2]$. Ainsi

$$|\phi(x) - \phi(\alpha)| \leqslant \frac{1}{2}\,|x - \alpha|, \quad \forall x \in [1, 2],$$

Puisque $\phi(\alpha) = \alpha$ et en appliquant le schéma itératif, nous obtenons

$$|x^{(k)} - \alpha| \leqslant \frac{1}{2}\,|x^{(k-1)} - \alpha| \leqslant \ldots \leqslant \left(\frac{1}{2}\right)^k |x^{(0)} - \alpha|. \tag{3.17}$$

3. Le terme $(1/2)^k$ tend vers zéro lorsque $k \to +\infty$. Nous montrons alors, en passant à la limite dans (3.17), que la suite $(x^{(k)})_{k\in\mathbb{N}}$ converge vers α lorsque k tend vers l'infini.
4. Nous souhaitons calculer pour quel entier $k_0 \in \mathbb{N}$, nous sommes assurés que $|x^{(k_0)} - \alpha| \leqslant 10^{-8}$. Il suffit pour cela que

$$\left(\frac{1}{2}\right)^{k_0} |x^{(0)} - \alpha| \leqslant 10^{-8},$$

c'est-à-dire $k_0 \geqslant 8\log(10)/\log(2) \simeq 27$.

3.2 On s'intéresse ici à une variante de la méthode de la sécante.
1. Nous avons

$$\begin{aligned}|e^{(k+1)}| = |x^{(k+1)} - \bar{x}| &= \frac{f(x^{(k)})\,x^{(k-1)} - f(x^{(k-1)})\,x^{(k)}}{f(x^{(k)}) - f(x^{(k-1)})} - \bar{x} \\ &= \frac{f(x^{(k)})\,e^{(k-1)} - f(x^{(k-1)})\,e^{(k)}}{f(x^{(k)}) - f(x^{(k-1)})} - \bar{x}\end{aligned}$$

En factorisant par $e^{(k)}\,e^{(k-1)}$ et en insérant le terme $(x^{(k)} - x^{(k-1)})/(x^{(k)} - x^{(k-1)})$, nous avons

$$|e^{(k+1)}| = \left|\frac{x^{(k)} - x^{(k-1)}}{f(x^{(k)})f(x^{(k-1)})}\right| \left|\frac{f(x^{(k)})/e^{(k)} - f(x^{(k-1)})/e^{(k-1)}}{x^{(k)} - x^{(k-1)}}\right| |e^{(k-1)}|\,|e^{(k)}|.$$

Puis à l'aide d'un développement de Taylor,

$$f(x^{(k)}) = f(\bar{x} + e^{(k)}) = f(\bar{x}) + e^{(k)}f'(\bar{x}) + \frac{1}{2}(e^{(k)})^2 f''(\bar{x}) + O((e^{(k)})^2)$$

En écrivant une relation analogue pour l'indice $k-1$ et en soustrayant les deux égalités il vient alors

$$\left|\frac{f(x^{(k)})/e^{(k)} - f(x^{(k-1)})/e^{(k-1)}}{x^{(k)} - x^{(k-1)}}\right| = \frac{1}{2}f''(\bar{x}) + O((e^{(k)})^2).$$

D'autre part,

$$\left|\frac{x^{(k)} - x^{(k-1)}}{f(x^{(k)}) - f(x^{(k-1)})}\right| \simeq \frac{1}{f'(\bar{x})}.$$

Ainsi, nous obtenons le résultat

$$|e^{(k+1)}| \leqslant C\,|e^{(k)}||e^{(k-1)}|$$

2. Nous supposons ensuite que pour tout k assez grand,

$$a|e^{(k)}|^{\alpha} \leqslant |e^{(k+1)}|.$$

Ainsi,

$$a|e^{(k)}|^{\alpha} \leqslant |e^{(k+1)}| \leqslant C|e^{(k)}|\left|\frac{|e^{(k)}|}{a}\right|^{1/\alpha}.$$

D'où $a^{1+1/\alpha}C^{-1} \simeq |e^{(k)}|^{1-\alpha+1/\alpha}$, ce qui signifie que $1-\alpha+1/\alpha = 0$ autrement dit $\alpha = (1+\sqrt{5})/2$.

3.3 On s'intéresse ici à une application de la méthode de point fixe.

1. Un calcul direct montre que $\phi(\alpha) = \alpha$. Observons ensuite que $\alpha \in [1,2]$ et

$$\phi'(x) = -\frac{2}{3} + \frac{4}{3x^3}$$

et donc $|\phi'(x)| \leqslant 2/3$, ce qui signifie que

$$|\phi(x) - \phi(y)| \leqslant \frac{2}{3}\,|x-y|, \quad \forall x,\, y \in [1,2]$$

et $\phi([1,2]) \subset [1,2]$. Ainsi, la méthode itérative $x^{(k+1)} = \phi(x^{(k)})$ est convergente pour tout $x^{(0)} \in [1,2]$.

2. Il suffit d'observer que $\phi'(\alpha) = 0$, un développement de Taylor donne alors

$$\phi(x) = \phi(\alpha) + (x-\alpha)\,\phi'(\alpha) + \frac{(x-\alpha)^2}{2}\,\phi''(\eta), \quad \text{avec} \quad \eta \in [1,2].$$

cela donne $|x^{(k+1)} - \alpha| \leqslant C\,|x^{(k)} - \alpha|^2$ et la méthode est d'ordre deux.

3.4 Ici on applique la méthode de Newton-Raphson.

1. Pour la méthode du point fixe, il suffit de prendre $\phi(x) = \sin(x)/5 + 1/2$ définie sur $\mathbb{R}$, qui est telle que $\phi(x) = -f(x) + x$ et vérifie $|\phi'(x)| \leqslant 1/5$ pour tout $x \in \mathbb{R}$, ce qui signifie que $|\phi(x) - \phi(y)| \leqslant |x - y|/5$.

D'après ce qui précède la suite définie par $x^{(k+1)} = \phi(x^{(k)})$ converge vers l'unique point fixe de ϕ et donc vers une solution de $f(x) = 0$. Nous avons $|x^{(k)} - \bar{x}| \leqslant |x^{(0)} - \bar{x}|/5^k$ pour tout $k \geqslant 0$.

2. Pour la méthode de Newton-Raphson, nous avons $f'(x) = 1 - \cos(x)/5$ qui vérifie $|f'(x)| \geqslant 4/5$ et $|f''(x)| = |\sin(x)/5| \leqslant 1/5$. La méthode de Newton s'écrit alors

$$x^{(k+1)} = x^{(k)} - \frac{5\,x^{(k)} - \sin(x^{(k)}) - 5/2}{5 - \cos(x^{(k)})}.$$

En appliquant le Théorème 3.12, nous montrons que la suite $(x^{(k)})_{k\in\mathbb{N}}$ est convergente si $x^{(0)}$ appartient à un voisinage de la solution $\bar{x} \in \mathbb{R}$.

Ici, il est possible de montrer que la convergence est globale. En effet, supposons par exemple que $x^{(0)} \leqslant \bar{x}$ puisque la fonction f est croissante $f(x^{(k)}) \leqslant f(\bar{x}) = 0$ et

$$x^{(k+1)} = x^{(k)} - \frac{f(x^{(k)})}{f'(x^{(k)})} \geqslant x^{(k)},$$

la suite est donc croissante et bornée, elle est donc convergente vers son point stationnaire $\bar{x} \in \mathbb{R}$. Par un raisonnement analogue, nous montrons que lorsque $x^{(0)} \geqslant \bar{x}$, la suite converge vers $\bar{x} \in \mathbb{R}$.

L'estimation du Théorème 3.12 donne

$$|x^{(k+1)} - \bar{x}| \leqslant \frac{|x^{(k)} - \bar{x}|^2}{8}.$$

3.5 On cherche à approcher les zéros d'un polynôme.

1. Appliquons la méthode de Newton-Raphson pour approcher les racines $(x_i)_{1\leqslant i\leqslant n}$, la méthode itérative est alors fournie par

$$\begin{cases} x^{(0)} = x_0, \\ x^{(k+1)} = x^{(k)} - \dfrac{p(x^{(k)})}{p'(x^{(k)})}. \end{cases}$$

2. Supposons que le coefficient devant le terme x^n du polynôme p est strictement positif, alors p est strictement positif pour tout $x > x_1$. D'autre part en appliquant le Théorème de Rolle, le polynôme p' admet $(n-1)$ racines notées $(\eta_i)_{1\leqslant i\leqslant n-1}$ telles que $x_n < \eta_{n-1} < x_{n-1} < \ldots < \eta_1 < x_1$. En utilisant le même argument que précédemment, nous démontrons que pour tout $x > x_1$, $p'(x) > 0$. En appliquant une nouvelle fois le Théorème de Rolle, nous prouvons que p'' est strictement positif pour tout $x > x_1$ car $n \geqslant 0$ et finalement $p'''(x)$ est positif ou nul pour $x > x_1$.

Ensuite, à l'aide d'un développement de Taylor-Young, nous obtenons

$$0 = p(x_1) = p(x^{(0)}) + (x_1 - x^{(0)})\, p'(x^{(0)}) + \frac{1}{2}(x_1 - x^{(0)})^2\, p''(\theta_0),$$

avec $\theta_0 \in [x_1, x^{(0)}]$. Puis, en appliquant la méthode de Newton-Raphson et ce dernier résultat, nous obtenons

$$x^{(1)} = x^{(0)} - \frac{p(x^{(0)}) - p(x_1)}{p'(x^{(0)})} = x_1 + \frac{p''(\theta_0)}{2\, p'(x^{(0)})}(x_1 - x^{(0)})^2.$$

Ainsi, en utilisant la stricte positivité de p' et p'' pour tout $x > x_1$, nous démontrons que $x_1 < x^{(1)} < x^{(0)}$.

Par récurrence, nous établissons que la suite $(x^{(k)})_{k\in\mathbb{N}}$ est strictement décroissante et minorée $x_1 < x^{(k+1)} < x^{(k)}$. La suite $(x^{(k)})_{k\geqslant 0}$ est donc convergente. Notons par $\bar{x}$ sa limite et montrons que $\bar{x} = x_1$. Par passage à la limite dans la méthode de Newton-Raphson, il vient $\bar{x} = \bar{x} - p(\bar{x})/p'(\bar{x})$, ou encore

$$\frac{p(\bar{x})}{p'(\bar{x})} = 0,$$

comme $\bar{x} \geqslant x_1$, nous savons que $p'(\bar{x}) > 0$ donc $\bar{x}$ est la plus grande racine de p, c'est-à-dire $\bar{x} = x_1$.

3. D'autre part, puisque pour tout $x \geqslant x_1$, $p'''(x) \geqslant 0$, il vient $p''(x^{(k)}) \leqslant p''(x^{(0)})$ et $p'(x^{(k)}) > p'(x_1)$, donc

$$|x^{(k+1)} - x_1| \leqslant \frac{|p''(x^{(0)})|}{2\,|p'(x_1)|}\,\left|x^{(k)} - x_1\right|^2,$$

c'est-à-dire que la vitesse de convergence est quadratique.

Ainsi, nous avons démontré que pour un polynôme p de degré $n \geqslant 2$, à coefficients réels et admettant n racines réelles distinctes, la suite $(x^{(k)})_{k\geqslant 0}$ donnée par la méthode de Newton-Raphson est strictement décroissante et converge vers la plus grande racine x_1 pour tout $x^{(0)} \geqslant x_1$.

3.6 Voici une application aux systèmes non-linéaires.

1. Posons

$$\phi(x_1, x_2) = \frac{2}{5}\begin{pmatrix} \sin(x_1) + \cos(x_2) \\ \cos(x_1) + \sin(x_2) \end{pmatrix},$$

elle vérifie bien $\phi(\bar{x}) = \bar{x}$ et est strictement contractante pour la norme $\|.\|_1$. En effet, un calcul direct donne

$$\nabla\phi(x) = \frac{2}{5}\begin{pmatrix} +\cos(x_1) & -\sin(x_2) \\ -\sin(x_1) & -\cos(x_2) \end{pmatrix},$$

et $\|\nabla\phi\|_1 = \dfrac{2}{5}\max(|\cos(x_1)| + |\sin(x_1)|, |\cos(x_1)| + |\sin(x_1)|) \leqslant 4/5$. Puis en effectuant un développement de Taylor à l'ordre un pour tout x, $y \in \mathbb{R}^2$

$$\phi(x) = \phi(y) + \nabla\phi(\eta)(x - y),$$

avec $\eta \in \mathbb{R}^2$ et donc $\|\phi(x) - \phi(y)\|_1 \leqslant 4\|x - y\|_1/5$.
Nous en déduisons alors que la solution du point fixe $\phi(\bar{x}) = \bar{x}$ est unique. En effet, supposons qu'il existe $\bar{x}$ et $\bar{y}$ tels que $\bar{x} = \phi(\bar{x})$ et $\bar{y} = \phi(\bar{y})$. Alors

$$\|\bar{x} - \bar{y}\|_1 = \|\phi(\bar{x}) - \phi(\bar{y})\|_1 \leqslant \frac{4}{5}\|\bar{x} - \bar{y}\|_1$$

d'où $\|\bar{x} - \bar{y}\|_1 = 0$ et donc $\bar{x} = \bar{y}$.
La méthode du point fixe est alors donné par $x^{(k+1)} = \phi(x^{(k)})$ pour $k \geqslant 0$ et $x^{(0)} \in \mathbb{R}^2$ quelconque. D'après le Théorème 3.4, la suite converge vers $\bar{x}$ et

$$\|x^{(k)} - \bar{x}\|_1 \leqslant \left(\frac{4}{5}\right)^k \|x^{(0)} - \bar{x}\|_1.$$

2. Pour la résolution par la méthode de Newton, nous construisons une fonction f

$$f(x_1, x_2) = \begin{pmatrix} -5\,x_1 + 2\,\sin(x_1) + 2\,\cos(x_2) \\ 2\,\cos(x_1) + 2\,\sin(x_2) - 5\,x_2 \end{pmatrix},$$

et calculons son jacobien ∇f

$$\nabla f(x_1, x_2) = \begin{pmatrix} -5 + 2\,\cos(x_1) & -2\,\sin(x_2) \\ 2\,\cos(x_1) & -5 + 2\cos(x_2) \end{pmatrix}.$$

La méthode de Newton est bien définie pour toute donnée initiale lorsque la matrice $\nabla f(x_1, x_2)$ est inversible en tout point $x = (x_1, x_2)^T \in \mathbb{R}^2$. Vérifions alors

$$\det(\nabla f(x)) = 25 - 10\,(\cos(x_2) + \cos(x_1)) + 4\,\cos(x_1 + x_2) \geqslant 1,$$

ce qui signifie que $\nabla f(x_1, x_2)$ est inversible et la suite $(x^{(k)})_{k\in\mathbb{N}}$ est donc donnée, pour $x^{(0)} \in \mathbb{R}^2$, par

$$0 = f(x^{(k-1)}) + \nabla f(x^{(k-1)})\left(x^{(k)} - x^{(k-1)}\right), \quad \forall k \geqslant 1$$

ou encore

$$x^{(k)} = x^{(k-1)} - \left[\nabla f(x^{(k-1)})\right]^{-1} f(x^{(k-1)}), \quad \forall k \geqslant 1.$$

3.7 Voici une autre application aux systèmes non-linéaires.

1. Posons simplement

$$F(x,\lambda) = \begin{pmatrix} A\,x - \lambda\,x \\ x^T\,x - 1 \end{pmatrix}$$

et la méthode de Newton-Raphson est alors donnée par

$$x^{(k+1)} = x^{(k)} - \left[\nabla F\left(x^{(k)}\right)\right]^{-1} F\left(x^{(k)}\right).$$

Pour que cette suite soit bien définie, il suffit que ∇F soit inversible en $(v, \mu) \in \mathbb{R}^{n+1}$.

2. Le calcul du jacobien ∇F donne alors

$$\nabla F(x,\lambda) = \begin{pmatrix} A - \lambda\,I_n & -x \\ 2\,x^T & 0 \end{pmatrix}.$$

Pour que la méthode de Newton-Raphson soit bien définie et localement convergente, il suffit que la matrice jacobienne $\nabla F(x,\lambda)$ soit inversible en l'élément propre (v, μ). Supposons qu'il existe $(x, \lambda) \in \mathbb{R}^{n+1}$ tel que

$$\nabla F(v,\mu) \begin{pmatrix} x \\ \lambda \end{pmatrix} = 0_{\mathbb{R}^{n+1}}$$

et montrons que $(x, \lambda) = 0$. Nous avons

$$A\,x - \mu\,x - \lambda\,v = 0 \tag{3.18}$$

et

$$2\,v^T\,x = 0. \tag{3.19}$$

En multipliant (3.18) par v et en utilisant le fait que A est symétrique, nous obtenons

$$x^T\,A\,v - \mu x^T\,v - \lambda\,v^T\,v = 0$$

et comme $A\,v = \mu\,v$ et $v^T\,v = 1$, ceci entraîne forcément que $\lambda = 0$.

Ensuite en prenant $\lambda = 0$ dans (3.18), il vient $A\,x - \mu\,x = 0$, c'est-à-dire que $x \in \mathrm{Ker}(A - \mu\,I_n) = \mathbb{R}\,v$ car μ est une valeur propre simple. Or d'après (3.19), nous savons que $v^T\,x = 0$, ce qui signifie que x est à la fois colinéaire à v et orthogonal à v, donc $x = 0$.

D'après le Théorème 3.23, la méthode de Newton-Raphson pour la recherche d'une valeur propre simple d'une matrice symétrique est donc localement convergente.

OPTIMISATION 4

L'optimisation est un sujet vaste dont l'objectif est d'agir sur un système afin d'en améliorer les performances et de rechercher la solution qui offre le meilleur rendement. Les applications concernent autant l'économie que la gestion des ressources ou encore la conception optimale. D'un point de vue mathématique, l'optimisation revient à rechercher le minimum ou le maximum d'une fonction sachant que l'inconnue satisfait des contraintes qui dépendent du problème physique.

4.1 INTRODUCTION

Commençons par donner un exemple pratique de problèmes d'optimisation.

Problème de transport optimal

Un problème classique en optimisation est le transport de marchandises des usines vers les lieux de vente. Pour une vision concrète du problème, considérons simplement le cas d'un nuage fini constitué par exemple de quatre points dans le plan[1].

Connaissant la configuration du nuage au temps initial indiquant les points de départ et à l'instant final correspondant aux points d'arrivée, nous recherchons comment transporter ces points de façon optimale entre les deux configurations. À l'instant de départ, le nuage est donc défini par une liste de quatre points dans le plan A_1, A_2, A_3, A_4, et à l'instant final par quatre autres points B_1, B_2, B_3, B_4.

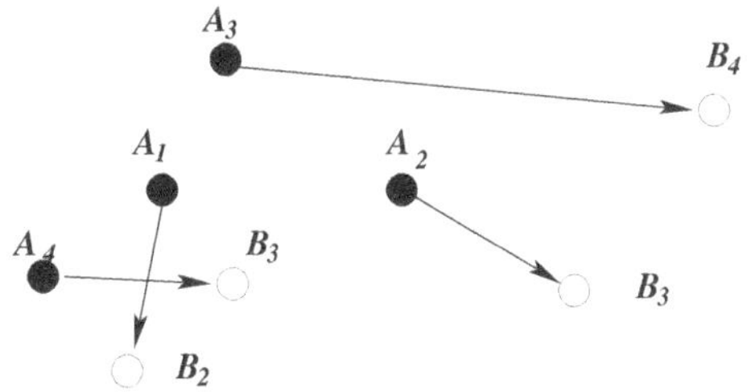

Figure 4.1
Illustration du transport optimal de deux nuages de points ; il s'agit finalement d'un problème de combinatoire.

Un point clé à comprendre est que nous ne nous soucions aucunement de l'individualité des « particules » et que leur numérotation est arbitraire. Ainsi, il est parfaitement possible de transporter, par exemple, A_1 vers B_3, A_2 vers B_1, A_3 vers B_4 et A_4 vers B_2. En revanche, nous ne sommes pas autorisés à déplacer A_1 et A_2 vers B_3 en laissant B_4 vacant.

1. C'est au XVIIe siècle que Gaspard Monge (1746-1818) se propose dans un mémoire intitulé « Sur la théorie des déblais et des remblais », d'étudier comment déplacer au mieux un tas de sable en lui appliquant une méthode rigoureuse dite « optimale ». De nos jours, ce type de problème de « recherche opérationnelle » désigne l'ensemble des méthodes permettant de traiter de manière systématique et efficace des problèmes de combinatoires.

Il faut donc chercher une solution optimale parmi tous les arrangements possibles, c'est-à-dire parmi toutes les bijections des indices $\{1, 2, 3, 4\}$ vers eux-mêmes. Le nombre d'arrangements possibles des n premiers entiers s'appelle la factorielle n, ici nous avons donc $4! = 24$ possibilités. Trouver la solution optimale revient à minimiser un coût, que l'on choisira ici comme la distance euclidienne entre les points de départ et les points d'arrivée. Une solution naturelle consiste donc à explorer les 24 possibilités et à ne retenir qu'une solution parmi celles dont le coût est le moins élevé. Cette méthode est beaucoup trop coûteuse lorsque le nombre de points devient trop élevé, il s'agit alors de mettre au point des algorithmes numériques rapides qui sélectionnent la bonne solution. Pour cela, il est indispensable de proposer une formulation mathématique adaptée puis d'étudier les particularités de la solution de manière à diminuer le coût de calcul.

Lorsqu'il ne s'agit plus seulement de déplacer des particules mais un volume $\Omega_0 \subset \mathbb{R}^d$ vers un autre volume $\Omega_1 \subset \mathbb{R}^d$, tels que $\text{mes}(\Omega_0) = \text{mes}(\Omega_1)$, où mes(.) désigne la mesure au sens de Lebesgue (voir [32]), le problème de transport optimal consiste à rechercher un $\mathscr{C}^1$-difféomorphisme $T : \Omega_0 \mapsto \Omega_1$ où T est un opérateur de transport préservant le volume, c'est-à-dire pour tout volume $A \subset \Omega_0$

$$\text{mes}(A) = \text{mes}(T(A)), \tag{4.1}$$

qui minimise le coût suivant

$$\int_{\Omega_0} \|x - T(x)\|^2 \, dx,$$

lequel peut être identifié au carré d'une distance.

Le problème s'écrit alors : trouver $\overline{T}$ vérifiant (4.1) tel que

$$\int_{\Omega_0} \|x - \overline{T}(x)\|^2 \, dx = \min_{\substack{T \text{ vérifiant} \\ (4.1)}} \int_{\Omega_0} \|x - T(x)\|^2 \, dx.$$

Plus généralement, dans ce chapitre nous considérons E un $\mathbb{R}$-espace vectoriel, une fonction $f : K \mapsto \mathbb{R}$, où K est un sous-ensemble de E et nous nous intéressons à la recherche des minima $\bar{x}$ tel que

$$\begin{cases} \bar{x} \in K \text{ tel que :} \\ f(\bar{x}) = \min_{x \in K} f(x). \end{cases}$$

Par la suite, nous étudions des problèmes d'optimisation sans contrainte, c'est-à-dire lorsque K recouvre tout l'espace E et donnons alors des conditions pour l'existence et l'unicité de solutions et mettons en œuvre quelques algorithmes de résolution. Enfin, nous traitons le cas général de problèmes d'optimisation sous contraintes.

4.2 Optimisation sans contrainte

Considérons $f \in \mathscr{C}^0(E, \mathbb{R})$ et E un $\mathbb{R}$-espace vectoriel normé. Nous recherchons un minimum global de f, c'est-à-dire un point $\bar{x} \in E$, qui vérifie

$$f(\bar{x}) = \min_{x \in E} f(x), \tag{4.2}$$

ou un minimum local, c'est-à-dire un point $\bar{x} \in E$ pour lequel il existe $\alpha > 0$, tel que

$$f(\bar{x}) = \min_{x \in \mathcal{B}(\bar{x}, \alpha)} f(x), \tag{4.3}$$

où $\mathcal{B}(\bar{x}, \alpha)$ désigne une boule de centre $\bar{x}$ et de rayon α.

4.2.1 Rappels sur les fonctions convexes

La convexité joue un rôle important pour démontrer l'existence et l'unicité d'une solution d'un tel problème (4.2) ou (4.3).

Définition 4.1

Soient E un $\mathbb{R}$-espace vectoriel, $K \subset E$ un ensemble convexe et $f : K \to \mathbb{R}$.

- f est une fonction convexe si elle vérifie $f(tx+(1-t)y) \leqslant tf(x)+(1-t)f(y)$, pour tout $x, y \in K$ et $t \in [0, 1]$,
- f est une fonction strictement convexe si $f(tx+(1-t)y) < tf(x)+(1-t)f(y)$, pour tout $x, y \in K$ tel que $x \neq y$ et $t \in]0, 1[$.

Présentons alors des propriétés permettant de caractériser la convexité d'une fonction.

Proposition 4.2 ***Caractérisation de la convexité***

Soient E un $\mathbb{R}$-espace vectoriel normé, $K \subset E$ un ensemble convexe et $f : K \mapsto \mathbb{R}$ une fonction différentiable sur K. Alors la fonction f est convexe si et seulement si pour tout $x, y \in K$, $f(y) \geqslant f(x) + \nabla f(x)(y - x)$. Elle est strictement convexe si l'inégalité est stricte pour $x \neq y$.

En supposant de plus que f est deux fois différentiable, f est convexe si et seulement si pour tout $x, y \in K$, $(y - x)^T \nabla^2 f(x)(y - x) \geqslant 0$. Elle est strictement convexe si l'inégalité est stricte pour $x \neq y$.

Démonstration. Supposons que f est une fonction convexe. Pour $x, y \in K$ et $t \in [0, 1]$, par définition de la convexité nous avons

$$f(ty + (1-t)x) \leqslant t f(y) + (1-t) f(x) \tag{4.4}$$

ou encore
$$\frac{f(x + t(y - x)) - f(x)}{t} \leqslant f(y) - f(x).$$
Puisque la fonction f est différentiable, en faisant tendre t vers 0, nous obtenons alors $f(y) \geqslant \nabla f(x)(y - x) + f(x)$.

Lorsque f est strictement convexe, l'inégalité est stricte pour $x \neq y$ et $t \in]0, 1[$ mais elle devient large par passage à la limite. Pour démontrer qu'effectivement $\nabla f(x)(y - x) < f(y) - f(x)$, observons que pour tout $s > 0$,
$$x + t(y - x) = \frac{s - t}{s} x + \frac{t}{s}(x + s(y - x)),$$
d'où pour $0 < t < s < 1$,
$$\frac{f(x + t(y - x)) - f(x)}{t} < \frac{f(x + s(y - x)) - f(x)}{s} < f(y) - f(x).$$
Nous obtenons l'inégalité stricte souhaitée en gardant s fixé et en faisant tendre t vers 0.

Montrons maintenant la réciproque. Prenons $x, y \in K$, et $t \in]0, 1[$ puisque pour $t = 0$ et $t = 1$ nous n'avons rien à démontrer. Nous avons d'une part
$$f(x) \geqslant f(x + t(y - x)) - t\nabla f(x + t(y - x))(y - x)$$
et d'autre part
$$f(y) \geqslant f(x + t(y - x)) + (1 - t)\nabla f(x + t(y - x))(y - x).$$
Nous obtenons l'inégalité de convexité en prenant la combinaison convexe des inégalités.

Pour montrer la caractérisation de la convexité en termes de différentielles secondes, considérons $x, y \in K$ et $0 < \epsilon < 1$ assez petit, $y_\epsilon := x + \epsilon(y - x) \in K$, puisque K est convexe. Introduisons alors $\varphi \in \mathscr{C}^2(\mathbb{R}, \mathbb{R})$ définie par $\varphi(t) = f(x + t\,\epsilon(y - x))$. Il vient alors
$$\begin{aligned} f(y_\epsilon) - f(x) &= \varphi(1) - \varphi(0) = \int_0^1 \varphi'(t)dt, \\ &= \left[\varphi'(t)(t - 1)\right]_0^1 - \int_0^1 \varphi''(t)(t - 1)dt, \end{aligned}$$
c'est-à-dire,
$$f(y_\epsilon) - f(x) = \varphi'(0) + \int_0^1 \varphi''(t)(1 - t)dt.$$
Or, $\varphi'(t) = \epsilon\,\nabla f(x + t\,\epsilon(y - x))(y - x)$ et en dérivant une nouvelle fois
$$\varphi''(t) = \epsilon^2(y - x)^T\,\nabla^2 f(x + t\,\epsilon(y - x))(y - x).$$

Nous avons donc en utilisant la première caractérisation de la convexité par la différentielle première que $f(y_\epsilon) - f(x) - \varphi'(0) \geqslant 0$ et ainsi

$$\epsilon^2 \int_0^1 (x-y)^T \nabla y(x+t(y-x))(y-x)(1-t)\,dt \geqslant 0, \quad \forall x, y \in K.$$

En simplifiant par ϵ^2 et en observant que pour $x, y \in K$ fixés, $\nabla^2 f(x+t\epsilon(y-x))$ tend vers $\nabla^2 f(x)$ uniformément lorsque ϵ tend vers 0, pour tout $t \in [0,1]$. Nous avons donc,

$$(y-x)^T \, \nabla^2 f(x)(y-x) \geqslant 0.$$

Montrons maintenant la réciproque. En utilisant un développement de Taylor : il existe $t \in]0,1[$ vérifiant

$$\begin{aligned}
& f(y) - f(x) - \nabla f(x)(y-x) \\
= \; & (1-t)(y-x)^T \, \nabla^2 f(x+t(y-x))(y-x) \\
= \; & \frac{1}{1-t} \nabla^2 f(x+t(y-x)) \left(y-(x+t(y-x)), y-(x+t(y-x)) \right), \\
\geqslant \; & 0,
\end{aligned}$$

ce qui montre bien que f est convexe. □

Enfin, examinons les propriétés des extrema de fonctions convexes.

Théorème 4.3 ***Extrema de fonctions convexes***

Soient E un espace $\mathbb{R}$-vectoriel normé, $K \subset E$ un sous-ensemble convexe et $f : K \mapsto \mathbb{R}$. Nous avons les résultats suivants :

- si f est convexe et admet un minimum local dans K, alors ce minimum est global,
- si f est strictement convexe alors elle admet au plus un minimum $\bar{x} \in K$, et c'est un minimum strict, c'est-à-dire que pour tout $y \in K$, $f(\bar{x}) < f(y)$,

DÉMONSTRATION. Supposons d'abord que f est convexe et admet un minimum local $\bar{x} \in K$. Pour tout $t \in]0,1]$, nous avons par convexité de f, pour tout $x \in K$ $f(\bar{x}+t(x-\bar{x})) - f(\bar{x}) \leqslant t(f(x) - f(\bar{x}))$ et puisque le membre de gauche est positif ou nul pour $t > 0$, cela signifie que $f(x) - f(\bar{x}) \geqslant 0$ pour tout $x \in K$, $\bar{x}$ est donc un minimum global. Ensuite, lorsque f est strictement convexe, nous raisonnons de manière analogue mais l'inégalité est stricte $f(x) - f(\bar{x}) > 0$ pour $x \in K$. □

4.2.2 Résultat d'existence et unicité

Commençons par donner des conditions nécessaires et suffisantes pour qu'un problème de minimisation sans contrainte possède au moins une solution. Tout d'abord, présentons une condition nécessaire simple.

Proposition 4.4 ***Condition nécessaire d'optimalité***

Soient E un $\mathbb{R}$-espace vectoriel normé, $f \in \mathscr{C}^0(E, \mathbb{R})$ et $\bar{x} \in E$ tels que f soit différentiable en $\bar{x}$. Si $\bar{x}$ est une solution de (4.2) ou (4.3) alors $\nabla f(\bar{x}) = 0$.

DÉMONSTRATION. Supposons que f possède un minimum local, l'extension à un minimum global est évidente. Il existe alors un réel $\alpha > 0$ tel que $f(\bar{x}) \leqslant f(x)$, pour tout $x \in \mathcal{B}(\bar{x}, \alpha)$, où $\mathcal{B}(\bar{x}, \alpha)$ désigne la boule ouverte de centre $\bar{x}$ et de rayon α. Choisissons $z \in E$, non nul quelconque et un réel t assez petit, vérifiant $|t| < \alpha/\|z\|$, nous vérifions que $\bar{x} + tz \in \mathcal{B}(\bar{x}, \alpha)$ et $f(\bar{x}) \leqslant f(\bar{x} + tz)$. Ainsi, puisque la fonction f est différentiable en $\bar{x}$, il vient, en effectuant un développement de Taylor : $f(\bar{x} + tz) = f(\bar{x}) + t\nabla f(\bar{x})z + |t|\epsilon_z(t)$, où $\epsilon_z(t) \to 0$ lorsque $t \to 0$. Nous avons donc

$$f(\bar{x}) \leqslant f(\bar{x}) + t\nabla f(\bar{x})z + |t|\,\epsilon_z(t).$$

Par conséquent, pour $t \in]0, \alpha/\|z\|[$, nous avons

$$\nabla f(\bar{x})\, z + \epsilon_z(t) \geqslant 0.$$

En passant à la limite $t \to 0$, nous obtenons finalement que $\nabla f(\bar{x})z \geqslant 0$, pour tout $z \in E$. Enfin, puisque E est un espace vectoriel, pour tout $z \in E$, $-z \in E$, donc $\nabla f(\bar{x})z \leqslant 0$ pour tout $z \in E$. Par conséquent, $\nabla f(\bar{x}) = 0$. □

La proposition précédente donne une condition nécessaire mais non suffisante.

Exemple

En effet, $\nabla f(x) = 0$ n'entraîne pas forcément que f atteint un minimum ou un maximum local ou global en x. Pour le vérifier il suffit de prendre $E = \mathbb{R}$, avec $x = 0$ et $f(x) = x^3$, nous avons bien $f'(0) = 0$ cependant 0 n'est pas un extremum.

Donnons par la suite quelques résultats d'existence lorsque E est un espace de dimension finie ou infinie. Avant d'énoncer ces résultats, définissons l'application produit scalaire hermitien sur E, un $\mathbb{K}$-espace vectoriel E, par

Définition 4.5

Un produit scalaire hermitien $\langle \cdot\,, \cdot \rangle$ est une application de $E \times E$ à valeur dans $\mathbb{K} = \mathbb{R}$ ou $\mathbb{C}$ telle que pour tout $x \in E$, $\langle x\,, x \rangle \in \mathbb{R}^+$ et

- pour tout $x, y \in E$, $\langle x, y \rangle = \overline{\langle y, x \rangle}$,
- pour tout x, y et $z \in E$ et $\lambda \in \mathbb{K}$, $\langle x + \lambda z, y \rangle = \langle x, y \rangle + \lambda \langle z, y \rangle$,
- $\langle x, y \rangle = 0$ pour tout $y \in E \Longleftrightarrow x = 0_E$.

À partir du produit scalaire hermitien $\langle ., . \rangle$, définissons la norme induite par

$$\|x\| = \sqrt{\langle x, x \rangle}.$$

Définition 4.6

L'espace vectoriel $(E, \|.\|)$ est un espace de Hilbert lorsque E est un espace vectoriel muni d'un produit scalaire $\langle ., . \rangle$ et de la norme $\|.\|$ et que cet espace est complet pour la topologie induite par $\langle ., . \rangle$.

Exemple

L'espace $\mathbb{R}^m$ muni du produit scalaire euclidien est bien sûr un espace de Hilbert de dimension finie.

Proposons un premier résultat d'existence de minimum.

Proposition 4.7 ***Existence d'un minimum en dimension finie***

Soient E un espace vectoriel normé de dimension finie et $f : E \to \mathbb{R}$ une application telle que

(i) f soit continue,

(ii) $f(x) \to +\infty$ lorsque $\|x\| \to +\infty$.

Alors il existe $\bar{x} \in E$ solution de (4.2).

DÉMONSTRATION. La preuve d'existence d'un minimum pour f devient simple lorsque nous ramenons le problème sur une compact de E. Pour cela, utilisons la condition (ii) qui peut encore s'écrire pour tout $A > 0$, il existe un réel $R > 0$, tel que pour tout $x \in E$ vérifiant $\|x\| \geqslant R$ alors $|f(x)| \geqslant A$. Prenons par exemple $A = f(0)$, il existe alors $R_0 > 0$ tel que pour tout $x \in E$ vérifiant $\|x\| \geqslant R_0$, $f(x) \geqslant f(0)$. Nous en déduisons que

$$\inf_{x \in E} f(x) = \inf_{x \in \overline{\mathcal{B}}_{R_0}} f(x),$$

où $\overline{\mathcal{B}}_{R_0} = \{x \in E, \quad \|x\| \leqslant R_0\}$. Or, puisque E est de dimension finie, la boule fermée $\overline{\mathcal{B}}_{R_0}$ est un ensemble compact de E et la fonction f est continue, il existe donc $\bar{x} \in \overline{\mathcal{B}}_{R_0}$ tel que $f(\bar{x}) = \min_{y \in \overline{\mathcal{B}}_{R_0}} f(y)$ et donc $f(\bar{x}) = \min_{y \in E} f(y)$, ce qui démontre le résultat. □

Lorsque E est un espace de Hilbert de dimension infinie, nous pouvons également établir l'existence d'un minimum même si la boule fermée $\overline{\mathcal{B}}_R$ n'est en général pas compacte : il faut alors ajouter une hypothèse de convexité sur la fonction f à minimiser [2][Théorème 9.2.7].

Proposition 4.8

Soient E un espace de Hilbert éventuellement de dimension infinie et f une fonction convexe continue et telle que

$$\lim_{\|x\| \to +\infty} f(x) = +\infty. \tag{4.5}$$

Alors il existe $\bar{x} \in E$ solution de (4.2).

Notons enfin que l'hypothèse (4.5) de la Proposition 4.8 peut être remplacée par l'hypothèse suivante : il existe $b \in E$ et $R > 0$ tels que pour tout $\|x\| \geqslant R$, $f(x) \geqslant f(b)$.

Concernant l'unicité d'un minimum, observons que les hypothèses de la Proposition 4.7 ne permettent pas de conclure. Pour s'en convaincre, prenons simplement $E = \mathbb{R}$ et $f(x) = x^2(x-1)(x+1)$ qui a plusieurs extrema. Pour obtenir l'unicité de la solution $\bar{x}$, nous avons besoin de la notion de convexité.

Proposition 4.9 ***Condition suffisante d'unicité***

Soient E un $\mathbb{R}$-espace vectoriel et f une fonction de $E \to \mathbb{R}$ strictement convexe alors il existe au plus un $\bar{x} \in E$ de (4.2).

DÉMONSTRATION. Considérons f une fonction strictement convexe et raisonnons par l'absurde. Supposons qu'il existe $\bar{x}$ et $\bar{y} \in E$ tels que $f(\bar{x}) = f(\bar{y}) = \min_{z \in E} f(z)$ avec $\bar{x} \neq \bar{y}$.

Alors puisque f est strictement convexe, si $\bar{x} \neq \bar{y}$,

$$f\left(\frac{1}{2}\bar{x} + \frac{1}{2}\bar{y}\right) < \frac{1}{2}\left(f(\bar{x}) + f(\bar{y})\right) = \min_{z \in E} f(z),$$

ce qui contredit le fait que $\bar{x}$ est un minimum de f, nous en déduisons que $\bar{x} = \bar{y}$. □

Cette dernière proposition n'assure pas l'existence d'une solution au problème de minimisation (4.2) ou (4.3). Par exemple dans le cas $E = \mathbb{R}$ et $f(x) = e^x$, la fonction f est strictement convexe mais n'atteint pas son minimum, car $\inf_{x \in \mathbb{R}} f(x) = 0$ et $f(x)$ est strictement positif pour tout $x \in \mathbb{R}$.

En réunissant les hypothèses des propositions précédentes, nous obtenons le résultat d'existence et d'unicité suivant :

Théorème 4.10 ***Existence et unicité***

Soient E un espace de Hilbert et f une fonction de $E \to \mathbb{R}$. Supposons que :

(i) la fonction f est continue,

(ii) la fonction f vérifie $f(x) \to +\infty$ quand $\|x\| \to +\infty$,

(iii) la fonction f est strictement convexe.

Alors il existe un unique $\bar{x} \in E$ solution de (4.2).

Cas d'une fonctionnelle quadratique

Dans le cas d'une fonctionnelle quadratique, considérons $A \in \mathcal{M}_{m,m}(\mathbb{R})$, $b \in \mathbb{R}^m$ et f la fonction de $\mathbb{R}^m$ dans $\mathbb{R}$ définie par

$$f(x) = \frac{1}{2}x^T A x - b^T x.$$

Alors $f \in \mathscr{C}^\infty(\mathbb{R}^m, \mathbb{R})$. Le calcul du gradient de f donne $\nabla f(x) = (Ax + A^T x)/2 - b$. Donc, si A est symétrique $\nabla f(x) = Ax - b$ tandis que le calcul de la hessienne de f donne

$$\nabla^2 f(x) = \nabla(\nabla f(x)) = \frac{1}{2}(A + A^T).$$

Nous en déduisons que lorsque A est symétrique, $\nabla^2 f(x) = A$. En outre lorsque A est symétrique définie positive, la fonction f vérifie bien les hypothèses du Théorème 4.10 et il existe donc un unique $x \in \mathbb{R}^m$ tel que $f(x) = \min_{y\in\mathbb{R}^m} f(y)$. La solution x est aussi l'unique solution du système linéaire $Ax = b$.

4.2.3 Méthodes d'optimisation sans contrainte

Dans cette partie, supposons pour simplifier que $E = \mathbb{R}^m$. Tout d'abord, grâce à la Proposition 4.4, nous savons que lorsque la fonction f est suffisamment régulière, la solution du problème de minimisation $\bar{x} \in E$ vérifie $\nabla f(\bar{x}) = 0$, nous pouvons donc appliquer les algorithmes proposés au chapitre précédent à la fonction ∇f comme la méthode de Newton. Cependant, cela n'assure pas forcément que la solution numérique approche bien la solution recherchée $\bar{x} \in E$, puisqu'un maximum de la fonction f a également un gradient nul !

Proposons alors quelques méthodes numériques spécifiques pour la recherche d'un minimum d'une fonction $f : \mathbb{R}^m \mapsto \mathbb{R}$.

- *Méthodes de descente*

Soit $f \in \mathscr{C}^0(\mathbb{R}^m, \mathbb{R})$. Supposons qu'il existe $\bar{x} \in \mathbb{R}^m$ solution de (4.2) ou (4.3). Nous allons maintenant développer des méthodes itératives permettant d'approcher ce point $\bar{x} \in \mathbb{R}^m$. Pour cela, la première étape consiste à construire des algorithmes de descente où nous recherchons des directions permettant de rendre les valeurs de la fonction f de plus en plus petite à chaque itération.

Précisons d'abord ce que signifie la notion de direction de descente.

Définition 4.11

Soient $f \in \mathscr{C}^0(\mathbb{R}^m, \mathbb{R})$ et $x \in \mathbb{R}^m$.

- le vecteur $w \in \mathbb{R}^m \setminus \{0\}$ est une direction de descente en x s'il existe $\rho_0 > 0$ tel que $f(x + \rho w) \leqslant f(x)$, pour tout $\rho \in [0, \rho_0]$,
- le vecteur $w \in \mathbb{R}^m \setminus \{0\}$ est une direction de descente stricte en x s'il existe $\rho_0 > 0$ tel que $f(x + \rho w) < f(x)$, pour tout $\rho \in]0, \rho_0]$.

Ainsi, une méthode de descente pour la recherche de $\bar{x} \in \mathbb{R}^m$ solution de (4.2) ou (4.3) consiste à construire deux suites $(x^{(k)})_{k\in\mathbb{N}}$ et $(w^{(k)})_{k\in\mathbb{N}}$ telles que $w^{(k)}$ soit une direction de descente stricte en $x^{(k)}$ vérifiant $x^{(k+1)} = x^{(k)} + \rho_k w^{(k)}$, avec $\rho_k > 0$ bien choisi.

Pour mettre en place cette méthode nous avons donc besoin de fournir une indication pour bien choisir la direction de descente stricte $w^{(k)}$ au point $x^{(k)}$ et le scalaire $\rho_k > 0$. Pour cela, démontrons le résultat suivant.

Proposition 4.12 ***Caractérisation d'une direction de descente***

Soient $x \in \mathbb{R}^m$, $w \in \mathbb{R}^m \setminus \{0\}$ et $f \in \mathscr{C}^1(\mathbb{R}^m, \mathbb{R})$.

- Si le vecteur w est une direction de descente en x, alors $w^T \nabla f(x) \leqslant 0$.
- Si $\nabla f(x) \neq 0$, alors le vecteur $w = -\nabla f(x)$ est une direction de descente stricte en x.

DÉMONSTRATION. Pour x, $w \in \mathbb{R}^m$, définissons la fonction $\varphi : \mathbb{R} \mapsto \mathbb{R}$ par : $\varphi(\rho) = f(x + \rho\, w)$. Nous avons alors $\varphi \in \mathscr{C}^1(\mathbb{R}, \mathbb{R})$ et $\varphi'(\rho) = w^T \nabla f(x + \rho\, w)$.
D'une part, considérons $w \in \mathbb{R}^m \setminus \{0\}$ une direction de descente au point x, il existe alors $\rho_0 > 0$ tel que $f(x + \rho\, w) < f(w)$, pour tout $\rho \in]0, \rho_0]$ ou encore $\varphi(\rho) \leqslant \varphi(0)$, pour tout $\rho \in]0, \rho_0]$.
Ainsi, pour tout $\rho \in]0, \rho_0]$

$$\frac{\varphi(\rho) - \varphi(0)}{\rho - 0} \leqslant 0.$$

En passant à la limite lorsque $\rho \to 0$, nous en déduisons que $\varphi'(0) \leqslant 0$, ce qui signifie que $w^T \nabla f(x) \leqslant 0$, ce qui montre le premier résultat.
D'autre part, choisissons $w = -\nabla f(x) \neq 0$ et obtenons alors

$$\varphi'(0) = w^T \nabla f(x) = -\|\nabla f(x)\|^2 < 0.$$

Puisque φ' est continue, il existe $\rho_0 > 0$ tel que pour tout $\rho \in [0, \rho_0]$, $\varphi'(\rho) < 0$. Ainsi, pour tout $\rho \in]0, \rho_0]$, il vient

$$\begin{aligned} f(x + \rho\, w) - f(x) &= \varphi(\rho) - \varphi(0), \\ &= \int_0^\rho \varphi'(s)ds < 0, \end{aligned}$$

ce qui prouve que w est une direction de descente stricte en x. □

Nous en déduisons alors la première méthode du gradient à pas fixe.

• *Méthode du gradient à pas fixe*

Soit $f \in \mathscr{C}^1(\mathbb{R}^m, \mathbb{R})$, la méthode du gradient à pas fixe s'écrit : pour $\rho > 0$ et $\varepsilon > 0$ un petit paramètre fixé

Méthode du gradient à pas fixe

Pour $x_0 \in \mathbb{R}^m$ donné, poser $x^{(0)} = x_0$, $\varepsilon^{(0)} = 2\,\varepsilon$, et $k = 0$.
Tant que $\varepsilon^{(k)} \geqslant \varepsilon$
- calculer $w^{(k)} = -\nabla f(x^{(k)})$,
- poser $x^{(k+1)} = x^{(k)} + \rho\, w^{(k)}$ et calculer le résidu $\varepsilon^{(k+1)} = \|x^{(k+1)} - x^{(k)}\|$,
- itérer $k \leftarrow k + 1$.

Fin de tant que.

Cette méthode ne converge pas systématiquement, notamment parce que ∇f peut s'annuler ailleurs qu'en un extremum. Cependant, sous des hypothèses sur la fonction f et sur le paramètre $\rho > 0$, démontrons un résultat de convergence vers le minimum global.

Théorème 4.13 ***Convergence du gradient à pas fixe***

Soit $f \in \mathscr{C}^1(\mathbb{R}^m, \mathbb{R})$. Supposons que :

- il existe $\alpha > 0$ tel que $(x - y)^T\,(\nabla f(x) - \nabla f(y)) \geqslant \alpha\,\|x - y\|^2$, pour tout $x,\ y \in \mathbb{R}^m$,
- il existe $L > 0$ tel que $\|\nabla f(x) - \nabla f(y)\| \leqslant L\,\|x - y\|$, pour tout $x,\ y \in \mathbb{R}^m$.

Alors f est strictement convexe et le problème (4.2) admet une unique solution. En supposant en outre que $0 < \rho < 2\alpha/L$ alors la suite $(x^{(k)})_{k\in\mathbb{N}}$, construite par la méthode du gradient à pas fixe, converge vers l'unique solution du problème (4.2).

DÉMONSTRATION. Soit $\varphi : \mathbb{R} \mapsto \mathbb{R}$ définie par $\varphi(t) = f(x + t\,(y - x))$. Nous avons

$$f(y) - f(x) = \varphi(1) - \varphi(0) = \int_0^1 (y - x)^T\, \nabla f(x + t\,(y - x))\,dt.$$

Puis en retranchant $(y - x)^T\,\nabla f(x)$ et en utilisant la première hypothèse, il vient alors pour $x \neq y$

$$\begin{aligned} & f(y) - f(x) - (y - x)^T \nabla f(x) \\ & = \int_0^1 t\,(y - x)^T\, [\nabla f(x + t\,(y - x)) - \nabla f(x)]\, \frac{dt}{t}, \\ & \geqslant \alpha \int_0^1 t\, \|y - x\|^2 dt, \\ & = \frac{\alpha}{2} \|y - x\|^2 > 0, \end{aligned}$$

ce qui montre que f est strictement convexe. En outre, en prenant $x = 0$ dans l'inégalité précédente, il vient

$$f(y) \geqslant f(0) + y^T\,\nabla f(0) + \frac{\alpha}{2}\|y\|^2.$$

Puisque $|y^T \nabla f(0)| \leqslant \|\nabla f(0)\| \, \|y\|$, nous avons $y^T \nabla f(0) \geqslant -\|\nabla f(0)\| \, \|y\|$ et

$$f(y) \geqslant f(0) - \|\nabla f(0)\| \, \|y\| + \frac{\alpha}{2}\|y\|^2 \to +\infty,$$

lorsque $\|y\| \to +\infty$. Puisque la fonction f est également continue, par application du Théorème 4.10, il existe un unique minimum de f.

Posons ensuite $\Phi(x) = x - \rho\nabla f(x)$. La méthode du gradient à pas fixe est une méthode de point fixe pour Φ, défini par $x^{(k+1)} = x^{(k)} - \rho\nabla f(x^{(k)}) = \Phi(x^{(k)})$.

Nous vérifions facilement que Φ est strictement contractante lorsque $0 < \rho < \frac{2\alpha}{L}$ et donc par application du Théorème 3.4, la suite $(x^{(k)})_{k\in\mathbb{N}}$ converge donc vers l'unique point fixe de Φ. □

- *Méthode du gradient à pas optimal*

L'idée de l'algorithme du gradient à pas optimal est d'essayer de calculer à chaque itération le paramètre ρ_k qui minimise la fonction dans la direction de descente donnée par le gradient, c'est-à-dire que $x^{(k+1)} = x^{(k)} + \rho_k w^{(k)}$, où $w^{(k)}$ est une direction de descente en $x^{(k)}$ et $\rho_k \in \mathbb{R}^+$ vérifie

$$f(x^{(k)} + \rho_k \, w^{(k)}) = \min_{\rho\in\mathbb{R}^+} f(x^{(k)} + \rho \, w^{(k)}).$$

La méthode est alors donné, pour $\varepsilon > 0$ un petit paramètre, par

Méthode du gradient à pas optimal

Pour $x_0 \in \mathbb{R}^m$ donné, poser $x^{(0)} = x_0$, $\varepsilon^{(0)} = 2\varepsilon$ et $k = 0$.
Tant que $\varepsilon^{(k)} \geqslant \varepsilon$
- calculer $w^{(k)} = -\nabla f(x^{(k)})$,
- calculer $\rho_k \geqslant 0$ tel que
  $f(x^{(k)} + \rho_k w^{(k)}) \leqslant f(x^{(k)} + \rho \, w^{(k)}), \quad \forall \rho \geqslant 0$,
- poser $x^{(k+1)} = x^{(k)} + \rho_k w^{(k)}$ et calculer le résidu
  $\varepsilon^{(k+1)} = \|x^{(k+1)} - x^{(k)}\|$,
- itérer $k \leftarrow k+1$.

Fin de tant que.

Nous obtenons un résultat analogue à celui du Théorème 4.13. Cependant, il n'est pas toujours évident de calculer le pas optimal $\rho_k \in \mathbb{R}^+$ qui est solution d'un problème de minimisation en dimension un. Dans la suite, nous étudions un cas particulier important où la fonction f est une fonctionnelle quadratique qui présente un intérêt spécifique pour la résolution de systèmes linéaires et pour lequel le pas optimal peut être calculé à chaque étape.

4.2.4 Cas d'une fonctionnelle quadratique : la méthode du gradient conjugué

La méthode du gradient conjugué consiste à minimiser la fonctionnelle quadratique $f(x)$ de la forme

$$f(x) = \frac{1}{2} x^T A \, x - b^T x,$$

où $A \in \mathcal{M}_{m,m}(\mathbb{R})$ est une matrice symétrique définie positive et $b \in \mathbb{R}^m$. Nous avons déjà démontré que ce problème de minimisation admet une solution unique qui est également l'unique solution de $\nabla f(\bar{x}) = A\,\bar{x} - b = 0$.

Avant de décrire la méthode du gradient conjugué, introduisons la définition de *vecteurs conjugués*.

Définition 4.14

Soit $A \in \mathcal{M}_{m,m}(\mathbb{R})$ une matrice symétrique définie positive. Nous disons que deux vecteurs non nuls v et w de $\mathbb{R}^m$ sont A-conjugués lorsque $w^T A v = v^T A w = 0$. De plus, la famille $\{w^{(1)}, \ldots, w^{(p)}\}$ de $\mathbb{R}^m$, composée de vecteurs non nuls, est dite A-conjuguée si $(w^{(i)})^T\, A\, w^{(j)} = 0$ pour tout couple $(i, j) \in \{1, \ldots, p\}^2$ tel que $i \neq j$.

Nous avons alors le résultat suivant qui découle du fait que la matrice A définit un produit scalaire.

Proposition 4.15

Soient $A \in \mathcal{M}_{m,m}(\mathbb{R})$ une matrice symétrique définie positive et $\{w^{(1)}, \ldots, w^{(p)}\}$ une famille de $\mathbb{R}^m$.

- Si la famille $\{w^{(1)}, \ldots, w^{(p)}\}$ est A-conjuguée alors elle forme une famille libre.
- Dans le cas où $p = m$ si la famille $\{w^{(1)}, \ldots, w^{(m)}\}$ est A-conjuguée alors elle forme une base de $\mathbb{R}^m$.

DÉMONSTRATION. La deuxième partie de la Proposition est immédiate dès que la première partie est démontrée. Détaillons donc seulement la première partie. Supposons que $\{w^{(1)}, \ldots, w^{(p)}\}$ soit une famille A-conjuguée, c'est-à-dire que pour tout $i \neq j$, le vecteur $w^{(i)}$ est non nul et vérifie $(w^{(i)})^T\, A\, w^{(j)} = 0$.
Considérons $(\alpha_k)_{1 \leqslant k \leqslant p} \subset \mathbb{R}$ tels que

$$\sum_{k=1}^{p} \alpha_k\, w^{(k)} = 0.$$

Soit $i_0 \in \{1, \ldots, p\}$. Multiplions cette dernière égalité par $(w^{(i_0)})^T\, A$, il vient

$$\sum_{k=1}^{p} \alpha_k\, (w^{(k)})^T\, A\, w^{(i_0)} = 0$$

et puisque la famille est A-conjuguée, nous en déduisons que $\alpha_{i_0}\, w^{(i_0)T}\, A\, w^{(i_0)} = 0$. Or, $w^{(i_0)T}\, A\, w^{(i_0)} > 0$ car $w^{(i_0)}$ est non nul et A est définie positive, ce qui signifie que $\alpha_{i_0} = 0$ pour tout $i_0 \in \{1, \ldots, p\}$. La famille $(w^{(1)}, \ldots, w^{(p)})$ est donc libre. □

Exploitons ce résultat pour mettre au point un algorithme numérique calculant la solution de $A\,\overline{x} = b$. En effet, dès que nous disposons de m vecteurs A-conjugués, le vecteur $\overline{x} \in \mathbb{R}^m$ s'écrit dans cette base

$$\overline{x} = \sum_{j=1}^{m} \overline{\beta}_j \, w^{(j)}.$$

Puis en multipliant par $(w^{(i)})^T A$, nous obtenons alors l'expression du coefficient β_i pour $i \in \{1, \ldots, m\}$

$$\overline{\beta}_i = \frac{b^T \, w^{(i)}}{(w^{(i)})^T \, A \, w^{(i)}}.$$

Nous avons donc une méthode de résolution du système linéaire nécessitant seulement m étapes. La principale difficulté est de construire une famille de m vecteurs A-conjugués. Nous pouvons facilement vérifier que l'ensemble des vecteurs propres de la matrice A constitue une famille A-conjuguée. Cependant, cette méthode se révèle en définitive trop onéreuse.

Mettons au point une méthode plus simple : la méthode du gradient conjugué. Elle consiste à construire une suite $(w^{(k)})_k$ de directions A-conjuguées et une suite de solutions approchées $(x^{(k)})_k$ basées sur la méthode du gradient à pas optimal.

Pour $x^{(0)} \in \mathbb{R}^m$, construisons d'abord une direction de descente en $x^{(0)}$ en utilisant la Proposition 4.12, ce qui donne $w^{(0)} = -\nabla f(x^{(0)})$. Notons bien que si $\nabla f(x^{(0)}) = 0$, l'algorithme est terminé puisque $x^{(0)} = \bar{x}$. Nous avons alors pour $k \in \mathbb{N}$

$$x^{(k+1)} = x^{(k)} + \rho_k \, w^{(k)}, \tag{4.6}$$

où d'une part $w^{(k)}$ est une direction de descente en $x^{(k)}$ et $\rho_k \in \mathbb{R}^+$ est donné par la méthode du gradient à pas optimal, c'est-à-dire que $f\left(x^{(k)} + \rho_k w^{(k)}\right) \leqslant f(x^{(k)} + \rho w^{(k)})$, pour tout $\rho \in \mathbb{R}^+$.

Ce problème de minimisation admet bien une seule solution à $x^{(k)}$, $w^{(k)} \in \mathbb{R}^m$ fixés. En effet, considérons la fonction $\varphi : \mathbb{R}^+ \mapsto \mathbb{R}$ donnée par $\varphi(\rho) := f(x^{(k)} + \rho w^{(k)})$, continue, strictement convexe et telle que $\varphi(\rho) \to +\infty$ lorsque $\rho \to +\infty$. Ainsi, en appliquant le Théorème 4.10, φ admet un unique minimum $\rho_k \in \mathbb{R}^+$ et puisque φ est dérivable, il vient $\varphi'(\rho_k) = 0$, c'est-à-dire $(w^{(k)})^T \, \nabla f(x^{(k)} + \rho_k \, w^{(k)}) = 0$, ou encore en utilisant que $\nabla f(x) = A\,x - b$,

$$\rho_k = -\frac{(w^{(k)})^T \, \left(A\,x^{(k)} - b\right)}{(w^{(k)})^T \, A \, w^{(k)}}. \tag{4.7}$$

Choisissons ensuite une direction de descente en $x^{(k+1)}$ de sorte que la famille $(w^{(i)})_{0 \leqslant i \leqslant k+1}$ soit A-conjuguée. Pour cela, en nous inspirant de la Proposition 4.12 et en assurant que $w^{(k+1)}$ et $w^{(k)}$ sont A-conjugués, nous posons

$$w^{(k+1)} = -\nabla f(x^{(k+1)}) + \alpha_k \, w^{(k)}, \tag{4.8}$$

où $\alpha_k \in \mathbb{R}$ est calculée de sorte que les vecteurs $w^{(k+1)}$ et $w^{(k)}$ soient A-conjugués

$$\alpha_k = \frac{\nabla f(x^{(k+1)})^T A\, w^{(k)}}{(w^{(k)})^T A\, w^{(k)}}. \tag{4.9}$$

À première vue cette condition, reliant $w^{(k+1)}$ à $x^{(k)}$ et $w^{(k)}$, permet simplement de construire une direction de descente en $x^{(k)}$ qui est A-conjuguée à la direction $w^{(k)}$. Pourtant, elle suffit à assurer que toute la famille $(w^{(i)})_{0\leqslant i\leqslant k+1}$ est A-conjuguée.

Proposition 4.16

Supposons que pour tout $k \in \{0, \dots, m-1\}$, le vecteur $\nabla f(x^{(k)}) \neq 0$. Alors la famille $(w^{(i)})_{0\leqslant i\leqslant m-1}$ construite par (4.6)-(4.9) est A-conjuguée et de plus vérifie

$$\left(\nabla f(x^{(l)})\right)^T \nabla f(x^{(k)}) = 0, \quad \forall k \neq l, \tag{4.10}$$

$$\left(w^{(l)}\right)^T \nabla f(x^{(k)}) = 0, \quad \forall k \neq l. \tag{4.11}$$

DÉMONSTRATION. Procédons par récurrence. D'abord, nous avons

$$w^{(0)} = -\nabla f(x^{(0)}) = -A\, x^{(0)} + b$$

et puisque $\nabla f(x^{(0)}) \neq 0$, nous obtenons

$$\nabla f(x^{(1)}) = -A\, x^{(1)} + b = -\nabla f(x^{(0)}) - \rho_0\, A\, w^{(0)}$$

et par définition de $\rho_0 \in \mathbb{R}^+$, vérifions que

$$\left(w^{(0)}\right)^T \nabla f(x^{(1)}) = -\left(\nabla f(x^{(0)})\right)^T \nabla f(x^{(1)}) = 0.$$

Puis, par construction du coefficient $\alpha_0 \in \mathbb{R}$, les directions $w^{(1)}$ et $w^{(0)}$ sont A-conjuguées.

À l'itération k, supposons que nous avons construit les deux familles $\{x^{(0)}, \dots, x^{(k)}\}$ et $\{w^{(0)}, \dots, w^{(k)}\}$ vérifiant

$$\begin{cases} \left(\nabla f(x^{(k)})\right)^T \nabla f(x^{(l)}) = 0, & \text{pour } 0 \leqslant l < k, \\ \left(\nabla f(x^{(k)})\right)^T w^{(l)} = 0, & \text{pour } 0 \leqslant l < k, \\ \left(w^{(k)}\right)^T A\, w^{(l)} = 0, & \text{pour } 0 \leqslant l < k. \end{cases} \tag{4.12}$$

Montrons que ces égalités restent vraies à l'étape suivante. D'une part, par construction de $\rho_k \in \mathbb{R}^+$, nous savons que $\left(\nabla f(x^{(k+1)})\right)^T w^{(k)} = 0$ et par définition de $x^{(k+1)}$, il vient également pour $0 \leqslant l \leqslant k-1$,

$$\left(\nabla f(x^{(k+1)})\right)^T w^{(l)} = \nabla f\left(x^{(k)} + \rho_k\, A\, w^{(k)}\right)^T w^{(l)}$$

et donc par hypothèse de récurrence, nous obtenons le résultat

$$\left(\nabla f(x^{(k+1)})\right)^T w^{(l)} = 0, \quad 0 \leqslant l \leqslant k-1.$$

D'autre part, en utilisant (4.6) et l'hypothèse de récurrence, nous avons

$$\left(\nabla f(x^{(k+1)})\right)^T \nabla f(x^{(0)}) = \left(\nabla f(x^{(k)}) + \rho_k A\, w^{(k)}\right)^T w^{(0)} = 0.$$

Puis à l'aide de (4.8) pour $1 \leqslant l \leqslant k$,

$$\left(\nabla f(x^{(k+1)})\right)^T \nabla f(x^{(l)}) = \left(\nabla f(x^{(k+1)})\right)^T \left(\alpha_{l-1}\, w^{(l-1)} - w^{(l)}\right) = 0.$$

Il reste à démontrer que $w^{(k+1)}$ est A-conjugué à $\{w^{(0)}, \ldots, w^{(k)}\}$. Par construction de $\alpha_k \in \mathbb{R}$, $(w^{(k+1)})^T A\, w^{(k)} = 0$. Puis pour $0 \leqslant l \leqslant k-1$, supposons que $\nabla f(x^{(l)}) \neq 0$, ce qui signifie que ρ_l est strictement positif, nous obtenons alors

$$(w^{(k+1)})^T A\, w^{(l)} = \frac{1}{\rho_l}(w^{(k+1)})^T \left(\nabla f(x^{(l+1)}) - \nabla f(x^{(l)})\right) = 0,$$

ce qui prouve la troisième égalité de (4.12) à l'étape $k+1$, c'est-à-dire que la famille $\{w^{(0)}, \ldots, w^{(k+1)}\}$ est A-conjuguée. □

Proposons alors un algorithme pour une matrice $A \in \mathcal{M}_{m,m}(\mathbb{R})$ symétrique définie positive et $b \in \mathbb{R}^m$. Posons $f(x) = \frac{1}{2}\, x^T A\, x - b^T x$.

Méthode du gradient conjugué

Pour $x_0 \in \mathbb{R}^m$, poser $x^{(0)} = x_0$ et $w^{(-1)} = 0 \in \mathbb{R}^m$.
Pour $k \geqslant 0$ construire

$$r^{(k)} = -\nabla f(x^{(k)}) = b - A\,x^{(k)}\ :$$

- si $r^{(k)} = 0$ alors $A\,x^{(k)} = b$ et $x^{(k)} = \overline{x}$ auquel cas l'algorithme s'arrête ;
- si $r^{(k)} \neq 0$, alors poser $w^{(k)} = r^{(k)} + \alpha_{k-1}\, w^{(k-1)}$, avec α_{k-1} tel que $\langle w^{(k)}, A\, w^{(k-1)}\rangle = 0$.

Puis, construire $x^{(k+1)} = x^{(k)} + \rho_k\, w^{(k)}$
et choisir ρ_k tel que

$$\langle \nabla f(x^{(k+1)}), w^{(k)}\rangle = 0,$$

c'est-à-dire

$$\rho_k = \frac{\langle r^{(k)}, w^{(k)}\rangle}{w^{(k)T} A w^{(k)}}.$$

Théorème 4.17

Soient $A \in \mathcal{M}_{m,m}(\mathbb{R})$ symétrique définie positive et $b \in \mathbb{R}^m$. Posons

$$f(x) = \frac{1}{2}x^T A\, x - b^T x.$$

Alors l'algorithme du gradient conjugué définit une suite $(x^{(k)})_{0 \leqslant k \leqslant p}$ avec $p \leqslant n$ telle que $x^{(p)} = \bar{x}$ avec $A\,\bar{x} = b$.

DÉMONSTRATION. La méthode du gradient conjugué consiste à écrire la solution dans une base formée par les vecteurs $(w^{(k)})_{0 \leqslant k \leqslant m-1}$ et donc la méthode converge en au plus m itérations. En effet, en utilisant le résultat de la Proposition 4.16, lorsque $r^{(k)}$ est non nul pour $k = 0, \dots, m-1$, la famille $\{w^{(0)}, \dots, w^{(m-1)}\}$ est A-conjuguée, elle forme donc une base de $\mathbb{R}^m$ et pour tout $0 \leqslant k \leqslant m-1$, la direction $w^{(k)}$ est orthogonale à $\nabla f(x^{(m)}) = A\,x^{(m)} - b$. Nous en déduisons que $r^{(m)}$ est forcément nul et donc $x^{(m)} = \bar{x}$. Il ne peut donc pas y avoir plus de m itérations. □

4.3 OPTIMISATION SOUS CONTRAINTES

Dans cette partie, nous étudions la résolution d'un problème d'optimisation sous contraintes. En fait, la plupart du temps nous cherchons à minimiser une quantité, comme le coût, tout en imposant des contraintes sur les données du problème (satisfaire la demande).

Commençons par proposer une formulation mathématique du problème d'optimisation sous contraintes. Pour un $\mathbb{R}$-espace vectoriel E, nous proposons de minimiser une fonction $f \in \mathscr{C}^0(E, \mathbb{R})$ et notons par K un sous-ensemble de E. Nous résolvons maintenant un problème de minimisation avec contraintes ou « sous contraintes » puisque nous recherchons un point $\bar{x} \in K$ qui minimise la fonction f sur le sous-ensemble $K \subset E$. Il reste à définir rigoureusement ce qu'est l'ensemble des contraintes.

Introduisons pour cela n fonctions continues, $g_i \in \mathscr{C}^0(E, \mathbb{R})$ pour tout $1 \leqslant i \leqslant n$ et posons $g = (g_1, \dots, g_n)$ de sorte que $g \in \mathscr{C}^0(E, \mathbb{R}^n)$. Examinons deux situations de contraintes.

D'une part, définissons des contraintes d'égalités lorsque l'ensemble K est donné par

$$K = \{x \in E, \quad g(x) = 0\}.$$

Le problème de minimisation sous contraintes d'égalités s'écrit alors

$$\begin{cases} \bar{x} \in E, \quad \text{avec} \quad g(\bar{x}) = 0, \\ \\ f(\bar{x}) = \min\limits_{\substack{x \in E \\ g(x)=0}} f(x). \end{cases} \tag{4.13}$$

D'autre part, nous pouvons aussi imposer des contraintes d'inégalités

$$K = \{x \in E, \quad g(x) \leqslant 0\},$$

où $g(x) \leqslant 0$ signifie que pour tout $i \in \{1, \dots, n\}$, nous avons $g_i(x) \leqslant 0$, le problème de minimisation sous contraintes d'inégalités s'écrit alors

$$\begin{cases} \bar{x} \in E, \quad \text{avec} \quad g(\bar{x}) \leqslant 0, \\ \\ f(\bar{x}) = \inf\limits_{\substack{x \in E \\ g(x) \leqslant 0}} f(x). \end{cases} \tag{4.14}$$

Par la suite, nous étudions les deux situations de contraintes d'égalités et d'inégalités.

Exemple

D'une part, lorsque l'ensemble des contraintes $K \subset \mathbb{R}^m$ est linéaire, les fonctions g_i sont des fonctions affines, c'est-à-dire qu'il existe $a_i \in \mathbb{R}^m$ et $b_i \in \mathbb{R}$ pour tout $1 \leqslant i \leqslant n$ tels que $g_i(x) = a_i^T x + b_i$. Si de plus f est aussi linéaire, c'est-à-dire qu'il existe $c \in \mathbb{R}^m$ tel que $f(x) = c^T x$, alors le problème de minimisation est simplement un problème de programmation linéaire.

D'autre part, lorsque l'ensemble des contraintes K est linéaire et f est une fonctionnelle quadratique, c'est-à-dire que f est de la forme

$$f(x) = \frac{1}{2} x^T A x - b^T x,$$

alors nous résolvons un problème de programmation quadratique.

4.3.1 Existence et unicité du problème sous contraintes

Théorème 4.18 ***Existence d'un minimum en dimension finie***

Soient E un espace vectoriel normé de dimension finie et $f \in \mathscr{C}^0(E, \mathbb{R})$

- si K est un sous-ensemble fermé borné de E, alors il existe $\bar{x} \in K$ une solution du problème de minimisation sous contraintes d'égalités (4.13) ou d'inégalités (4.14),
- si K est un sous-ensemble fermé de E, et si $f(x)$ tend vers l'infini lorsque $\|x\|$ tend vers l'infini, alors il existe $\bar{x} \in K$ solution du problème de minimisation sous contraintes d'égalités (4.13) ou d'inégalités (4.14).

DÉMONSTRATION. Si K est un sous-ensemble fermé borné de E, comme f est continue, elle atteint ses bornes sur K, d'où l'existence de $\bar{x}$.
Si f tend vers l'infini lorsque $\|x\|$ tend vers l'infini, alors il existe $R > 0$ tel que si $\|x\| > R$ alors $f(x) > f(0)$, donc

$$\inf_{x \in K} f(x) = \inf_{x \in K \cap \overline{\mathcal{B}}(0,R)} f(x),$$

où $\overline{\mathcal{B}}(0, R)$ désigne la boule fermée de centre 0 et de rayon R. L'ensemble $K \cap \overline{\mathcal{B}}(0, R)$ est compact, comme l'intersection d'un ensemble fermé et d'un ensemble compact. D'où, d'après ce qui précède, il existe $\bar{x} \in K$ vérifiant (4.13) ou (4.14). □

Lorsque E est un espace de Hilbert de dimension infinie, nous avons aussi le résultat suivant [2].

Théorème 4.19 ***Existence d'un minimum en dimension infinie***

Soient E un espace de Hilbert éventuellement de dimension infinie, K un sous-ensemble convexe, fermé, non vide de E et f une fonction convexe continue et telle que

$$\lim_{\|x\|\to\infty} f(x) = +\infty.$$

Alors il existe $\bar{x} \in K$ solution du problème de minimisation sous contraintes d'égalités (4.13) ou d'inégalités (4.14).

Pour obtenir l'unicité il faut comme dans la cas de l'optimisation sans contrainte ajouter l'hypothèse de stricte convexité.

Théorème 4.20 ***Unicité de la solution***

Soient E un $\mathbb{R}$-espace vectoriel et $f \in \mathscr{C}^0(E, \mathbb{R})$. Supposons que f est strictement convexe et que K est convexe. Alors il existe au plus un élément $\bar{x} \in K$ solution du problème de minimisation sous contraintes d'égalités (4.13) ou d'inégalités (4.14).

4.3.2 Conditions d'optimalité

Notons d'abord que nous avons un résultat analogue à celui de l'optimisation sans contrainte (Proposition 4.4).

Proposition 4.21 ***Condition simple d'optimalité***

Soient E un espace de Hilbert, $f \in \mathscr{C}^0(E, \mathbb{R})$ et $\bar{x} \in K$ une solution de (4.13) ou de (4.14). Supposons que f est différentiable en $\bar{x}$.

- Si $\bar{x}$ appartient à l'intérieur de K alors $\nabla f(\bar{x}) = 0$.
- Si K est convexe, alors $\nabla f(\bar{x})(x - \bar{x}) \geqslant 0$ pour tout $x \in K$.

DÉMONSTRATION. Supposons d'abord que $\bar{x}$ appartient à l'intérieur de K, alors il existe $r > 0$ tel que $\mathcal{B}(\bar{x}, r) \subset K$ et $f(\bar{x}) \leqslant f(x)$ pour tout $x \in \mathcal{B}(\bar{x}, r)$. Alors nous avons déjà vu que ceci implique $\nabla f(\bar{x}) = 0$.

Supposons maintenant $x \in K$. Comme $\bar{x}$ réalise le minimum de f sur K, nous avons :

$$f(\bar{x} + t(x - \bar{x})) = f(tx + (1-t)\bar{x}) \geqslant f(\bar{x}),$$

pour tout $t \in]0, 1]$, par convexité de K. Nous en déduisons que

$$\frac{f(\bar{x} + t(x - \bar{x})) - f(\bar{x})}{t} \geqslant 0,$$

pour tout $t \in]0, 1]$. En passant à la limite lorsque t tend vers 0 dans cette dernière inégalité, nous obtenons alors $\nabla f(\bar{x})(x - \bar{x}) \geqslant 0$. □

• *Contraintes d'égalités*

Par la suite, supposons que $E = \mathbb{R}^m$, $f \in \mathscr{C}^0(\mathbb{R}^m, \mathbb{R})$ et pour tout $i \in \{1, \ldots, n\}$, considérons $g_i \in \mathscr{C}^1(\mathbb{R}^m, \mathbb{R})$. Ainsi, le domaine K est défini par

$$K = \{x \in \mathbb{R}^m, \quad g(x) = 0\},$$

avec $g = (g_1, \ldots, g_n)^T \in \mathscr{C}^1(\mathbb{R}^m, \mathbb{R}^n)$ et $n \leqslant m$.

Comme nous l'avons déjà fait pour le problème de programmation linéaire, nous introduisons le lagrangien $\mathcal{L} : \mathbb{R}^m \times \mathbb{R}^n \mapsto \mathbb{R}$ tel que $\mathcal{L}(x, q) = f(x) + q^T g(x)$, où nous avons ajouté les contraintes à la fonction f que nous cherchons à minimiser. Définissons alors un point selle pour le lagrangien $\mathcal{L}(x, q)$.

Définition 4.22

Soit $\mathcal{L} : \mathbb{R}^m \times \mathbb{R}^n \mapsto \mathbb{R}$ une fonction continue. Nous disons que le point $(\bar{x}, \bar{q}) \in \mathbb{R}^m \times \mathbb{R}^n$ est un point selle de $\mathcal{L}$ s'il vérifie

$$\begin{cases} \mathcal{L}(\bar{x}, q) \leqslant \mathcal{L}(\bar{x}, \bar{q}), \ \forall q \in \mathbb{R}^n, \\ \mathcal{L}(x, \bar{q}) \geqslant \mathcal{L}(\bar{x}, \bar{q}), \ \forall x \in \mathbb{R}^m. \end{cases}$$

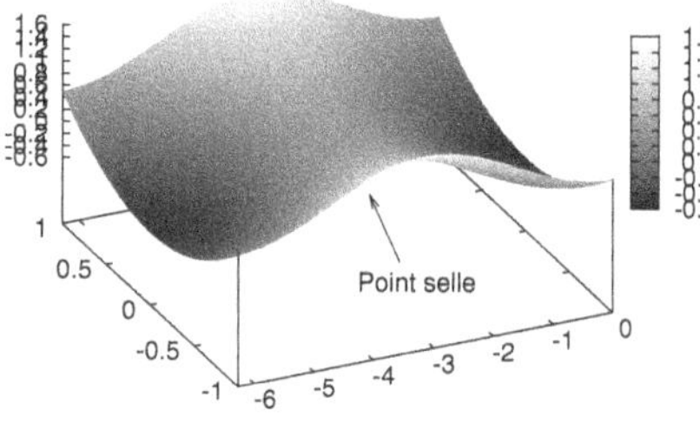

Figure 4.2
Exemple de point selle

Nous allons voir par la suite que le lagrangien permet de reformuler le problème d'optimisation avec contraintes. C'est le théorème des multiplicateurs de Lagrange.

Démontrons le résultat suivant qui donne une condition nécessaire d'optimalité.

Théorème 4.23 ***Multiplicateurs de Lagrange***

Soient $f \in \mathscr{C}^0(\mathbb{R}^m, \mathbb{R})$ et $\bar{x} \in K$ une solution du problème de minimisation sous contraintes d'égalités (4.13). Supposons que f est différentiable en $\bar{x}$ et que le rang de $\nabla g(\bar{x})$ est égal à $n \leqslant m$. Alors il existe $\bar{q} = (\bar{q}_1, \ldots, \bar{q}_n)^T \in \mathbb{R}^n$ tel que

$$\nabla_x \mathcal{L}(\bar{x}, \bar{q}) = \nabla f(\bar{x}) + \sum_{i=1}^{n} \bar{q}_i \nabla g_i(\bar{x}) = 0,$$

où le vecteur $\bar{q} \in \mathbb{R}^n$ est appelé le multiplicateur de Lagrange.

Proposons d'abord une démonstration de ce théorème fondamental en optimisation lorsque les contraintes sont linéaires. Puis, présentons la démonstration dans le cas général à la lumière du cas précédent.

Cas de contraintes d'égalités linéaires Considérons la cas particulier de contraintes d'égalités linéaires, c'est-à-dire

$$K = \{x \in \mathbb{R}^m, \quad A\,x = b\},$$

où $A \in \mathscr{M}_{n,m}(\mathbb{R})$ avec $0 \leqslant n < m$, $b \in \mathbb{R}^n$ et le problème

$$\begin{cases} \bar{x} \in K, \\ f(\bar{x}) = \min\limits_{x \in K} f(x). \end{cases} \tag{4.15}$$

Dans ce cas le théorème des multiplicateurs de Lagrange dit que lorsque $\text{rang}(A) = n$, alors il existe $\bar{q} \in \mathbb{R}^n$ tel que

$$\nabla_x \mathcal{L}(\bar{x}, \bar{q}) = \nabla f(\bar{x}) + A^T\,\bar{q} = 0.$$

Nous voulons nous ramener à l'étude plus simple d'un problème de minimisation sans contrainte. Pour cela, nous allons exprimer différemment l'espace des contraintes K et recherchons pour cela n colonnes de la matrice A qui soient linéairement indépendantes. Notons par $B \in \mathscr{M}_{n,n}(\mathbb{R})$ la matrice carrée formée de ces n colonnes, $P \in \mathscr{M}_{m,m}(\mathbb{R})$ une matrice de permutation ($P^T\,P = I_m$) et $N \in \mathscr{M}_{n,m-n}(\mathbb{R})$ telles que $A\,P = \big(B \mid N\big)$. Nous pouvons partitionner n'importe quel vecteur $x \in K$ en

$$P^T\,x = \begin{pmatrix} x_B \\ x_N \end{pmatrix}.$$

Les contraintes s'écrivent alors $x_B = B^{-1}\,(b - N\,x_N)$, ce qui signifie que x_B ne dépend que de x_N et des données. Considérons alors la fonction $g : \mathbb{R}^{m-n} \mapsto \mathbb{R}$ donnée par

$$g(x_N) = f\left(P\begin{pmatrix} B^{-1}(b - N\,x_N) \\ x_N \end{pmatrix}\right)$$

et le problème de minimisation (4.15) s'écrit alors

$$g(\bar{x}_N) = \min_{\bar{x}_N \in \mathbb{R}^{m-n}} g(x_N),$$

avec

$$P^T\,\bar{x} = \begin{pmatrix} B^{-1}(b - N\,\bar{x}_N) \\ \bar{x}_N \end{pmatrix}.$$

Puisque g est différentiable, elle vérifie $\nabla_{x_N} g(\bar{x}_N) = 0$ ou encore

$$\begin{pmatrix} -B^{-1}\,N \\ I_{n-m} \end{pmatrix}^T P^T\,\nabla f(\bar{x}) = 0.$$

Posons alors pour simplifier les notations

$$P^T \nabla f = \begin{pmatrix} \nabla_B f \\ \nabla_N f \end{pmatrix}.$$

En posant ensuite $\bar{q} = -(B^{-1})^T \nabla_B f(\bar{x})$, nous obtenons d'une part

$$\nabla_B f(\bar{x}) + B^T \bar{q} = 0$$

et d'autre part $\nabla_N f(\bar{x}) + N^T \bar{q} = 0$, ce qui montre le résultat en réunissant ces deux dernières égalités

$$P^T \nabla f(\bar{x}) + \begin{pmatrix} B^T \\ N^T \end{pmatrix} \bar{q} = 0$$

et puisque $P^T P = I_m$ et $A P = (B \,|\, N)$, il vient simplement $\nabla f(\bar{x}) + A^T \bar{q} = 0$, ce qui achève la démonstration dans le cas de contraintes linéaires. □

CAS GÉNÉRAL Présentons maintenant la démonstration dans le cas général. Nous allons voir qu'en appliquant le théorème des fonctions implicites (Théorème 3.19), la démonstration devient très proche de celle pour des contraintes linéaires.

Tout d'abord, puisque g est différentiable, il vient alors pour tout $x \in \mathbb{R}^m$, $\nabla g(\bar{x}) \in \mathscr{M}_{n,m}(\mathbb{R})$. Ensuite, puisque $\nabla g(\bar{x})$ est de rang n, il existe un sous-espace vectoriel B de $\mathbb{R}^m$ de dimension n, tel que $\nabla g(\bar{x})$ soit bijective de B dans $\mathbb{R}^n$. Construisons alors un sous-espace vectoriel N de $\mathbb{R}^n$, tel que $\mathbb{R}^m = B \oplus N$. Puis, pour $x_B \in B$ et $x_N \in N$, définissons les fonctions $\hat{g}$ et $\hat{f}$ à partir des fonctions g et f comme

$$\hat{g}(x_B, x_N) = g(x_B + x_N) \quad \text{et} \quad \hat{f}(x_B, x_N) = f(x_B + x_N).$$

Notons ensuite $\hat{K}$ l'ensemble donné par

$$\hat{K} = \{(x_B, x_N) \in B \times N, \quad \hat{g}(x_B, x_N) = 0\}$$

et le problème de minimisation sous contraintes (4.13) s'écrit alors

$$\begin{cases} (\bar{x}_B, \bar{x}_N) \in \hat{K}, \\ \hat{f}(\bar{x}_B, \bar{x}_N) = \displaystyle\min_{(x_B, x_N) \in \hat{K}} \hat{f}(x_B, x_N). \end{cases} \tag{4.16}$$

D'une part, $\nabla_{x_B} \hat{g}(x_B, x_N)$ est un isomorphisme de B dans $\mathbb{R}^n$ et $\hat{g}(\bar{x}_B, \bar{x}_N) = 0$, nous pouvons appliquer le théorème des fonctions implicites (Théorème 3.19) à la fonction $\hat{g}$. Il existe donc $\varepsilon > 0$ et $\nu > 0$ tels que pour tout $x_N \in \mathcal{B}_N(\bar{x}_N, \varepsilon)$ il existe un unique $x_B \in \mathcal{B}_B(\bar{x}_B, \nu)$ tel que $\hat{g}(x_B, x_N) = 0$. Nous pouvons alors définir une fonction $\phi \in \mathscr{C}^1(\mathcal{B}_N(\bar{x}_N, \varepsilon), \mathcal{B}_B(\bar{x}_B, \nu))$ telle que $x_B = \phi(x_N)$ pour tout $x_N \in \mathcal{B}_N(\bar{x}_N, \varepsilon)$, la boule du sous-espace $N \subset \mathbb{R}^m$ de centre $\bar{x}_N$ et de rayon $\varepsilon > 0$. En

définitive, nous avons simplement exprimé la variable x_B en fonction de la variable x_N comme dans le cas de contraintes linéaires.
Nous déduisons alors de (4.16) un nouveau problème de minimisation sans contrainte

$$\hat{f}(\phi(\bar{x}_N), \bar{x}_N) = \min_{x_N \in \mathcal{B}(\bar{x}_N, \nu)} \hat{f}(\phi(x_N), x_N).$$

Nous avons alors d'après la Proposition 4.4 en posant $\bar{x}_B = \phi(\bar{x}_N)$ et

$$\nabla_{x_N} \hat{f}(\bar{x}_B, \bar{x}_N) + \nabla\phi(\bar{x}_N)^T \nabla_{x_B} \hat{f}(\bar{x}_B, \bar{x}_N) = 0.$$

D'après le théorème des fonctions implicites, nous exprimons $\nabla\phi$

$$\nabla\phi(\bar{x}_N) = -\left[\nabla_{x_B}\hat{g}(\bar{x}_B, \bar{x}_N)\right]^{-1} \nabla_{x_N}\hat{g}(\bar{x}_B, \bar{x}_N).$$

Nous en déduisons que

$$\nabla_{x_N} \hat{f}(\bar{x}_B, \bar{x}_N) - \nabla_{x_B} \hat{f}(\bar{x}_B, \bar{x}_N)^T \left[\nabla_{x_B}\hat{g}(\bar{x}_B, \bar{x}_N)\right]^{-1} \nabla_{x_N}\hat{g}(\bar{x}_B, \bar{x}_N) = 0. \quad (4.17)$$

En outre puisque $\nabla_{x_B}\hat{g}(\bar{x}_B, \bar{x}_N)$ est inversible, nous avons simplement

$$\nabla_{x_B} \hat{f}(\bar{x}_B, \bar{x}_N) - \nabla_{x_B} \hat{f}(\bar{x}_B, \bar{x}_N) \left[\nabla_{x_B}\hat{g}(\bar{x}_B, \bar{x}_N)\right]^{-1} \nabla_{x_B}\hat{g}(\bar{x}_B, \bar{x}_N) = 0. \quad (4.18)$$

En notant alors $\Lambda = \nabla_{x_B} \hat{f}(\bar{x}_B, \bar{x}_N) \left[\nabla_{x_B}\hat{g}(\bar{x}_B, \bar{x}_N)\right]^{-1}$ et puisque pour tout $h \in \mathbb{R}^m$, nous avons $h = h_B + h_N$ et

$$h^T \nabla f(\bar{x}) = h_B^T \nabla_{x_B} \hat{f}(\bar{x}_B, \bar{x}_N) + h_N^T \nabla_{x_N} \hat{f}(\bar{x}_B, \bar{x}_N),$$

nous obtenons finalement, en regroupant (4.17) et (4.18), que

$$\nabla_x \mathcal{L}(\bar{x}, \bar{q}) = \nabla \hat{f}(\bar{x}) - \bar{q}\,\nabla g(\bar{x}) = 0,$$

avec $\bar{q} = \Lambda$, ce qui achève la démonstration. □

Nous avons alors le résultat suivant qui fait le lien entre une solution du problème de minimisation sous contraintes d'égalités (4.13) ou d'inégalités (4.14) et un point selle de $\mathcal{L}(x, q)$:

Proposition 4.24

Supposons que $f \in \mathscr{C}^1(\mathbb{R}^m, \mathbb{R})$ et $g \in \mathscr{C}^1(\mathbb{R}^m, \mathbb{R}^n)$ et $(\bar{x}, \bar{q}) \in K \times \mathbb{R}^n$ un point selle de $\mathcal{L}(x, q)$. Alors $\bar{x}$ est solution du problème de minimisation sous contraintes d'égalités (4.13) ou d'inégalités (4.14) et de plus $\nabla_x \mathcal{L}(\bar{x}, \bar{q}) = \nabla f(\bar{x}) + \bar{q}^T g(\bar{x}) = 0$.

DÉMONSTRATION. Puisque $(\bar{x}, \bar{q}) \in \mathbb{R}^m \times \mathbb{R}^n$ est un point selle, il vérifie la première égalité $\mathcal{L}(\bar{x}, q) \leqslant \mathcal{L}(\bar{x}, \bar{q})$, pour tout $q \in \mathbb{R}^n$, ou encore $q^T g(\bar{x}) \leqslant \bar{q}^T g(\bar{x})$, pour tout $q \in \mathbb{R}^n$, ce qui signifie bien que $g(\bar{x}) = 0$. D'autre part, la seconde partie de l'inégalité devient alors $f(\bar{x}) \leqslant f(x) + \bar{q}^T g(x)$, pour tout $x \in \mathbb{R}^m$, ce qui montre bien, en considérant l'ensemble des $x \in K$, que $\bar{x} \in K$ est un minimum global sur K. En outre puisque f et g sont différentiables, la seconde partie de l'inégalité définissant le point selle montre bien que pour $\bar{q} \in \mathbb{R}^m$ fixé, $\bar{x} \in \mathbb{R}^m$ est solution d'un problème de minimisation sans contrainte de $\mathcal{L}(., \bar{q})$ et vérifie $\nabla_x \mathcal{L}(\bar{x}, \bar{q}) = 0$. □

• *Contraintes d'inégalités*

Traitons maintenant le cas de la minimisation sous des contraintes d'inégalités (4.14). Nous allons voir que sous certaines conditions sur les fonctions $f(x)$ et $g(x)$ et sur le lagrangien $\mathcal{L}$, cette condition nécessaire d'optimalité peut se transformer en une condition nécessaire et suffisante. Pour cela introduisons la notion de contraintes actives.

Définition 4.25

Soit $g : \mathbb{R}^m \mapsto \mathbb{R}^n$ avec $0 < n \leqslant m$. Pour $1 \leqslant i \leqslant n$ une contrainte d'inégalité $g_i(x) \leqslant 0$ est dite active en $\bar{x} \in \mathbb{R}^m$ si $g_i(\bar{x}) = 0$ et inactive en $\bar{x} \in \mathbb{R}^m$ si $g_i(\bar{x}) < 0$.

Un point capital pour la suite est que les contraintes inactives peuvent simplement être ignorées, cela ne change pas la valeur où la fonction f atteint son minimum [3].

Proposition 4.26

Considérons le problème de minimisation sous contraintes d'inégalités (4.14) et $\bar{x} \in \mathbb{R}^m$ tel que $g(\bar{x}) \leqslant 0$. Notons $\mathcal{A}(\bar{x}) \subset \{1, \ldots, n\}$ l'ensemble des indices des contraintes actives, c'est-à-dire

$$\mathcal{A}(\bar{x}) = \{i \in \{1, \ldots, n\}, \quad g_i(\bar{x}) = 0\}$$

et considérons le problème suivant

$$\min_{\{g_i(x)=0,\, i \in \mathcal{A}(\bar{x})\}} f(x). \tag{4.19}$$

Alors $\bar{x} \in \mathbb{R}^m$ est un minimum local de (4.14) si et seulement si $\bar{x} \in \mathbb{R}^m$ est un minimum local de (4.19).

Énonçons alors le Théorème de Karush, Kuhn et Tucker (KKT) qui affirme que dans le cas de contraintes d'inégalités, nous pouvons nous ramener à une situation analogue au cas de contraintes d'égalités.

Théorème 4.27 ***Théorème de Karush, Kuhn et Tucker***

Considérons le problème de minimisation sous contraintes d'inégalités (4.14), où les fonctions f et g sont différentiables. Soit $\bar{x} \in K$ un minimum local vérifiant les contraintes d'inégalités et tel que les gradients des contraintes d'inégalités actives sont linéairement indépendants en $\bar{x} \in \mathbb{R}^m$. Alors il existe $\bar{q} \in \mathbb{R}^n$ tel que $\bar{q} \geqslant 0$ et

$$\nabla_x \mathcal{L}(\bar{x}, \bar{q}) = 0 \quad \text{et} \quad \nabla_q \mathcal{L}(\bar{x}, \bar{q}) = 0$$

et $\bar{q}_i \, g_i(\bar{x}) = 0, i \in \{1, \ldots, n\}$, où $\bar{q}$ est le multiplicateur de Lagrange.

- ***Introduction à la dualité***

À partir du Théorème 4.23, généralisons la théorie de dualité introduite pour les problèmes de programmation linéaire. Pour une solution $\bar{x} \in K$ de (4.13), le théorème des multiplicateurs de Lagrange indique d'une part qu'il existe $\bar{q} \in \mathbb{R}^n$ vérifiant $\nabla_x \mathcal{L}(\bar{x}, \bar{q}) = 0$ et d'autre part, puisque les contraintes sont vérifiées au point $\bar{x} \in K$, $\nabla_q \mathcal{L}(\bar{x}, \bar{q}) = 0$. Introduisons alors la fonction duale

$$\mathcal{G}(q) = \min_{y \in E} \mathcal{L}(y, q) \leqslant \mathcal{L}(\bar{x}, q) = f(\bar{x}). \tag{4.20}$$

Définissons alors

$$P = \{q \in \mathbb{R}^n, \quad \mathcal{G}(q) > -\infty\},$$

il s'agit maintenant de rechercher $q \in \mathbb{R}^n$ de sorte que la valeur de $\mathcal{G}(q)$ soit la plus proche possible de la valeur optimale $f(\bar{x})$. C'est ce que nous appelons le problème dual.

Définition 4.28

Soient le problème de minimisation (4.13) et la fonction duale $\mathcal{G}$ donnée par (4.20). Le problème dual de (4.13) est donné par

$$\begin{cases} \bar{q} \in P, \\ \mathcal{G}(\bar{q}) = \max_{q \in P} \mathcal{G}(q). \end{cases} \tag{4.21}$$

4.3.3 Méthodes d'optimisation sous contraintes

Dans cette partie, nous nous limitons au cas où $E = \mathbb{R}^m$, $f \in \mathscr{C}^1(\mathbb{R}^m, \mathbb{R})$ est une fonction convexe et $K \subset \mathbb{R}^m$ un sous-ensemble fermé convexe et non vide. Nous souhaitons appliquer les algorithmes déjà étudiés dans le cadre de l'optimisation sans contrainte. Pour cela, le point clé est le théorème de la projection pour des espaces de Hilbert.

Théorème 4.29

Soient E un espace de Hilbert muni du produit scalaire $\langle ., . \rangle$, K une partie convexe, fermée de E et $f \in E$. Alors il existe un unique $\bar{x} \in K$ tel que

$$\|\bar{x} - x\| = \min_{x \in K} \|x - f\|.$$

De plus, $\bar{x}$ vérifie

$$\langle f - \bar{x}, x - \bar{x} \rangle \leqslant 0, \forall x \in K. \quad (4.22)$$

Nous disons que $\bar{x}$ est la projection de $f \in E$ sur K et notons $\bar{x} = p_K(f)$.

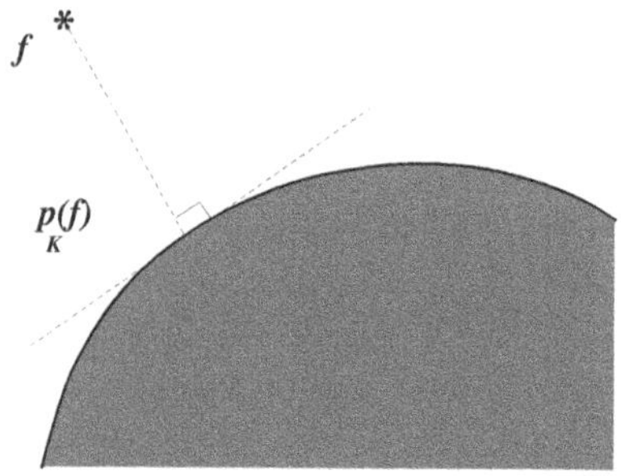

Figure 4.3
Illustration du Théorème de la projection dans $\mathbb{R}^2$: nous projetons un point $f \in \mathbb{R}^2$ sur un ensemble K, c'est la projection orthogonale de f sur K.

DÉMONSTRATION. D'abord pour démontrer l'existence d'une solution, observons que la fonction $x \mapsto \|f - x\|$ est convexe, continue et tend vers l'infini lorsque $\|x\| \to +\infty$, alors d'après le Théorème 4.19, cette fonction atteint son minimum. Il reste donc à montrer que cette limite est unique et qu'elle est caractérisée par l'inégalité (4.22). Considérons d'abord $\bar{x}$ et $\bar{y} \in K$ deux éléments réalisant le minimum, il vient alors

$$\begin{aligned} \|\bar{x} - \bar{y}\|^2 &= 2\|\bar{x} - f\|^2 + 2\|f - \bar{y}\|^2 - 4\|f - \frac{\bar{x} + \bar{y}}{2}\|^2, \\ &= 4\|f - \bar{x}\|^2 - 4\|f - \frac{\bar{x} + \bar{y}}{2}\|^2. \end{aligned}$$

Or, puisque K est convexe, $(\bar{x} + \bar{y})/2 \in K$ et

$$\|f - \bar{x}\| \leqslant \|f - \frac{\bar{x} + \bar{y}}{2}\|,$$

donc $0 \leqslant \|\bar{x} - \bar{y}\|^2 \leqslant 4\|f - \bar{x}\|^2 - 4\|f - \bar{x}\|^2 = 0$, ce qui signifie que $\bar{x} = \bar{y}$. Ensuite, notons $\bar{x} = p_K(f)$ l'unique solution du problème de minimisation et considérons pour $x \in K$ et $\lambda \in [0, 1]$, l'élément $(1 - \lambda)\bar{x} + \lambda x \in K$. Il vérifie :

$$\begin{aligned} \|f - \bar{x}\|^2 &\leqslant \|f - ((1 - \lambda)\bar{x} + \lambda x)\|^2, \\ &= \|f - \bar{x}\|^2 - 2\lambda \langle f - \bar{x}, x - \bar{x} \rangle + \lambda^2 \|x - \bar{x}\|^2, \end{aligned}$$

c'est-à-dire $2\langle f - \bar{x}, x - \bar{x} \rangle \leqslant \lambda \|x - \bar{x}\|^2$. En faisant tendre λ vers zéro, nous obtenons le résultat : pour tout $x \in K$, $\langle f - \bar{x}, x - \bar{x} \rangle \leqslant 0$. □

Nous en déduisons alors la méthode du gradient à pas fixe avec projection sur K, qui s'écrit tout simplement pour $\varepsilon > 0$ un petit paramètre fixé :

Méthode du gradient à pas fixe avec projection

Pour $x_0 \in K$ donné, poser $x^{(0)} = x_0$, $\varepsilon^{(0)} = 2\varepsilon$ et $k = 0$.
Tant que $\varepsilon^{(k)} \geqslant \varepsilon$
- calculer $w^{(k)} = -\nabla f(x^{(k)})$,
- poser $x^{(k+1)} = p_K\left(x^{(k)} + \rho\, w^{(k)}\right)$ et calculer le résidu $\varepsilon^{(k+1)} = \|x^{(k+1)} - x^{(k)}\|$,
- itérer $k \leftarrow k+1$.

Fin de tant que.

Comme dans le cas de l'optimisation sans contrainte, nous pouvons adapter la démonstration du Théorème 4.13 pour obtenir le résultat qui suit.

Théorème 4.30 ***Convergence du gradient à pas fixe avec projection***

Soit $f \in \mathscr{C}^1(\mathbb{R}^m, \mathbb{R})$. Supposons que :

- il existe $\alpha > 0$ tel que $\langle x - y, \nabla f(x) - \nabla f(y)\rangle \geqslant \alpha \|x - y\|^2$, pour tout $x, y \in \mathbb{R}^m$,
- il existe $L > 0$ tel que $\|\nabla f(x) - \nabla f(y)\| \leqslant L \|x - y\|$, pour tout $x, y \in \mathbb{R}^m$.

Alors le problème de minimisation sous contraintes d'égalités (4.13) ou d'inégalités (4.14) admet une unique solution.

En supposant en outre que $0 < \rho < 2\alpha/L$ alors la suite $(x^{(k)})_{k\in\mathbb{N}}$ construite par la méthode du gradient à pas fixe avec projection converge vers l'unique solution $\bar{x}$ du problème (4.13) ou (4.14).

• *Méthode d'Uzawa*

Ce dernier théorème semble indiquer que l'algorithme de gradient est une méthode efficace pour l'approximation numérique d'un problème de minimisation sous contraintes. Cependant, il n'est pas toujours évident de calculer l'opérateur de projection p_K sur un ensemble convexe K. C'est pourquoi, nous proposons la méthode d'Uzawa qui utilise la formulation duale du problème. En effet, cette méthode consiste à rechercher un point selle du lagrangien correspondant au problème de minimisation sous contraintes d'inégalités. Ce lagrangien est donné par :

$$\mathcal{L}(x, q) = f(x) + q^T g(x), \quad x \in \mathbb{R}^m, q \in \mathbb{R}^n,\ q \geqslant 0.$$

Par définition, le point selle $(\bar{x}, \bar{q})$ vérifie $(\bar{q} - q)^T g(\bar{x}) \geqslant 0$, pour tout $q \in \mathbb{R}^n$ vérifiant $q \geqslant 0$. Ainsi, pour tout $\mu > 0$, nous obtenons $(\bar{q} - q)^T (\bar{q} - (\bar{q} + \mu\, g(\bar{x}))) \leqslant 0$, pour tout $q \in \mathbb{R}^n$ avec $q \geqslant 0$, ce qui montre d'après le Théorème 4.29 que

$$\bar{q} = p_{\mathbb{R}^m_+}(\bar{q} + \mu g(\bar{x})), \quad \forall \mu > 0.$$

Nous en déduisons alors la méthode suivante, pour $\varepsilon > 0$ un petit paramètre fixé.

> ***Méthode d'Uzawa***
> Pour $q_0 \in R^n$ donné, poser $q^{(0)} = q_0$, $\varepsilon^{(0)} = 2\varepsilon$ et $k = 0$.
> Tant que $\varepsilon^{(k)} \geqslant \varepsilon$
> - calculer $x^{(k)} \in \mathbb{R}^m$ solution de
> $\mathcal{L}(x^{(k)}, p^{(k)}) = \min_{x \in \mathbb{R}^m} \mathcal{L}(x, q^{(k)})$,
> - poser $q^{(k+1)} = p_{\mathbb{R}^n_+}\left(q^{(k)} + \mu\, g(x^{(k)})\right)$ et calculer le résidu
> $\varepsilon^{(k+1)} = \|q^{(k+1)} - q^{(k)}\|$,
> - itérer $k \leftarrow k + 1$.
>
> Fin de tant que.

Dans cet algorithme, nous remplaçons le problème de minimisation initial sous contraintes par un problème de minimisation du lagrangien $\mathcal{G}$ sans contrainte, qui est donc plus facile à résoudre avec une méthode du gradient.

Exercices

4.1 Soient $A \in \mathcal{M}_{n,m}(\mathbb{R})$ avec $n < m$ telle que $A^T A$ soit inversible et $b \in \mathbb{R}^n$ un vecteur fixé. Considérons $f : \mathbb{R}^m \mapsto \mathbb{R}$ définie par $f(x) = \|A\,x - b\|^2$.

1. Déterminer le gradient et la hessienne de la fonction f.
2. Montrer que les points minimum $\bar{x} \in \mathbb{R}^m$ solutions de

$$\left\{ \begin{array}{l} \bar{x} \in \mathbb{R}^m \\ f(\bar{x}) = \min_{x \in \mathbb{R}^m} f(x) \end{array} \right. \tag{4.23}$$

vérifient $A^T A\,\bar{x} = A^T b$.

3. Résoudre le problème d'optimisation (4.23).

4.2 Maximisation de l'aire d'un rectangle

Cherchons à maximiser l'aire d'un rectangle de périmètre donné et égal à 2.

1. Montrer que ce problème peut se formuler comme un problème de minimisation de la forme,

$$f(\bar{x}) = \min_{y \in K} f(y)$$

où K est de la forme $K = \{x \in \mathbb{R}^2,\ g(x) = 0\}$.

2. Montrer que le problème de minimisation ainsi obtenu est équivalent au problème

$$\left\{ \begin{array}{l} \bar{x} = (\bar{x}_1, \bar{x}_2)^T \in \bar{K} \\ f(\bar{x}_1, \bar{x}_2) \leqslant f(x_1, x_2), \quad \forall (x_1, x_2)^T \in \bar{K}, \end{array} \right.$$

où $\bar{K} = K \cap [0,1]^2$. En déduire que le problème de minimisation de l'aire admet au moins une solution.
3. Calculer $\nabla g(x)$ pour $x \in K$ et en déduire que $\bar{x} = (1/2, 1/2)^T$.

4.3 Minimisation d'une fonctionnelle quadratique

Soit f une fonction quadratique, c'est-à-dire

$$f(x) = \frac{1}{2} x^T A x - x^T b,$$

où $A \in \mathcal{M}_{m,m}(\mathbb{R})$ est une matrice symétrique définie positive et $b \in \mathbb{R}^m$. Soit g une fonction de la forme $g(x) = d^T x - c$, où $d \in \mathbb{R}^m$ et $c \in \mathbb{R}$ avec $d \neq 0$. Posons

$$K = \{ x \in \mathbb{R}^m, \ g(x) = 0 \}$$

et cherchons à résoudre le problème de minimisation sous contraintes : $\bar{x} \in K$ et

$$f(\bar{x}) = \min_{x \in K} f(x).$$

1. Montrer que l'ensemble K est non vide, fermé et convexe. En déduire que le problème de minimisation sous contraintes admet une unique solution.
2. Soit $\bar{x} \in K$ la solution du problème de minimisation. Montrer qu'il existe $\bar{\lambda} \in \mathbb{R}$ tel que $\bar{y} = (\bar{x}, \bar{\lambda})^T$ soit l'unique solution du système

$$\begin{bmatrix} A & d \\ d^T & 0 \end{bmatrix} \begin{bmatrix} \bar{x} \\ \bar{\lambda} \end{bmatrix} = \begin{bmatrix} b \\ c \end{bmatrix}.$$

4.4 Méthode du gradient à pas variable

Soient E un espace de Hilbert réel et $f : E \mapsto \mathbb{R}$ une fonctionnelle de classe $\mathcal{C}^1(E, \mathbb{R})$. Supposons que f satisfait une **condition d'ellipticité**, c'est-à-dire il existe $\alpha > 0$ telle que pour tout $x, y \in E$,

$$\langle \nabla f(x) - \nabla f(y), x - y \rangle > \alpha \|x - y\|^2$$

et une condition lipschitzienne sur ∇f, il existe $M > 0$ telle que

$$\|\nabla f(x) - \nabla f(y)\| \leqslant M \|x - y\|.$$

Considérons alors le problème de minimisation

$$\begin{cases} \text{trouver } \bar{x} \in E, \\ f(\bar{x}) = \min_{x \in E} f(x), \end{cases}$$

et utilisons la méthode du gradient à pas variable, qui consiste en la construction d'une suite $(x^{(k)})_{k\in\mathbb{N}}$ telle que pour tout $k \in \mathbb{N}$,

$$x^{(k+1)} = x^{(k)} + \rho_k \nabla f(x^{(k)}),$$

où le paramètre ρ_k est ajusté au cours des itérations selon des critères particuliers.

1. Montrer que le problème de minimisation admet une solution unique. Comment est-elle caractérisée ?

2. Montrer que pour tout $k \in \mathbb{N}$, $\|x^{(k+1)} - \bar{x}\|^2 \leqslant \tau(\rho_k)\,\|x^{(k)} - \bar{x}\|^2$, où $\tau(\rho)$ est un polynôme du second degré.

3. En déduire que s'il existe deux nombres a et b tels que pour tout $k \in \mathbb{N}$, $0 < a \leqslant \rho_k \leqslant b < 2\alpha/M^2$, la méthode du gradient à pas variable converge et la convergence est géométrique : il existe $\beta \in]0,1[$, $\|x^{(k)} - \bar{x}\| \leqslant \beta^k \|x_0 - \bar{x}\|$.

4. Les conditions sont-elles vérifiées pour une fonctionnelle quadratique elliptique $f : x \in \mathbb{R}^m \mapsto \frac{1}{2}x^T A x - b^T x$ avec A symétrique et définie positive. Que représentent alors α et M ?

Solutions des exercices

4.1 Un exemple de problème de minimisation sans contrainte.

1. La fonction f s'écrit $f(x) = (A\,x - b)^T\,(A\,x - b)$. Pour $h \in \mathbb{R}^2$, nous calculons le taux d'accroissement suivant

$$f(x+h) - f(x) = h^T\,A^T\,(A\,x - b) + (A\,x - b)^T\,A\,h(A\,x\; - \;b)^T\; + h^T A^T\,A\,h.$$

Ainsi, en utilisant la symétrie du produit scalaire $u^T\,v = v^T\,u$

$$\lim_{h\to} \frac{\|f(x+h) - f(x)\; - \;2\,h^T\,A^T\,(A\,x - b)\|}{\|h\|} = \lim_{h\to} \frac{\|A\,h\|^2}{\|h\|} = 0.$$

D'où $\nabla f(x) = 2\,A^T\,(A\,x - b)$. De manière analogue, le calcul de la hessienne $\nabla^2 f = \nabla(\nabla f)$ donne $\nabla^2 f = 2\,A^T\,A$.

2. Supposons que $\bar{x} \in \mathbb{R}^p$ est une solution de (4.23), alors une condition nécessaire (Proposition 4.4) est $\nabla f(\bar{x}) = 0$, c'est-à-dire $A^T\,(A\,\bar{x} - b) = 0$ ou encore $A^T\,A\,\bar{x} = A^T\,b$.

3. Nous vérifions que f est continue et $f(x) \to +\infty$ lorsque $x \to +\infty$ donc le problème (4.23) admet au moins une solution (Proposition 4.7). Puisque la matrice $A^T\,A$ est inversible, le système linéaire $A^T\,A\,\bar{x} = A^T\,b$ admet une unique solution. La résolution du problème (4.23) est donc équivalente à la résolution de ce système linéaire.

4.2 Voici une première application simple avec une contrainte.

1. Considérons un rectangle $[0, x_1] \times [0, x_2]$, dont l'aire est égale à $x_1 x_2$ et le périmètre vaut $2(x_1 + x_2)$. Il s'agit donc de maximiser $x_1 x_2$, ou encore minimiser $-x_1\,x_2$ sous la contrainte $x_1 + x_2 = 1$.

Pour $x = (x_1, x_2)^T \in \mathbb{R}^2$, posons

$$f(x_1, x_2) = -x_1 x_2, \quad \text{et} \quad g(x_1, x_2) = x_1 + x_2.$$

Définissons alors l'espace des contraintes

$$K := \{x = (x_1, x_2)^T \in \mathbb{R}_+^2 \ \text{tel que}\ x_1 + x_2 = 1\}.$$

Le problème de minimisation de l'aire du rectangle de périmètre donné et égal à 2 s'écrit alors : $f(\bar{x}) = \min_{x \in K} f(x)$, avec $\bar{x} \in K$.

2. Puisque x_1 et x_2 sont positifs et leur somme est égale à 1, il vient $0 \leqslant x_1 \leqslant 1$ et $0 \leqslant x_2 \leqslant 1$. L'ensemble K est donc un convexe fermé borné et la fonction f est continue. Par application du Théorème 4.18, il existe au moins une solution.

3. Un simple calcul donne $\nabla g(x) = (1, 1)^T$, donc $\mathrm{Rang} \nabla g(x, y) = 1$. Par application du Théorème des multiplicateurs de Lagrange (Théorème 4.23), si $x = (x_1, x_2)^T$ est solution, il existe $\lambda \in \mathbb{R}$ tel que

$$\nabla f(x) + \lambda g(x) = 0,$$

avec la contrainte $x_1 + x_2 = 1$.
Or, $\nabla f(x) = (-x_1, -x_2)^T$ et $\nabla g(x) = (1, 1)^T$, le système précédent s'écrit donc

$$-x_2 + \lambda = 0 - x_1 + \lambda = 0, \quad x_1 + x_2 = 1.$$

Nous obtenons donc $x_1 = x_2 = 1/2$, c'est-à-dire le carré de périmètre égal à 1.

4.3 Voici une autre application avec une contrainte linéaire.

1. Comme $d \neq 0$, il existe $\bar{x} \in \mathbb{R}^m$ tel que $d^T \bar{x} = \alpha \neq 0$. Considérons alors $x = \frac{c}{\alpha} \bar{x}$, qui vérifie $d^T x = c$, d'où $x \in K$ et l'ensemble K est non vide. En outre, K est fermé puisqu'il correspond au noyau d'une forme linéaire continue de $\mathbb{R}^m$ et K est évidemment convexe par linéarité de g. La fonction f est strictement convexe et $f(x) \to +\infty$ quand $\|x\| \to +\infty$. Ainsi, par application des Théorèmes 4.18 et 4.20, il existe une unique $x \in K$ solution du problème de minimisation avec contraintes.

2. Calculons d'abord $z^T \nabla g(x) = d^T z$, et donc $\nabla g(x) = d$. Puisque $d \neq 0$, nous avons $\mathrm{Rang}(\nabla g(\bar{x})) = 1$, ou encore $\mathrm{Im}(\nabla g(\bar{x})) = \mathbb{R}$ pour tout $x \in \mathbb{R}^m$. Ainsi, en appliquant le Théorème de Lagrange : il existe donc $\bar{\lambda} \in \mathbb{R}$ tel que

$$\bar{\nabla} f(\bar{x}) + \bar{\lambda} g(\bar{x}) = 0,$$

c'est-à-dire $A x - b + \lambda d = 0$.
Le couple $(\bar{x}, \bar{\lambda}) \in \mathbb{R}^{m+1}$ est donc solution du problème suivant :

$$A \bar{x} - b + \bar{\lambda} d = 0, \quad d^T \bar{x} = c,$$

qui s'écrit sous forme matricielle : $C\,\bar{y} = e$, avec

$$C = \begin{pmatrix} A & d \\ d^T & 0 \end{pmatrix}$$

et $\bar{y} = (\bar{x}, \bar{\lambda})^T \in \mathbb{R}^{m+1}$ et $e = (b, c)^T$.

Montrons maintenant que C est inversible. En effet, soit $y_0 = (x_0, \lambda_0)^T \in \mathbb{R}^{m+1}$, avec $x_0 \in \mathbb{R}^m$ et $\lambda_0 \in \mathbb{R}$ tel que $C\,y_0 = 0$. Alors $A\,x_0 - d\,\lambda_0 = 0$ et $d^T\,x_0 = 0$. Nous avons donc $x_0^T A x_0 - x_0^T\,d\lambda_0 = 0$ et déduisons que $x_0 = 0$. En outre, comme $d \neq 0$ et $\lambda_0 = 0$, nous obtenons donc $y_0 = 0$.

Pour conclure C est inversible, il existe donc un unique $(\bar{x}, \bar{\lambda})^T \in \mathbb{R}^{m+1}$ solution du problème de Lagrange et $\bar{x}$ est solution du problème de minimisation avec contraintes.

4.4 Voici une première application de la méthode de descente.

1. La fonctionnelle f est strictement convexe, continue et vérifie $f(x) \to +\infty$, lorsque $\|x\|$ tend vers l'infini. Le problème de minimisation admet donc une unique solution $\bar{x} \in E$. De plus, une condition nécessaire est que $\nabla f(\bar{x}) = 0$. Notons que, puisque la solution est unique, la solution est bien caractérisée par cette dernière condition.

2. D'après la définition de la suite $(x^{(k)})_{k\in\mathbb{N}}$, nous avons

$$\begin{aligned} \|x^{(k+1)} - \bar{x}\|^2 &= \|x^{(k)} - \bar{x} - \rho_k \nabla f(x^{(k)})\|^2, \\ &= \|x^{(k)} - \bar{x}\|^2 - 2\rho_k \langle x^{(k)} - \bar{x}, \nabla f\left(x^{(k)}\right)\rangle + \rho_k^2 \|\nabla f\left(x^{(k)}\right)\|^2. \end{aligned}$$

D'une part, la condition lipschitzienne sur ∇f donne

$$\|\nabla f(x^{(k)}) - \nabla f(\bar{x})\| \leqslant M\,\|x^{(k)} - \bar{x}\|$$

et donc

$$\rho_k^2\,\|\nabla f(x^{(k)})\|^2 \leqslant \rho_k^2\,M^2\,\|x^{(k)} - \bar{x}\|^2.$$

D'autre part, la condition d'ellipticité sur f donne

$$\langle x^{(k)} - \bar{x}, \nabla f(x^{(k)}) - \nabla f(\bar{x})\rangle \geqslant \alpha \|x^{(k)} - \bar{x}\|^2,$$

ce qui donne en définitive

$$\|x^{(k+1)} - \bar{x}\|^2 \leqslant \tau(\rho_k)\,\|x^{(k)} - \bar{x}\|^2,$$

avec $\tau(\rho) := M^2\rho^2 - 2\alpha\,\rho + 1 \geqslant 0$.

3. Supposons que $a \leqslant \rho \leqslant b < 2\alpha/M^2$, il vient alors

$$\rho - \frac{2\alpha}{M^2} \leqslant b - \frac{2\alpha}{M^2} < 0$$

et donc

$$0 \leqslant \tau(\rho) \leqslant M^2 a \left(b - \frac{2\alpha}{M^2}\right) + 1 < 1.$$

En posant $\beta := \sqrt{M^2 a \left(b - 2\alpha/M^2\right) + 1}$, nous obtenons

$$\|x^{(k+1)} - \bar{x}\| \leqslant \beta \|x^{(k)} - \bar{x}\| \leqslant \beta^{k+1} \|x_0 - \bar{x}\|.$$

4. Dans ce cas $\nabla f(x) = A\,x - b$, la matrice A est symétrique, elle est donc diagonalisable et il existe une base orthonormée $(v_i)_{1 \leqslant i \leqslant n}$ composée de vecteurs propres. Ordonnons les valeurs propres $0 < \lambda_1 \leqslant \ldots \leqslant \lambda_n$ et pour tout $1 \leqslant i \leqslant n$, λ_i représente la valeur propre associée au vecteur propre v_i. D'une part, pour $x \in \mathbb{R}^n$ tel que $x = \sum_{i=1}^n x_i\, v_i$ comme la base est orthonormée il vient

$$\lambda_1 \|x\|^2 \leqslant x^T A\, x = \sum_{i=1}^{n} \lambda_i x_i^2$$

et d'autre part

$$\|Ax\|^2 = (Ax)^T Ax = \sum_{i=1}^{n} \lambda_i^2 x_i^2 \leqslant \lambda_n^2 \|x\|^2.$$

Ainsi, la condition d'ellipticité s'écrit

$$(x - y)^T\, (\nabla f(x) - \nabla f(y)) = (x - y)^T A\, (x - y) > \alpha\, \|x - y\|^2$$

avec $\alpha = \lambda_1$ et la condition lipschitzienne est donnée par

$$\|\nabla f(x) - \nabla f(y)\| \leqslant \lambda_n\, \|x - y\|.$$

LES POLYNÔMES 5

Ce chapitre est consacré à l'étude des polynômes pour l'approximation de fonctions régulières, c'est-à-dire la théorie de l'interpolation. Nous proposons différents types d'interpolations afin de rendre l'erreur entre la fonction et le polynôme la plus petite possible. Cependant, l'approximation de fonctions n'est pas la seule application ; nous construisons en effet différents types de polynômes permettant d'approcher la valeur d'une intégrale ou de construire des algorithmes rapides pour la transformée de Fourier discrète.

Dans tout ce chapitre, considérons un intervalle $[a,b] \subset \mathbb{R}$, $f : [a,b] \mapsto \mathbb{R}$ et $\{x_0, \dots, x_n\}$ pour $n \in \mathbb{N}^*$ une partition de l'intervalle $[a,b]$.

5.1 INTRODUCTION

5.1.1 Un exemple en analyse

Commençons par un exemple où l'analyse numérique vient compléter un résultat d'analyse. Le Théorème de Weierstrass permet d'approcher une fonction continue par une suite de polynômes. Plus précisément,

Théorème 5.1 ***Théorème de Weierstrass***

Pour toute fonction f continue à support compact sur $\mathbb{R}$, il existe une suite de fonctions entières qui tend vers f uniformément sur $\mathbb{R}$, en particulier, il existe une suite de fonctions polynomiales qui tend vers f uniformément sur tout compact.

Pour démontrer le théorème d'approximation polynomiale de Weierstrass, il suffit d'approcher la fonction f par une fonction plus régulière, c'est-à-dire une fonction de classe $\mathscr{C}^\infty(\mathbb{R}, \mathbb{R})$ et à support compact. Cette fonction régulière est alors développée en série entière sur un compact. Enfin, en considérant tout simplement les sommes partielles de la série entière, nous obtenons une suite de polynômes. C'est la stratégie conceptuellement très simple et originelle employée par Weierstrass en 1885 pour démontrer ce théorème. Ce résultat paraît fort intéressant pour le calcul de valeurs numériques d'une fonction régulière f quelconque. Il suffit par exemple de l'approcher sur un intervalle borné par un polynôme, puis de calculer des valeurs approchées de f à partir des valeurs numériques que prend ce polynôme. C'est le concept utilisé par nos ordinateurs et calculatrices. Cependant, cette démonstration n'est en rien constructive et ne donne aucune indication sur la façon de construire cette suite de polynômes.

En considérant les polynômes de Bernstein donnés, pour tout $x \in [0, 1]$, par

$$B_{n,i}(x) = \binom{n}{i} x^i (1-x)^{n-i},$$

où

$$\binom{n}{i} = \frac{n!}{i!(n-i)!}$$

sont les coefficients binomiaux.

Il est possible de démontrer que ces polynômes permettent de construire une approximation de la fonction f qui va converger uniformément sur tout compact.

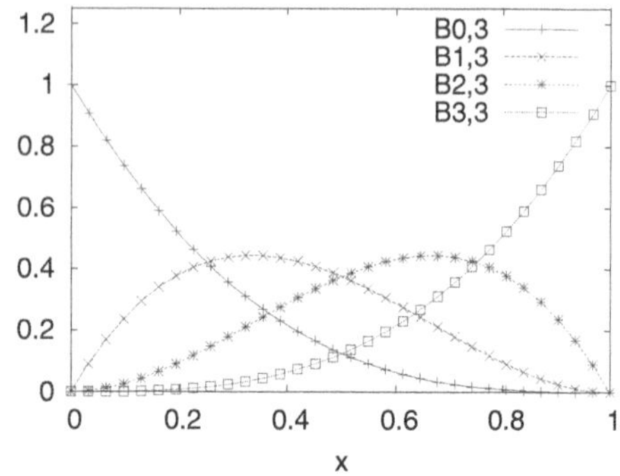

Figure 5.1
Les polynômes de Bernstein $B_{0,3}$, $B_{1,3}$, $B_{2,3}$ **et** $B_{3,3}$.

En effet, supposons que la fonction f ait son support sur l'intervalle $[0, 1]$, notons alors P_n le polynôme tel que $P_n(x) = \sum_{k=0}^{n} f(x_k)\, B_{n,k}(x)$, avec $x_k = k/n$. Il est donc important de calculer les propriétés des polynômes $(B_{n,k})_{0\leqslant k\leqslant n}$.

L'avantage d'un polynôme est que ses valeurs numériques peuvent être calculées exactement en utilisant les opérations élémentaires comme l'addition, la division et la multiplication. Ceci permet de calculer facilement des approximations précises de fonctions seulement continues en utilisant une suite de polynômes de Bernstein.

5.1.2 Rappels sur les polynômes

Soit $\mathbb{K}$ un corps ($\mathbb{K} = \mathbb{R}$ ou $\mathbb{C}$). Notons $\mathcal{P}(\mathbb{K})$ l'ensemble des fonctions polynômes, c'est-à-dire pour tout $P \in \mathcal{P}(\mathbb{K})$ il existe un entier $n \in \mathbb{N}$ et des coefficients $(a_i)_{0\leqslant i\leqslant n} \subset \mathbb{K}$ tels que $P(x) = \sum_{i=0}^{n} a_i\, x^i$, pour tout $x \in \mathbb{K}$, où a_i est le coefficient d'indice i. Le degré d'un polynôme non nul est l'indice maximum d'un coefficient non nul et par convention le degré d'un polynôme nul est $-\infty$. Notons que l'ensemble $\mathcal{P}(\mathbb{K})$ est un $\mathbb{K}$-espace vectoriel.

Pour tout $n \in \mathbb{N}^*$, nous appelons $\mathcal{P}_n(\mathbb{K})$ le sous-espace vectoriel de $\mathcal{P}(\mathbb{K})$ des polynômes de degré inférieur ou égal à n et la famille $\{1, x, \ldots, x^n\}$ en est une base, appelée base canonique. La dimension de $\mathcal{P}_n(\mathbb{K})$ est donc $(n + 1)$. Nous avons alors la proposition suivante.

Proposition 5.2

Toute famille de polynômes de degrés deux à deux distincts est libre. Nous en déduisons que si $(P_i)_{0\leqslant i\leqslant n}$ est une suite de polynômes telle que le degré de P_i soit égal à i, alors $\{P_0, \ldots, P_n)$ est une base de $\mathcal{P}_n(\mathbb{K})$.

D'autre part, introduisons la notion de divisibilité :

Définition 5.3

Soient P et $Q \in \mathcal{P}(\mathbb{K})$ deux polynômes ; nous disons que P divise Q ou que P est un diviseur de Q ou encore que Q est multiple de P s'il existe un polynôme $R \in \mathcal{P}(\mathbb{K})$ tel que $Q(x) = P(x)\,R(x)$ pour tout $x \in \mathbb{K}$.

Rappelons également la notion de racine d'un polynôme.

Définition 5.4

Soient $P \in \mathcal{P}(\mathbb{K})$ et $x_0 \in \mathbb{K}$,

- nous disons que x_0 est une racine ou un zéro de P lorsque $P(x_0) = 0$,
- nous disons que x_0 est une racine d'ordre k de P si $(x - x_0)^k$ est un diviseur de P et $(x - x_0)^{k+1}$ ne l'est pas,
- nous disons qu'un polynôme de degré n est scindé lorsqu'il est le produit de n polynômes de degré un, c'est-à-dire qu'il admet n racines distinctes.

En outre, nous avons les résultats suivants.

Proposition 5.5

Soit $P \in \mathcal{P}(\mathbb{K})$,

- si le polynôme P est non nul, alors il a un nombre fini de racines distinctes, inférieur ou égal à son degré,
- si le polynôme P s'annule en un nombre infini de points, alors il est nul,
- si le polynôme P est de degré n et s'annule en $(n + 1)$ points, alors il est nul.

Nous terminons avec la formule de Taylor.

Définition 5.6

Le polynôme dérivé du polynôme $P(x) = \sum_{i=0}^{n} a_i\, x^i$ est le polynôme $P'(x) = \sum_{i=1}^{n} i\, a_i x^{i-1}$.

Proposition 5.7

Soit $P(x) = \sum_{i=0}^{n} a_i\, x^i$, alors

- nous avons
$$P(x) = \sum_{i=0}^{n} \frac{P^{(i)}(x_0)}{i!}\,(x - x_0)^i,$$
où $P^{(i)}$ désigne la dérivée i-ème de P. Ainsi, un polynôme de degré n est entièrement déterminé par la connaissance de $P(x_0), \ldots, P^{(n)}(x_0)$.

•••

•••
- x_0 est une racine d'ordre k de P si $P(x_0) = \ldots = P^{(k-1)}(x_0) = 0$ et $P^{(k)}(x_0) \neq 0$.

Dans ce chapitre, nous développons des algorithmes pour la construction de polynômes approchant, dans un sens à définir, une fonction régulière donnée. Dans une première partie, nous proposons des méthodes d'interpolation qui consistent simplement à construire des polynômes de degré minimal à partir des valeurs d'une fonction f connues seulement en certains points de son domaine de définition. C'est l'interpolation de Lagrange. Ensuite, nous voyons comment construire des polynômes d'interpolation à partir des valeurs de f et de sa dérivée f' connues seulement en quelques points (interpolation de type Hermite). Pour ces deux cas, nous fournirons des résultats de convergence et des algorithmes de construction.

Dans une deuxième partie, nous mettons au point une stratégie différente : nous construisons un polynôme dont la distance avec la fonction à approcher est minimale. Nous proposons aussi un algorithme de construction. C'est la méthode des moindres carrés discrète.

Dans une troisième partie, nous généralisons cette dernière notion à un nombre infini de points à l'aide d'outils d'analyse (polynômes orthogonaux, méthode des moindres carrés continue) et détaillons enfin l'algorithme des transformées de Fourier rapides (algorithme de Cooley et Tuckey).

5.2 Interpolation de Lagrange et de Hermite

Soit f une fonction définie de l'intervalle $[a, b]$ à valeurs dans $\mathbb{R}$. Supposons que f soit seulement connue en $n+1$ points distincts $x_0, \ldots, x_n$ de l'intervalle $[a, b]$. Il s'agit alors de construire un polynôme P_n de degré inférieur ou égal à n tel que

$$P_n(x_i) = f(x_i), \qquad 0 \leqslant i \leqslant n. \tag{5.1}$$

Appelons ce polynôme un polynôme d'interpolation de la fonction f aux points $(x_i)_{0 \leqslant i \leqslant n}$.

5.2.1 Construction et convergence de l'interpolation de Lagrange

Montrons d'abord l'existence et l'unicité d'un tel polynôme.

Théorème 5.8 ***Existence et unicité***

Il existe un unique polynôme, de degré inférieur ou égal à n, solution de (5.1). Ce polynôme s'écrit alors

$$P_n(x) := \sum_{i=0}^{n} f(x_i)\, L_i(x), \tag{5.2}$$

•••

•••
avec

$$L_i(x) := \prod_{\substack{j=0\\ j\neq i}}^{n} \frac{x - x_j}{x_i - x_j}. \qquad (5.3)$$

C'est le polynôme d'interpolation de Lagrange.

DÉMONSTRATION. Vérifions d'abord que le polynôme (5.2)-(5.3) satisfait bien la propriété (5.1). Pour $i \in \{0, \ldots, n\}$,

$$P_n(x_i) = \sum_{j=0}^{n} f(x_j)\, L_j(x_i).$$

Or, puisque $L_j(x_i) = \delta_{i,j}$ où $\delta_{i,j}$ le symbole de Kronecker est donné par :

$$\delta_{i,j} = \begin{cases} 1 & \text{si } i = j, \\ 0 & \text{si } i \neq j. \end{cases}$$

Ainsi, $P_n(x_i) = f(x_i) \times 1 + \sum_{j\neq i} f(x_j) \times 0 = f(x_i)$. En outre, le polynôme L_i est le produit de n polynômes de degré un, donc P_n l'est également, c'est un polynôme de degré n.
Enfin, vérifions que ce polynôme est unique. Soit Q_n un autre polynôme solution de (5.1). Alors nous avons pour $i = 0, \ldots, n$, $P_n(x_i) - Q_n(x_i) = f(x_i) - f(x_i) = 0$. Ainsi, $P_n - Q_n$ est un polynôme de degré inférieur ou égal à n s'annulant en $n + 1$ points distincts. Il est donc identiquement nul. □

L'écriture (5.2)-(5.3) est certainement intéressante d'un point de vue théorique mais peu d'un point de vue pratique. Elle a un caractère relativement peu algorithmique et son évaluation requiert trop d'opérations élémentaires. Nous préférons donc la formule de Newton qui consiste à écrire le polynôme P_n aux points $x_0, \ldots, x_n$ sous la forme

$$P_n(x) = a_0 + a_1\,(x - x_0) + \ldots + a_n \prod_{i=0}^{n-1}(x - x_i).$$

Observons d'abord que tout polynôme de degré inférieur ou égal à n peut s'écrire sous cette forme du moment que les points x_i sont tous distincts. Ensuite, cette formule présente un intérêt puisque elle fournit naturellement une récurrence. En effet, la partie tronquée $a_0 + \ldots + a_{n-1} \prod_{i=0}^{n-2}(x - x_i)$ n'est rien d'autre que le polynôme d'interpolation P_{n-1} écrit aux points $\{x_0, \ldots, x_{n-1}\}$. En effet, P_{n-1} est un polynôme de degré inférieur ou égal à $n - 1$ et tel que pour tout $i \in \{0, \ldots, n - 1\}$, $P_{n-1}(x_i) = f(x_i)$.

Ainsi connaissant P_{n-1}, le calcul de P_n s'effectue en déterminant le coefficient a_n, assurant que $P_n(x_n) = f(x_n)$. Les coefficients $(a_i)_{0 \leqslant i \leqslant n}$ sont donnés par la formule de Newton suivante.

Théorème 5.9 ***Construction du polynôme de Lagrange***

Le polynôme d'interpolation de Lagrange de la fonction f aux points distincts $(x_i)_{0 \leqslant i \leqslant n}$ est donné par

$$P_n(x) = \sum_{i=0}^{n} f[x_0, \dots, x_i] \prod_{k=0}^{i-1} (x - x_k),$$

où $f[\,]$ désigne les différences divisées de f définies par $f[x_i] = f(x_i)$, pour tout $i \in \{0 \dots n\}$ et

$$f[x_0, \dots, x_k] = \frac{f[x_1, \dots, x_k] - f[x_0, \dots, x_{k-1}]}{x_k - x_0}. \tag{5.4}$$

DÉMONSTRATION. Raisonnons par récurrence sur le nombre de points d'interpolation. Vérifions d'abord que la formule est vraie à l'ordre $n = 1$

$$P_1(x) = f(x_0) + (x - x_0)\frac{f(x_1) - f(x_0)}{x_1 - x_0} = f[x_0] + (x - x_0)\frac{f[x_1] - f[x_0]}{x_1 - x_0}.$$

Supposons ensuite que la formule est vraie à l'ordre $n - 1$, c'est-à-dire

$$P_{n-1}(x) = \sum_{i=0}^{n-1} f[x_0, \dots, x_i] \prod_{k=0}^{i-1} (x - x_k)$$

et pour tout $0 \leqslant k < l \leqslant n - 1$

$$f[x_k, \dots, x_l] = \frac{f[x_{k+1}, \dots, x_l] - f[x_k, \dots, x_{l-1}]}{x_l - x_k}.$$

Construisons alors un polynôme de Lagrange P_n à partir de P_{n-1} et tel que $P_n(x_n) = f(x_n)$. Nous avons alors

$$\begin{aligned} P_n(x) &= P_{n-1}(x) + a_n \prod_{k=0}^{n-1} (x - x_k), \\ &= \sum_{i=0}^{n-1} f[x_0, \dots, x_i] \prod_{k=0}^{i-1} (x - x_k) + a_n \prod_{k=0}^{n-1} (x - x_k). \end{aligned}$$

Le coefficient a_n est donc tel que $P_n(x_n) = f(x_n)$ et il reste à déterminer sa valeur. Pour ce faire, considérons le polynôme $Q(x)$ écrit sous la forme

$$Q(x) = \frac{x - x_0}{x_n - x_0} Q_{n-1}(x) + \frac{x_n - x}{x_n - x_0} P_{n-1}(x),$$

où

$$Q_{n-1}(x) = \sum_{i=0}^{n} f[x_1, \ldots, x_i] \prod_{k=1}^{i-1}(x - x_k)$$

est le polynôme d'interpolation de f aux points $x_1, \ldots, x_n$. Nous vérifions facilement que $Q(x_i) = f(x_i)$, pour tout $0 \leqslant i \leqslant n$ et puisque Q est aussi un polynôme de degré inférieur ou égal à n, il vient $P_n \equiv Q$. Ainsi, les deux expressions de P_n permettent de déterminer le coefficient a_n de P_n en écrivant simplement

$$P_{n-1}(x_n) + a_n \prod_{k=0}^{n-1}(x_n - x_k) = Q_{n-1}(x_n),$$

ce qui donne

$$a_n = \frac{1}{x_n - x_0} f[x_1, \ldots, x_n] - \frac{1}{x_n - x_0} f[x_0, \ldots, x_{n-1}] = f[x_0, \ldots, x_n]. \qquad \square$$

Proposons alors un algorithme simple pour le calcul du polynôme d'interpolation P_n de degré n aux points $\{x_0, \ldots, x_n\}$.

Algorithme des différences divisées

```
Initialisation : f[x_k] = f(x_k) pour 0 ⩽ k ⩽ n.
Pour i = 1,...,n
      - Calculer l'ensemble des différences divisées d'ordre i+1
      - Pour k = 0,...,n − i
            f[x_k,...,x_{k+i}] = (f[x_{k+1},...,x_{k+i}] − f[x_k,...,x_{k+i−1}]) / (x_{k+i} − x_k)
      - Fin de pour
Fin de pour
```

À partir de cette formulation, établissons un résultat d'erreur entre la fonction f et son polynôme d'interpolation.

Théorème 5.10 ***Erreur d'interpolation***

Soit f une fonction définie de l'intervalle $[a, b]$ à valeurs dans $\mathbb{R}$. Supposons que f est $(n+1)$ fois continûment différentiable et P_n est le polynôme de Lagrange défini aux points distincts $(x_i)_{0 \leqslant i \leqslant n}$ de $[a, b]$. Alors

$$|P_n(x) - f(x)| \leqslant \frac{M_{n+1}}{(n+1)!} |\pi_n(x)|, \qquad (5.5)$$

•••

•••
où $M_{n+1} = \max_{a \leqslant x \leqslant b} |f^{(n+1)}(x)|$ et

$$\pi_n(x) = \prod_{i=0}^{n}(x - x_i).$$

Avant de procéder à la preuve de ce théorème, prouvons le lemme suivant :

Lemme 5.11

Soit f une fonction définie de l'intervalle $[a, b]$ à valeur dans $\mathbb{R}$. Supposons que f est p fois continûment différentiable. Alors il existe $\xi \in [a, b]$ tel que $f[x_0, \ldots, x_p] = f^{(p)}(\xi)/p!$.

DÉMONSTRATION. Introduisons la fonction $E_p(x) = f(x) - P_p(x)$, qui s'annule en $p + 1$ points distincts. D'après le théorème de Rolle, puisque E_p est continue et dérivable, sa dérivée E_p' s'annule en au moins p points...

Finalement, $E_p^{(p)}$ est continue et s'annule en un point $\xi \in [a, b]$, c'est-à-dire $f^{(p)}(\xi) = P_p^{(p)}(\xi)$. Comme P_p est de degré p, nous savons que $P_p^{(p)}(\xi) = a_p\, p!$, où a_p est le coefficient devant x^p, soit ici $a_p = f[x_0, \ldots, x_p]$. Par transitivité, nous obtenons le résultat $f[x_0, \ldots, x_p] = a_p = f^{(p)}(\xi)/p!$. □

Nous sommes maintenant en mesure de prouver le Théorème 5.10

DÉMONSTRATION. Soit $x \in [a, b]$, introduisons Q le polynôme d'interpolation aux points $x_0, \ldots, x_n$ et x. D'après la formule de Newton, ce polynôme est donné au point x par $Q(x) = P_n(x) + f[x_0, \ldots, x_n, x]\, \pi_n(x)$.
Or, puisque $Q(x) = f(x)$ nous avons également

$$f(x) = P_n(x) + f[x_0, \ldots, x_n, x]\, \pi_n(x).$$

Finalement, en appliquant le Lemme 5.11, il existe $\xi \in [a, b]$ tel que

$$f(x) = P_n(x) + \frac{f^{(n+1)}(\xi)}{(n+1)!}\, \pi_n(x),$$

ce qui démontre le théorème. □

Notons bien que ce résultat ne signifie pas que l'interpolé de Lagrange P_n converge vers la fonction régulière $f \in \mathscr{C}^\infty([a, b], \mathbb{R})$ lorsque le degré n tend vers l'infini. En effet, le polynôme π_n peut osciller considérablement lorsque n devient grand. L'erreur dépend donc de la taille de l'intervalle $[a, b]$ et de la répartition des points $(x_i)_{0 \leqslant i \leqslant n}$ sur l'intervalle $[a, b]$. Illustrons ce phénomène d'oscillation lorsque les points sont équidistants. C'est le phénomène de Runge.

Exemple : Phénomène de Runge

Prenons simplement des points $(x_i)_{0 \leqslant i \leqslant n}$ équidistants sur l'intervalle $[-1, 1]$ et la fonction $f \in \mathscr{C}^\infty(\mathbb{R}, \mathbb{R})$ donnée par

$$f(x) = \frac{1}{25\,x^2 + 1}, \quad x \in [-1, 1].$$

Nous observons alors le phénomène de Runge[1].

La Figure 5.2 représente la courbe de f et les polynômes de Lagrange correspondants de degré $n = 7$, 9 et 11. Nous constatons graphiquement (et nous pourrions même le démontrer mais c'est un peu compliqué !) que lorsque n tend vers l'infini, le polynôme de Lagrange défini à partir d'un ensemble de points équidistants ne va pas converger vers la fonction f. C'est ce que nous appelons le phénomène de Runge.

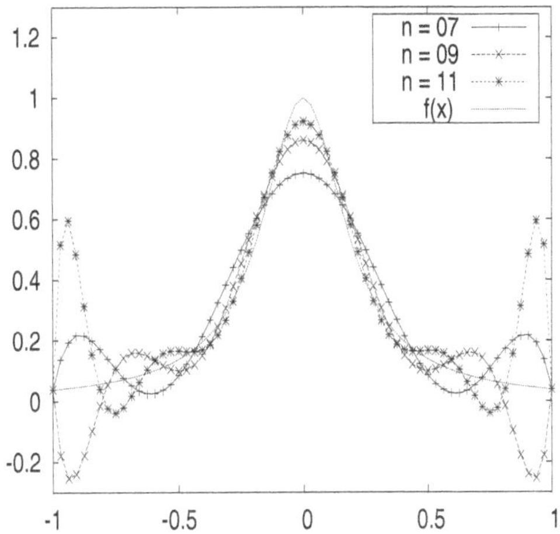

Figure 5.2
La fonction f et les polynômes de Lagrange de degré 7, 9 et 11 correspondants.

Cependant, nous verrons un peu plus tard qu'il est possible de calculer l'ensemble des points d'interpolation de manière à rendre l'erreur $\|\pi_n\|_\infty$ la plus petite possible (grâce aux polynômes de Tchebychev) mais ceci n'évite pas nécessairement le phénomène de Runge. En définitive, pour remédier à ce problème, nous proposons une autre stratégie qui est souvent utilisée dans la pratique : c'est l'interpolation composée.

5.2.2 Interpolation composée

Pour éviter les instabilités numériques du type « phénomène de Runge », nous préférons l'interpolation polynomiale de degré peu élevé sur des intervalles de petites tailles.

Décomposons une première fois l'intervalle $[a, b]$ en $n + 1$ points (voir Figure 5.3)

$$a = a_0 < \ldots < a_n = b. \qquad (5.6)$$

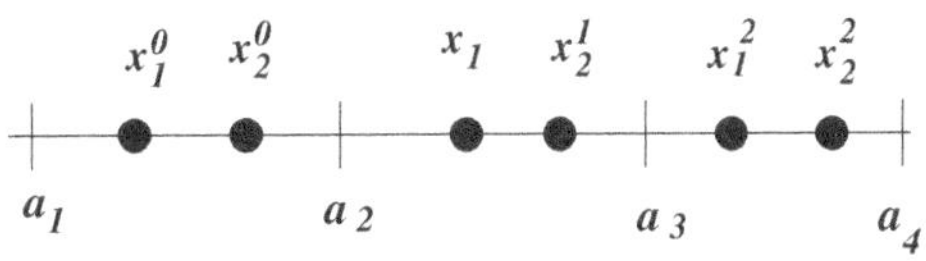

Figure 5.3
Exemple d'une répartition de points pour l'interpolation composée.

1. Carl David Tolmé Runge (1856-1927) fut un mathématicien et physicien allemand. En 1901, il découvrit que le procédé d'interpolation peut diverger pour certaines fonctions régulières. En outre, ses travaux portèrent essentiellement sur la résolution numérique d'équations différentielles (voir Chapitre 6). Nous verrons qu'il est également l'auteur de la méthode de Runge-Kutta pour la discrétisation des équations différentielles.

Puis, sur chaque intervalle $[a_i, a_{i+1}]$, construisons un polynôme d'interpolation de Lagrange $P_{i,m}$ de la fonction f à l'aide de $m + 1$ points, notés $(x_j^i)_{0\leqslant j\leqslant m}$ de $[a_i, a_{i+1}]$

$$x_0^i < \ldots < x_{m-1}^i < x_m^i. \quad (5.7)$$

Pour assurer que la reconstruction sur tout l'intervalle $[a, b]$ soit continue, nous prenons les extrémités des intervalles $x_0^i = a_i$ et $x_m^i = a_{i+1}$. Démontrons alors en utilisant les résultats précédents le théorème suivant.

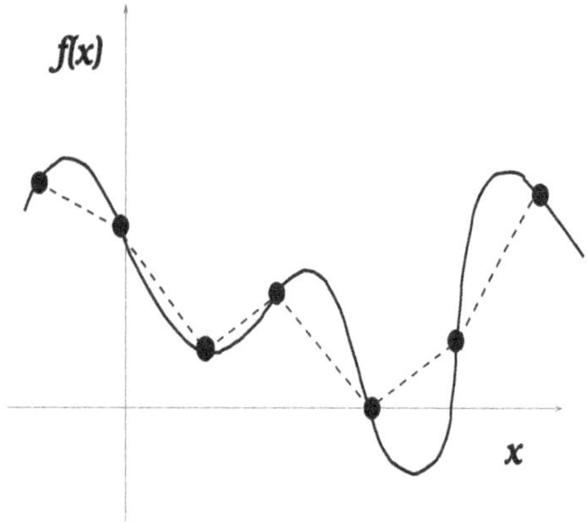

Figure 5.4
Illustration de l'interpolation composée pour l'approximation d'une fonction f par des polynômes de degré un.

Théorème 5.12 ***Erreur de l'interpolation composée***

Soient n et m deux entiers positifs et un ensemble de points $(a_i)_{0\leqslant i\leqslant n}$ de l'intervalle $[a, b]$. Choisissons sur chaque intervalle $[a_i, a_{i+1}]$ un ensemble de points $(x_j^i)_{0\leqslant j\leqslant m}$ vérifiant (5.6)-(5.7). Alors il existe une seule fonction continue $f_{m,n}$ telle que

- la fonction $f_{m,n|[a_i, a_{i+1}]}$ est un polynôme de degré m,
- sur l'intervalle $[a_i, a_{i+1}]$ pour tout $0 \leqslant i \leqslant n$, $f_{m,n}(x_j^i) = f(x_j^i)$, pour tout $0 \leqslant j \leqslant m$.

En outre, si la fonction $f \in \mathscr{C}^{m+1}([a, b], \mathbb{R})$, alors

$$\|f - f_{m,n}\|_\infty \leqslant \frac{h^{m+1}}{(m+1)!} \|f^{(m+1)}\|_\infty,$$

avec $h = \max_{0\leqslant i\leqslant n} |a_{i+1} - a_i|$.

Dans la pratique nous constatons donc que les meilleures approximations ne sont pas forcément données par des polynômes de degré élevé mais plutôt en combinant une partition de l'intervalle $[a, b]$ en sous-intervalles de taille réduite et des interpolations de degrés modérés. Dans l'Exercice 5.4, nous proposons un exemple d'interpolation composée et constatons que cette approximation est bien meilleure que l'interpolation par des polynômes de degré élevé.

5.2.3 Applications : formules de quadrature pour l'approximation d'intégrales

Pour une fonction continue f définie de l'intervalle $[a, b]$ et à valeurs dans $\mathbb{R}$, nous approchons la valeur de son intégrale sur l'intervalle $[a, b]$

$$I = \int_a^b f(x)\,dx.$$

Il existe toute une famille d'algorithmes permettant d'approcher sa valeur numérique. Tous ces algorithmes consistent à approcher l'intégrale par une formule dite de « quadrature », du type

$$I(f) = \sum_{i=0}^{n} \omega_i\, f(x_i).$$

Le choix du nombre de points $(n + 1)$, des poids $(\omega_i)_{0\leqslant i\leqslant n}$ et des points $(x_i)_{0\leqslant i\leqslant n}$ dépend de la méthode employée. Il conviendra aussi de s'intéresser à la précision des formules employées. Ces méthodes utilisent la technique de l'interpolation des fonctions à intégrer. Généralement, la fonction est d'abord interpolée par un polynôme puisqu'il est très facile d'en connaître la primitive. Il s'agit alors de fournir des valeurs pour les points $(x_i)_{0\leqslant i\leqslant n}$ et les poids $(\omega_i)_{0\leqslant i\leqslant n}$ et d'évaluer l'erreur entre la valeur exacte et la valeur numérique de l'intégrale I.

Dans un premier temps, donnons quelques formules de quadrature classiques et le calcul de l'erreur. Ensuite, présentons la formule de Newton-Cotes basée sur l'interpolation composée.

- *Formule des rectangles*

C'est la méthode la plus simple qui consiste à interpoler la fonction f à intégrer par une fonction constante (polynôme de degré 0).

Soit ξ le point d'interpolation ; la formule devient alors :

$$I(f) = (b - a)\, f(\xi). \qquad (5.8)$$

Ici, nous considérons le cas $\xi = a$ ou $\xi = b$, ce qui correspond à l'aire du rectangle de largeur $(b - a)$ et de longueur $|f(a)|$ ou $|f(b)|$.

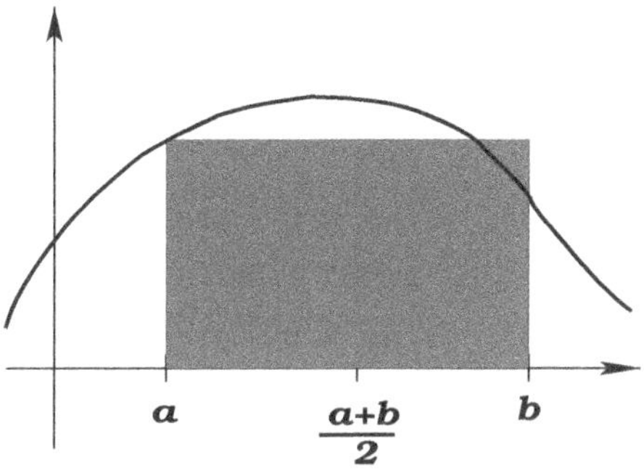

Figure 5.5
Formule des rectangles.

Aussi, cela revient à approcher la fonction f sur l'intervalle $[a, b]$ par le polynôme d'interpolation de Lagrange de degré zéro construit à partir de a ou de b. Ainsi, le résultat du Théorème 5.10 fournit une estimation de l'erreur

$$|I(f) - I| \leqslant \frac{(b-a)^2}{2} \sup_{y\in[a,b]} |f'(y)|.$$

Cette formule de quadrature s'appelle la méthode des rectangles.

- *Formule des trapèzes*

Cette fois-ci, interpolons la fonction f par un polynôme de degré un. Pour cela, nous avons besoin de deux points d'interpolation, à savoir $(a, f(a))$ et $(b, f(b))$.

L'intégrale est alors approchée par celle du polynôme correspondant, en l'occurrence celui donnant l'aire d'un trapèze

$$I(f) = \frac{(b-a)}{2}(f(a) + f(b)).$$

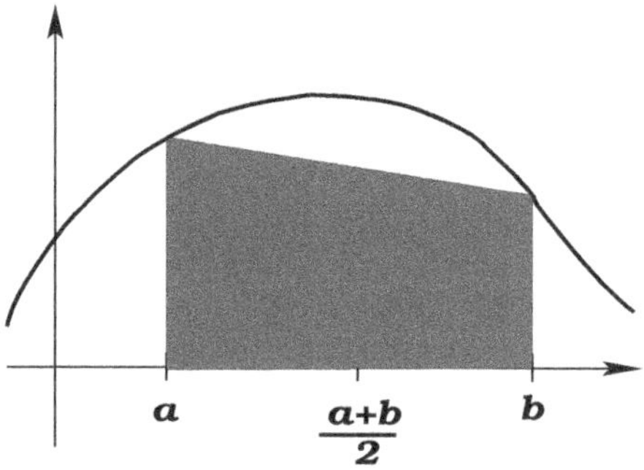

Figure 5.6
Formule des trapèzes.

En outre le résultat du Théorème 5.10 fournit une estimation de l'erreur donnée par

$$E(f) = |I(f) - I| \leqslant \frac{(b-a)^3}{12} \sup_{y \in [a,b]} |f''(y)|.$$

Notons que l'erreur est nulle pour tout polynôme de degré inférieur ou égal à un.

- *Formule de Simpson*

En utilisant un polynôme de Lagrange de degré deux, nous obtenons la formule de Simpson suivante

$$I(f) = \frac{(b-a)}{6}(f(a) + f(b)) + 2\frac{(b-a)}{3} f\left(\frac{a+b}{2}\right),$$

qui utilise trois points a, $(a+b)/2$ et b.

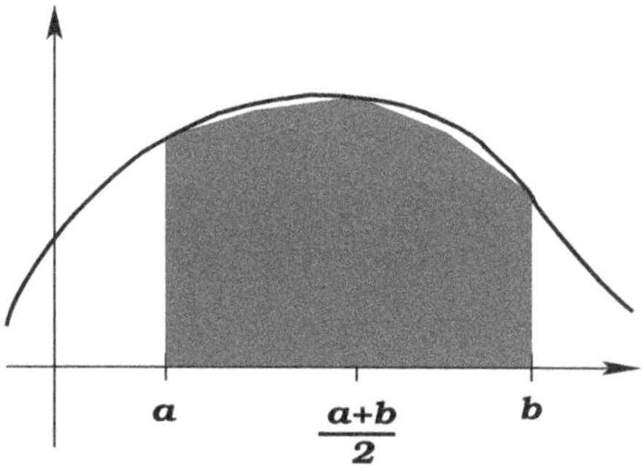

Figure 5.7
Formule de Simpson.

Plus généralement, nous pouvons fabriquer une formule de quadrature pour n'importe quel entier $n \geqslant 0$ par

$$I(f) = \sum_{i=0}^{n} \omega_i f(x_i)$$

avec $x_i = a + i\,h$, $h = (b-a)/n$ et les poids $(\omega_i)_{0 \leqslant i \leqslant n}$ vérifient

$$\sum_{i=0}^{n} \omega_i = b - a.$$

• *Formule de Newton-Cotes*

Les formules de Newton-Cotes permettent de généraliser ces résultats sur des intervalles constants, où la fonction f est interpolée par des polynômes de degré élevé. Cependant, pour des questions de stabilité numérique liée au comportement oscillatoire des polynômes de degré élevé (voir phénomène de Runge), il est préférable de limiter le degré du polynôme d'interpolation en subdivisant l'intervalle $[a, b]$ en sous-intervalles, pour lesquels une interpolation linéaire est suffisante. C'est exactement le même procédé que celui décrit pour l'interpolation composée. Comme nous l'avons montré pour chacune des méthodes précédentes, le terme d'erreur dépend de $b - a$. Ainsi, lorsque cette amplitude est trop élevée, nous réduisons simplement l'erreur en découpant l'intervalle $[a, b]$ en n sous-intervalles, sur lesquels nous calculons la valeur approchée de l'intégrale. Nous parlons alors de formule composite. La valeur sur l'intervalle $[a, b]$ sera la somme de la valeur sur chaque sous-intervalle.

Plus précisément, nous divisons l'intervalle $[a, b]$ en n sous-intervalles de longueur $h = (b - a)/n$, et posons $x_k = a + k\,h$, pour $k \in \{0, \ldots, n\}$. En appliquant par exemple la méthode des trapèzes sur chaque intervalle $[x_k, x_{k+1}]$, pour $k \in \{0, \ldots, n - 1\}$, la formule devient

$$I(f) = h \sum_{k=0}^{n-1} \frac{f(x_k) + f(x_{k+1})}{2}$$

ou encore à l'aide d'un changement d'indice

$$I(f) = h\,\frac{f(a) + f(b)}{2} + h \sum_{k=1}^{n-1} f(x_k).$$

En appliquant, l'erreur de quadrature de la formule des trapèzes sur chaque intervalle et en supposant que $f \in \mathscr{C}^2([a, b], \mathbb{R})$, le terme d'erreur s'écrit

$$E(h) \leqslant h^2\,\frac{(b - a)}{12} \sup_{y \in [a,b]} |f''(y)|.$$

Constatons alors que lorsque le nombre de subdivisions de l'intervalle $[a, b]$ augmente, l'erreur $E(h)$ diminue de manière quadratique : la méthode est d'ordre deux.

5.2.4 Interpolation de Hermite

L'objectif est de construire un polynôme d'interpolation d'une fonction f en utilisant des valeurs de f et de sa dérivée f' aux points $(x_i)_{0 \leqslant i \leqslant n}$ d'un intervalle $[a, b]$. C'est l'interpolation de Hermite[1].

1. En référence à Charles Hermite, mathématicien français (1822-1901) dont les travaux portèrent surtout sur la théorie des nombres, l'étude des polynômes orthogonaux et les équations différentielles.

Spline cubique de Hermite

Pour construire un polynôme d'interpolation sur l'intervalle $[0,1]$, introduisons une fonction « spline cubique », c'est-à-dire un polynôme P de degré trois tel que $P \in \mathrm{Vect}\{h_{00}, h_{10}, h_{01}, h_{11}\}$ avec pour tout $x \in [0,1]$

$$\begin{cases} h_{00}(x) = 2x^3 - 3x^2 + 1, \\ h_{10}(x) = -2x^3 + 3x^2, \\ h_{01}(x) = x^3 - 2x^2 + x, \\ h_{11}(x) = x^3 - x^2, \end{cases}$$

ce qui permet de construire un polynôme P comme

$$P(x) = \alpha\, h_{00}(x) + \beta\, h_{10}(x) + \gamma\, h_{01}(x) + \delta\, h_{11}(x),$$

lequel vérifie $P(0) = \alpha$, $P(1) = \beta$ et $P'(0) = \gamma$, $P'(1) = \delta$. Observons ainsi que la connaissance des valeurs d'une fonction f et de sa dérivée aux points $x = 0$ et $x = 1$ suffit à construire la spline cubique.

Étudions maintenant comment généraliser cette procédure à un nombre quelconque de points. Soient $(x_i)_{0 \leqslant i \leqslant n}$ un ensemble de $(n+1)$ points distincts de l'intervalle $[a,b] \subset \mathbb{R}$ et $f \in \mathscr{C}^1([a,b],\mathbb{R})$ une fonction donnée. Supposons que les valeurs de la fonction f et de sa dérivées soient connues aux points $(x_i)_{0 \leqslant i \leqslant n}$ et souhaitons construire un polynôme d'interpolation P_n de degré minimal qui vérifie

$$P_n(x_i) = f(x_i), \quad P_n'(x_i) = f'(x_i), \quad 0 \leqslant i \leqslant n. \tag{5.9}$$

Notons toujours que :

$$L_i(x) = \prod_{\substack{j=0 \\ j \neq i}}^{n} \frac{x - x_j}{x_i - x_j}.$$

Démontrons le résultat suivant

Théorème 5.13 ***Existence du polynôme d'interpolation de Hermite***

Le polynôme P_n est de degré $2n+1$ et s'écrit

$$P_n(x) = \sum_{i=0}^{n} f(x_i)\, H_i(x) + \sum_{i=0}^{n} f'(x_i)\, \tilde{H}_i(x)$$

avec $H_i(x) = (1 - 2\,L_i'(x_i)(x - x_i))\, L_i^2(x)$ et $\tilde{H}_i(x) = (x - x_i)\, L_i^2(x)$. En outre, lorsque $f \in \mathscr{C}^{2(n+1)}([a,b],\mathbb{R})$

$$|f(x) - P_n(x)| \leqslant \frac{\|f^{(2(n+1))}\|_\infty}{(2n+2)!} \prod_{i=0}^{n} (x - x_i)^2. \tag{5.10}$$

Le polynôme P_n s'appelle le polynôme d'interpolation de Hermite de la fonction f.

DÉMONSTRATION. Procédons en plusieurs étapes et vérifions d'abord que $H_i(x_j) = \delta_{i,j}$, $H_i'(x_j) = 0$ et $\tilde{H}_i(x_j) = 0$, $\tilde{H}_i'(x_j) = \delta_{i,j}$.
Ainsi en prenant P_n donné par

$$P_n(x) = \sum_{i=0}^{n} f(x_i)\, H_i(x) + \sum_{i=0}^{n} f'(x_i)\, \tilde{H}_i(x)$$

nous prouvons qu'il existe bien un polynôme de degré $2n+1$ vérifiant les conditions requises (5.9). Nous vérifions que ce polynôme est forcément unique.

Pour démontrer l'estimation de l'erreur, nous la vérifions d'abord en chaque point x_i, pour $0 \leqslant i \leqslant n$. Puis, prenons $x \in [a,b]$ où x est différent des points $(x_i)_{0 \leqslant i \leqslant n}$ et posons

$$\pi_n^2(x) = \prod_{i=0}^{n} (x - x_i)^2$$

et pour $y \in [a,b]$

$$F(y) = f(y) - P_n(y) - \frac{f(x) - P_n(x)}{\pi_n^2(x)}\, \pi_n^2(y).$$

Nous vérifions aisément que x est une racine de F, et x_i est racine double de F.

Ainsi, en appliquant le théorème de Rolle à la fonction F, nous montrons qu'il existe $(\xi_i)_{0 \leqslant i \leqslant n}$, distincts des points x_i, pour tout $0 \leqslant i \leqslant n$, et de x vérifiant $F'(\xi_i) = 0$ pour tout $0 \leqslant i \leqslant n$.

Or, nous avons aussi $F'(x_i) = 0$ pour tout $0 \leqslant i \leqslant n$, ce qui signifie que F' admet $2(n+1)$ racines distinctes. En appliquant de manière successive le Théorème de Rolle, nous prouvons qu'il existe $\eta_x \in [a,b]$ tel que $F^{(2n+2)}(\eta_x) = 0$.

En dérivant $2(n+1)$ fois la fonction $F(y)$ et en nous plaçant au point $\eta_x \in [a,b]$, nous obtenons directement

$$(2n+2)!\, \frac{f(x) - P_n(x)}{\pi_n^2(x)} = f^{(2(n+1))}(\eta_x),$$

ce qui conduit facilement au résultat final. □

5.3 MÉTHODE DES MOINDRES CARRÉS

Jusqu'ici nous avons toujours considéré l'approximation d'une fonction par un procédé d'interpolation à l'aide des valeurs de la fonction f en des points $(x_i)_{0 \leqslant i \leqslant n}$, ce qui suppose que ces valeurs soient connues exactement. Or, dans la plupart des situations, ce n'est pas le cas. En particulier lorsque les valeurs de f proviennent de mesures expérimentales.

Le résultat de mesures physiques tel que celui présenté sur la Figure 5.8 conduit à penser que $f(x)$ doit être une fonction affine $f(x) = a_1 x + a_0$. Il ne semble pas très raisonnable de remplacer $f(x)$ par un polynôme d'interpolation aux points $(x_i)_{0 \leqslant i \leqslant n}$ dont le calcul dépendrait des valeurs manifestement erronées $(f(x_i))_{0 \leqslant i \leqslant n}$.

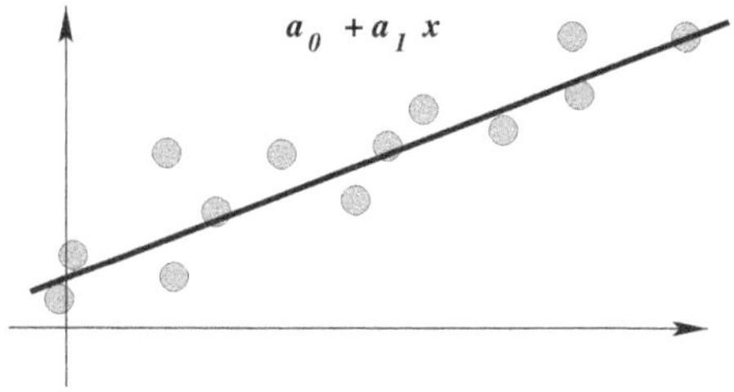

Figure 5.8
Approximation linéaire (trait continu) au sens des moindres carrés à partir de données physiques (points).

En effet, une analyse « statistique » succincte du phénomène ci-dessus indique que ces valeurs $(f(x_i))_{0 \leqslant i \leqslant n}$ contiennent une information juste (variant lentement) mais aussi un certain « bruit » (c'est un signal parasite variant rapidement mais de faible amplitude). L'ajustement de données consiste à éliminer ce « bruit ». Dans cet exemple, le principe de la méthode va consister à chercher la fonction f, non plus sous la forme d'un polynôme de degré n mais plutôt sous la forme $f(x) = a_1 x + a_0$ où a_0 et a_1 sont calculées de manière à rendre le bruit le plus faible possible. Il reste à définir correctement la notion de plus faible possible, nous pourrions par exemple rechercher les valeurs a_0 et $a_1 \in \mathbb{R}$ solution du problème de minimisation suivant,

$$\max_{0 \leqslant i \leqslant n} |f(x_i) - (a_0 + a_1 x_i)| \tag{5.11}$$

Cependant, le plus souvent nous préférons minimiser la quantité suivante,

$$\sum_{i=0}^{n} |f(x_i) - (a_0 + a_1 x_i)|^2, \tag{5.12}$$

car ce problème peut être résolu plus facilement. C'est la méthode des moindres carrés.

5.3.1 Rappel du théorème d'approximation

Avant de passer à la description de la méthode des moindres carrés, démontrons un résultat d'existence de solutions qui s'applique à la fois aux problèmes (5.11) et (5.12) mais ne donne pas l'unicité de la solution, ce qui est un inconvénient d'un point de vue de la mise en œuvre de l'algorithme.

Théorème 5.14 ***Théorème d'approximation***

Soient $(E, \|.\|_E)$ un espace vectoriel normé et $\mathcal{P}_n$ un sous-espace vectoriel de E de dimension $n \geqslant 1$. Alors pour tout élément $f \in E$, il existe au moins un élément $P^\star \in \mathcal{P}_n$, définie comme étant la meilleure approximation de f dans $\mathcal{P}_n$, c'est-à-dire

$$\|f - P^\star\|_E = \min_{P \in \mathcal{P}_n} \|f - P\|_E.$$

DÉMONSTRATION. Notons d la distance induite par la norme $\|.\|_E$ de l'espace vectoriel E : pour tout f et $g \in E$, $d(f,g) = \|f - g\|_E$.
Soient $f \in E$ et $\mathcal{P}_n$ un sous-espace vectoriel de E de dimension $n \geqslant 1$. Définissons alors

$$d(f,\mathcal{P}_n) = \inf_{Q \in \mathcal{P}_n} \|f - Q\|_E.$$

Par définition de l'infimum, il existe une suite $(Q_k)_{k\in\mathbb{N}} \subset \mathcal{P}_n$ telle que

$$\lim_{k\to\infty} \|f - Q_k\|_E = d(f,\mathcal{P}_n).$$

Montrons que la suite $(Q_k)_{k\in\mathbb{N}}$ est bornée. D'une part, par définition de la limite, pour tout $\varepsilon > 0$, il existe $k_\varepsilon \in \mathbb{N}$ tel que pour tout $k \geqslant k_\varepsilon$

$$\big|\, \|f - Q_k\|_E - d(f,\mathcal{P}_n) \big| \leqslant \varepsilon$$

$\varepsilon = d(f,\mathcal{P}_n)$ donc il existe $k_0 \in \mathbb{N}$ tel que pour tout $k > k_0$,

$$\begin{aligned} \|Q_k\|_E &\leqslant \|Q_k - f\|_E + \|f\|_E \\ &\leqslant 2d(f,\mathcal{P}_n) + \|f\|_E. \end{aligned}$$

Ainsi, $(Q_k)_{k\in\mathbb{N}}$ est une suite bornée, et puisque $\mathcal{P}_n$ est un sous-espace vectoriel de E de dimension finie, il existe donc $P^\star \in \mathcal{P}_n$ et une sous-suite extraite de $(Q_k)_{k\in\mathbb{N}}$, toujours notée de la même manière, tels que $Q_k \to P^\star$, lorsque $k \to +\infty$, et donc

$$\|f - P^\star\|_E = d(f,\mathcal{P}_n) = \inf_{Q\in\mathcal{P}_n} \|f - Q\|_E. \qquad \square$$

Exemple

Prenons par exemple $E = \mathbb{R}^{n+1}$ avec $n \geqslant 1$, ce qui correspond au nombre de points dont nous connaissons les valeurs approchées. Munissons E de la norme du max $\|.\|_\infty$ et prenons $\mathcal{P}_2$ un sous-espace vectoriel de E de dimension 2. En appliquant le Théorème 5.14, nous démontrons alors qu'il existe au moins une solution de (5.11), c'est-à-dire un polynôme de degré un qui minimise la norme du max de $\mathbb{R}^{n+1}$

$$\max_{0\leqslant i\leqslant n} |f(x_i) - (a_0 + a_1 x_i)|$$

Notons que ce théorème est en réalité beaucoup plus général puisque l'espace E n'est pas forcément de dimension finie :

Exemple

Pour un intervalle $[a,b]$ de $\mathbb{R}$, prenons $E = \mathscr{C}^0([a,b],\mathbb{R})$ muni de la norme du max $\|.\|_\infty$ et prenons $\mathcal{P}_1 \subset E$ l'espace vectoriel des polynôme de degré inférieur ou égal à un, qui est de dimension 2. En appliquant le Théorème 5.14, nous démontrons alors qu'il existe au moins une solution du problème de minimisation

$$\|f - p^\star\|_\infty = \inf_{p\in\mathcal{P}_1} \|f - p\|_\infty,$$

c'est-à-dire un polynôme de degré un qui minimise la norme sup $\|.\|_\infty$ de $\mathscr{C}^0([a,b],\mathbb{R})$.

En définitive, ce théorème assure l'existence d'au moins une solution au problème (5.11) ou (5.12) mais il n'est en aucun cas constructif. C'est une méthode de compacité : l'existence d'une suite convergeant vers la solution est démontrée mais la suite n'est pas construite explicitement.

Pour remédier à cet inconvénient, nous ajoutons une hypothèse supplémentaire à savoir que l'espace E est un espace de Hilbert. Nous appliquons alors le Théorème de la projection vu au chapitre précédent (Théorème 4.29) sur un sous-espace vectoriel $\mathcal{P}_n$ de dimension fini (c'est bien un sous-ensemble fermé, convexe de E). Nous pouvons alors caractériser la solution $P^\star$ de (5.12) comme l'unique solution vérifiant

$$\langle f - P^\star, Q\rangle_E = 0, \forall Q \in \mathcal{P}_n. \tag{5.13}$$

En effet, il suffit de vérifier que lorsque $\mathcal{P}_n$ est un sous-espace vectoriel de E, pour tout $Q \in \mathcal{P}_n$, nous avons aussi $-Q \in \mathcal{P}_n$, ce qui signifie que (4.22) est dans ce cas une égalité.

5.3.2 Résolution du problème des moindres carrés discrets

Reprenons le problème des moindres carrés (5.12) et considérons $n + 1$ points $(x_i)_{0\leqslant i\leqslant n} \subset \mathbb{R}$ et $n + 1$ réels $(y_i)_{0\leqslant i\leqslant n} \subset \mathbb{R}$. En outre, pour tout $0 \leqslant j \leqslant m$, notons $\phi_j : \mathbb{R} \mapsto \mathbb{R}$ avec $m \leqslant n$ et $\mathcal{U}$ l'espace vectoriel engendré par ces fonctions $\mathcal{U} = \text{Vect}\{\phi_0, \dots, \phi_m\}$.

La méthode des moindres carrés consiste à rechercher une fonction $\phi^\star \in \mathcal{U}$ dont les valeurs $\phi^\star(x_i)$ sont les plus proches possible de y_i pour tout $0 \leqslant i \leqslant n$. Autrement dit, nous souhaitons résoudre le problème de minimisation suivant : trouver $\phi^\star \in \mathcal{U}$ telle que

$$\sum_{i=0}^{n} |y_i - \phi^\star(x_i)|^2 = \min_{\phi\in\mathcal{U}} \sum_{i=0}^{n} |\phi(x_i) - y_i|^2. \tag{5.14}$$

Démontrons alors un résultat d'existence et d'unicité de la solution et proposons par la même occasion un algorithme de construction.

Théorème 5.15

Soit $(\phi_j)_{0\leqslant j\leqslant m}$ une famille libre de polynômes. Alors il existe une unique fonction $\phi^\star \in \mathcal{U}$ solution de (5.14). En outre, $\phi^\star(x) = \sum_{j=0}^{m} u_j\, \phi_j(x)$ où le vecteur $u = (u_0, \dots, u_m) \in \mathbb{R}^{m+1}$ est l'unique solution du système linéaire $B^T B\, u = B^T y$, avec $B \in \mathcal{M}_{n+1,m+1}(\mathbb{R})$ donnée par

$$B = \begin{pmatrix} \phi_0(x_0) & \dots & \phi_m(x_0) \\ \vdots & & \vdots \\ \phi_0(x_n) & \dots & \phi_m(x_n) \end{pmatrix}.$$

En définitive l'idée de la méthode des moindres carrés repose sur la recherche d'un vecteur $u^\star$ minimisant la norme euclidienne de $\mathbb{R}^{n+1}$

$$\|B\,u^\star - y\|_2, \tag{5.15}$$

pour une matrice $B \in \mathscr{M}_{n+1,m+1}$ (avec $m \leqslant n$) et un vecteur $y \in \mathbb{R}^{n+1}$.

DÉMONSTRATION. Nous allons démontrer que la solution du problème de minimisation peut être caractérisée comme étant la solution d'un système linéaire et que ce système linéaire admet une unique solution.

Dans une première étape, mettons le problème sous forme matricielle. Posons $y \in \mathbb{R}^{n+1}$ avec $y = (y_0, \ldots, y_n)^T \in \mathbb{R}^{n+1}$ et remarquons ensuite que l'application $z \in \mathbb{R}^{n+1} \mapsto \|z\| = \left(\sum_{i=0}^{n} |z_i|^2\right)^{1/2} \in \mathbb{R}^+$ correspond à la norme euclidienne de $\mathbb{R}^{n+1}$. Ensuite, pour un polynôme $\phi \in \mathcal{U}$, il vient $\phi(x_i) = \sum_{j=0}^{m} u_j\, \phi_j(x_i) \equiv (B\,u)_i$, avec $B \in \mathscr{M}_{n+1,m+1}(\mathbb{R})$ donnée par

$$B = \begin{pmatrix} \phi_0(x_0) & \ldots & \phi_m(x_0) \\ \vdots & & \vdots \\ \phi_0(x_n) & \ldots & \phi_m(x_n) \end{pmatrix}$$

et $u = (u_0, \ldots, u_m)^T \in \mathbb{R}^{m+1}$. Par conséquent, nous avons

$$\sum_{i=0}^{n} |\phi(x_i) - y_i|^2 = \|B\,u - y\|^2.$$

En notant $v = B\,u \in \mathbb{R}^{n+1}$, le problème revient alors à trouver $v^\star \in F := \left\{v \in \mathbb{R}^{n+1}, \exists\, u \in \mathbb{R}^{m+1},\ v = B\,u\right\} = \mathrm{Im}(B)$ réalisant le minimum de $\|v - y\|$ pour tout $v \in F$, c'est-à-dire $v^\star \in F$ tel que

$$\|v^\star - y\| = \min_{v \in F} \|v - y\|,$$

où $\|.\|$ désigne cette fois-ci la norme euclidienne de $\mathbb{R}^{n+1}$.

Ainsi, en appliquant le Théorème 4.29, nous démontrons qu'il existe un unique $v^\star \in F$ réalisant le minimum de $\|y - v\|$. Cette solution est caractérisée par $v^\star \in F$, vérifiant $\langle y - v^\star, v\rangle_{\mathbb{R}^{n+1}} = 0$, pour tout $v \in F$.

Puisque $v^\star \in F$, il existe $u^\star \in \mathbb{R}^{m+1}$ tel que $v^\star = B\,u^\star$, nous avons donc $\langle B\,u^\star - y, B\,u\rangle_{\mathbb{R}^{n+1}} = 0$, pour tout $u \in \mathbb{R}^{m+1}$ ou de manière équivalente

$$\langle B^T\,B\,u^\star - B^T\,y, u\rangle_{\mathbb{R}^{m+1}} = 0, \quad \forall\, u \in \mathbb{R}^{m+1}$$

et donc $B^T\,B\,u^\star = B^T\,y$.

Pour autant, ceci n'assure pas l'unicité. En effet, nous savons que $v^\star$ est unique d'après le théorème de la projection mais il peut exister plusieurs $u^\star$ tel que $B\,u^\star = v^\star$. L'unicité est liée au caractère injectif de B. En effet, puisque la famille de polynômes $\{\phi_0, \ldots, \phi_m\}$ est libre, la matrice B est bien de rang $m+1$, c'est-à-dire $\dim(\mathrm{Im}(B)) = \dim F = m+1$. Or, pour $B \in \mathscr{M}_{n+1,m+1}(\mathbb{R})$, nous avons $\dim(\mathrm{Im}(B)) + \dim(\mathrm{Ker}(B)) = \dim(\mathbb{R}^{m+1}) = m+1$, ce qui signifie que $\mathrm{Ker}(B) = \{0\}$ et donc B est injective. Nous en déduisons que $B^T B$ est symétrique et définie positive, elle est inversible. Il existe donc une unique solution $u^\star \in \mathbb{R}^{m+1}$ de (5.14). □

Par la suite, généralisons la méthode des moindres carrés à des problèmes continus, ce qui permettra de construire des polynômes particuliers : les polynômes orthogonaux.

5.4 Polynômes orthogonaux

Nous avons déjà utilisé les espaces des Hilbert lors du chapitre précédent (voir le Paragraphe 4.2.2). Introduisons maintenant une notion supplémentaire : l'orthogonalité.

Définition 5.16

Soit E un $\mathbb{K}$-espace de Hilbert. La famille $(e_n)_{n\in I} \subset E$ avec $I \subset \mathbb{N}$ est orthogonale par rapport au produit scalaire $\langle .\,, .\rangle$ lorsque $\langle e_n\,, e_p\rangle = 0$, pour tout $p \neq n$.
En outre, la famille $(e_n)_{n\in I} \subset E$ est orthonormale par rapport au produit scalaire $\langle .\,, .\rangle$ lorsque $\langle e_n\,, e_n\rangle = 0$, pour tout $p \neq n$ et $\langle e_n\,, e_n\rangle = 1$, pour $n \in I$.

Toute famille orthogonale constituée de vecteurs non nuls est libre, il suffit d'effectuer le produit scalaire pour le vérifier. Nous avons alors les propriétés suivantes [18].

Proposition 5.17

Soit $(e_n)_{n\in I}$ une famille orthogonale de E muni d'un produit scalaire (E est appelé espace pré-hilbertien). Alors pour tout élément $x \in E$, l'inégalité de Bessel est donnée par $\sum_{n\in I} |\langle x\,, e_n\rangle|^2 \leqslant \|x\|^2$.
En outre, si $(e_n)_{n\in I}$ forme une base de E, l'égalité

$$\sum_{n\in I} |\langle x\,, e_n\rangle|^2 = \|x\|^2,$$

est connue sous le nom d'égalité de Parseval, de plus la série $\sum_{n\in I} \langle x\,, e_n\rangle\, e_n$ converge vers x.

5.4.1 Construction de polynômes orthogonaux

Soit ω une fonction strictement positive sur $[a, b]$, appelée poids. Notons

$$L^2_\omega(]a,b[) = \left\{ f\ : [a,b] \mapsto \mathbb{R}, \quad \int_a^b |f(x)|^2\, \omega(x)\, dx < \infty \right\}$$

où l'intégrale est à prendre au sens de Lebesgue [18]. Par la suite, utilisons les notations suivantes :

- pour $\omega(x)$ une fonction strictement positive sur $[a,b]$, $\langle .,. \rangle_\omega$ désigne le produit scalaire pondéré par le poids ω : pour toute fonction f, g régulières

$$\langle f, g \rangle_\omega = \int_a^b f(x)\, g(x)\, \omega(x)\, dx\,;$$

- l'espace $L^2_\omega(]a,b[)$ est l'espace de Hilbert des fonctions de carré sommable sur $[a,b]$ par rapport au poids ω. C'est un espace vectoriel normé (dont chaque élément est une fonction) complet, muni d'un produit scalaire ;
- la norme associée au produit scalaire est donnée par l'application

$$f \in L^2_\omega(]a,b[) \mapsto \|f\|_\omega \in \mathbb{R}^+$$

  telle que

$$\|f\|^2_{L^2_\omega} = \langle f, f \rangle_\omega = \int_a^b |f(x)|^2\, \omega(x)\, dx.$$

Introduisons également la norme de la convergence uniforme sur $[a,b]$ définie par

$$\|f\|_{L^\infty} = \sup_{x \in [a,b]} |f(x)|,$$

celle-ci est correctement définie si f est par exemple continue.

Appliquons alors le produit scalaire à poids à des polynômes.

Définition 5.18

Soit $(P_n)_{n\in\mathbb{N}} \subset \mathcal{P}(\mathbb{R})$. La suite de polynômes $(P_n)_{n\in\mathbb{N}}$ est une suite de polynômes orthogonaux par rapport au produit scalaire $\langle .,. \rangle_\omega$, si les polynômes P_n sont orthogonaux dans $L^2_\omega(]a,b[)$.

Par la suite, supposons que

$$\int_a^b |x|^n\, \omega(x)\, dx < \infty, \qquad \forall n \geqslant 0, \qquad (*)$$

ce qui assure que tous les polynômes sont contenus dans l'espace $L^2_\omega(]a,b[)$.

Théorème 5.19 ***Construction de polynôme orthogonaux***

Soit ω une fonction strictement positive sur l'intervalle $[a,b]$ vérifiant $(*)$. Alors il existe une unique suite de polynômes $(P_n)_{n\in\mathbb{N}} \subset \mathcal{P}(\mathbb{R})$ orthogonaux par rapport au produit scalaire $\langle .,. \rangle_\omega$ et tel que P_n est de degré n et dont le coefficient devant

•••

•••

le terme x^n vaut un. Plus précisément, l'ensemble $(P_n)_{n\in\mathbb{N}}$ vérifie la relation de récurrence suivante

$$\begin{cases} P_0(x) = 1, \\ P_1(x) = x - \alpha_0, \\ P_{n+1}(x) = (x - \alpha_n)\, P_n(x) - \lambda_n\, P_{n-1}(x), \quad n \geqslant 1, \end{cases} \tag{5.16}$$

avec pour tout $n \in \mathbb{N}$

$$\alpha_n = \frac{1}{\|P_n\|^2_{L^2_\omega}} \int_a^b x\, P_n(x)\, P_n\, \omega(x)\, dx, \quad \lambda_n = \frac{\|P_n\|^2_{L^2_\omega}}{\|P_{n-1}\|^2_{L^2_\omega}}. \tag{5.17}$$

DÉMONSTRATION. Construisons les polynômes orthogonaux P_n par le procédé de Gram-Schmidt. Pour ce faire, posons d'abord $P_0(x) = 1$ et $P_1(x) = (x - \alpha_0)\, P_0(x)$ où α_0 est calculée de sorte que la condition d'orthogonalité entre P_0 et P_1 soit vérifiée, c'est-à-dire

$$\alpha_0 = \frac{\int_a^b x\, \omega(x)\, dx}{\int_a^b \omega(x)\, dx} = \frac{1}{\|P_0\|^2_{L^2_\omega}} \int_a^b x\, P_0(x)\, P_0(x)\, \omega(x)\, dx.$$

Observons également en utilisant la condition d'orthogonalité que

$$\begin{aligned} \int_a^b P_1^2(x)\omega(x)dx &= \int_a^b P_1(x)\,(x - \alpha_0)\, P_0(x)\omega(x)dx \\ &= \int_a^b x\, P_1(x) P_0(x)\omega(x)\, dx. \end{aligned} \tag{5.18}$$

Posons ensuite $P_2(x) = (x - \alpha_1)\, P_1(x) - \lambda_1\, P_0(x)$. Puis, des conditions

$$\langle P_2, P_1\rangle_\omega = \langle P_2, P_0\rangle_\omega = 0,$$

nous déduisons simplement que

$$\alpha_1 = \frac{1}{\|P_1\|^2_{L^2_\omega}} \int_a^b x\, P_1(x)\, P_1(x)\, \omega(x)\, dx,$$

et en utilisant (5.18), il vient

$$\lambda_1 = \frac{1}{\|P_0\|^2_{L^2_\omega}} \int_a^b x\, P_1(x)\, P_0(x)\, \omega(x)\, dx,$$

ce qui démontre le résultat pour $n = 1$.

Procédons ensuite par récurrence et supposons que (5.17) est vraie au rang n, c'est-à-dire qu'il existe une famille de polynômes orthogonaux $\{P_0, \ldots, P_{n+1}\}$.
Posons alors $P_{n+2}(x) = (x - \alpha_{n+1}) P_{n+1}(x) - \lambda_{n+1} P_n(x)$.
D'une part, démontrons que pour tout $i \in \{0, \ldots, n-1\}$, le polynôme P_{n+2} est orthogonal au polynôme P_i construit précédemment. Pour cela, rappelons que $x\, P_i(x)$ est un polynôme de degré $i+1$ et d'après la Proposition 5.2, $(P_k)_{0 \leqslant k \leqslant i+1}$ forme une base de l'ensemble des polynômes de degré $i+1$ et donc $x\, P_i(x) = \sum_{k=0}^{i+1} c_k\, P_k(x)$. Il vient alors d'après l'hypothèse de récurrence

$$\begin{aligned} \langle P_{n+2}, P_i \rangle_\omega &= \sum_{k=0}^{i+1} c_k \langle P_{n+1}, P_k \rangle_\omega - \alpha_{n+1} \langle P_{n+1}, P_i \rangle_\omega - \lambda_{n+1} \langle P_n, P_i \rangle_\omega \\ &= 0. \end{aligned}$$

D'autre part, en imposant les conditions $\langle P_{n+2}, P_{n+1} \rangle_\omega = \langle P_{n+2}, P_n \rangle_\omega = 0$, nous en déduisons les valeurs de α_{n+1} et λ_{n+1}

$$\alpha_{n+1} = \frac{1}{\|P_{n+1}\|^2_{L^2_\omega}} \int_a^b x\, |P_{n+1}(x)|^2\, \omega(x)\, dx$$

et

$$\lambda_{n+1} = \frac{1}{\|P_n\|^2_{L^2_\omega}} \int_a^b x\, P_n(x)\, P_{n+1}(x)\, \omega(x)\, dx.$$

La valeur de λ_{n+1} n'est pas exactement celle proposée. Montrons alors que

$$\int_a^b x\, P_n(x)\, P_{n+1}(x)\, \omega(x)\, dx = \|P_{n+1}\|^2_{L^2_\omega}.$$

En effet, puisque l'ensemble $\{P_0, \ldots, P_{n+1}\}$ constitue une famille orthogonale dans $L^2_\omega(]a, b[)$; il forme une base de l'espace vectoriel des polynômes de degré $n+1$. En écrivant $x\, P_n(x)$ dans cette base et en utilisant le fait que le coefficient devant le terme de degré $n+1$ du polynôme $x\, P_n$ vaut 1, nous avons $x\, P_n(x) = P_{n+1}(x) + \sum_{i=0}^{n} c_i\, P_i(x)$ et déduisons que

$$\int_a^b x\, P_n(x)\, P_{n+1}(x)\, \omega(x)\, dx = \|P_{n+1}\|^2_{L^2_\omega},$$

ce qui donne le résultat. □

Énonçons ici deux résultats classiques sur les racines des polynômes orthogonaux.

Proposition 5.20 ***Racines de polynômes othogonaux***

Pour tout $n \geqslant 1$, nous avons

- le polynôme P_n possède exactement n racines simples contenues dans l'intervalle $]a, b[$,

•••

•••
- les racines $(x_i^n)_{1\leqslant i\leqslant n}$ de P_n séparent les racines $(x_i^{n+1})_{1\leqslant i\leqslant n+1}$ de P_{n+1}, c'est-à-dire

$$a < x_1^{n+1} < x_1^n < x_2^{n+2} < \ldots < x_n^{n+1} < x_n^n < x_{n+1}^{n+1} < b.$$

Avant de poursuivre, donnons deux exemples de polynômes orthogonaux :

Polynôme de Hermite

Les polynômes de Hermite H_n définis par

$$H_n(x) = (-1)^n e^{x^2/2} \frac{d^n}{dx^n}\left(e^{-x^2/2}\right)$$

sont orthogonaux dans $L^2_\omega(\mathbb{R})$ pour le produit scalaire associé au poids $\omega(x) = e^{-x^2/2}$, pour $x \in \mathbb{R}$.
Nous pouvons démontrer que les polynômes de Hermite sont donnés par la relation de récurrence suivante : pour tout $x \in \mathbb{R}$, $H_0(x) = 1$, $H_1(x) = x$ et $H_{n+1}(x) = x\,H_n(x) - n\,H_{n-1}(x)$.

Polynôme de Legendre

Les polynômes de Legendre P_n sont définis pour $x \in [-1, 1]$ par la récurrence suivante $P_0(x) = 1$, $P_1(x) = x$ et $(n+1)\,P_{n+1}(x) = (2n+1)\,x\,P_n(x) - n\,P_{n-1}(x)$.
Cette suite de polynômes forme une famille orthogonale dans $L^2_\omega(]-1, 1[)$ pour le produit scalaire associé au poids $\omega \equiv 1$.

Un autre exemple important est l'ensemble des polynômes de Tchebychev que nous étudierons précisément dans l'Exercice 5.6.

5.4.2 Méthode des moindres carrés continue

Nous avons présenté la méthode des moindres carrés discrète consistant à trouver par exemple un polynôme $P^\star$ qui approche une fonction connue seulement en certains points $(x_i, y_i)_{0\leqslant i\leqslant n}$. La méthode des moindres carrés continue consiste à approcher une fonction f par un polynôme $P^\star \in \mathcal{P}_n(\mathbb{R})$ qui minimise la norme $\|f - P\|_{L^2_\omega}$ sur l'ensemble des polynômes de degré inférieur ou égal à n, noté $\mathcal{P}_n(\mathbb{R})$. Pour la construction d'une telle approximation, nous utilisons des polynômes orthogonaux par rapport au produit scalaire associé à l'espace L^2_ω.

Pour tout $n \geqslant 1$, choisissons $(P_k)_{0\leqslant k\leqslant n}$ une suite de polynômes orthogonaux par rapport au produit scalaire $\langle .,. \rangle_\omega$, où ω représente la fonction poids et notons $\mathcal{P}_n(a, b)$, l'ensemble des polynômes de degré inférieur ou égal à n restreints à l'intervalle $[a, b]$. Observons que puisque la famille $(P_k)_{0\leqslant k\leqslant n}$ est libre, nous avons

$$\mathcal{P}_n(a, b) = \text{Vect}\{P_0, \ldots, P_n\}.$$

Pour une fonction f définie de l'intervalle $[a, b] \subset \mathbb{R}$ à valeurs dans $\mathbb{R}$ telle que $f \in L^2_\omega(]a, b[)$, nous recherchons un polynôme $P^\star \in \mathcal{P}_n(a, b)$ solution du problème

$$\|f - P^\star\|^2_{L^2_\omega} = \inf_{P \in \mathcal{P}_n(a,b)} \|f - P\|_{L^2_\omega}. \tag{5.19}$$

Démontrons alors le résultat suivant :

Théorème 5.21 ***Meilleure approximation***

Soient $n \geqslant 1$ et $f \in L^2_\omega(]a,b[)$. Il existe un unique polynôme $P^\star \in \mathcal{P}_n(a,b)$ solution de (5.19) qui s'écrit sous la forme $P^\star(x) = \sum_{i=0}^{n} c_i\, P_i(x)$, où les coefficients $(c_i)_{0\leqslant i\leqslant n}$ sont donnés par

$$c_i = \frac{\langle P_i, f\rangle_\omega}{\langle P_i, P_i\rangle_\omega}, \quad i = 0, \ldots, n.$$

DÉMONSTRATION. La démonstration de l'existence et de l'unicité de $P^\star \in \mathcal{P}_n(a,b)$ découle directement de l'application du Théorème 4.29. En outre, en écrivant $P^\star$ sous la forme $P^\star(x) = \sum_{i=0}^{n} c_i\, P_i(x)$, les coefficients $(c_i)_{0\leqslant i\leqslant n}$ vérifient d'après le Théorème 4.29,

$$\sum_{j=0}^{n} c_j\, \langle P_j\,,\, P\rangle_\omega = \langle f\,,\, P\rangle_\omega, \quad \forall\, P \in \mathcal{P}_n(a,b).$$

En choisissant $P = P_i$, pour $i = 0, \ldots, n$ et en utilisant l'orthogonalité des polynômes, nous obtenons le résultat

$$c_i\, \langle P_i, P_i\rangle_\omega = \langle f, P_i\rangle_\omega, \quad i = 0, \ldots, n,$$

ce qui correspond à l'expression souhaitée de c_i. □

Ce dernier théorème permet de comprendre pourquoi dans la pratique nous utilisons un espace fonctionnel muni d'un produit scalaire ; ce cadre permet en effet de donner une expression simple de la solution du problème de minimisation.

Exemple : approximation de l'exponentielle

Recherchons le polynôme P de degré inférieur ou égal à trois qui minimise

$$\int_{-1}^{1} |e^x - P(x)|^2\, dx.$$

Utilisons pour cela la base de polynômes de Legendre $L_0(x) = 1$, $L_1(x) = x$ et

$$L_2(x) = \frac{3}{2}\left(x^2 - \frac{1}{3}\right), \quad L_3(x) = \frac{5}{2}\left(x^3 - \frac{3}{5}x\right).$$

Calculons alors

$$\begin{aligned}
\langle f, L_0\rangle_1 &= \int_{-1}^{1} e^x\, dx = e - 1/e,\\
\langle f, L_1\rangle_1 &= \int_{-1}^{1} x\, e^x\, dx = 2/e,\\
\langle f, L_2\rangle_1 &= \frac{3}{2}\int_{-1}^{1}\left(x^2 - \frac{1}{3}\right) e^x\, dx = e - 7/e,\\
\langle f, L_3\rangle_1 &= \frac{5}{2}\int_{-1}^{1}\left(x^3 - \frac{3}{5}x\right) e^x\, dx = -5\,e + 37/e.
\end{aligned}$$

Par ailleurs, nous montrons que $\langle L_n, L_n \rangle_1 = 2/(2n+1)$ et déduisons alors l'expression du polynôme de degré inférieur ou égal à trois qui est la meilleure approximation au sens des moindres carrés de e^x

$$P^*(x) = \sum_{k=0}^{3} \frac{\langle f, L_k \rangle_1}{\langle L_k, L_k \rangle_1} L_k(x), \quad x \in [-1, 1].$$

5.4.3 Application : formules de quadrature pour l'approximation d'intégrales

Nous allons voir dans cette partie que les polynômes orthogonaux permettent de construire de nouvelles formules de quadrature pour l'approximation d'intégrales. Ces formules vont s'avérer être beaucoup plus précises que les formules de quadrature basées sur l'interpolation de Lagrange. Pour une fonction $f : [a,b] \mapsto \mathbb{R}$, nous souhaitons approcher la quantité

$$I = \int_a^b f(x)\, dx$$

par la formule de quadrature à $n+1$ points $I(f) = \sum_{i=0}^{n} \omega_i\, f(x_i)$.

Il s'agit donc de trouver des poids $(\omega_i)_{0 \leqslant i \leqslant n}$ et des points $(x_i)_{0 \leqslant i \leqslant n}$ pour que l'erreur $E(f) = |I(f) - I|$ soit minimale. Montrons alors un résultat qui permet de construire ces formules de quadrature exactes pour des polynômes de degré inférieur ou égal à $2n+1$ pour la calcul d'intégrales avec poids.

Théorème 5.22

Soient P_{n+1} le polynôme orthogonal à la famille de polynômes orthogonaux $\{P_0, \ldots, P_n\}$ pour le produit scalaire $\langle ., . \rangle_\omega$ et $(x_i)_{0 \leqslant i \leqslant n} \subset \mathbb{R}$ l'ensemble des racines distinctes du polynôme P_{n+1}. Les coefficients $(\omega_i)_{0 \leqslant i \leqslant n}$ forment l'unique solution du système

$$\sum_{i=0}^{n} P_k(x_i)\, \omega_i = \begin{cases} \langle P_0, P_0 \rangle_\omega & \text{si } k = 0 \\ 0 & \text{si } k = 1, \ldots, n \end{cases} \tag{5.20}$$

si et seulement si pour tout $0 \leqslant i \leqslant n$, $\omega_i > 0$ et

$$\int_a^b P(x)\, \omega(x)\, dx = \sum_{i=0}^{n} \omega_i\, P(x_i), \quad \forall P \in \mathcal{P}_{2n+1}(a,b). \tag{5.21}$$

En outre, il est impossible de trouver des nombres $(x_i)_{0 \leqslant i \leqslant n}$ et des poids $(\omega_i)_{0 \leqslant i \leqslant n}$ tels que (5.21) soit aussi vérifiée pour tout polynôme $P \in \mathcal{P}_{2n+2}(a,b)$.

DÉMONSTRATION. Supposons d'abord que $w = (\omega_0, \dots, \omega_n)^T$ est solution du système (5.20) qui s'écrit aussi $A^T\, w = f$ avec

$$A = \begin{pmatrix} P_0(x_0) & \dots & P_n(x_0) \\ \vdots & & \vdots \\ P_0(x_n) & \dots & P_n(x_n) \end{pmatrix},$$

et f est donné par le second membre de (5.20). Observons que puisque les polynômes $(P_k)_{0\leqslant k\leqslant n}$ sont orthogonaux, ils forment une famille libre et d'après la Proposition 5.20, les points $(x_i)_{0\leqslant i\leqslant n}$ sont distincts, ce qui signifie que la matrice A est inversible et ce système admet bien une unique solution. Ensuite considérons $P \in \mathcal{P}_{2n+1}(a,b)$ que nous décomposons $P(x) = Q(x)\, P_{n+1}(x) + R(x)$, pour $x \in [a,b]$ avec Q et $R \in \mathcal{P}_n(a,b)$. En exprimant Q et R dans la base orthogonale $\{P_0, \dots, P_n\}$. Il vient alors $Q(x) = \sum_{k=0}^{n} \alpha_k\, P_k(x)$ et $R(x) = \sum_{k=0}^{n} \beta_k\, P_k(x)$. D'une part, étant donné que $P_0 \equiv 1$ et que la famille $(P_k)_{0\leqslant k\leqslant n}$ est orthogonale, nous obtenons

$$\int_a^b P(x)\,\omega(x)\,dx = \langle\, P_{n+1}, Q\,\rangle_\omega + \langle\, Q, P_0\,\rangle_\omega = \beta_0\,\langle\, P_0, P_0\,\rangle_\omega.$$

D'autre part, comme $(x_i)_{0\leqslant i\leqslant n} \subset \mathbb{R}$ constitue l'ensemble des racines distinctes de P_{n+1}, nous avons $P_{n+1}(x_i) = 0$ pour tout $i \in \{0, \dots, n\}$ et donc

$$\sum_{i=0}^{n} P(x_i)\,\omega_i = \sum_{i=0}^{n} R(x_i)\,\omega_i = \sum_{k=0}^{n} \beta_k \left(\sum_{i=0}^{n} P_k(x_i)\,\omega_i\right).$$

Au final, puisque w est solution de (5.20), nous obtenons $\sum\limits_{i=0}^{n} P(x_i)\omega_i = \beta_0\langle P_0, P_0\rangle_\omega$, ce qui montre le résultat

$$\sum_{i=0}^{n} P(x_i)\,\omega_i = \beta_0\,\langle P_0, P_0\rangle_\omega = \int_a^b P(x)\,\omega(x)\,dx.$$

Pour montrer que $\omega_j > 0$ pour tout $j \in \{0, \dots, n\}$, il suffit de choisir le polynôme de $P \in \mathcal{P}_{2n}(a,b)$

$$P(x) = \prod_{\substack{k=0\\k\neq j}}^{n} (x - x_k)^2,$$

lequel vérifie

$$0 < \int_a^b P(x)\,\omega(x)\,dx = \sum_{i=0}^{n} P(x_i)\,\omega_i = \omega_j \prod_{\substack{k=0\\k\neq j}}^{n} (x_j - x_k)^2,$$

ce qui prouve bien que $\omega_j > 0$.

Il reste à démontrer que l'égalité (5.21) ne peut pas être vérifiée pour tout polynôme $P \in \mathcal{P}_{2n+2}(a,b)$. Pour cela choisissons simplement $P(x) = \prod_{k=0}^{n}(x - x_k)^2 \in \mathcal{P}_{2n+2}(a,b)$. Il vérifie

$$\int_a^b P(x)\,\omega(x)\,dx > 0$$

et $\sum_{i=0}^{n} P(x_i)\,\omega_i = 0$. Il ne peut donc pas y avoir égalité, ce qui prouve le résultat.
Examinons maintenant la réciproque. Supposons que pour tout $i \in \{0,\dots,n\}$, les poids $\omega_i > 0$ et les points x_i, deux à deux distincts, satisfont (5.21). Pour démontrer que $(\omega_i)_{0\leqslant i\leqslant n}$ est solution de (5.20), il suffit de rappeler que $P_0 \equiv 1$ et que les polynômes $(P_k)_{0\leqslant k\leqslant n}$ sont orthogonaux pour le produit scalaire $\langle .,. \rangle_\omega$, ce qui donne pour tout $k \in \{0,\dots,n\}$

$$\sum_{i=0}^{n} P_k(x_i)\,\omega_i = \int_a^b P_k(x)\,P_0(x)\,\omega(x)\,dx = \langle\, P_0, P_0\,\rangle_\omega\,\delta_{k,0}.$$

Enfin, il reste à démontrer que $(x_i)_{0\leqslant i\leqslant n}$ constitue l'ensemble des racines de P_{n+1}. En effet, pour tout $k \in \{0,\dots,n\}$, nous prenons dans (5.21) le polynôme $P(x) = P_{n+1}(x)\,P_k(x)$, nous obtenons alors par orthogonalité des polynômes,

$$0 = \langle P_n, P_k \rangle_\omega = \sum_{i=0}^{n} P_n(x_i)\,P_k(x_i)\,\omega_i, \quad 0 \leqslant k \leqslant n$$

autrement dit le vecteur $c = (P_n(x_0)\omega_0,\dots,P_n(x_n)\omega_n)^T$ est solution de $A^T c = 0$ avec A inversible, ce qui signifie que $c = 0$ et comme les poids sont strictement positifs, cela impose nécessairement que pour tout $i \in \{0,\dots,n\}$, $P_{n+1}(x_i) = 0$. □

Ce théorème va permettre de construire des formules de quadrature plus précises que celles présentées au Paragraphe 5.2.3. En effet, en choisissant pour les points $(x_i)_{0\leqslant i\leqslant n}$ les racines de P_{n+1} et pour les poids $(\omega_i)_{0\leqslant i\leqslant n}$ la solution de (5.20), la formule à l'ordre n donnée par (5.21) est exacte pour l'ensemble des polynômes de degré $2n+1$. Cette méthode d'intégration numérique désormais classique est due à Gauss et Legendre.

Exemple : formule du point milieu

Considérons le cas le plus simple où $\omega \equiv 1$ sur l'intervalle $[-1,1]$, les polynômes orthogonaux correspondants sont les polynômes de Legendre : pour $x \in [-1,1]$, $P_0(x) = 1$, $P_1(x) = x$ et

$$P_{n+1}(x) = \frac{(2n+1)\,x\,P_n(x) - n\,P_{n-1}(x)}{n+1}.$$

Prenons alors $n = 0$, ce qui donne $x_0 = 0$ et ω_0 est solution du système (5.20) que nous obtenons en prenant $P(x) = 1$, ce qui donne $\omega_0 = 2$. La formule de quadrature est la formule du point milieu que nous obtenons sur un intervalle $[a, b]$ quelconque

$$I(f) = (b-a) f\left(\frac{a+b}{2}\right).$$

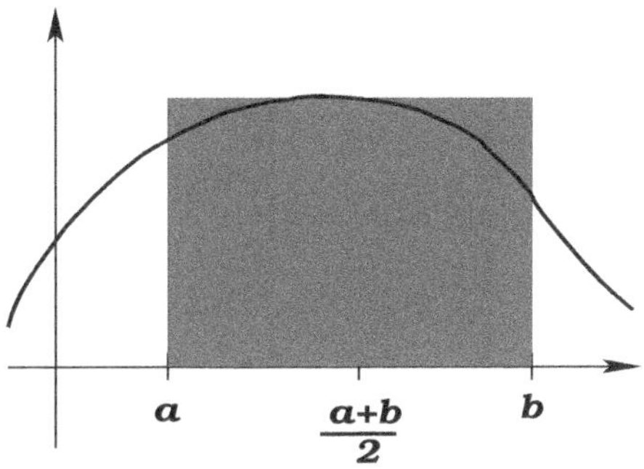

Figure 5.9
Formule du point milieu.

Cette formule de quadrature nécessite seulement une seule évaluation de la fonction f comme pour la formule des rectangles mais nous verrons que l'approximation est pourtant bien meilleure, ce qui montre tout l'avantage des formules de quadrature construites à partir des polynômes orthogonaux.

Exemple

Lorsque $n = 1$ nous avons $P_2(x) = 3x^2/2 - 1/2$, d'où $x_0 = -x_1 = \sqrt{3}/3$ et (ω_0, ω_1) est solution du système

$$\begin{cases} \omega_0 + \omega_1 = 2, \\ \dfrac{\sqrt{3}}{3}(\omega_0 - \omega_1) = 0, \end{cases}$$

d'où $\omega_0 = \omega_1 = 1$ et la formule de quadrature devient

$$I(f) = \frac{(b-a)}{2}\left[f\left(\frac{a+b}{2} - \frac{\sqrt{3}(b-a)}{6}\right) + f\left(\frac{a+b}{2} + \frac{\sqrt{3}(b-a)}{6}\right)\right].$$

Pour conclure, il reste à évaluer l'erreur que l'on commet en appliquant cette formule de quadrature à des fonctions quelconques.

Théorème 5.23 ***Erreur de la formule de quadrature***

Soit $f \in \mathscr{C}^{2n+2}([a,b], \mathbb{R})$ alors il existe $\xi \in]a, b[$ tel que

$$\int_a^b \omega(x)\, f(x)\, dx - \sum_{i=0}^{n} \omega_i\, f(x_i) = \frac{f^{(2n+2)}(\xi)}{(2n+2)!} \langle \pi_{n+1}, \pi_{n+1} \rangle_\omega. \qquad (5.22)$$

DÉMONSTRATION. Considérons le polynôme d'interpolation de Hermite H_n construit à partir des points d'interpolations $H_n(x_i) = f(x_i)$ et $H_n'(x_i) = f'(x_i)$, pour tout $i = 0, \ldots, n$.

Puisque le degré de H_n est strictement inférieur à $2(n+1)$, nous avons

$$\int_a^b f(x)\,\omega(x)\,dx = \sum_{i=0}^{n} \omega_i\, H_n(x_i) = \sum_{i=0}^{n} \omega_i\, f(x_i).$$

Nous avons alors

$$\int_a^b f(x)\,\omega(x)\,dx - \sum_{i=0}^{n} \omega_i\, f(x_i) = \int_a^b [f(x) - H_n(x)]\,\omega(x)\,dx.$$

Or d'après l'erreur d'interpolation de Hermite démontrée au Théorème 5.13, il vient puisque $f \in \mathscr{C}^{2(n+1)}([a,b],\mathbb{R})$

$$f(x) - H_n(x) = \frac{f^{(2n+2)}(\xi_x)}{(2n+2)!} \prod_{i=0}^{n}(x - x_i)^2,$$

avec ξ_x différent de x_i pour tout $i = 0, \ldots, n$ et puisque la fonction

$$\frac{f^{(2(n+1))}(\xi_x)}{(2n+2)!} = \frac{f(x) - H_n(x)}{\prod_{i=0}^{n}(x - x_i)}$$

est continue sur $[a,b]$, d'après le Théorème des valeurs intermédiaires, il existe $\xi \in]a,b[$ tel que

$$\begin{aligned}
&\int_a^b [f(x) - H_n(x)]\,\omega(x)\,dx \\
&= \frac{1}{(2n+2)!}\int_a^b f^{2(n+1)}(\xi_x) \prod_{i=0}^{n}(x - x_i)^2\,\omega(x)\,dx \\
&= \frac{f^{2(n+1)}(\xi)}{(2n+2)!}\int_a^b \prod_{i=0}^{n}(x - x_i)^2\,\omega(x)\,dx \\
&= \frac{f^{2(n+1)}(\xi)}{(2n+2)!}\langle \pi_n, \pi_n\rangle_\omega.
\end{aligned}$$

□

En définitive la méthode de Gauss est très efficace en termes de coût de calcul et de précision mais il n'est pas toujours facile de l'appliquer à l'ordre élevé car le terme d'erreur à droite de (5.22) n'est pas toujours contrôlable lorsque la fonction f est peu régulière. Néanmoins les méthodes du point milieu et à deux points sont souvent utilisées dans la pratique ; d'autres comme l'extrapolation peuvent être envisagées [27].

5.4.4 Transformée de Fourier rapide

Dans cette partie, nous souhaitons approcher des fonctions périodiques par des sommes partielles de séries de Fourier.

Soit $f : \mathbb{R} \mapsto \mathbb{R}$ une application périodique de période T. Supposons que $\int_I |f(x)|\,dx$ converge sur un intervalle $I = [\tau, \tau + T]$ de longueur T, pour tout $\tau \in \mathbb{R}$. Notons alors $\mathbb{T}$ un intervalle quelconque de longueur T.

- *Rappels et définitions des séries de Fourier*

Étudions alors l'ensemble discret de fréquences T/n où n est un entier relatif et associons à f un coefficient c_n pour chacune de ces fréquences. Définissons, pour tout $k \in \mathbb{Z}$, $\omega = 2\pi/T$ et

$$c_k := \frac{1}{T} \int_{\mathbb{T}} f(x)\, \mathrm{e}^{-i\,\omega\,k\,x}\, dx\,. \tag{5.23}$$

Le nombre complexe c_k est appelé coefficient de Fourier[1] de f.

Exemple

Lorsque f est une fonction sinusoïdale $f_k(x) = \mathrm{e}^{2\,i\,\pi\,k\,x}$, nous constatons immédiatement que $c_k = 1$, et pour tout $n \neq k$, $c_n = 0$.

Plus généralement, lorsque f est une superposition de fonctions sinusoïdales, nous disons que f est un polynôme trigonométrique

$$f(x) = \sum_{k=k_1}^{k_2} a_k\, \mathrm{e}^{i\,\omega\,k\,x}$$

de degré $\max(|k_1|, |k_2|)$, ses coefficients de Fourier sont nuls pour $n \notin \{k_1, \ldots, k_2\}$, et $c_n = a_n$ pour $n \in \{k_1, \ldots, k_2\}$.

À partir des coefficients de Fourier d'une fonction T-périodique, nous définissons la série de Fourier.

Définition 5.24

Nous appelons série de Fourier associée à f, la série trigonométrique $\sum_{n\in\mathbb{Z}} c_n \mathrm{e}^{i\omega n x}$, où $\omega = 2\pi/T$ et c_n est le coefficient de Fourier (5.23).

Bien entendu, cette série n'est pas nécessairement convergente. Il faut faire quelques hypothèses supplémentaires sur la fonction f (voir le Théorème 5.26). C'est pourquoi il est plus prudent de considérer dans un premier temps les sommes partielles de la série de Fourier de f : $S_n(f)(x) = \sum_{k=-n}^{n} c_k\, \mathrm{e}^{i\,\omega\,k\,x}$.

Remarque

D'après l'exemple vu ci-dessus, lorsque f est un polynôme trigonométrique, il existe n_0 tel que pour tout $n \geqslant n_0$, $S_n(f) = f$.

Pour $p \in \mathbb{N}$, non nul, notons $L^p(\mathbb{T})$ l'espace des fonctions T-périodiques et de puissance p-ième intégrable sur $[0, T]$, que nous munissons de la norme naturelle

$$\|f\|_{L^p(\mathbb{T})} = \left(\int_{\mathbb{T}} |f(x)|^p\, dx \right)^{1/p}.$$

1. Joseph Fourier (1768-1830), mathématicien français.

Par ailleurs, vérifions que $L^2(\mathbb{T})$ est un espace de Hilbert pour le produit scalaire hermitien

$$\langle f\,,\,g\rangle \;=\; \int_{\mathbb{T}} f(x)\,\overline{g(x)}\,dx$$

naturellement associé à la norme $\|f\|_{L^2(\mathbb{T})} = \langle f\,,\,f\rangle^{1/2}$.

Observons alors que la famille $(f_n)_{n\in\mathbb{Z}}$ où $f_n\ :\ x\ \mapsto\ \mathrm{e}^{i\,\omega\,n\,x}$ est une base orthonormale dans $L^2(\mathbb{T})$, ce qui signifie $\|f_n\|_{L^2(\mathbb{T})} = 1$ et $\langle f_n\,,\,f_k\rangle = 0$ quels que soient n et k avec $n \neq k$.

En appliquant alors la Proposition 5.17, pour $f \in L^2(\mathbb{T})$, nous avons l'inégalité de Bessel $\|S_n(f)\|_{L^2(\mathbb{T})} \leqslant \|f\|_{L^2(\mathbb{T})}$ pour tout $n \in \mathbb{N}$ et le résultat de convergence dans $L^2(\mathbb{T})$ de la somme partielle

$$\lim_{n\longrightarrow+\infty} \|S_n(f) - f\|_{L^2(\mathbb{T})} = 0$$

et l'identité de Parseval donne enfin $\sum_{n\in\mathbb{Z}} |c_n|^2 = \|f\|^2_{L^2(\mathbb{T})}$.

Inversement, toute suite $(c_n)_{n\in\mathbb{Z}}$ de carré sommable est la suite des coefficients de Fourier d'une application $f \in L^2(\mathbb{T})$. En effet, montrons que les sommes partielles $\sum_{k=-n}^{n} c_k\,\mathrm{e}^{i\,\omega\,k\,x}$ forment une suite convergente dans $L^2(\mathbb{T})$ dont la limite est f.

La théorie précédente peut être raffinée en montrant que, sous certaines conditions, la série de Fourier d'une fonction converge point par point vers cette fonction.

Théorème 5.25 ***Convergence uniforme***

Si la série $\sum_n c_n$ des coefficients de Fourier d'une fonction $f \in L^1(\mathbb{T})$ est absolument convergente, alors sa série de Fourier est uniformément convergente et

$$\lim_{n\longrightarrow+\infty}\ \sup_{x\in\mathbb{T}} |S_n(f)(x) - f(x)| = 0\,.$$

En particulier, la fonction f est nécessairement continue, comme limite uniforme d'une suite de fonctions continues.

Cependant, lorsque la fonction $f \in L^1(\mathbb{T})$ est discontinue, nous avons le résultat suivant.

Théorème 5.26 ***Théorème de Dirichlet***

Si $f \in L^1(\mathbb{T})$ admet une dérivée à gauche et une dérivée à droite en tout point, alors pour tout x

$$\lim_{n\longrightarrow+\infty} S_n(f)(x) = \frac{1}{2}\Big(f(x+0) + f(x-0)\Big)\,,$$

où

$$f(x+0) = \lim_{\varepsilon\overset{>}{\to}0} f(x+\varepsilon)\,,\qquad f(x-0) = \lim_{\varepsilon\overset{>}{\to}0} f(x-\varepsilon)\,.$$

Ainsi aux points de discontinuité, l'approximation d'une fonction par les sommes partielles de sa série de Fourier n'est pas très bonne : c'est ce que nous appelons le phénomène de Gibbs.

Théorème 5.27 ***Phénomène de Gibbs***

Soit
$$C := \int_0^1 \frac{\sin(\pi x)}{\pi x}\, dx \approx 0,59.$$
Si $f \in L^1(\mathbb{T})$ admet une dérivée à gauche et une dérivée à droite en tout point, alors pour tout x
$$\lim_{n\to+\infty} \Big(S_n(f) - f \Big)\big|_{x+\frac{1}{2n+1}} = (C - \frac{1}{2})(f(x+0) - f(x-0)),$$
$$\lim_{n\to+\infty} \Big(S_n(f) - f \Big)\big|_{x-\frac{1}{2n+1}} = -(C - \frac{1}{2})(f(x+0) - f(x-0)).$$

Ce résultat montre que si une fonction f est discontinue en un point x, la série de Fourier ne converge pas ponctuellement vers f au point de discontinuité.

• *Approximation de la série de Fourier*

Nous voulons approcher une fonction $f \in L^2(\mathbb{T})$ par sa somme partielle $S_n(f)$ où n est un entier positif non nul
$$S_n(f)(x) = \sum_{|k|\leqslant n} c_k\, e^{i\,\omega\, k\, x}, \tag{5.24}$$
avec $\omega = 2\pi/T$ et les nombres complexes c_k représentant les inconnues du problème sont les coefficients de Fourier (5.23). En appliquant le Théorème 5.21, nous savons que $S_n(f)$ est la meilleure approximation au sens des moindres carrés dans l'espace des polynômes trigonométriques de degré n de la fonction f. En outre les coefficients $(c_k)_{|k|\leqslant n}$ sont donnés par le Théorème 5.21
$$c_k = \frac{1}{T}\int_{\mathbb{T}} f(x)\, e^{-i\,\omega\, k\, x}\, dx, \quad |k| \leqslant n.$$

Par la suite, nous proposons une procédure permettant un calcul précis et rapide des valeurs approchées de $(c_k)_{|k|\leqslant n}$. Cet algorithme s'appelle la transformée de Fourier rapide (*Fast Fourier Transform*). C'est en 1965 que James Cooley et John Tukey publient cette méthode [8] mais il semblerait que l'algorithme avait déjà été proposé par Carl Friedrich Gauss [19] en 1805 et adapté à plusieurs reprises sous des formes différentes. Notre objectif est de fournir des algorithmes efficaces pour le calcul d'un polynôme trigonométrique ou pour une série de Fourier.

Tout d'abord pour $m \geqslant 1$, nous introduisons des points équidistants $x_l = l\,T/m$ pour $l = 0, \ldots, m-1$ et supposons que seules les valeurs $(f_l)_{0 \leqslant l < m}$, désignant la valeur de $f(x_l)$ pour $0 \leqslant l \leqslant m-1$, soient connues. Approchons alors les coefficients de Fourier $(c_k)_{|k| \leqslant n}$ à l'aide de la formule des rectangles (5.8) aux points $x_0, \ldots, x_{m-1}$. Une approximation c_k^m du coefficient de Fourier c_k s'écrit alors pour $k \in \mathbb{Z}$

$$c_k^m = \frac{1}{m} \sum_{l=0}^{m-1} f_l \, \mathrm{e}^{-i\,\omega\,k\,x_l} = \frac{1}{m} \sum_{l=0}^{m-1} f_l \, \mathrm{e}^{-i\,\frac{2\pi}{m}\,k\,l}. \tag{5.25}$$

Remarquons d'abord que cette formule produit au plus m nombres complexes distincts. En effet,

$$\begin{aligned} c_{k+m}^m &= \frac{1}{m} \sum_{l=0}^{m-1} f_l \, \mathrm{e}^{-\frac{2\pi}{m}\,i\,(k+m)\,l} \\ &= \frac{1}{m} \sum_{j=0}^{m-1} f_l \, \mathrm{e}^{-\frac{2\pi}{m}\,i\,k\,l} = c_k^m. \end{aligned}$$

Ceci signifie que si nous connaissons seulement m valeurs distinctes de f aux points $(x_l)_{0 \leqslant l \leqslant m-1}$, nous obtenons seulement m valeurs distinctes pour les coefficients de Fourier. Or, le calcul de $S_n(f)$ nécessite le calcul de $2n+1$ coefficients de Fourier, le meilleur choix consiste donc à prendre $m = 2n+1$.

Nous proposons un algorithme simple et rapide permettant d'effectuer le calcul des coefficients de Fourier approchés $(c_k^m)_{0 \leqslant k \leqslant m-1}$. Pour cela, définissons la transformation de Fourier discrète $\mathscr{F}_m$ comme l'opérateur linéaire qui associe à $f := (f_0, \ldots, f_{m-1})^T \in \mathbb{C}^m$, le vecteur $c := (c_0, \ldots, c_{m-1})^T \in \mathbb{C}^m$ donné par (5.25), nous avons donc $c = \mathscr{F}_m\, f$.

Notons ensuite $\overline{\mathscr{F}}_m$ l'opérateur approchant la transformée de Fourier inverse $f = \overline{\mathscr{F}}_m\, c$ obtenu en appliquant la formule de quadrature des rectangles à (5.24)

$$f_k = \frac{1}{m} \sum_{l=0}^{m-1} c_l \, \mathrm{e}^{i\,\omega\,k\,x_l} = \frac{1}{m} \sum_{l=0}^{m-1} c_l \, \mathrm{e}^{i\,\frac{2\pi}{m}\,k\,l}, \quad k = 0, \ldots, m-1.$$

Démontrons alors un résultat liant $\mathscr{F}_m$ et $\overline{\mathscr{F}}_m$:

Lemme 5.28

Nous avons pour tout m les identités suivantes $\mathscr{F}_m \circ \overline{\mathscr{F}}_m = m\, I_m = \overline{\mathscr{F}}_m \circ \mathscr{F}_m$, où I_m représente la matrice identité.

DÉMONSTRATION. Montrons que $\mathscr{F}_m \circ \overline{\mathscr{F}}_m = m\, I_m$. Pour cela, considérons un ensemble $(c_k^m)_{0 \leqslant k \leqslant m-1}$ et formons l'ensemble $(f_l)_{0 \leqslant l \leqslant m-1}$ donné par

$$f_l = \frac{1}{m} \sum_{k=0}^{m-1} c_k^m \, \mathrm{e}^{\frac{2\pi}{m} i\, k\, l}, \quad 0 \leqslant l \leqslant m-1.$$

Calculons alors le terme suivant pour $k \in \{0, \ldots, m-1\}$,

$$\frac{1}{m} \sum_{l=0}^{m-1} f_l \, \mathrm{e}^{-\frac{2\pi}{m} i\, k\, l}$$

et allons montrer qu'il vaut $m\, c_k^m$. En effet, nous avons

$$\begin{aligned} \frac{1}{m} \sum_{l=0}^{m-1} f_l \, \mathrm{e}^{-\frac{2\pi}{m} i\, k\, l} &= \sum_{l=0}^{m-1} \mathrm{e}^{-\frac{2\pi}{m} i\, k\, l} \sum_{p=0}^{m-1} c_p^m \, \mathrm{e}^{\frac{2\pi}{m} i\, p\, l}, \\ &= \sum_{p=0}^{m-1} \left(\sum_{l=0}^{m-1} \mathrm{e}^{-\frac{2\pi}{m} i\, l\, (k-p)} \right) c_p^m. \end{aligned}$$

Or, nous savons que

$$\sum_{l=0}^{m-1} \mathrm{e}^{-\frac{2\pi}{m} i\, l\, (k-p)} = \begin{cases} m & \text{si } m \text{ divise } k-p \\ 0 & \text{sinon.} \end{cases}$$

Comme k et p varient entre 0 et $m-1$, m ne peut diviser $(k-p)$ que lorsque $k = p$. Par conséquent, il vient

$$\frac{1}{m} \sum_{l=0}^{m-1} f_l \, \mathrm{e}^{-\frac{2\pi}{m} i\, k\, l} = m\, c_k^m,$$

ce qui montre bien que $\mathscr{F}_m \circ \overline{\mathscr{F}}_m = m\, I_m$.
La seconde égalité se déduit immédiatement de la première par conjugaison. □

Décrivons maintenant le principe de la transformée de Fourier Rapide. Elle est basée sur une factorisation d'un entier en produit de facteurs premiers. Supposons que $m = p\, q$, où p et q sont deux entiers supérieurs à 2 et notons $\omega_m = \mathrm{e}^{-2\pi i/m}$. Il s'agit de calculer le vecteur $c^m = (c_0^m, \ldots, c_{m-1}^m) \in \mathbb{C}^m$ dont les composantes sont données par

$$c_k^m = \frac{1}{m} \sum_{l=0}^{m-1} f_l \, \omega_m^{k\, l}.$$

D'abord, un réarrangement du vecteur $(f_l)_{0\leqslant l\leqslant m-1}$ en une matrice à p lignes et q colonnes donne pour $0 \leqslant r < p$ et $0 \leqslant s < q$, $f_{r,s} = f_l$, avec $0 \leqslant l = s\,p + r < m$. Puis en écrivant c_k^m selon cette formulation, il vient

$$\begin{aligned} c_k^m &= \frac{1}{m}\sum_{r=0}^{p-1}\sum_{s=0}^{q-1} f_{r,s}\ \omega_m^{(s\,p+r)\,k} \\ &= \frac{1}{m}\sum_{r=0}^{p-1}\left(\sum_{s=0}^{q-1} f_{r,s}\ \omega_q^{s\,k}\right)\omega_m^{r\,k}, \end{aligned} \tag{5.26}$$

où nous avons utilisé l'égalité suivante $\omega_m^{s\,p\,k} = \mathrm{e}^{-\frac{2\pi}{m}\,i\,s\,p\,k} = \mathrm{e}^{-\frac{2\pi}{q}\,i\,s\,k} = \omega_q^{s\,k}$.

Maintenant, il suffit d'observer que la somme entre parenthèses est une fonction périodique en la variable k de période q puisqu'elle vérifie $\omega_q^{s\,(k+q)} = \omega_q^{s\,k}\,\omega_q^{s\,q} = \omega_q^{s\,k}$.

Ainsi, en décomposant k comme $k = u\,q + v$ avec $0 \leqslant u < p$ et $0 \leqslant v < q$, il suffit de calculer la somme entre parenthèses seulement pour $0 \leqslant v < q$. En effet, $\omega_q^{s\,k} = \omega_q^{s\,(u\,q+v)} = \omega_q^{s\,v}$. Nous en déduisons pour $k = u\,q + v$

$$c_k^m = \frac{1}{m}\sum_{r=0}^{p-1}\left(\sum_{s=0}^{q-1} f_{r,s}\,\omega_q^{s\,v}\right)\omega_m^{r\,(u\,q+v)}.$$

L'algorithme pour calculer une transformée de Fourier discrète devient donc le suivant : soit f une fonction connue en $m = p\,q$ points.

La transformation de Fourier discrète

- Calculer la somme entre parenthèses de (5.26)
  $k = uq + v$ et $l = rp + s$:
  - Pour $v = 0,\dots,q-1$ et $r = 0,\dots,p-1$

    $S_{r,v} = \frac{1}{m}\sum_{s=0}^{q-1} f_{r,s}\ \omega_q^{s\,v}$.

    Fin de pour v et r.
- Calculer chaque composante c_k^m :
  Pour $u = 0,\dots,p-1$ et $v = 0,\dots,q-1$

  $k = uq + v$,

  $c_k^m = \sum_{r=0}^{p-1} S_{r,v}\ \omega_m^{r(u\,q+v)}$.

  Fin de pour u et v.

La première étape nécessite $m\,q$ opérations tandis que la seconde nécessite $m\,p$ opérations, ce qui représente un coût global de $m\,(p + q)$ opérations ce qui est déjà bien moindre que le coût initial de m^2 opérations.

En effet, prenons $m = 1\,000$, le coût initial représente alors environ $m^2 = 1\,000\,000$ opérations. Alors que lorsque nous décomposons $m = 10 \times 100$, le coût devient

$m(p+q) = 1\,000 \times 110 = 110\,000$ ou alors $m = 25 \times 40$, et le coût est alors de $m(p+q) = 1\,000 \times 65 = 65\,000$!

Nous pouvons encore diminuer le nombre d'opérations en décomposant m sous la forme $m = p_1 \ldots, p_d$ en répétant l'idée ci-dessus. Un cas fréquent utilisé est celui où $m = 2^k$.

- *Application à la compression de données*

Étant donnée une suite n périodique $(f_j)_{j\in\mathbb{N}}$ et sa transformée de Fourier discrète $(c_k)_{k\in\mathbb{N}}$, l'idée est de supprimer dans la représentation (5.23) pour c_k tous les termes dont la valeur absolue de c_k est inférieure à un certain seuil donné par exemple par 5 % du coefficient maximal.

L'image de gauche de la Figure 5.10 montre la digitalisation d'un tremblement de terre qui a eu lieu en 1989 aux États-Unis dans les montagnes de Santa Cruz, représentant plusieurs centaines d'impulsions par seconde (200 Hz). Parmi ces données, prenons 8 192 nombres $(f_j)_j$ et calculons la transformée de Fourier discrète $(c_k)_k$. La suite de leurs modules $(|c_k|)_k$ est représentée sur l'image de droite de la Figure 5.10 pour $-4\,096 \leqslant k < 4\,096$. Observons que dans l'espace de Fourier, certains coefficients sont très petits par rapport au $\max_k |c_k|$. Il s'agit donc d'éliminer ces coefficients qui correspondent à des fréquences d'oscillations peu importantes dans ce tremblement de terre. Par exemple ici, les hautes fréquences qui correspondent aux modes de Fourier c_k pour $|k| \geqslant 1\,000$ sont largement inférieures aux autres modes. Ainsi, il n'est pas nécessaire de stocker ces valeurs. Retirons alors les coefficients c_k qui sont inférieurs à 5 % de $\max_k |c_k|$. Observons alors que les coefficients c_k pour $|k| \geqslant 1\,000$ peuvent être négligés sans trop affecter le signal d'origine, ce qui représente environ une division par quatre du coût de stockage. Nous représentons dans les Figures 5.11 et 5.12 les coefficients de Fourier tronqués et le signal reconstruit à partir de ces troncatures à 5 % et 10 %. Observons que même si la représentation dans l'espace de Fourier est différente, dans l'espace physique les signaux reconstruits et d'origine sont très proches.

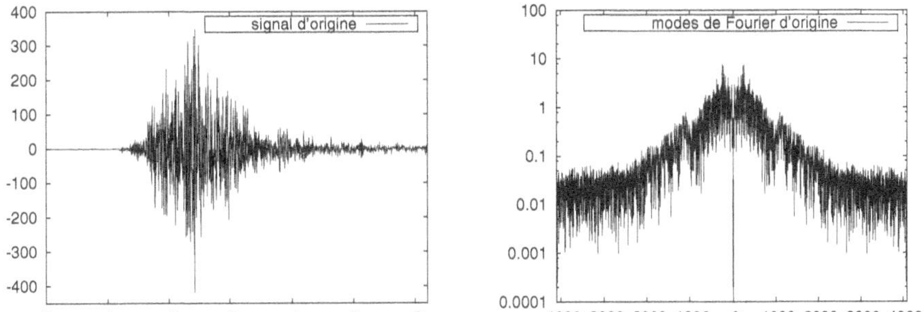

Figure 5.10

Les deux figures représentent les données d'un signal $(f_j)_j$ et sa transformée de Fourier discrète $(c_k)_k$.

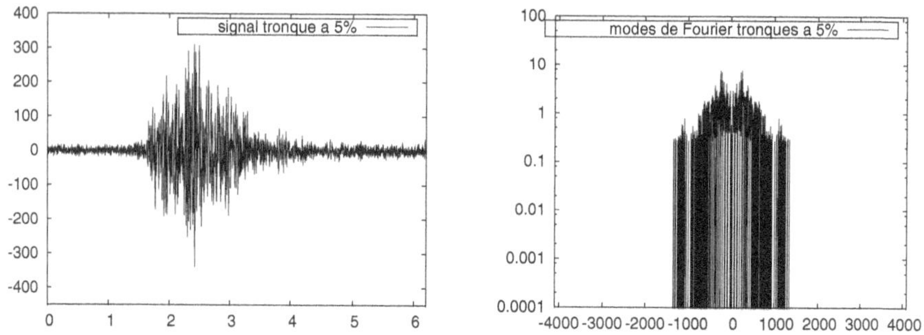

Figure 5.11
Les deux figures représentent ce même signal où nous avons tronqué les coefficients de Fourier à $5\,\%$ de la valeur maximale.

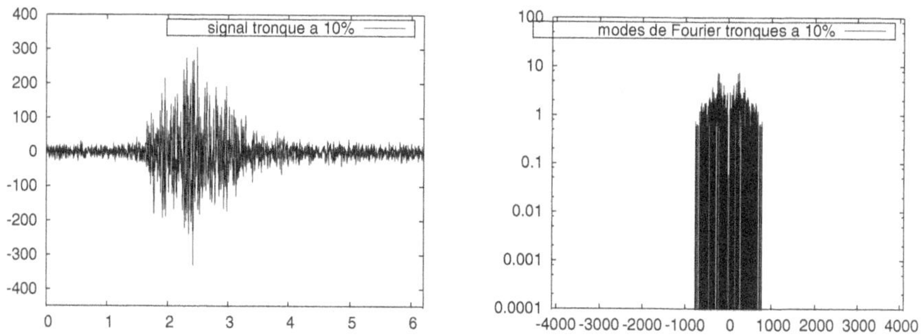

Figure 5.12
Les deux figures représentent ce même signal où nous avons tronqué les coefficients de Fourier à $10\,\%$ de la valeur maximale.

Exercices

5.1 Interpolation de Hermite

Commençons par une application simple de l'interpolation.

1. Trouver le polynôme P de sorte que

$$P(0) = 0, \quad P(1) = 1, \quad P'(1/2) = 2$$

2. Soit f une fonction de classe $\mathscr{C}^\infty$. A quoi correspond le polynôme de Hermite tel que

$$P^l(x_0) = f^{(l)}(x_0), \quad 0 \leqslant l \leqslant k$$

5.2 Généralisation de l'interpolation de Hermite

Il s'agit ici d'étendre la notion de l'interpolation de Hermite avec des conditions sur les dérivées d'ordre quelconque.

1. On se donne un ensemble de points distincts $(x_i)_{0\leqslant i\leqslant n}$ et des coefficients réels $(c_{i,j})_{0\leqslant j\leqslant k_i-1, 0\leqslant i\leqslant n}$ où k_i peut varier avec i, nous recherchons alors le polynôme P de sorte que

$$P^{(j)}(x_i) = c_{i,j}, \quad 0 \leqslant j \leqslant k_i - 1, \quad 0 \leqslant i \leqslant n.$$

2. Donner le nombre total de conditions $m + 1$.

3. Montrer qu'il existe un unique polynôme P de degré m vérifiant les conditions précédentes.

5.3 Symétrie des différences divisées

Soient $x_0, x_1, \ldots, x_n$ des points distincts d'un intervalle $[a, b]$. 1. Démontrer l'identité

$$f[x_0, \ldots, x_n] = \sum_{j=0}^{n} f(x_j) \prod_{\substack{k=0\\k\neq j}}^{n} \frac{1}{x_j - x_k}.$$

2. En déduire que la différence divisée $f[x_0, x_1, \ldots, x_n]$ est une fonction symétrique, c'est-à-dire pour tout permutation σ,

$$f[x_{\sigma(0)}, x_{\sigma(1)}, \ldots, x_{\sigma(n)}] = f[x_0, x_1, \ldots, x_n].$$

5.4 Convergence de l'interpolation de Lagrange

Soient $\alpha > 1$, une fonction f définie sur $[-1, 1]$ par $f(x) = 1/(x - \alpha)$ et P_n le polynôme d'interpolation de Lagrange de f aux $n + 1$ points distincts $x_i = -1 + i\,h$ avec $i \in \{0, \ldots, n\}$ et $h = 2/n$.

1. Montrer que si $\alpha > 3$, alors $\lim_{n\to\infty} \|f - P_n\|_\infty = 0$.

2. Dans la pratique, nous préférons utiliser des polynômes de degré peu élevé sur chaque intervalle $[x_i, x_{i+1}]$, avec $i \in \{0, \ldots, n-1\}$.

Notons f_n la fonction continue telle que $f_{n|[x_i, x_{i+1}]}$ est un polynôme de degré un et $f_n(x_i) = f(x_i)$ pour tout $0 \leqslant i \leqslant n$.

a) Soit $i = 0, \ldots, n-1$. Écrire l'approximation de Lagrange de degré un $P_1^{(i)}$ de f sur l'intervalle $[x_i, x_{i+1}]$.

b) Puis montrer que si $\alpha \notin [-1, 1]$, alors $\|f - f_n\|_\infty \leqslant C/n^2$ et donc que f_n converge uniformément vers f lorsque n tend vers l'infini.

5.5 Sur les polynômes de Legendre

Les polynômes de Legendre sont définis par l'expression

$$\begin{cases} P_0 = 1, \\ P_n(x) = \dfrac{n!}{(2n)!} \dfrac{d^n}{dx^n} \left(x^2 - 1\right)^n. \end{cases}$$

1. Montrer que P_n est un polynôme de degré n et déterminer le coefficient devant x^n de P_n.

2. En utilisant des intégrations par parties, montrer que pour $m \leqslant n$

$$\int_{-1}^{1} \frac{d^n}{dx^n}\left(x^2-1\right)^n \frac{d^m}{dx^m}\left(x^2-1\right)^m dx = (-1)^n \int_{-1}^{1} \frac{d^{n+m}}{dx^{n+m}}\left(x^2-1\right)^m \left(x^2-1\right)^n dx.$$

En déduire que

$$\int_{-1}^{1} P_n(x)\, P_m(x)\, dx = \begin{cases} 0, & \text{si } n \neq m, \\ (-1)^n \dfrac{(n!)^2}{(2n)!} I_n, & \text{sinon,} \end{cases}$$

avec $I_n = \displaystyle\int_{-1}^{1} (x^2-1)^n\, dx$.

3. Relation de récurrence

- Montrer que $I_n = -\dfrac{2n}{(2n+1)} I_{n-1}$.
- En justifiant que $x\, P_{n-1}(x) = P_n(x) + \displaystyle\sum_{i=0}^{n-1} \alpha_i\, P_i(x)$, avec $\alpha_j \in \mathbb{R}$, et $0 \leqslant j \leqslant n-1$, calculer

$$\int_{-1}^{1} x\, P_n(x)\, P_{n-1}(x)\, dx$$

en fonction de n et I_n.
- En écrivant $P_{n+1}(x) = (x-\alpha_n)\, P_n(x) - \lambda_n\, P_{n-1}(x)$, montrer par récurrence que P_n a la même parité que n et vérifie

$$\begin{cases} P_0(x) = 1, \quad P_1(x) = x, \\ P_{n+1}(x) = x\, P_n(x) - \dfrac{n^2}{(2n-1)(2n+1)} P_{n-1}(x). \end{cases}$$

4. **Application.** Calculer la meilleure approximation au sens des moindres carrés de la fonction $f(x) = x^4$ dans l'espace $\mathrm{Vect}\{1, x, x^2\}$ muni de la norme usuelle de $L^2(]-1,1[)$.

5.6 Polynômes de Tchebychev

Soit $n \geqslant 0$ un entier. Définissons le polynôme de Tchebychev[1] de première espèce par $T_n(x) = \cos(n \arccos(x))$, pour tout $x \in [-1, 1]$.

1. En référence au mathématicien russe Tchebychev (1821-1894). Il s'illustra pour ses travaux en probabilités et statistiques.

1. Montrer que les fonctions $T_n(x)$ satisfont la formule de récurrence

$$\begin{cases} T_0(x) = 1, \quad T_1(x) = x, \\ T_{n+1}(x) = 2\,x\,T_n(x) - T_{n-1}(x), \text{ pour } n \geqslant 1. \end{cases}$$

Montrer ensuite que les polynômes $T_n(x)$ sont orthogonaux pour le produit scalaire de $L^2_\omega(]-1,1[)$ avec $\omega(x) = (1-x^2)^{-1/2}$, c'est-à-dire

$$\int_{-1}^{1} T_n(x)\,T_m(x)\,\frac{dx}{(1-x^2)^{1/2}} = \begin{cases} \pi & \text{si } n = m = 0, \\ \pi/2 & \text{si } n = m \neq 0, \\ 0 & \text{si } n \neq m. \end{cases}$$

2. Montrer que $T_n(x)$ est un polynôme de degré n dont le coefficient de x^n est 2^{n-1}.

3. Posons $y_k = \cos\big(k\,\pi/n\big)$, $k = 0, \dots, n$. Calculer $T_n(y_k)$ et les racines de T_n.

4. Soit $P_n(x)$ un polynôme de degré n considéré sur l'intervalle $[-1,1]$ et dont le coefficient de x^n est 2^{n-1}. Montrer que

$$1 = \max_{x\in[-1,1]} |T_n(x)| \leqslant \max_{x\in[-1,1]} |P_n(x)|,$$

où T_n est le polynôme de Tchebychev dont le coefficient devant le terme x^n est 2^{n-1}. Comment interpréter ce résultat ?

5.7 Les splines cubiques

Cet exercice a pour objet l'étude d'un procédé d'interpolation d'une fonction $f \in \mathscr{C}^2([a,b],\mathbb{R})$ par une fonction cubique par morceaux, appelé « spline cubique ». Soit $(x_i)_{0\leqslant i\leqslant n+1}$ une partition de l'intervalle $[a,b]$ avec $x_0 = a$ et $x_{n+1} = b$. Nous appelons « spline cubique » une fonction S vérifiant les conditions suivantes :

(i) $S \in \mathscr{C}^2([a,b],\mathbb{R})$

(ii) $S|_{[x_i,x_{i+1}]}$ est un polynôme de degré trois pour $i = 0, \dots, n$.

Pour construire une telle approximation, nous cherchons à définir une spline S en fonction de ses valeurs aux points x_i mais aussi de sa dérivée seconde en x_i.

1. Sur un intervalle $[\alpha,\beta]$, montrer qu'il existe un unique polynôme P de degré inférieur ou égal à trois défini par ses valeurs $P(\alpha)$, $P(\beta)$, $P''(\alpha)$, $P''(\beta)$.

Déterminer ensuite les valeurs des dérivées premières en α et β en fonction des données.

2. En déduire qu'il existe une unique spline cubique S interpolant f au sens suivant :

$$\begin{cases} S(x_i) = f(x_i) \quad 0 \leqslant i \leqslant n+1 \\ S'(a) = f'(a), \quad S'(b) = f'(b). \end{cases} \tag{5.27}$$

3. En prenant pour $i \in \{0, \dots, n+1\}$ la fonction spline S_i telle que

$$S_i(x_j) = \begin{cases} 0 & \text{si } j \neq i \\ 1 & \text{si } j = i, \end{cases}$$

et $S_i'(a) = S_i'(b) = 0$. Puis les splines S_a et S_b telle que $S_\alpha(x_i) = 0$ pour $\alpha \in \{a, b\}$ et $S_a'(a) = S_b'(b) = 1$ et $S_b'(a) = S_b'(a) = 0$, montrer qu'une fonction spline S, interpolant f sur $[a, b]$ s'écrit

$$S(x) = \sum_{j=0}^{n+1} f_j\, S_j(x) + \sum_{\alpha\in\{a,b\}} f_\alpha'\, S_\alpha(x).$$

Solutions des exercices

5.1 Attention ici nous n'avons pas de conditions sur toutes les dérivées !

1. Puisqu'il y a trois conditions, nous recherchons un polynôme de degré deux,

$$P(x) = a + b\,x + c\,x^2,$$

La condition $P(0) = 0$ donne $a = 0$, puis les deux autres conditions

$$1 = P(1) = b + c \quad \text{et} \quad 2 = P'(1/2) = b + c,$$

il n'y a donc pas de polynôme de degré deux solution de notre problème. Nous recherchons alors un polynôme de degré trois, il vient $P(x) = a + b\,x + c\,x^2 + dx^3$, et par la suite

$$1 = b + c + d \quad \text{et} \quad 2 = b + c + \frac{3}{4}d.$$

L'ensemble des solutions est donné par $d = -4$ et $b + c = 5$.

2. Il s'agit simplement du développement de Taylor de la fonction f tronqué à l'ordre k.

5.2 Dans cet exercice, nous généralisons la définition du cours pour les polynômes de Hermite.

1. Le nombre de conditions est $m + 1$ avec

$$m + 1 = k_0 + \ldots + k_n.$$

2. Puisque nous recherchons un polynôme de degré m, nous avons $m + 1$ inconnues correspondant aux coefficients du polynôme. D'autre part, il y a $m + 1$ conditions, ce qui signifie que la recherche des coefficients se résume à la résolution d'un système linéaire carré de taille $m + 1$. L'existence et l'unicité est donc la conséquence du fait que la matrice A en question est inversible. Pour dela il suffit de montrer que $Au = 0$ implique $u = 0$.

En d'autres termes, nous recherchons un polynôme P de degré m tel que

$$P^{(j)}(x_i) = 0, \quad 0 \leqslant j \leqslant k_i - 1, \quad 0 \leqslant i \leqslant n.$$

Ce polynôme s'annule en x_i avec une multiplicité k_i, c'est donc un multiple de

$$q(x) = \prod_{i=0}^{n}(x - x_i)^{k_i}$$

qui est de degré $m + 1$ alors que P est de degré m, nous avons alors forcément $P \equiv 0$.

5.3 Nous étudions les propriétés des différences divisées qui sont utilisées pour l'interpolation de Lagrange.

1. Écrivons le polynôme d'interpolation de Lagrange P_n sous la forme

$$P_n(x) = a_0 + \ldots + a_n\, x^n.$$

D'une part, nous avons vu lors de la démonstration du Théorème 5.9 que

$$a_n = f[x_0, \ldots, x_n].$$

D'autre part en utilisant la première écriture du polynôme d'interpolation de Lagrange (5.2)-(5.3), le coefficient a_n devant le terme x^n est donné par

$$f[x_0, \ldots, x_n] = a_n = \sum_{j=0}^{n} f(x_j) \prod_{\substack{i=0 \\ i\neq j}}^{n} \frac{1}{x_j - x_i}.$$

2. Il suffit de constater que la formule ci-dessus est stable par permutation.

5.4 Voici une illustration de la précision des différentes méthodes d'interpolation.

1. Calculons les dérivées successives

$$f'(x) = -\frac{1}{(x-\alpha)^2}, \quad f''(x) = \frac{2}{(x-\alpha)^3}$$

et plus généralement

$$f^{(n+1)}(x) = (-1)^{n+1}\frac{(n+1)!}{(x-\alpha)^{n+2}}.$$

Appliquons ensuite le résultat du cours : il existe $\eta \in [-1, 1]$

$$|f(x) - L_n(x)| = \frac{|f^{(n+1)}(\eta)|}{(n+1)!} \prod_{i=0}^{n} |x - x_i|.$$

Ainsi, si $\alpha > 3$, nous avons pour $\eta \in [-1, 1]$

$$2 < |\eta - \alpha| = \alpha - \eta < 4$$

et

$$\frac{|f^{(n+1)}(\eta)|}{(n+1)!} \leqslant \frac{1}{2}\frac{1}{|\eta-\alpha|^{n+1}}$$

et donc

$$|f(x) - L_n(x)| = \frac{1}{2}\prod_{i=0}^{n}\left|\frac{x-x_i}{\eta-\alpha}\right|.$$

Or, pour tout $x \in [-1,1]$ et $i \in \{0,\dots,n\}$, nous avons $|x - x_i| \leqslant 2$ et donc

$$|f(x) - L_n(x)| \leqslant \frac{1}{2}\prod_{i=0}^{n}\frac{|x-x_i|}{|\eta-\alpha|} \leqslant \frac{1}{2}\left(\frac{2}{\alpha-\eta}\right)^{n+1}.$$

donc puisque $2/(\alpha-\eta) < 1$

$$\lim_{n\to\infty}\|f(x) - L_n(x)\|_\infty \leqslant \frac{1}{2}\lim_{n\to\infty}\left(\frac{2}{\alpha-\eta}\right)^{n+1} = 0.$$

2. **a)** Considérons $\alpha \notin [-1,1]$, ainsi la fonction f est bien définie sur $[-1,1]$, sur l'intervalle $[x_i, x_{i+1}]$

$$\begin{aligned} f_n(x) &= \frac{1}{x_i-\alpha} + \frac{(x-x_i)}{h}\left(\frac{1}{x_{i+1}-\alpha} - \frac{1}{x_i-\alpha}\right) \\ &= \frac{1}{x_i-\alpha} - (x-x_i)\frac{1}{(x_{i+1}-\alpha)(x_i-\alpha)} \end{aligned}$$

b) Sur chaque intervalle $[x_i, x_{i+1}]$, appliquons l'estimation d'erreur

$$|f(x) - f_n(x)| = \frac{|f''(\xi_x)|}{2}|(x-x_i)(x-x_{i+1})|$$

Or la fonction $(x - x_i)(x_{i+1} - x)$ atteint son maximum en $(x_i + x_{i+1})/2$ et donc

$$|f(x) - f_n(x)| \leqslant \frac{\|f''\|_\infty}{8}h^2$$

avec $h = 2/n$. Ainsi cette nouvelle approximation est bien meilleure que celle obtenue dans la question précédente !

5.5 Nous proposons ici une application des polynômes orthogonaux.

1. Le polynôme P_n correspond à la dérivée n-ème d'un polynôme de degré $2n$, c'est donc un polynôme de degré n. Le coefficient devant le terme x^{2n} de $(x^2-1)^n$ vaut 1 et donc en dérivant n fois, il vient $(2n)!/n!$. Ainsi, le coefficient devant le terme x^n de P_n est égal à 1.

2. En appliquant une simple intégration par partie et en notant $D^m = \dfrac{d^m}{dx^m}$, il vient

$$\int_{-1}^{1} D^n \left(x^2-1\right)^n D^m \left(x^2-1\right)^m dx = -\int_{-1}^{1} D^{n-1} \left(x^2-1\right)^n D^{m+1} \left(x^2-1\right)^m dx + \underbrace{\left[D^{n-1} \left(x^2-1\right)^n D^m \left(x^2-1\right)^m\right]_{-1}^{+1}}_{=0}.$$

Puis en procédant toujours de la même manière nous démontrons l'égalité proposée. D'une part, lorsque $m < n$, la dérivée $(n+m)$-ème du polynôme d'un degré $2m$ est nulle, ce qui prouve la relation d'orthogonalité. D'autre part, pour $m = n$, la dérivée $2n$-ème d'un polynôme de degré $2n$ est égale à $(2n)!\,a_{2n}$ où a_{2n} est le coefficient devant le terme x^{2n}.

3. Une intégration par partie donne

$$I_n = \left[x\,(x^2-1)^n\right]_{-1}^{+1} - 2n \int_{-1}^{1} x^2\,(x^2-1)^{n-1}\,dx = -\frac{2n}{2n+1}\,I_{n-1}.$$

Ensuite, le polynôme $x\,P_{n-1}(x)$ est un polynôme de degré exactement égal à n tout comme P_n. En écrivant $x\,P_{n-1}(x)$ dans la base $\{P_0, \ldots, P_n\}$, il vient

$$x\,P_{n-1}(x) = P_n + \sum_{i=0}^{n-1} \alpha_i\,P_i(x).$$

Par orthogonalité

$$\int_{-1}^{1} x\,P_n(x)\,P_{n-1}(x)\,dx = \int_{-1}^{1} |P_n(x)|^2\,dx = (-1)^n \frac{(n!)^2}{(2n)!}\,I_n.$$

En procédant par récurrence (ou en appliquant le Théorème 5.19), nous obtenons

$$\alpha_n = 0 \quad \text{et} \quad \lambda_n = \frac{\|P_n\|_{L_1^2}^2}{\|P_{n-1}\|_{L_1^2}^2} = \frac{(n!)^2}{(2n)!}\,\frac{(2(n-1))!}{((n-1)!)^2}\,\frac{I_n}{I_{n-1}} = \frac{n^2}{(2n-1)\,(2n+1)}.$$

4. En appliquant la méthode des moindres carrés continue et le résultat précédant, nous obtenons le polynôme

$$Q(x) = \frac{1}{5} + \frac{6}{7}\left(x^2 - \frac{1}{3}\right).$$

5.6 Nous proposons ici une application des polynômes orthogonaux pour le calcul des points d'interpolation de Lagrange.

1. Posons $\theta(x) = \arccos(x)$, nous obtenons alors

$$T_{n+1}(x) = \cos((n+1)\theta) = \cos(n\,\theta)\,\cos\theta - \sin(n\,\theta)\,\sin\theta$$

et

$$T_{n-1}(x) = \cos((n-1)\theta) = \cos(n\,\theta)\,\cos\theta + \sin(n\,\theta)\,\sin\theta.$$

Ainsi en ajoutant ces deux égalités, il vient

$$T_{n+1}(x) + T_{n-1}(x) = 2\cos(n\,\theta)\,\cos(\theta) = 2\,x\,T_n(x).$$

Ensuite, par le changement de variable $\theta = \arccos(x)$, nous obtenons directement

$$\begin{aligned}\int_{-1}^{1} T_n(x)\,T_m(x)\,\frac{dx}{\sqrt{1-x^2}} &= \int_0^{\pi} \cos(n\theta)\,\cos(m\theta)\,d\theta \\ &= \begin{cases} 0, & \text{si } m \neq n \\ \pi, & \text{si } m = n = 0 \\ \pi/2, & \text{si } m = n > 0. \end{cases}\end{aligned}$$

Les polynômes de Tchebychev forment bien une famille de polynômes orthogonaux pour le produit scalaire $L^2_\omega(]-1,1[)$.

2. Montrons ensuite que T_n est bien un polynôme de degré n. Pour cela, procédons par récurrence : T_0 est un polynôme de degré zéro et T_1 est bien un polynôme de degré un. Supposons alors que pour $1 \leqslant k \leqslant n$, T_k est un polynôme de degré k et le coefficient devant le terme de plus haut degré de T_k est donné par 2^{k-1} ; alors en utilisant la formule de récurrence $T_{n+1}(x) = 2\,x\,T_n(x) - T_{n-1}(x)$, nous obtenons bien que T_{n+1} est un polynôme de degré $n+1$ et le coefficient devant le terme de plus haut degré est donné par $2 \times 2^{n-1} = 2^n$.

3. Un simple calcul montre que le polynôme T_n vérifie

$$T_n\left(\cos\left(\frac{k\,\pi}{n}\right)\right) = (-1)^k, \quad k = 0, 1, \ldots, n.$$

D'autre part les racines de t^n correspondent aux racines de T_n, c'est-à-dire

$$T_n\left(\cos\left(\frac{(2k+1)\,\pi}{2n}\right)\right) = 0, \quad k = 0, \ldots, n-1.$$

4. Supposons par l'absurde que

$$\max_{x\in[-1,1]} |P_n(x)| \leqslant \max_{x\in[-1,1]} |T_n(x)|.$$

et considérons la différence $d(x) = P_n(x) - T_n(x)$. Puisque le polynôme T_n atteint ses extrema $+1$ et -1 aux points $y_k = \cos(k\,\pi/n)$, pour $k = 0, \ldots, n$, la fonction d s'annule au moins une fois dans chacun des intervalles fermés

$$\left[\cos\left((k+1)\,\pi/n\right), \cos\left(k\,\pi/n\right)\right], \quad k = 0, \ldots, n-1. \tag{5.28}$$

Alors $d(x)$ possède n zéros dans $[-1, 1]$. Notons bien que si une racine $\alpha \in [-1, 1]$ est à l'extrémité de l'intervalle (5.28), elle doit être comptée deux fois car en un tel point $T_n'(\alpha) = 0$ et $P_n'(\alpha) = 0$. D'autre part, étant donné que le coefficient de x^n est le même pour P_n et T_n, d est un polynôme de degré $n - 1$, il possède donc au plus $n - 1$ racines, ce qui montre que $P_n \equiv T_n$. Par conséquent, si $P_n \not\equiv T_n$ alors

$$\max_{x\in[a,b]} |P_n(x)| > \max_{x\in[a,b]} |T_n(x)| = 1.$$

Ce résultat signifie que le choix des racines du polynôme de Tchebychev est un choix optimal des points d'interpolation pour rendre la valeur $\max_{x\in[a,b]} \left|\prod_{i=0}^{n}(x - x_i)\right|$ la plus petite possible sur l'intervalle $[-1, 1]$. Nous pouvons adapter la démonstration à n'importe quel intervalle $[a, b]$. Illustrons ce résultat en comparant les polynômes d'interpolation de Lagrange calculés à partir de points équidistants et des points correspondant aux racines du polynôme de Tchebychev pour la fonction $f(x) = 1/(1 + 25x^2)$ sur l'intervalle $[-1, 1]$. Observons sur la Figure 5.13 que l'erreur d'interpolation du polynôme de Lagrange calculé à partir des points $x_k = \cos\left(\dfrac{(2k + 1)\pi}{2n}\right)$, $k = 0, \ldots, n$ est bien meilleure que l'erreur utilisant des points équidistants.

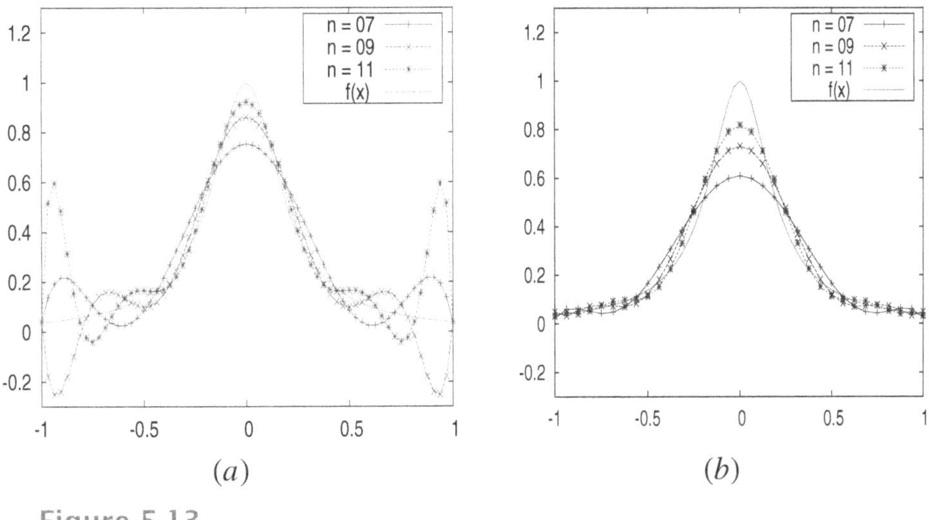

Figure 5.13
Interpolation de la fonction $f(x) = 1/(1 + 25x^2)$ sur l'intervalle $[-1, 1]$ en utilisant (a) des points équidistants et (b) les racines du polynôme de Tchebychev.

5.7 Voici une autre méthode d'interplation : les splines cubiques.

1. Soient $[\alpha, \beta]$ un intervalle de $\mathbb{R}$ et P un polynôme de degré trois. En le dérivant deux fois, nous obtenons un polynôme de degré un qui vérifie donc

$$\frac{P''(x) - P''(\alpha)}{(x - \alpha)} = \frac{P''(\beta) - P''(\alpha)}{(\beta - \alpha)}$$

et P'' est donc défini de manière univoque. Par conséquent,

$$P''(x) = P''(\alpha) + \frac{P''(\beta) - P''(\alpha)}{\beta - \alpha}(x - \alpha).$$

En intégrant alors une première fois, nous avons

$$P'(x) = P'(\alpha) + P''(\alpha)(x - \alpha) + \frac{P''(\beta) - P''(\alpha)}{2(\beta - \alpha)}(x - \alpha)^2$$

et une seconde fois

$$P(x) = P(\alpha) + P'(\alpha)(x - \alpha) + \frac{P''(\alpha)}{2}(x - \alpha)^2 + \frac{P''(\beta) - P''(\alpha)}{6(\beta - \alpha)}(x - \alpha)^3.$$

Puisque $P(\alpha)$ et $P(\beta)$ sont connus nous obtenons la valeur manquante $P'(\alpha)$ en remplaçant x par β :

$$P'(\alpha) = \frac{P(\beta) - P(\alpha)}{\beta - \alpha} - \left(2\,P''(\alpha) + P''(\beta)\right)\frac{\beta - \alpha}{6},$$

ce qui conclut l'existence et l'unicité de ce polynôme P défini à partir des valeurs $P(\alpha)$, $P(\beta)$, $P''(\alpha)$ et $P''(\beta)$.
Nous avons déjà vérifié que

$$P'(\alpha) = \frac{P(\beta) - P(\alpha)}{\beta - \alpha} - \left(2\,P''(\alpha) + P''(\beta)\right)\frac{\beta - \alpha}{6},$$

et d'autre part, un simple calcul donne

$$\begin{aligned} P'(\beta) &= P'(\alpha) + P''(\alpha)(\beta - \alpha) + \frac{P''(\beta) - P''(\alpha)}{2}(\beta - \alpha) \\ &= \frac{P(\beta) - P(\alpha)}{\beta - \alpha} + \left(P''(\alpha) + 2\,P''(\beta)\right)\frac{\beta - \alpha}{6}. \end{aligned}$$

2. Procédons comme pour l'interpolation composée et décomposons l'intervalle $[a, b]$ en n sous-intervalles. Pour $i = 1, \ldots, n$ fixé, considérons d'une part l'intervalle $[x_{i-1}, x_i]$ et notons P le polynôme de degré trois tel que pour tout $x \in [x_{i-1}, x_i]$, $S_{|[x_{i-1},x_i]}(x) = P(x)$.

Écrivons alors la valeur de P' au point x_i en appliquant le résultat précédent avec $\alpha = x_{i-1}$ et $\beta = x_i$, il vient alors

$$S'(x_i) = \lim_{\substack{x \to x_i \\ x < x_i}} P'(x) = \frac{f(x_i) - f(x_{i-1})}{x_i - x_{i-1}} + \left(S''(x_{i-1}) + 2\, S''(x_i)\right) \frac{x_i - x_{i-1}}{6}.$$

D'autre part sur l'intervalle $[x_i, x_{i+1}]$, notons Q le polynôme de degré trois tel que pour tout $x \in [x_i, x_{i+1}]$, $S_{|[x_i, x_{i+1}]}(x) = Q(x)$. Écrivons la valeur de Q' au point x_i en appliquant le résultat précédent avec $\alpha = x_i$ et $\beta = x_{i+1}$,

$$S'(x_i) = \lim_{\substack{x \to x_i \\ x > x_i}} Q'(x) = \frac{f(x_{i+1}) - f(x_i)}{x_{i+1} - x_i} - \left(2\, S''(x_i) + S''(x_{i+1})\right) \frac{x_{i+1} - x_i}{6}.$$

Ainsi, par continuité des dérivées première et seconde de la fonction spline S, nous avons pour $i = 1, \ldots, n$

$$\lim_{\substack{x \to x_i \\ x > x_i}} Q'(x) = S'(x_i) = \lim_{\substack{x \to x_i \\ x < x_i}} P'(x),$$

ce qui signifie que

$$\begin{aligned} S'(x_i) &= \frac{f(x_i) - f(x_{i-1})}{x_i - x_{i-1}} + \left(S''(x_{i-1}) + 2\, S''(x_i)\right) \frac{x_i - x_{i-1}}{6} \\ &= \frac{f(x_{i+1}) - f(x_i)}{x_{i+1} - x_i} - \left(2\, S''(x_i) + S''(x_{i+1})\right) \frac{x_{i+1} - x_i}{6}. \end{aligned}$$

ou encore pour $i = 1, \ldots, n$

$$\begin{aligned} & \left[S''(x_{i-1}) + 2\, S''(x_i)\right] \frac{x_i - x_{i-1}}{6} + \left[2\, S''(x_i) + S''(x_{i+1})\right] \frac{x_{i+1} - x_i}{6} \\ = {} & \frac{f(x_{i+1}) - f(x_i)}{x_{i+1} - x_i} - \frac{f(x_i) - f(x_{i-1})}{x_i - x_{i-1}}, \\ = {} & (x_{i+1} - x_{i-1}) f[x_{i-1}, x_i, x_{i+1}], \end{aligned} \tag{5.29}$$

où $f[x_{i-1}, x_i, x_{i+1}]$ représente la différence divisée d'ordre trois (5.4).
En outre, pour $i = 0$, nous connaissons $S'(x_0) = f'(a)$ et en calculant le polynôme de degré trois sur $[x_0, x_1]$, puis sa dérivée au point x_0, nous obtenons

$$f'(a) = S'(x_0) = \frac{f(x_1) - f(x_0)}{x_1 - x_0} - \left(2\, S''(x_0) + S''(x_1)\right) \frac{x_1 - x_0}{6},$$

ou encore

$$\left(2\, S''(x_0) + S''(x_1)\right) \frac{x_1 - x_0}{6} = \frac{f(x_1) - f(x_0)}{x_1 - x_0} - f'(a). \tag{5.30}$$

De la même manière, nous obtenons au point x_{n+1}

$$f'(b) = S'(x_{n+1}) = \frac{f(x_{n+1}) - f(x_n)}{x_{n+1} - x_n} + \left(S''(x_n) + 2\,S''(x_{n+1})\right) \frac{x_{n+1} - x_n}{6},$$

c'est-à-dire

$$\left(S''(x_n) + 2\,S''(x_{n+1})\right) \frac{x_{n+1} - x_n}{6} = -\frac{f(x_{n+1}) - f(x_n)}{x_{n+1} - x_n} + f'(b). \qquad (5.31)$$

Posons alors le vecteur $S'' = (S''_0, \ldots, S''_{n+1})$ où $S''_i = S''(x_i)$ pour $i = 0, \ldots, n$. En rassemblant les égalités (5.29), (5.30) et (5.31), nous vérifions que le vecteur S'' est solution d'un système matriciel linéaire à $n+2$ équations. Ce système admet bien une solution unique puisque la matrice construite est à diagonale strictement dominante.

Pour conclure, nous avons démontré que pour tout intervalle $[x_i, x_{i+1}]$ avec $i = 0, \ldots, n$, nous déterminons des valeurs pour S''_{x_i} et $S''(x_{i+1})$ de manière unique en fonction des données sur la fonction f.

3. À partir de $n + 4$ conditions, nous avons construit une fonction spline S. Par exemple, en prenant pour $i = 0, \ldots, n + 1$ la fonction S_i telle que

$$S_i(x_j) = \begin{cases} 0 & \text{si } j \neq i \\ 1 & \text{si } j = i, \end{cases}$$

et $S'_i(a) = S'_i(b) = 0$, nous pouvons en utilisant la même démarche que précédemment construire une fonction spline S_i qui vérifie les hypothèses (5.27). De la même manière, nous construisons S_a et S_b.

L'ensemble $\{S_0, \ldots, S_{n+1}, S_a, S_b\}$ constitue une famille libre de dimension $n + 4$ de l'ensemble des fonctions $\mathscr{C}^2([a, b], \mathbb{R})$, elle est donc génératrice de l'ensemble des splines cubiques de classe $\mathscr{C}^2([a, b], \mathbb{R})$. Ainsi, pour une fonction $f \in \mathscr{C}^1([a, b], \mathbb{R})$ donnée quelconque dont nous connaissons seulement les valeurs $f(x_i) = f_i$, pour $i \in \{0, \ldots, n + 1\}$ et $f'(\alpha) = f'_\alpha$, pour $\alpha \in \{a, b\}$, nous construisons une fonction spline S qui interpole la fonction f sur l'intervalle $[a, b]$

$$S(x) = \sum_{j=0}^{n+1} f_j\, S_j(x) + \sum_{\alpha \in \{a,b\}} f'_\alpha\, S_\alpha(x).$$

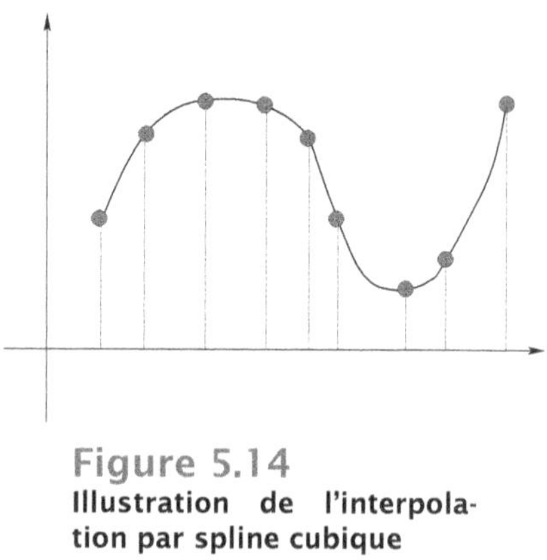

Figure 5.14
Illustration de l'interpolation par spline cubique

LES ÉQUATIONS DIFFÉRENTIELLES

6

Ce chapitre est consacré à l'étude des équations différentielles, lesquelles jouent un rôle fondamental en modélisation pour la biologie, la chimie, la physique et l'ingénierie. Ces modèles sont facilement paramétrisables (à partir de données expérimentales), ce qui justifie leur popularité et leur large utilisation. En outre, ils fournissent en général des informations précieuses sur les quantités observables (quantités qui peuvent être mesurées) à condition d'obtenir une bonne estimation de la solution. Nous présentons ici les schémas classiques permettant de fournir des solutions numériques suffisamment précises pour des problèmes issus de la modélisation en physique, chimie ou biologie. Nous proposons également une étude mathématique justifiant la précision des algorithmes.

6.1 INTRODUCTION ET RAPPELS THÉORIQUES

6.1.1 Le pont de Tacoma aux États-Unis

C'est en juillet 1940 que le pont suspendu de Tacoma dans l'État de Washington (États-Unis) est achevé et ouvert au trafic automobile. Dès les premiers jours, le pont commence à osciller de manière verticale mais ceci n'est pas vraiment surprenant pour un pont suspendu, les jours passent alors sans qu'aucun problème ne soit détecté. Cependant, un matin de novembre 1940 la situation se complique : le pont commence à onduler durant plusieurs heures, les câbles maintenant le tablier du pont se soulèvent périodiquement de haut en bas. Un peu plus tard, une pièce du pont se casse brutalement, le pont continue à osciller mais dans le même temps la chaussée se déforme de manière inquiétante. Par moment, un bord de la chaussée domine de plusieurs mètres l'autre bord et le pont est évacué d'urgence : il finit par s'écrouler.

Les ingénieurs se sont alors penchés sur les raisons qui ont conduit le pont à s'écrouler. Pour cela, il s'agit de modéliser les mouvements du pont en recensant les phénomènes physiques qui agissent sur le pont.

Par exemple, un modèle relativement simple consiste à étudier l'évolution au cours du temps d'une coupe transversale du pont de Tacoma, les variables sont alors l'angle de rotation $Z(t)$ du segment transverse par rapport à l'axe horizontal et le déplacement du centre de gravité $y(t)$ par rapport à la position d'équilibre (voir Figure 6.1). Nous supposons que les câbles résistent à la force appliquée lorsqu'il subit une élongation mais pas lorsqu'il est compressé. En outre, la force exercée par les câbles agit comme des ressorts d'une raideur K, proportionnelle à l'élongation du câble. Sur la Figure 6.1, nous observons que l'extension du côté droit est donnée par $(y - l\ \sin(Z))$

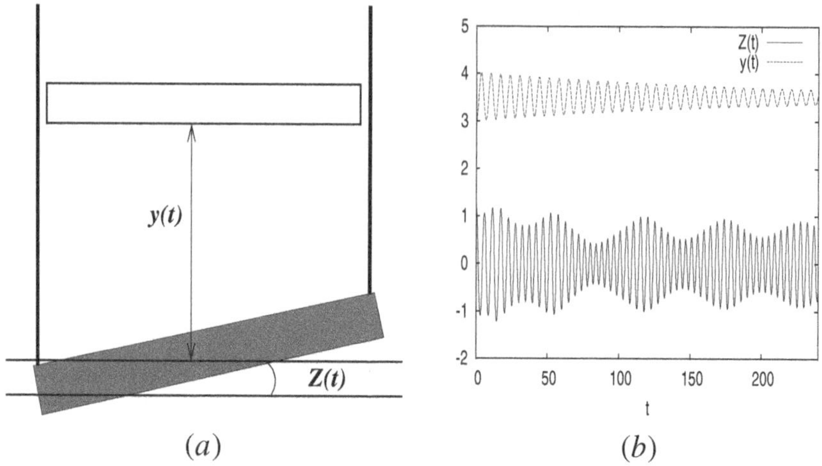

Figure 6.1
Étude du mouvement d'une coupe transverse du pont à l'aide d'une équation différentielle ordinaire. *(a)* **Nous considérons les variations au cours du temps de la hauteur du pont par rapport à la position d'équilibre** $y(t)$ **et de l'angle de rotation** $Z(t)$. *(b)* **Résultats de simulations numériques de la solution** $(y(t), Z(t))$.

et donc la force exercée par le câble de droite est

$$-K\,(y - l\,\sin(Z))^{+} = \begin{cases} -K\,(y - l\,\sin(Z)) & \text{lorsque } y - l\sin(Z) \geqslant 0, \\ 0 & \text{sinon.} \end{cases}$$

De la même manière, l'extension du câble de gauche est donnée par $(y + l\sin(Z))^{+}$. Finalement, en prenant en compte la force du vent $\lambda\,\sin(\omega t)$ d'une amplitude faible $\lambda > 0$ et de fréquence $\omega/2\pi$, une force d'amortissement d'amplitude $\delta > 0$ et la gravité g, la loi de la mécanique de Newton permet d'écrire un système différentiel pour y et Z :

$$\begin{cases} Z''(t) = \dfrac{3K}{ml}\cos(Z(t))\left[(y(t) - l\sin(Z(t)))^{+} - (y + l\,\sin(Z(t)))^{+}\right] \\ \qquad\quad +\lambda\,\sin(\omega\,t) - \delta\,Z'(t), \\ y''(t) = -\dfrac{K}{m}\left[(y(t) - l\,\sin(Z(t)))^{+} - (y + l\,\sin(Z(t)))^{+}\right] + g - \delta y'(t), \end{cases}$$

où l est la longueur des câbles au repos et m la masse du pont.

Cette équation n'est pas sous une forme très convenable pour la discrétisation et pour l'étude théorique, nous préférons l'écrire sous la forme :

$$u'(t) = f(t, u(t)),$$

où $u : \mathbb{R} \mapsto \mathbb{R}^d$. Pour cela, il suffit de poser $u = (u_1, u_2, u_3, u_4)$ avec

$$u_1 = Z, \quad u_2 = Z', \quad u_3 = y, \quad u_4 = y'$$

et $f : \mathbb{R} \times \mathbb{R}^4 \mapsto \mathbb{R}^4$ donnée par

$$f(t,u) = \begin{pmatrix} u_2 \\ \\ \dfrac{3K}{ml} \cos(u_1) \left[(u_3 - l \sin(u_1))^+ - (u_3 + l \sin(u_1))^+\right] + \lambda \sin(\omega t) - \delta u_2 \\ \\ u_4 \\ \\ -\dfrac{K}{m} \left[(u_3 - l \sin(u_1))^+ - (u_3 + l \sin(u_1))^+\right] + g - \delta u_4 \end{pmatrix}.$$

Cette équation différentielle ne peut pas être résolue exactement, c'est pourquoi il est indispensable de recourir à la simulation numérique sur ordinateur pour tenter d'approcher la solution et recomposer ainsi les dernières minutes correspondant aux mouvements du pont suspendu avant son effondrement. Un exemple de solution approchée est présenté sur la Figure 6.1 : le déplacement vertical $y(t)$ est ici amorti tandis que les variations de l'angle $Z(t)$ ne s'amortissent pas, ce qui conduit à l'effondrement du pont.

6.1.2 Rappels théoriques

Avant de décrire des méthodes numériques permettant d'approcher la solution d'une équation différentielle ordinaire, rappelons quelques résultats théoriques sur les systèmes d'équations différentielles ordinaires [11].

Définition 6.1

Nous appelons équation différentielle d'ordre n une équation de la forme

$$u^{(n)}(t) = f(t, u, u', \ldots, u^{(n-1)}), \tag{6.1}$$

où f est une application définie sur $I \times U \times U_1 \ldots U_{n-1} \mapsto E$, I est un intervalle de $\mathbb{R}$, U, U_1,. . ., U_{n-1} sont des ouverts d'un espace de Banach E. Une solution de l'équation différentielle (6.1) est une application u de classe $\mathscr{C}^n(I, E)$ vérifiant (6.1).

Remarque

Lorsque $E = \mathbb{R}$, l'équation différentielle est dite scalaire tandis que lorsque f est indépendante de t, l'équation différentielle est dite autonome.

Concernant la théorie des équations différentielles, nous nous intéressons au problème de l'existence et de l'unicité locale de solutions pour le problème de Cauchy[1] (c'est-à-dire l'équation différentielle accompagnée d'une « condition initiale »). Notons d'abord que dans le cas général d'une équation d'ordre n, une condition initiale est la donnée de la fonction inconnue u et de toutes ses dérivées jusqu'à l'ordre $n - 1$ au point $t = 0$. En définitive, nous pouvons toujours nous ramener au cas $n = 1$, quitte à agrandir l'espace E comme dans l'exemple du pont de Tacoma et en considérant comme nouvelle fonction inconnue le vecteur $(u, u', \ldots, u^{(n-1)})$. C'est pourquoi désormais, nous nous plaçons dans le cas $n = 1$, et considérons une fonction $f : I \times U \mapsto E$, où I est un intervalle ouvert de $\mathbb{R}$ et U un ouvert d'un espace de Banach E muni de la norme $\|.\|$. Considérons alors un système différentiel de la forme

$$\begin{cases} u'(t) = f(t, u(t)), \\ u(t = 0) = u_0, \end{cases} \tag{6.2}$$

où $u_0 \in E$ et où la fonction $f \in \mathscr{C}^0(I \times U, E)$ est seulement continue. Ceci permet de démontrer l'existence d'une solution lorsque E est de dimension finie mais pas l'unicité de la solution. Pour assurer l'unicité, il suffit que f soit localement lipschitzienne par rapport à la variable $x \in U$. À titre d'exemple, nous rappelons le résultat le plus classique pour l'existence et l'unicité d'une solution pour un système différentiel [11].

Théorème 6.2 ***Théorème de Cauchy-Lipschitz***[2]

Soit $f \in \mathscr{C}^0(I \times U, E)$ et supposons qu'il existe un voisinage de $(0, u_0)$ dans $I \times U$ et $L > 0$ tels que pour tout $t \in I$, x et y dans ce voisinage

$$\|f(t,x) - f(t,y)\| \leqslant L\|x - y\|.$$

Alors

- il existe $T > 0$ et $u \in \mathscr{C}^1([0, T], U)$ solution du problème de Cauchy (6.2) ;
- si v est une autre solution, elle coïncide avec u sur l'intervalle $[0, T]$;
- si de plus f est de classe $\mathscr{C}^r(I \times U, E)$ avec $r \geqslant 1$, alors u est de classe $\mathscr{C}^{r+1}(I, U)$.

La démonstration de ce théorème repose sur le théorème de point fixe contractant que nous avons démontré au Chapitre 3 [Théorème 3.4]. Nous proposons une démonstration de ce théorème dans la section 6.2.2 en prouvant la convergence du schéma d'Euler explicite par une méthode de compacité.

1. En référence à Augustin Louis Cauchy, mathématicien français (1789-1957) qui fut l'un des plus prolifiques. Ses travaux portèrent sur l'analyse (fonctions holomorphes, critères de convergence sur les séries entières) mais aussi en optique sur la propagation d'ondes électromagnétiques.
2. En référence à Rudolph Otto S. Lipschitz (1832-1903), mathématicien allemand, qui travailla sur la théorie des nombres, les équations différentielles complétant les travaux de Cauchy.

Pour l'instant intéressons-nous à la notion de trajectoire.

Définition 6.3

Nous appelons trajectoire ou orbite partant de u_0 l'ensemble défini par

$$\mathcal{T}_{u_0} := \{u(t) \in E, \quad u \text{ solution de (6.2)}, \ t \in [0, T] \text{ avec } u(0) = u_0\}.$$

En appliquant le Théorème 6.2, nous avons immédiatement le résultat suivant :

Corollaire 6.4

Soient u_0 et $v_0 \in U$ deux données initiales distinctes. Alors les trajectoires $\mathcal{T}_{u_0}$ et $\mathcal{T}_{v_0}$ sont disjointes.

Plaçons-nous maintenant dans le cadre d'application du Théorème 6.2, le résultat suivant donne une condition suffisante pour que $T = +\infty$ [11].

Théorème 6.5

Soient $f \in \mathscr{C}^0(I \times U, \mathbb{R}^d)$, supposons de plus que f est localement lipschitzienne en la deuxième variable et u la solution de (6.2) définie pour $0 \leqslant t < T$. Si la solution u est uniformément bornée sur $[0, T]$ alors $T = +\infty$.

Après ces quelques résultats d'existence et d'unicité, étudions le comportement qualitatif de la solution u. Pour simplifier, nous considérons un problème autonome, c'est-à-dire que la fonction f ne dépend que de la variable u mais pas de $t \in \mathbb{R}$:

$$\begin{cases} u'(t) = f(u(t)), \\ u(t=0) = u_0, \end{cases} \tag{6.3}$$

où la fonction $f : U \mapsto E$ est continue.

Définition 6.6

Le point $\bar{u} \in U$ est un point d'équilibre ou stationnaire du système différentiel (6.3) dès qu'il vérifie :

$$f(\bar{u}) = 0.$$

Se pose alors la question de la stabilité de ces points d'équilibre.

Définition 6.7

Soit $\bar{u} \in U$ un point d'équilibre ou stationnaire de (6.3). Nous disons que $\bar{u}$ est stable dès qu'il vérifie :

$$\forall \varepsilon > 0, \quad \exists \eta > 0 \text{ tel que } u_0 \in \mathcal{B}(\bar{u}, \eta) \Rightarrow \|u(t) - \bar{u}\| \leqslant \varepsilon,$$

c'est-à-dire que si nous partons d'une donnée initiale proche de l'état stationnaire $\bar{u}$, la solution $u(t)$ de (6.3) reste proche de l'état stationnaire pour tout $t \in \mathbb{R}^+$. En outre, si la solution u vérifie

$$\lim_{t \to \infty} \|u(t) - \bar{u}\| = 0,$$

alors nous disons que le point d'équilibre est asymptotiquement stable, c'est-à-dire que la solution converge vers l'état stationnaire.

Recherchons ensuite des conditions suffisantes de stabilité d'un point d'équilibre. Pour cela, voyons d'abord ce qu'il se passe dans le cas d'une fonction linéaire. Soit $A \in \mathcal{M}_{n,n}(\mathbb{R})$, le système différentiel (6.3) s'écrit alors

$$\begin{cases} u'(t) & = & A\,u(t), \\ u(0) & = & u_0 \end{cases} \tag{6.4}$$

et la solution est donnée par $u(t) = \mathrm{e}^{A\,t}\,u_0$ avec

$$\mathrm{e}^{A\,t} = \sum_{n \in \mathbb{N}} \frac{t^n}{n!} A^n.$$

La solution de (6.4) est bien définie pour tout temps et ce système admet un point d'équilibre $\bar{u} = 0$ dont la stabilité est liée au spectre de la matrice A [11].

Théorème 6.8 ***Stabilité des systèmes différentiels linéaires***

Considérons u la solution du système différentiel (6.4). Alors le point 0 est asymptotiquement stable si et seulement si pour tout $\lambda \in \mathrm{Sp}(A)$,

$$\mathrm{Re}(\lambda) < 0.$$

En outre, le point 0 est stable si et seulement si pour tout $\lambda \in \mathrm{Sp}(A)$

- soit $\mathrm{Re}(\lambda) < 0$,
- ou bien $\mathrm{Re}(\lambda) = 0$ et λ n'est pas défective, c'est-à-dire

$$\dim(\mathrm{Ker}(A - \lambda\,I_n)) = p,$$

où p représente la multiplicité de λ.

Dans le cas non linéaire la situation est bien plus complexe. Commençons, comme souvent, par transformer le problème pour se ramener à une situation connue. En linéarisant l'équation différentielle (6.3), introduisons $\delta = u - \bar{u}$, qui vérifie

$$\delta'(t) = f(u(t)) - f(\bar{u}) = \nabla_u f(\bar{u})\,\delta + o(\delta),$$

où $o(\delta)$ signifie qu'il existe une fonction $\varepsilon(\delta)$ telle que $\|\varepsilon(\delta)\|/\|\delta\| \to 0$ lorsque $\delta \to 0$.

Ainsi, lorsque δ est initialement petit, les termes en $o(\delta)$ sont négligeables et la stabilité du point stationnaire $\bar{u} \in U \subset E$ se ramène à l'étude de stabilité du problème linéaire suivant au point 0

$$\delta' = \nabla_u f(\bar{u})\,\delta.$$

Nous pourrions espérer un résultat analogue au cas linéaire mais ce n'est hélas pas toujours le cas [11].

Théorème 6.9 ***Théorème de stabilité non linéaire***

Soient E un espace de Banach de dimension finie et considérons le point stationnaire $\bar{u} \in U \subset E$ du système différentiel (6.3), où $f \in \mathscr{C}^1(U, E)$. Si pour tout $\lambda \in \mathrm{Sp}(\nabla_u f(\bar{u}))$ nous avons $\mathrm{Re}(\lambda) < 0$, alors le point $\bar{u}$ est asymptotiquement stable.
En revanche s'il existe $\lambda \in \mathrm{Sp}(\nabla_u f(\bar{u}))$ telle que $\mathrm{Re}(\lambda) > 0$ alors le point $\bar{u}$ est instable.

Observons que lorsqu'une valeur propre est de partie réelle nulle, nous ne pouvons pas conclure sur la stabilité du point d'équilibre en utilisant la théorie linéaire. Il faut alors faire appel à la théorie de Lyapunov[1].

Définition 6.10

Soit $\bar{u} \in U$ un point d'équilibre de (6.3). Nous appelons fonction de Lyapunov une fonction $\mathcal{L} : U \mapsto \mathbb{R}$ continue et différentiable sur U vérifiant

$$\begin{cases} \mathcal{L}(\bar{u}) < \mathcal{L}(u), & \forall u \in U \setminus \{\bar{u}\} \\ \nabla\mathcal{L}(u)\, f(u) \leqslant 0, & \forall u \in U. \end{cases}$$

Notons que les hypothèses sur $\mathcal{L}$ permettent d'assurer que

$$\frac{d}{dt}\mathcal{L}(u) = \nabla\mathcal{L}(u)\, u' = \nabla\mathcal{L}(u)\, f(u) \leqslant 0.$$

L'existence d'une telle fonction $\mathcal{L}$ permet alors de conclure sur le comportement de la solution proche de l'équilibre [11].

Théorème 6.11 ***Théorème de Lyapunov***

Soient E un espace de Banach de dimension finie et $\bar{u} \in U$ un point d'équilibre de (6.3). S'il existe une fonction de Lyapunov $\mathcal{L}$ associée à l'équilibre $\bar{u} \in U$, alors l'équilibre est stable.

1. En référence à Alexander Lyapunov mathématicien russe (1857-1918) qui travailla sur les systèmes dynamiques.

DÉMONSTRATION. Considérons $\varepsilon > 0$ tel que $\mathcal{B}(\bar{u}, \varepsilon) \subset U$ et soit

$$m = \min_{\|u - \bar{u}\| = \varepsilon} \mathcal{L}(u)$$

le minimum de la fonction de Lyapunov $\mathcal{L}$ sur le bord de $\mathcal{B}(\bar{u}, \varepsilon)$. Puisque $\bar{u} \in U$ est un minimum strict de la fonction $\mathcal{L}$ qui est continue, l'ensemble

$$U_\varepsilon := \left\{u \in \overline{\mathcal{B}}(\bar{u}, \varepsilon), \quad \mathcal{L}(u) < m\right\}$$

est un voisinage de $\bar{u}$ inclus dans U. Ainsi, en choisissant $u_0 \in U_\varepsilon$, comme $t \mapsto \mathcal{L}(u(t))$ est décroissante, il vient alors

$$\mathcal{L}(u(t)) \leqslant \mathcal{L}(u_0) < m,$$

pour $t \geqslant 0$ et donc $u(t) \notin \partial\overline{\mathcal{B}}(\bar{u}, \varepsilon)$. Par suite $u(t)$ reste dans le voisinage compact $\overline{\mathcal{B}}(\bar{u}, \varepsilon)$ de $\bar{u}$ pour tout $t \geqslant 0$ et même dans le voisinage U_ε, donc $\bar{u}$ est bien stable. □

Par la suite, nous présentons plusieurs schémas explicites classiques (schémas d'Euler, de Runge et de Runge-Kutta), puis proposons une analyse de convergence de la solution numérique vers la solution exacte du système différentiel en introduisant les notions de consistance et de stabilité. Nous étudions ensuite un schéma d'Euler implicite pour les équations différentielles raides qui jouent un rôle important dans les applications à la chimie. Enfin la dernière partie est consacrée aux systèmes hamiltoniens.

6.2 SCHÉMAS À UN PAS EXPLICITES

Intéressons-nous maintenant à la discrétisation des équations différentielles ordinaires et supposons que $E = \mathbb{R}^d$ avec $d \geqslant 1$. Pour approcher la solution de (6.2) sur l'intervalle $[0, T]$, décomposons cet intervalle en N sous-intervalles $[t^n, t^{n+1}]$ avec $t^n = n\,\Delta t$, $n \in \{0, \ldots, N\}$ et $\Delta t = T/N$. Par la suite, la solution numérique est notée v^n et désigne une approximation de la solution u aux points t^n, pour $n = 0, \ldots, N$.

L'objectif de l'analyse numérique des équations différentielles ordinaires est de construire des schémas numériques en discrétisant l'équation (6.2). Ensuite, il s'agit de démontrer que la solution approchée converge, en un sens à préciser, vers la solution exacte. Pour cela, nous cherchons à évaluer l'erreur de discrétisation $e^n = u(t^n) - v^n$, et plus précisément, à obtenir des estimations d'erreur de la forme

$$\|e^n\| = \|u(t^n) - v^n\| \leqslant C\,\Delta t^\alpha,$$

où C ne dépend que de la solution exacte, du temps final T mais surtout pas du pas de temps Δt tandis que $\alpha > 0$ donne l'ordre de convergence de la méthode numérique.

6.2.1 Les schémas de Runge-Kutta

Décrivons d'abord la manière de construire un schéma numérique pour l'équation (6.2). Puisque la fonction f est continue, elle est intégrable sur $[0, T]$ et donc en intégrant (6.2) sur l'intervalle $[t^n, t^n + \Delta t]$, nous avons

$$u(t^{n+1}) - u(t^n) = \int_{t^n}^{t^{n+1}} f(s, u(s))\, ds.$$

Le schéma numérique s'obtient alors en appliquant une formule de quadrature pour approcher l'intégrale du côté droit de l'égalité.

Le schéma d'Euler explicite. Par exemple, en appliquant la méthode des rectangles à gauche vue au Chapitre 5 [section 5.2.3] au point t^n, nous obtenons

$$\int_{t^n}^{t^{n+1}} f(s, u(s))\, ds \simeq \Delta t\, f(t^n, u(t^n)).$$

En remplaçant $u(t^n)$ par son approximation v^n vient alors le **schéma d'Euler explicite**

$$\begin{cases} v^0 = u(0) \\ v^{n+1} = v^n + \Delta t\, f(t^n, v^n), \quad \text{pour } n = 0, \ldots, N-1, \end{cases} \tag{6.5}$$

qui peut aussi s'écrire sous la forme

$$v^{n+1} = v^n + \Delta t\, \phi(t^n, v^n, \Delta t), \quad n = 0, \ldots, N-1,$$

avec

$$\phi(t^n, v^n, \Delta t) = f\left(t^n, v^n\right).$$

Nous étudierons précisément la convergence de ce schéma et démontrerons par la même occasion le Théorème de Cauchy-Lipschitz (Théorème 6.2) pour l'existence de solutions.

Le schéma de Runge. Une autre approximation consiste à utiliser la formule du point milieu étudiée au Chapitre 5 [section 5.4.3]

$$\int_{t^n}^{t^{n+1}} f(s, u(s))\, ds \simeq \Delta t\, f\left(t^n + \frac{\Delta t}{2}, u\left(t^n + \frac{\Delta t}{2}\right)\right)$$

mais au préalable il est impératif de construire une approximation de $u(t^n + \frac{\Delta t}{2})$. Pour cela, appliquons simplement le schéma d'Euler explicite présenté précédemment sur un demi-pas de temps

$$u\left(t^n + \frac{\Delta t}{2}\right) \simeq u(t^n) + \frac{\Delta t}{2} f\left(t^n, u(t^n)\right).$$

En remplaçant $u(t^n)$ par sa valeur approchée v^n, nous obtenons le **schéma de Runge explicite** qui comporte deux étapes

$$\begin{cases} k_1 = f(t^n, v^n), \\ k_2 = f\left(t^n + \frac{\Delta t}{2}, v^n + \frac{\Delta t}{2} k_1\right), \\ v^{n+1} = v^n + \Delta t\, k_2, \end{cases}$$

qui peut aussi s'écrire sous la forme

$$v^{n+1} = v^n + \Delta t\, \phi(t^n, v^n, \Delta t), \quad n = 0, \ldots, N-1,$$

avec

$$\phi(t^n, v^n, \Delta t) = f\left(t^n + \frac{\Delta t}{2}, v^n + \frac{\Delta t}{2} f(t^n, v^n)\right).$$

Le schéma de Runge-Kutta. Plus généralement, définissons les schémas de Runge-Kutta explicites de la manière suivante :

Définition 6.12

Une méthode de Runge-Kutta à s étages est donnée par

$$\begin{cases} k_1 = f(t^n, v^n), \\ k_2 = f\left(t^n + c_2 \Delta t, v^n + \Delta t\, a_{2,1} k_1\right), \\ \vdots \\ k_s = f\left(t^n + c_s \Delta t, v^n + \Delta t\,(a_{s,1} k_1 + \ldots + a_{s,s-1} k_{s-1})\right), \\ v^{n+1} = v^n + \Delta t\,(b_1 k_1 + b_2 k_2 + \ldots + b_s k_s), \end{cases} \tag{6.6}$$

où c_i, $a_{i,j}$ et b_j sont des coefficients. Nous les représentons habituellement par le schéma

$$\begin{array}{c|cccc} c_1 & 0 & & & \\ c_2 & a_{2,1} & \ddots & & \\ \vdots & \vdots & \ddots & \ddots & \\ c_s & a_{s,1} & \ldots & a_{s,s-1} & 0 \\ \hline & b_1 & \ldots & b_{s-1} & b_s \end{array} \tag{6.7}$$

Exemple : méthode d'Euler et de Runge

Les méthodes d'Euler et de Runge peuvent donc être représentées par les tableaux suivants :

$$\begin{array}{c|c} 0 & \\ \hline & 1 \end{array} \qquad \begin{array}{c|cc} 0 & & \\ 1/2 & 1/2 & \\ \hline & 0 & 1 \end{array}$$

Donnons en particulier le schéma de **Runge-Kutta d'ordre quatre**. C'est une excellente méthode pour la plupart des problèmes de Cauchy (6.2), c'est certainement la première à essayer puisque nous verrons qu'elle est très précise et assez stable !

Elle est à quatre étages et est définie par la fonction

$$\phi(t, v^n, \Delta t) = \frac{1}{6}(k_1 + 2k_2 + 2k_3 + k_4),$$

avec

$$\begin{cases} k_1 = f(t^n, v^n), \\ k_2 = f\left(t^n + \frac{\Delta t}{2}, v^n + \frac{\Delta t}{2} k_1\right), \\ k_3 = f\left(t^n + \frac{\Delta t}{2}, v^n + \frac{\Delta t}{2} k_2\right), \\ k_4 = f\left(t^n + \Delta t, v^n + \Delta t\, k_3\right). \end{cases}$$

Cette méthode combine les formules de quadrature de Simpson et du trapèze étudiées au Chapitre 5 [section 5.2.3] tandis que les évaluations aux temps intermédiaires sont fournies par la méthode d'Euler explicite. Nous vérifions que son écriture matricielle est la suivante

0				
1/2	1/2			
1/2	0	1/2		
1	0	0	1	
	1/6	1/3	1/3	1/6

Avant de se lancer dans l'analyse des schémas à un pas, comparons la précision des différents schémas pour un problème dont la solution exacte est connue

Exemple

Proposons de comparer l'ordre de convergence des différents schémas numériques. Pour cela, considérons l'équation différentielle scalaire

$$\begin{cases} u'(t) = -u(t), \quad t \in [0,1], \\ u(t=0) = 1, \end{cases}$$

dont la solution exacte est connue :

$$u(t) = u(0)\, e^{-t}.$$

Nous effectuons alors plusieurs simulations numériques en faisant tendre le paramètre Δt vers zéro pour les schémas d'Euler explicite, de Runge et de Runge-Kutta à quatre étages. Sur la Figure 6.2, l'axe des abscisses correspond au $\log(\Delta t)$ et l'axe des ordonnées représente $\log(\max_{n\geqslant 0} |e^n(\Delta t)|)$. Ainsi, la pente correspond à l'ordre de la méthode.

Nous constatons sur cet exemple que le schéma d'Euler explicite est d'ordre un, le schéma de Runge est d'ordre deux tandis que le schéma de Runge-Kutta à quatre étages est d'ordre quatre !

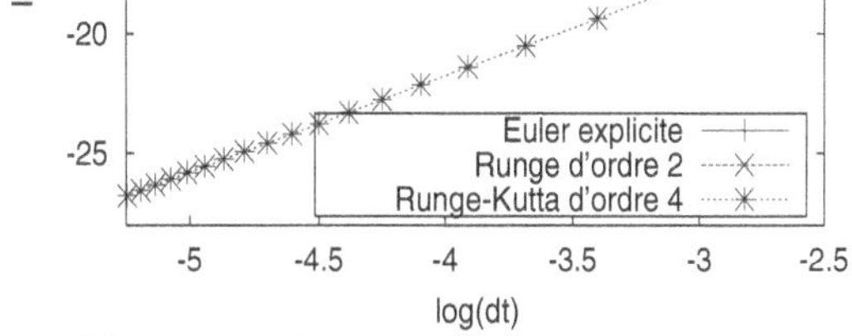

Figure 6.2
Comparaison des schémas d'Euler, de Runge et Runge-Kutta 4.

• *Simulation d'une solution chaotique*

Dans beaucoup d'applications, les solutions d'une équation différentielle ordinaire sont chaotiques. Il n'y a pas de définition formelle précise de la notion de chaos, lorsque t devient grand, une connaisssance approximative de la donnée initiale, rend le comportement de la solution incompréhensible. Considérons par exemple le modèle de Lorentz : nous cherchons à approcher les fonctions $(x(t), y(t), z(t))$ pour tout $t \geqslant 0$ du système suivant

$$\begin{cases} x' = \sigma(y - x), \\ y' = x(\rho - z) - y, \\ z' = x\,y - \beta z, \end{cases}$$

avec $\sigma = 10$, $\rho = 28$ et $\beta = 8/3$.

En appliquant le théorème de Cauchy-Lipschitz (Théorème 6.2), nous montrons que sur tout intervalle de temps $[0, T]$, il existe une unique solution au système de Lorentz. Cependant, la simulation numérique de ce système pose de réelles difficultés lorsque le nombre d'itérations devient grand.

Choisissons une donnée initiale qui est une perturbation de l'équilibre $(0, 0, 0)$ de l'ordre de 10^{-6}. Nous observons alors plusieurs choses. Tout d'abord, en traçant sur la Figure 6.3 l'évolution des composantes $(x(t), y(t), z(t))$ au cours du temps, la solution forme une sorte de papillon. Notons que pour différents pas de temps $\Delta t = 2.\,10^{-4}$, $2.\,10^{-5}$ et $2.\,10^{-6}$ le comportement qualitatif de la solution reste le même.

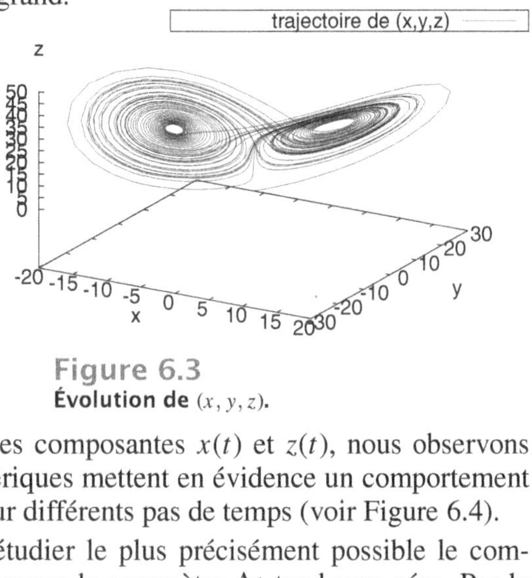

Figure 6.3
Évolution de (x, y, z).

Cependant, en traçant l'évolution des composantes $x(t)$ et $z(t)$, nous observons que pour $t \geqslant 15$, les simulations numériques mettent en évidence un comportement chaotique de la solution numérique pour différents pas de temps (voir Figure 6.4).

C'est pourquoi, il est important d'étudier le plus précisément possible le comportement de la solution numérique lorsque le paramètre Δt tend vers zéro. Par la suite, nous étudierons les méthodes de discrétisation des équations différentielles dites « schéma à un pas ».

L'ensemble de ces méthodes numériques peut être décrit comme un schéma à un pas explicite, autrement dit le schéma s'écrit sous la forme

$$\begin{cases} v^0 = u(0) \\ v^{n+1} = v^n + \Delta t\ \phi(t^n, v^n, \Delta t), \quad n = 0, \ldots, N-1, \end{cases} \tag{6.8}$$

où $\phi : \mathbb{R}^+ \times \mathbb{R}^d \times \mathbb{R}^+ \mapsto \mathbb{R}^d$ définit complètement la méthode numérique. Bien sûr, la méthode est dite à un pas car v^{n+1} ne dépend que de l'étape précédente v^n.

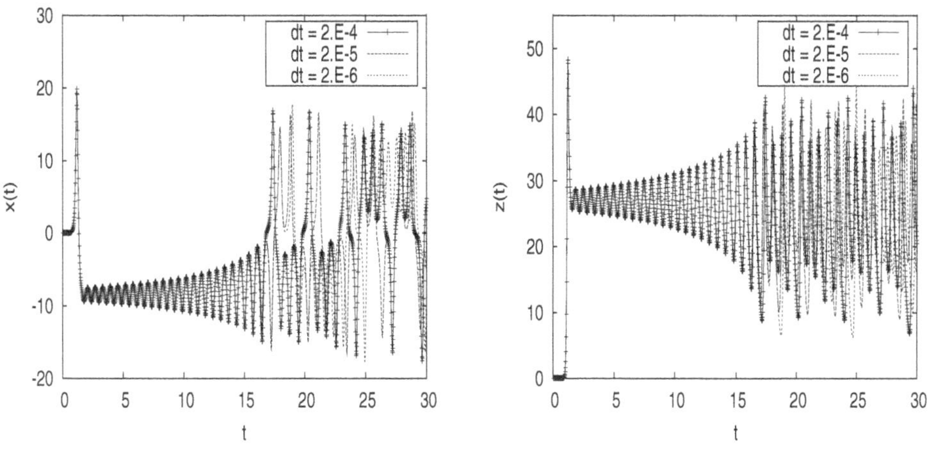

Figure 6.4
Évolution des composantes x^n et z^n en fonction de n pour un schéma d'Euler explicite et différents pas de temps $\Delta t = 2.\,10^{-4}$, $2.\,10^{-5}$ et $2.\,10^{-6}$.

Ainsi l'algorithme est satisfaisant dès lors que l'erreur $e^n = \|v^n - u(t^n)\|$ converge vers 0 pour tout $n \in \{0, \ldots, N\}$ lorsque le pas de temps Δt tend vers zéro.

Étudions d'abord le schéma le plus simple, c'est-à-dire le schéma d'Euler explicite, pour lequel nous proposons une démonstration de convergence qui ne repose pas sur un résultat d'existence de solutions pour (6.2) : la convergence du schéma numérique constitue donc une preuve du Théorème de Cauchy-Lipschitz (Théorème 6.2). Ensuite, nous proposons une étude générale des schémas à un pas et donnons des conditions suffisantes sur la fonction ϕ pour démontrer la convergence et calculer l'ordre du schéma.

6.2.2 Convergence du schéma d'Euler explicite

Soit $u(t)$ la solution exacte de l'équation différentielle (6.2) et v^n la solution approchée donnée par le schéma à un pas (6.8). Définissons l'erreur globale au temps t^n par la différence entre les solutions exacte et approchée :

$$e^n(\Delta t) = u(t^n) - v^n, \quad n \in \mathbb{N}.$$

Définition 6.13

Considérons l'équation différentielle ordinaire (6.2). Nous disons que le schéma (6.8) est convergent sur l'intervalle $[0, T]$ lorsque pour $\Delta t = T/N$

$$\lim_{\Delta t \to 0} \max_{n=0,\ldots,N} \|e^n(\Delta t)\| = 0.$$

En outre le schéma est convergent d'ordre p s'il existe une constante $C > 0$ ne dépendant que de f, T, u_0 et surtout pas de Δt telle que

$$\max_{n=0,\ldots,N} \|e^n(\Delta t)\| \leqslant C\,\Delta t^p.$$

Supposons que pour $T > 0$, la fonction f appartient à $\mathscr{C}([0,T] \times U, E)$ et considérons le schéma d'Euler explicite pour (6.2)

$$v^{n+1} = v^n + f(t^n, v^n).$$

Notons alors $v_{\Delta t}$ la fonction affine par morceaux de $[0,T]$ à valeurs dans E, définie par

$$v_{\Delta t}(t) = v^n + \frac{v^{n+1} - v^n}{\Delta t}(t - t^n), \quad t \in [t^n, t^{n+1}[, \quad n = 0, \ldots, N-1.$$

Nous souhaitons démontrer que la fonction $v_{\Delta t}$ converge vers une solution de (6.2). D'une part, puisque f est continue elle est bornée sur tout compact. La « dérivée » de $v_{\Delta t}$ est alors bornée sur un intervalle inclus dans $[0,T]$ indépendamment de Δt. L'ensemble $(v_{\Delta t})_{\Delta t>0}$ forme ainsi une famille de fonctions équicontinues dont une sous-suite converge uniformément grâce au Théorème d'Arzelà-Ascoli.

Théorème 6.14 ***Théorème d'Arzelà-Ascoli***

Soit $(v_m)_{m\in\mathbb{N}}$ une suite de fonctions telles que $\{v_m : [0,T] \mapsto \mathbb{R},\ m \in \mathbb{N}\}$ est équicontinue sur $[0,T]$ avec $0 < T < +\infty$, c'est-à-dire que pour tout $\varepsilon > 0$, il existe $\delta > 0$ indépendant de $m \in \mathbb{N}$ tel que pour tout $|t - s| \leqslant \delta$,

$$\sup_{m\in\mathbb{N}} \|v_m(t) - v_m(s)\| \leqslant \varepsilon.$$

Si la suite $(v_m)_{m\in\mathbb{N}}$ est bornée, alors il existe une sous-suite qui converge uniformément.

Montrons alors le résultat suivant (qui englobe une partie du Théorème 6.2).

Théorème 6.15 ***Convergence du schéma d'Euler explicite***

Soient $f \in \mathscr{C}^0([0,T] \times U, E)$, $\mathcal{B}(u_0, \delta) \subset U$ et

$$M = \sup_{(t,u)\in[0,T]\times\mathcal{B}(u_0,\delta)} |f(t,u)|$$

Alors il existe au moins une solution au problème de Cauchy (6.2) définie sur l'intervalle $[0, T_0]$ avec $T_0 = \min(T, \delta/M)$ et il existe une sous-suite de la solution numérique donnée par le schéma d'Euler qui converge vers cette solution.

DÉMONSTRATION. Soient $\delta > 0$ et $T > 0$ tels que $\mathcal{B}(u_0, \delta) \subset U$, alors par définition de M la solution numérique $v_{\Delta t}(t) \in \mathcal{B}(u_0, \delta)$ pour tout $t \in [0, T_0]$ avec $T_0 = \min(T, \delta/M)$ et de plus

$$\|v_{\Delta t}(t) - v_{\Delta t}(s)\| \leqslant M\,|t-s|.$$

Ainsi, d'après le Théorème d'Arzelà-Ascoli, il existe une sous-suite $(v_{1/m})_{m\in\mathbb{N}^*}$ qui converge uniformément vers une fonction u. Il reste à démontrer que u est solution de (6.2), c'est-à-dire que pour tout $t \in [0, T_0]$

$$u(t) = u(0) + \int_0^t f(s, u(s))\,ds.$$

En utilisant le fait que f est uniformément continue sur $[0, T] \times U$, il existe $\delta(\Delta t) \to 0$ lorsque $\Delta t \to 0$ telle que

$$\|f(t,v) - f(s,w)\| \leqslant \delta(\Delta t), \quad \|v-w\| \leqslant M\,\Delta t \quad \text{et} \quad |t-s| \leqslant \Delta t.$$

C'est pourquoi,

$$\begin{aligned}
&\|v_{\Delta t}(t) - u(0) - \int_0^t f(s, v_{\Delta t}(s))\,ds\| \leqslant \\
&\sum_{n=0}^{N-1} \int_{t^n}^{t^{n+1}} \|f(s, v_{\Delta t}(s)) - f(t^n, v^n)\| + \|f(s, v_{\Delta t}(s)) - f(t^{n+1}, v^{n+1})\| ds \\
&\leqslant 2 \sum_{n=0}^{N-1} \delta(\Delta t)\,\Delta t = 2\,T\,\delta(\Delta t).
\end{aligned}$$

En écrivant cette inégalité pour une sous-suite convergente et en passant à la limite Δt tend vers zéro, nous obtenons le résultat. □

Nous montrons facilement que lorsque la fonction f est lipschitzienne par rapport à la seconde variable, la suite définie par le schéma d'Euler converge uniformément.

6.2.3 Consistance et stabilité des schémas à un pas

Établissons maintenant des critères généraux sur l'ensemble des schémas numériques à un pas, écrits sous la forme (6.8), ce qui permettra de démontrer facilement la convergence de la solution approchée vers la solution exacte. Pour cela, définissons deux notions importantes : la **consistance** qui renseigne sur la cohérence de la discrétisation et la **stabilité** qui signifie le contrôle de l'accumulation des erreurs.

Pour $n \in \mathbb{N}$, l'erreur de consistance du schéma (6.8) au temps t, pour u une solution de (6.2) et un pas de temps Δt, est obtenue en appliquant le schéma de discrétisation à la solution exacte, c'est-à-dire

$$\mathcal{R}(t, u, \Delta t) = \frac{u(t+\Delta t) - u(t)}{\Delta t} - \phi(t, u(t), \Delta t), \tag{6.9}$$

ce qui permet alors de définir la consistance.

Définition 6.16

Considérons le schéma à un pas (6.8) associé à l'équation différentielle (6.2). Nous disons que le schéma est consistant lorsque pour tout $t \in [0,T]$ et toute solution $u \in \mathscr{C}([0,T],\mathbb{R}^d)$ de (6.2)

$$\lim_{\Delta t \to 0} \|\mathcal{R}(t,u,\Delta t)\| = 0.$$

De plus, pour $p \in \mathbb{N}$, le schéma est consistant d'ordre p s'il existe une constante $C > 0$ ne dépendant que de f, T et u_0 mais surtout pas de Δt telle que

$$\|\mathcal{R}(t,u,\Delta t)\| \leqslant C\,\Delta t^p, \quad \text{pour tout } t \geqslant 0$$

et toute solution $u \in \mathscr{C}([0,T],\mathbb{R}^d)$ de (6.2).

Ainsi, la consistance donne une indication sur la cohérence de l'approximation ϕ de la fonction f. En effet, elle signifie que lorsque le paramètre de discrétisation Δt tend vers zéro, la fonction $\phi(t,u(t),\Delta t)$ converge vers $f(t,u(t))$. Établissons alors une condition suffisante sur ϕ pour que le schéma (6.8) soit consistant.

Proposition 6.17 ***Condition suffisante pour la consistance***

Considérons le schéma à un pas (6.8) associé à l'équation différentielle (6.2). Si la fonction $\phi \in \mathscr{C}^0(\mathbb{R}^+ \times \mathbb{R}^d \times \mathbb{R}^+, \mathbb{R}^d)$ et pour tout $w \in \mathbb{R}^d$, $t \in [0,T]$

$$\phi(t,w,0) = f(t,w).$$

Alors le schéma (6.8) est consistant.

DÉMONSTRATION. Prenons $u \in \mathscr{C}^1([0,T],\mathbb{R}^d)$ la solution exacte de (6.2), nous pouvons écrire pour $t \in [0, T - \Delta t]$

$$u(t+\Delta t) - u(t) = \int_t^{t+\Delta t} u'(s)\,ds = \int_t^{t+\Delta t} f(s,u(s))\,ds.$$

Nous en déduisons alors que

$$\begin{aligned} \mathcal{R}(t,u,\Delta t) &= \frac{u(t+\Delta t)-u(t)}{\Delta t} - \phi(t,u(t),\Delta t), \\ &= \frac{1}{\Delta t}\int_t^{t+\Delta t} \left[f(s,u(s)) - \phi(t,u(t),\Delta t)\right] ds. \end{aligned}$$

Soit $\varepsilon > 0$, puisque ϕ est une fonction continue au point

$$(t,u(t),0) \quad \text{et} \quad \phi(t,u(t),0) = f(t,u(t)),$$

il existe $\eta_1 > 0$ tel que pour tout $\Delta t \leqslant \eta_1$

$$\|\phi(t, u(t), \Delta t) - f(t, u(t))\| \leqslant \frac{\varepsilon}{2}.$$

Nous avons donc par inégalité triangulaire

$$\|\mathcal{R}(t, u, \Delta t)\| \leqslant \frac{\varepsilon}{2} + \frac{1}{\Delta t} \int_t^{t+\Delta t} \|f(s, u(s)) - f(t, u(t))\| ds.$$

D'autre part, la fonction $s \mapsto f(s, u(s))$ est continue sur $[0, T]$, elle est donc uniformément continue, il existe donc $\eta_2 > 0$ tel que pour tout $|t - s| \leqslant \Delta t \leqslant \eta_2$,

$$\frac{1}{\Delta t} \int_t^{t+\Delta t} \|f(s, u(s)) - f(t, u(t))\| \, ds \leqslant \frac{\varepsilon}{2}.$$

Ainsi, lorsque $\Delta t \leqslant \eta = \min(\eta_1, \eta_2)$, l'erreur de consistance satisfait

$$\|\mathcal{R}(t, u, \Delta t)\| \leqslant \varepsilon,$$

ce qui démontre la proposition. □

Pour obtenir la consistance d'ordre $p > 1$, il est nécessaire de supposer que la fonction $f \in \mathscr{C}^p([0, T] \times U, \mathbb{R}^d)$, ce qui implique d'après le Théorème 6.2 que $u \in \mathscr{C}^{p+1}([0, T], \mathbb{R}^d)$. Définissons alors $f_{(m)} \in \mathscr{C}^{p-m}([0, T] \times U, \mathbb{R}^d)$ pour $(t, w) \in \mathbb{R} \times \mathbb{R}^d$

$$\begin{cases} f_{(0)}(t, w) = f(t, w) \\[2ex] f_{(m+1)}(t, w) = \dfrac{\partial f_{(m)}}{\partial t}(t, w) + \nabla_w f_{(m)}(t, w) \, f(t, w), \quad m \geqslant 0. \end{cases}$$

Par récurrence, la solution de (6.2) vérifie pour tout $m \in \{0, \ldots, p\}$

$$u^{(m+1)}(t) = f_{(m)}(t, u(t)), \quad t \in [0, T].$$

À partir de cette dernière égalité et d'un développement de Taylor de la solution de (6.2) à l'ordre p, il vient

$$\begin{aligned} u(t + \Delta t) &= u(t) + \sum_{m=1}^{p} \frac{\Delta t^m}{m!} u^{(m)}(t) + \frac{\Delta t^{p+1}}{(p+1)!} u^{(p+1)}(\eta), \\ &= u(t) + \Delta t \sum_{m=0}^{p-1} \frac{\Delta t^m}{(m+1)!} f_{(m)}(t, u(t)) + \frac{\Delta t^{p+1}}{(p+1)!} u^{(p+1)}(\eta). \end{aligned}$$

Ainsi, en choisissant la fonction ϕ telle que

$$\phi(t, v, \Delta t) = \sum_{m=0}^{p-1} f_{(m)}(t, v) \frac{\Delta t^m}{(m+1)!}, \tag{6.10}$$

l'erreur de consistance vérifie naturellement

$$\mathcal{R}(t, u, \Delta t) = \frac{u(t+\Delta t) - u(t)}{\Delta t} - \phi(t, u(t), \Delta t) = u^{(p+1)}(\eta) \frac{\Delta t^p}{(p+1)!}.$$

Compte tenu que $u^{(p+1)}$ est continue, elle est bornée sur $[0, T]$ et l'erreur de consistance est bien d'ordre p. Nous pouvons alors facilement démontrer à l'aide de (6.10) la Proposition suivante

Proposition 6.18 ***Condition suffisante pour la consistance d'ordre*** p

Considérons le schéma à un pas (6.8) associé à l'équation différentielle (6.2). Si la fonction $\phi \in \mathscr{C}^{p-1}(\mathbb{R}^+ \times \mathbb{R}^d \times \mathbb{R}^+, \mathbb{R}^d)$ et vérifie pour tout $m = \{0, \ldots, p-1\}$

$$\frac{\partial^m \phi}{\partial \Delta t^m}(t, v, 0) = \frac{f_{(m)}(t, v)}{m+1}, \quad t \in [0, T].$$

Alors le schéma (6.8) est consistant d'ordre p.

C'est alors un exercice trivial que de vérifier que le schéma de Runge est effectivement d'ordre deux et le schéma de Runge-Kutta à quatre étages est d'ordre quatre.

Ces critères donnent une information sur la précision d'une étape de discrétisation mais ils n'assurent pas que l'accumulation des erreurs ne converge pas vers l'infini lorsque le nombre d'étapes ou d'itérations croît. Pour exprimer cela, introduisons la notion de stabilité.

Définition 6.19

Le schéma (6.8) est stable s'il existe $\Delta t^\star > 0$ et $R > 0$ pouvant dépendre de la donnée initiale u_0 et du temps final $T = N\,\Delta t$ tels que pour tout $\Delta t \in [0, \Delta t^\star[$

$$v^n \in \mathcal{B}(0, R), \qquad \forall n = 0, , \ldots, N,$$

où $\mathcal{B}(0, R)$ désigne la boule de centre 0 et de rayon R. Autrement dit la solution numérique v^n est bornée indépendamment de n et Δt.
En outre, le schéma est inconditionnellement stable lorsque $\Delta t^\star = \infty$.

Notons que cette notion de stabilité a déjà été utilisée pour démontrer la convergence du schéma d'Euler explicite puisque nous avons démontré en premier lieu que la solution numérique est bornée. Cependant cette condition se révèle bien souvent trop faible pour permettre une analyse de convergence d'un schéma numérique à un pas. C'est pourquoi, nous introduisons une notion de stabilité plus contraignante, c'est la stabilité par rapport aux erreurs.

Définition 6.20

Le schéma (6.8) est stable par rapport aux erreurs s'il existe $\Delta t^\star > 0$ et $C > 0$ dépendant de u_0, f et T tels que pour $0 \leqslant \Delta t \leqslant \Delta t^\star$,

$$v^{n+1} := v^n + \Delta t\, \phi(t^n, v^n, \Delta t),$$

et

$$w^{n+1} := w^n + \Delta t\, \phi(t^n, w^n, \Delta t) + \varepsilon^n,$$

pour $n = 0, \ldots, N-1$ et $(\varepsilon^n)_{n\in\mathbb{N}} \subset \mathbb{R}^d$ est donnée, alors

$$\|v^n - w^n\| \leqslant C \left(\|v^0 - w^0\| + \sum_{i=0}^{n-1} \|\varepsilon^i\| \right),$$

pour tout $n = 0, \ldots, N-1$.

Cette définition signifie que pour qu'un schéma soit stable il faut et il suffit que l'accumulation des erreurs soit du même ordre que la somme des erreurs commises à chaque étape. Nous proposons une condition suffisante de stabilité pour un schéma à un pas de la forme (6.8)

Proposition 6.21 ***Condition suffisante pour la stabilité***

Supposons que la fonction ϕ est continue et lipschitzienne par rapport à la variable $v \in \mathbb{R}^d$, où $\Gamma > 0$ est la constante de Lipschitz :

$$\|\phi(t, u, \Delta t) - \phi(t, v, \Delta t)\| \leqslant \Gamma \|u - v\| \tag{6.11}$$

pour tout $t \geqslant 0$ et $\Delta t > 0$. Alors la solution numérique donnée par (6.8) est stable par rapport aux erreurs.

DÉMONSTRATION. Soient $(v^n)_n$ et $(w^n)_n$ telles que

$$v^{n+1} := v^n + \Delta t\, \phi(t^n, v^n, \Delta t),$$

et

$$w^{n+1} := w^n + \Delta t\, \phi(t^n, w^n, \Delta t) + \varepsilon^n.$$

En faisant la différence et en utilisant la condition (6.11), il vient pour $e^n = v^n - w^n$

$$\|e^{n+1}\| \leqslant (1 + \Gamma\, \Delta t) \|e^n\| + \|\varepsilon^n\|.$$

Puis en procédant par récurrence, nous obtenons

$$\|e^{n+1}\| \leqslant (1+\Gamma\,\Delta t)^{n+1}\,\|e^0\| + \sum_{k=0}^{n}(1+\Gamma\,\Delta t)^{n-k}\,\|\varepsilon^k\|.$$

En observant que $1+\Gamma\,\Delta t \leqslant e^{\Gamma\,\Delta t}$, nous avons alors simplement

$$\|e^{n+1}\| \leqslant \mathrm{e}^{\Gamma\,t^{n+1}}\left(\|e^0\| + \sum_{k=0}^{n}\|\varepsilon^k\|\right),$$

ce qui démontre le résultat de stabilité par rapport aux erreurs avec

$$C = \mathrm{e}^{\Gamma\,T} > 0.$$

□

À partir de la notion de consistance et de stabilité, nous pouvons démontrer la convergence de la solution numérique vers la solution exacte de (6.2). C'est un résultat classique en analyse numérique et plus généralement en analyse : nous verrons plus tard que cette notion revient lors de l'analyse de schémas numériques pour les équations aux dérivées partielles.

Théorème 6.22 ***Consistance + Stabilité ⇒ Convergence***

Nous supposons que le schéma (6.8) est consistant d'ordre p et stable par rapport aux erreurs. Alors la solution numérique converge vers la solution exacte de (6.2). L'erreur vérifie en outre

$$\|e^n(\Delta t)\| \leqslant C\left[\Delta t^p + \|e^0(\Delta t)\|\right],$$

pour tout $n = 0,\dots,N$, où $C > 0$ ne dépend que de T, f et u.

DÉMONSTRATION. Puisque le schéma est consistant, la solution exacte u vérifie

$$u(t^{n+1}) = u(t^n) + \Delta t\,\phi(t^n, u(t^n), \Delta t) + \Delta t\,\mathcal{R}(t^n, u, \Delta t),$$

avec la condition suivante sur $\mathcal{R}(t^n, u, \Delta t)$: pour tout $t \in [0, T]$ et u solution exacte de (6.2)

$$\lim_{\Delta t\to 0}\|\mathcal{R}(t, u, \Delta t)\| = 0,$$

et puisque le schéma est d'ordre p

$$\|\mathcal{R}(t, u, \Delta t)\| \leqslant C\,\Delta t^p, \quad \forall t \in [0, T].$$

D'autre part, la solution numérique est donnée par

$$v^{n+1} = v^n + \Delta t\,\phi(t^n, v^n, \Delta t).$$

En faisant la différence entre les deux égalités, le terme d'erreur $e^n(\Delta t) = v^n - u(t^n)$ satisfait la relation de récurrence

$$\begin{aligned} e^{n+1}(\Delta t) &= e^n(\Delta t) + \Delta t \left[\phi(t^n, v^n, \Delta t) - \phi(t^n, u(t^n), \Delta t) \right] \\ & \quad - \Delta t \, \mathcal{R}(t^n, u(t^n), \Delta t). \end{aligned}$$

Ainsi, en appliquant directement la définition de la stabilité par rapport aux erreurs avec $w^n = u(t^n)$, il vient

$$\|e^n(\Delta t)\| \leqslant C \left(\|e^0(\Delta t)\| + \Delta t \sum_{i=0}^{n-1} \|\mathcal{R}(t^i, u, \Delta t)\| \right).$$

Puisque le schéma est consistant, nous avons

$$\Delta t \sum_{i=0}^{n-1} \|\mathcal{R}(t^i, u, \Delta t)\| \leqslant T \max_{0 \leqslant i \leqslant n-1} \|\mathcal{R}(t^i, u, \Delta t)\|,$$

le terme de droite tend bien vers zéro lorsque Δt converge vers zéro, puisque pour tout $i \in \{0, \ldots, n\}$

$$\lim_{\Delta t \to 0} \|\mathcal{R}(t^i, u, \Delta t)\| = 0$$

et u^0 converge vers $u(0)$ donc le schéma est convergent.
En outre, le schéma étant consistant d'ordre p, l'erreur est du même ordre

$$\begin{aligned} \|e^n(\Delta t)\| &\leqslant C \left[\|e^0(\Delta t)\| + \Delta t \sum_{i=0}^{n-1} \|\mathcal{R}(t^i, u(t^i), \Delta t)\| \right] \\ &\leqslant C \left[\|e^0(\Delta t)\| + \Delta t^p \right]. \end{aligned}$$

□

6.3 Les équations différentielles raides

Considérons l'exemple d'une équation différentielle modélisant une réaction chimique pour un paramètre $\varepsilon > 0$ assez petit,

$$\begin{array}{lcll} a & \xrightarrow{\varepsilon} & b & \text{lente,} \\ b + b & \xrightarrow{1/\varepsilon^2} & c + b & \text{très rapide,} \\ b + c & \xrightarrow{1/\varepsilon} & c + a & \text{rapide,} \end{array}$$

où a, b et c sont trois réactants de concentration $C_a(t)$, $C_b(t)$ et $C_c(t)$. Sur un intervalle de temps dt, la variation de la concentration C_a diminue proportionnellement à ε pour produire de la substance b et dans le même temps augmente proportionnellement à

$1/\varepsilon$ par association des substances b et c produisant à la fois les réactants a et c, ce qui conduit à

$$dC_a = -\varepsilon\, C_a\, dt + \frac{C_b\, C_c}{2\varepsilon}\, dt.$$

De la même manière

$$dC_b = \varepsilon\, C_a\, dt + \frac{C_b\, C_b}{2\varepsilon^2}\, dt - \frac{C_b\, C_b}{\varepsilon^2}\, dt - \frac{C_b\, C_c}{2\varepsilon}\, dt$$

et

$$dC_c = \frac{C_b\, C_b}{2\varepsilon^2}\, dt + \frac{C_b\, C_c}{2\varepsilon}\, dt - \frac{C_b\, C_c}{2\varepsilon}\, dt.$$

En passant formellement à la limite $dt \to 0$, nous obtenons un système d'équations différentielles raides, c'est-à-dire contenant des échelles d'ordre différent ε, $1/\varepsilon$ et $1/\varepsilon^2$

$$\begin{cases} C_a'(t) = -\varepsilon\, C_a(t) + \dfrac{C_b(t)\, C_c(t)}{2\varepsilon}, \\ C_b'(t) = +\varepsilon\, C_a(t) - \dfrac{C_b^2(t)}{2\varepsilon^2} - \dfrac{C_b(t)\, C_c(t)}{2\varepsilon}, \\ C_c'(t) = \dfrac{C_b^2(t)}{2\varepsilon^2}. \end{cases}$$

Cette réaction décrit la production de réactants c à partir de la substance a tandis que b sert de catalyseur. Observons en effet que $C_c = 1$, $C_a = C_b = 0$ est un équilibre vers lequel la solution est supposée converger. Pour un tel système, l'utilisation d'une méthode de Runge-Kutta explicite est pratiquement impossible car nous serions obligés de prendre un pas de temps Δt très petit pour obtenir une approximation raisonnable, sans quoi la solution numérique devient instable. En effet, une caractéristique de cette équation différentielle est la présence de différentes échelles (lente, très rapide et rapide), pour que le schéma explicite reste précis, il faut que le pas de temps soit du même ordre que la fréquence la plus rapide, c'est-à-dire ici de l'ordre de ε^2.

Pour mieux comprendre ce phénomène, considérons un problème bien plus simple pour lequel tous les calculs sont explicites et qui possède les mêmes caractéristiques

$$\varepsilon\, u'(t) = -u(t) + \cos(t), \quad 0 < \varepsilon \ll 1. \tag{6.12}$$

Cette équation différentielle est linéaire inhomogène et la solution exacte est donnée par

$$u(t) = \left(u_0 - \frac{1}{1+\varepsilon^2}\right) e^{-t/\varepsilon} + \frac{\cos(t)}{1+\varepsilon^2} + \frac{\varepsilon\, \sin(t)}{1+\varepsilon^2}.$$

Cette solution est la somme d'une fonction oscillant à une période de 2π et d'une fonction qui tend vers zéro à la vitesse de $1/\varepsilon$.

Observons maintenant ce qu'il se passe lorsque nous appliquons la méthode d'Euler explicite à une telle équation pour un pas de temps Δt constant. La solution numérique au temps $t^n = n\,\Delta t$ est alors donnée par

$$v^{n+1} = \left(1 - \frac{\Delta t}{\varepsilon}\right) v^n + \frac{\Delta t}{\varepsilon}\cos(t^n).$$

Comme pour l'équation différentielle, recherchons une solution sous la forme

$$v^n = \left(1 - \frac{\Delta t}{\varepsilon}\right)^n (v^0 - \alpha) + \alpha\cos(t^n) + \beta\sin(t^n).$$

En injectant cet « ansatz » dans le schéma numérique, nous obtenons deux équations linéaires pour α et β dont la solution est de la forme

$$\alpha = 1 + O(\varepsilon\,\Delta t), \quad \beta = \varepsilon + O(\varepsilon\Delta t^2),$$

ce qui donne finalement

$$v^n = \left(1 - \frac{\Delta t}{\varepsilon}\right)^n (v^0 - 1) + \cos(t^n) + \varepsilon\sin(t^n) + O(\varepsilon\,\Delta t).$$

Ainsi, la solution numérique v^n est proche de la solution exacte seulement lorsque le pas de temps vérifie la condition

$$|1 - \Delta t/\varepsilon| < 1,$$

c'est-à-dire lorsque $\Delta t < \varepsilon$, ce qui est trop contraignant dans la pratique lorsque ε est très petit. En définitive, tous les schémas explicites à un pas doivent satisfaire une condition similaire pour que la solution numérique soit stable, ce qui les rend inutilisables pour ce type de problème à plusieurs échelles. Il faut donc construire des schémas différents pour les systèmes différentiels raides.

Envisageons alors l'utilisation d'une méthode implicite directement inspirée du schéma d'Euler. En reprenant la démarche utilisée précédemment sur l'intervalle $[t^n, t^n + \Delta t]$,

$$u(t^{n+1}) - u(t^n) = \int_{t^n}^{t^{n+1}} f(s, u(s))\,ds,$$

le schéma d'Euler implicite consiste à appliquer la méthode des rectangles en utilisant la valeur à droite $f(t^{n+1}, u(t^{n+1}))$, il vient alors

$$\int_{t^n}^{t^{n+1}} f(s, u(s))\,ds \simeq \Delta t\; f(t^{n+1}, u(t^{n+1})).$$

Le **schéma d'Euler implicite** s'obtient alors en remplaçant $u(t^{n+1})$ par son approximation v^{n+1}

$$\begin{cases} v^0 = u(0) \\ v^{n+1} = v^n + \Delta t\; f(t^{n+1}, v^{n+1}), \quad \text{pour } n = 0, \ldots, N-1. \end{cases} \tag{6.13}$$

Remarquons que pour le schéma d'Euler implicite, l'existence et *a fortiori* le calcul de v^{n+1} n'est pas évident, il est donné de manière implicite et un problème non linéaire doit en général être résolu, ce qui n'est pas toujours facile. Avant d'aborder ces problèmes, vérifions que ce type de schéma convient bien à la résolution d'équations différentielles raides. Pour cela, revenons au problème d'une équation différentielle linéaire raide (6.12). Un calcul analogue à celui effectué pour le schéma d'Euler explicite donne ici

$$\left(1+\frac{\Delta t}{\varepsilon}\right) v^{n+1} = v^n + \frac{\Delta t}{\varepsilon}\cos(t^{n+1}),$$

dont la solution peut être écrite sous la forme

$$v^n = \left(1+\frac{\Delta t}{\varepsilon}\right)^{-n} (v^0 - 1) + \cos(t^n) + \varepsilon\ \sin(t^n)\ +\ O(\Delta t\ \varepsilon).$$

Cette fois-ci nous n'avons pas de restriction sur la longueur du pas, car

$$\frac{1}{1\ +\ \varepsilon\,\Delta t}\ <\ 1,$$

pour tout $\Delta t\ >\ 0$. Dans ce cas, le schéma implicite donne une bonne approximation même si Δt est très grand. Il y a donc bon espoir que des schémas implicites soient mieux adaptés à la résolution numérique de problèmes raides.

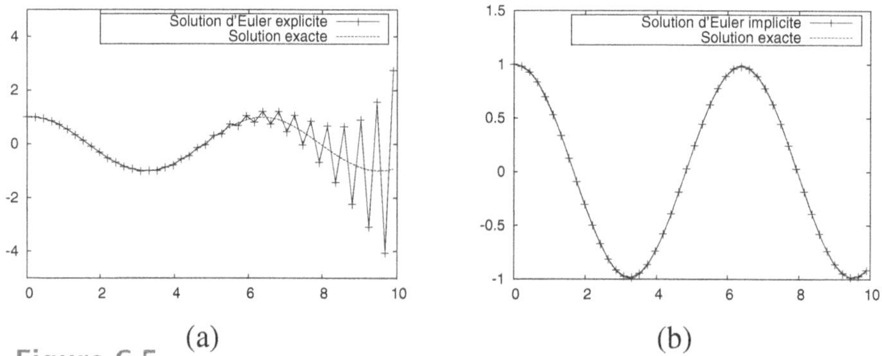

Figure 6.5
Évolution de la solution numérique obtenue par un schéma d'Euler (a) explicite et (b) implicite pour l'équation (6.12) avec $\varepsilon = 10^{-1}$ et $\Delta t = 0,2$.

Par la suite, nous étudions la convergence du schéma d'Euler implicite à l'aide de la méthodologie développée pour les schémas à un pas. Puis, nous introduisons une nouvelle notion de stabilité pour la compréhension des phénomènes à plusieurs échelles (A-stabilité) et proposons d'autres schémas implicites d'ordre plus élevé.

6.3.1 Convergence du schéma d'Euler implicite

La première question à se poser au sujet d'un schéma d'Euler implicite est l'existence d'une solution v^{n+1} connaissant la solution v^n au temps $t^n \geqslant 0$. Pour répondre à cette question, nous écrivons ce schéma (6.13) sous la forme d'un schéma à un pas

$$v^{n+1} = v^n + \Delta t \; \phi(t^n, v^n, \Delta t)$$

et appliquons les résultats de la section 6.2. Ici la fonction ϕ est seulement définie de manière implicite puisqu'elle vérifie

$$\phi(t^n, v^n, \Delta t) = f(t^n + \Delta t, v),$$

où v est l'unique solution de

$$v = v^n + \Delta t \, f(t^n + \Delta t, v).$$

Montrons alors le résultat d'existence et de convergence suivant (voir Exercice 6.5[1)] pour la démonstration).

Théorème 6.23 *Convergence du shéma d'Euler implicite*

Si $f : [0, T] \times \mathbb{R}^d \mapsto \mathbb{R}^d$ est une fonction continue et lipschitzienne en la seconde variable, c'est-à-dire il existe $L > 0$ tel que $\forall (x, y) \in \mathbb{R}^d \times \mathbb{R}^d$

$$\|f(t, x) - f(t, y)\| \leqslant L \, \|x - y\|, \quad \forall t \in [0, T].$$

Alors il existe une unique solution v^{n+1} fournie par le schéma (6.13) dès lors que le pas de temps vérifie $\Delta t < 1/L$. De plus, le schéma est consistant d'ordre un et stable par rapport aux erreurs, il est donc convergent.

Ce schéma entre donc bien dans le cadre des schémas à un pas (6.8) étudiés dans la partie précédente. Néanmoins, comme nous l'avons constaté sur l'exemple précédent, ce schéma satisfait une propriété supplémentaire dite de stabilité inconditionnelle.

6.3.2 Stabilité des schémas implicites

L'étude de l'équation différentielle linéaire non homogène (6.12) révèle que ce n'est pas le terme non homogène qui pose des difficultés à la méthode explicite, mais c'est plutôt l'approximation de la solution de l'équation homogène $\varepsilon \, u' = -u$. Considérons donc le problème linéaire homogène

$$u' = \lambda \, u, \tag{6.14}$$

dont la solution exacte est $u(t) = C \, e^{\lambda t}$ laquelle est uniformément bornée pour tout $t \geqslant 0$ dès lors que $\mathrm{Re}(\lambda) \leqslant 0$. La solution numérique d'une méthode de Runge-Kutta appliquée avec un pas de temps Δt constant au problème actuel, ne dépend que du produit $\lambda\,\Delta t$. Il est alors intéressant d'étudier pour quelle valeur de $\lambda\,\Delta t$ la solution numérique reste bornée uniformément par rapport aux itérations $n \in \mathbb{N}$.

Définition 6.24

Considérons une solution numérique approchant (6.14) qui est une fonction de $z = \lambda\Delta t$. Alors l'ensemble :

$$S := \{z \in \mathbb{C}, \quad (v^n)_{n\in\mathbb{N}} \text{ est bornée}\}$$

s'appelle domaine de stabilité de la méthode. Nous disons que la méthode est A-stable si

$$\mathbb{C}^- \subset S, \quad \text{où} \quad \mathbb{C}^- = \{z \in \mathbb{C}, \quad \mathrm{Re}(z) \leqslant 0\}.$$

Pour la méthode d'Euler explicite le domaine de stabilité est :

$$S = \{z, \quad |1 + z| \leqslant 1\},$$

le disque de rayon 1 et de centre -1. Pour la méthode d'Euler implicite il est :

$$S = \{z, \quad |z - 1| \geqslant 1\},$$

c'est l'extérieur du disque de rayon 1 et de centre +1. Seule, la méthode implicite est A-stable.

Pour une méthode de Runge-Kutta, la solution numérique est de la forme

$$v^{n+1} = R(\lambda\,\Delta t)\,v^n,$$

où la fonction $R(z)$ s'appelle fonction de stabilité et le domaine de stabilité est alors

$$S = \{z \in \mathbb{C}, \quad |R(z)| \leqslant 1\}.$$

Nous pouvons vérifier que la fonction $R(z)$ est en fait un polynôme, l'ensemble S est borné et la condition de stabilité $\lambda\,\Delta t \in S$ impose une restriction sévère au pas de temps Δt. Ces méthodes ne sont donc pas recommandées pour la résolution des équations différentielles raides. Bien sûr, nous pouvons appliquer le schéma d'Euler implicite mais celui-ci est seulement d'ordre un ; nous proposons alors des méthodes de Runge-Kutta implicites.

Il suffit pour cela d'utiliser la même méthode que pour les schémas de Runge-Kutta explicites (6.6)-(6.7) à s étages mais avec une matrice $(a_{i,j})_{1\leqslant i,j\leqslant s}$ pleine. Par exemple, pour une méthode implicite à 3 étages nous partons de la formule intégrée de l'équation différentielle comme pour l'obtention des méthodes de Runge-Kutta explicites

$$u(t^n + \Delta t) = u(t^n) + \int_{t^n}^{t^n+\Delta t} f(s, u(s))\,ds.$$

En appliquant une formule de quadrature, nous recherchons des coefficients c_1, b_1 et b_2 tel que pour une fonction g donnée

$$\int_{t^n}^{t^{n+1}} g(t)\,dt \;=\; \Delta t\left(b_1\, g(t^n + c_1\Delta t) + b_2\, g(t^{n+1})\right) + O(\Delta t^4).$$

Pour cela, il suffit de mettre au point une formule de quadrature qui soit exacte pour tous les polynômes de degré trois, nous déterminons alors les coefficients en prenant successivement 1, x et x^2 :

$$\begin{cases} b_1 + b_2 = 1, \\ b_1\, c_1 + b_2 = \frac{1}{2}, \\ b_1\, c_1^2 + b_2 = \frac{1}{3}, \end{cases}$$

dont la solution est $c_1 = 1/3$, $b_1 = 3/4$ et $b_2 = 1/4$. Ce qui donne alors

$$\begin{aligned} u(t^n + \Delta t) &= u(t^n) \\ &+ \frac{\Delta t}{4}\left(3 f\left(t^n + \frac{\Delta t}{3}, u\left(t^n + \frac{\Delta t}{3}\right)\right) + f\left(t^n + \Delta t, u(t^n + \Delta t)\right)\right) \\ &+ O(\Delta t^4). \end{aligned}$$

Il reste à approcher la valeur $u(t^n + \frac{\Delta t}{3})$: en intégrant (6.2) de t^n à $t^n + \frac{\Delta t}{3}$ et en appliquant une formule de quadrature qui utilise cette fois-ci les valeurs en $t^n + \Delta t/3$ et $t^n + \Delta t$, il vient alors

$$\begin{aligned} u\left(t^n + \frac{\Delta t}{3}\right) &= u(t^n) + \frac{\Delta t}{12}\left(5 f\left(t^n + \frac{\Delta t}{3}, u\left(t^n + \frac{\Delta t}{3}\right)\right) - f(t^n + \Delta t, u(t^n + \Delta t))\right) \\ &+ O(\Delta t^3). \end{aligned}$$

En supprimant les termes du reste et en notant k_1 et k_2 les deux évaluations de f, nous arrivons à

$$\begin{cases} k_1 = f\left(t^n + \dfrac{\Delta t}{3}, v^n + \dfrac{\Delta t}{12}(5\,k_1 - k_2)\right), \\ k_2 = f(t^n + \Delta t, v^n + \dfrac{\Delta t}{4}(3\,k_1 + k_2)), \\ v^{n+1} = v^n + \dfrac{\Delta t}{4}\,(3\,k_2 + k_2)\,, \end{cases} \tag{6.15}$$

qui est une méthode de Runge-Kutta. Les deux premières équations constituent un système non linéaire pour k_1 et k_2, qu'il faut résoudre avec les techniques du Chapitre 3.

Proposition 6.25

Considérons la méthode de Runge-Kutta (6.15) pour l'équation différentielle (6.2), alors ce schéma est d'ordre trois et A-stable.

DÉMONSTRATION. L'ordre trois est une conséquence des formules de construction. Notons bien qu'il suffit bien que la deuxième formule soit d'ordre deux car le terme correspondant dans la première est multiplié par Δt.

Il reste donc à démontrer que le schéma (6.15) est A-stable. En appliquant la méthode de Runge-Kutta implicite à l'équation $u' = \lambda u$, il vient alors pour $z = \lambda \Delta t$

$$\begin{cases} \Delta t\, k_1 = z\, v^n + \dfrac{z}{12}\,(5\,\Delta t\, k_1 - \Delta t\, k_2), \\[2ex] \Delta t\, k_2 = z\, v^n + \dfrac{z}{4}\,(3\,\Delta t\, k_1 + \Delta t\, k_2). \end{cases}$$

Ce système linéaire pour $\Delta t\,(k_1, k_2)$, peut être résolu et nous introduisons la solution de ce système dans l'expression de la troisième formule de (6.15). Ceci donne $v^{n+1} = R(z)\, v^n$ avec comme fonction de stabilité $R(z)$

$$R(z) = \frac{P(z)}{Q(z)} = \frac{1 + z/3}{1 - 2z/3 + z^2/6}$$

Sur l'axe imaginaire, nous avons

$$|Q(i\,y)|^2 - |P(i\,y)|^2 = \left(1 - \frac{y^2}{6}\right)^2 + \frac{4}{9}y^2 - \left(1 + \frac{y^2}{9}\right) = \frac{y^4}{36} \geqslant 0.$$

Ceci implique $|Q(i\,y)| \geqslant |P(i\,y)|$ et aussi $|R(i\,y)| \leqslant 1$. Les singularités de $R(z)$, qui correspondent aux zéros de $Q(z)$, sont $z_\pm = 2 \pm i\sqrt{2}$ dans le demi-plan droit. Ce qui signifie que la fonction à variable complexe $R(z)$ est analytique dans le demi-plan gauche [18] et par le principe du maximum [18], la fonction $R(z)$ est majorée par 1 pour $\mathrm{Re}(z) \leqslant 0$. □

Cette construction peut être généralisée pour obtenir des méthodes de Runge-Kutta implicites qui sont A-stables et d'ordre quelconque.

6.4 Les systèmes hamiltoniens

Le modèle de base de la mécanique est la loi de Newton. C'est une équation différentielle du second ordre indiquant que l'accélération d'un point matériel est équivalente à la résultante des forces exercées sur ce point :

$$m\,\frac{d^2x}{dt^2} = F(x). \tag{6.16}$$

Cette équation n'est pas exactement sous la forme habituelle d'une équation différentielle du premier ordre, elle le devient en faisant intervenir la vitesse du point $v = \frac{dx}{dt}$, le système devient un système différentiel du premier ordre autonome

$$\begin{cases} \dfrac{dx}{dt} = v, \\[2ex] \dfrac{dv}{dt} = \dfrac{F(x)}{m}, \end{cases}$$

nous supposerons que F représente une force et dérive d'un potentiel, c'est-à-dire que $F(x) = -\nabla_x V(x)$, la quantité $V(x)$ s'interprète comme l'énergie potentielle du point x. En multipliant l'équation (6.16) par v et en intégrant par rapport au temps, nous constatons que l'énergie totale :

$$E(x, v) := m\,\frac{\|v\|^2}{2} + V(x)$$

est conservée au cours du temps. Nous disons que le champ de force est conservatif,

Application à l'astronomie.

L'étude du mouvement d'un satellite autour d'une planète est un problème à deux corps.

Pour un satellite de masse m attirée par une planète de masse M, la loi de la gravitation universelle fournit un potentiel

$$V(x) = -\frac{gMm}{\|x\|}$$

et un champ de force central donné par

$$F(x) = -gMm\frac{x}{\|x\|^3},$$

où g est la constante d'attraction universelle. L'équation différentielle associée est l'équation hamiltonienne

$$m\,\frac{d^2x}{dt^2} = F(x).$$

Trajectoire de la Lune autour de la Terre

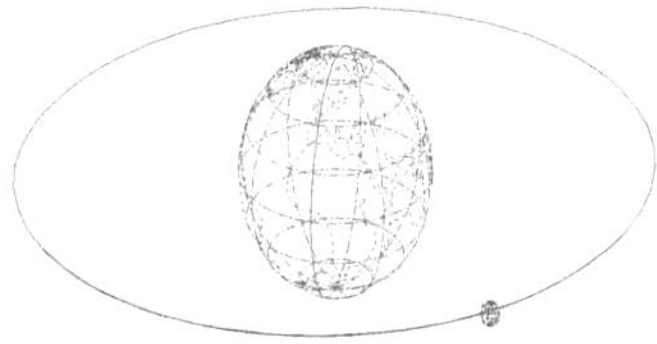

Figure 6.6
Un problème à deux corps : trajectoire de la Lune autour de la Terre.

En général, ces équations différentielles ne peuvent pas être résolues exactement mais quelques informations sont cependant disponibles en étudiant le plus précisément possible les trajectoires.

Définition 6.26

Soit E un espace de Banach et U un ouvert de E. Un portrait de phase d'un champ de vecteurs $f \in \mathscr{C}^1(U, E)$, ou de l'équation différentielle associée $u' = f(u)$, est la partition de U en orbites.

Dans la pratique, le tracé d'un portrait de phase comprend les lieux des changements de signe des composantes du champ de vecteurs $f(u)$, l'orientation du champ de vecteurs dans les zones délimitées par ces lieux et quelques orbites remarquables comme les points stationnaires $f(u) = 0$ qui sont seulement des orbites réduites à un point.

Pour un système de la forme

$$u'(t) = f(t, u(t)), \quad \text{avec} \quad u(t) \in E,$$

l'ensemble E désigne l'espace des phases. En définitive, le portrait de phase est une manière de compresser l'information sur l'évolution du système puisque l'information sur la variable temps est absente. Cependant, les flèches indiquent la direction de l'évolution sans spécifier la valeur de t et les tangentes à une trajectoire dans l'espace des phases représentent les directions des vitesses $u'(t)$ pour tout $t \geqslant 0$.

Exemple

Considérons un système différentiel modélisant un système électrique.
Pour $t \geqslant 0$, la fonction $u = (u_1, u_2)$ est solution de

$$\begin{cases} u_1'(t) = -u_1(t) - u_2(t) + 1, \\ u_2'(t) = u_1(t). \end{cases}$$

Le portrait de phase consiste donc pour tout point $(u_1, u_2) \in \mathbb{R}^2$ à tracer le champ de vecteur

$$(-u_1 - u_2 + 1, u_1) \in \mathbb{R}^2$$

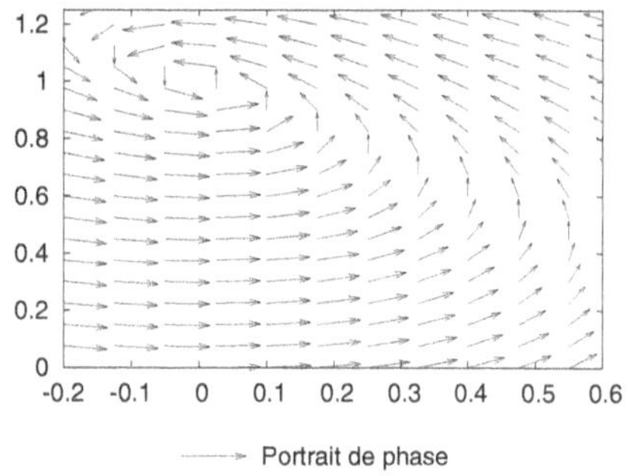

Figure 6.7
Exemple de portrait de phase dans $\mathbb{R}^2$.

Il n'est pas nécessaire de résoudre explicitement l'équation différentielle pour en tracer le portrait de phase. Les intégrales premières, lorsqu'il y en a, fournissent une aide précieuse pour préciser le portrait de phase.

Définition 6.27

Soit E un espace de Banach et U un ouvert de E. Une intégrale première de l'équation différentielle $u' = f(u)$ est une application $\mathscr{E} \in \mathscr{C}^1(U, E)$ telle que $\mathscr{E}(u(t))$ est constante le long de toute solution. De façon équivalente,

$$\nabla\mathscr{E}(u)\, f(u) = 0, \quad u \in U.$$

Il n'est pas évident de trouver une intégrale première d'une équation différentielle quelconque, il n'en n'existe d'ailleurs pas toujours. Le plus souvent cette application correspond à une quantité physique qui est conservée au cours du temps, comme l'énergie.

Considérons par exemple le problème du mouvement d'un pendule de masse m, suspendu au point O par un fil non pesant de longueur l. Pour cela, nous étudions l'évolution au cours du temps $t \geqslant 0$ de l'angle $\theta(t)$ autour du point O et établissons une équation différentielle ordinaire pour θ en utilisant les lois fondamentales de la dynamique.

Ici pour simplifier, considérons seulement la force de gravité ; la fonction θ est alors solution de l'équation suivante

$$\theta''(t) = -\frac{g}{l}\sin(\theta(t)).$$

L'angle $\theta(t)$ est mesuré par rapport à une verticale passant par O. Nous fixons alors les conditions initiales, comme

$$\theta_0 = \pi/3,\ \theta'(0) = 0.$$

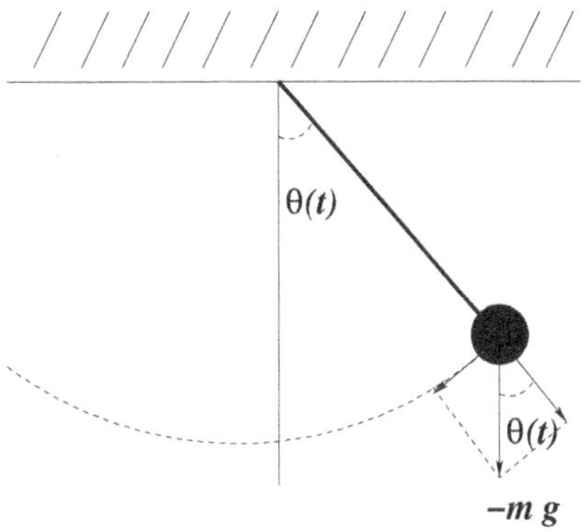

Figure 6.8
Étude du mouvement d'un pendule à l'aide d'une équation différentielle ordinaire.

En général, nous introduisons le paramètre $\omega^2 = g/l$ et l'intégrale première est obtenue en multipliant l'équation du pendule par θ', il vient alors

$$\frac{d}{dt}\left[\frac{1}{2}\left(\frac{d\theta}{dt}(t)\right)^2 - \omega^2\cos(\theta(t))\right] = 0,$$

ce que nous savons déjà grâce à la conservation de l'énergie totale et que nous pouvons retrouver par séparation des variables.

La Figure 6.9 représente le portrait de phase de l'équation du pendule pour $\omega = 1$ c'est-à-dire qu'en chaque point du plan $(\theta, \theta') \in [-\pi, \pi] \times \mathbb{R}$ correspond le vecteur normalisé $(\theta', -\sin(\theta)) \in \mathbb{R}^2$. Cela permet de se faire une idée des trajectoires, des points stationnaires (ici $(0,0)$ et $(\pm\pi, 0)$) et de leur stabilité.

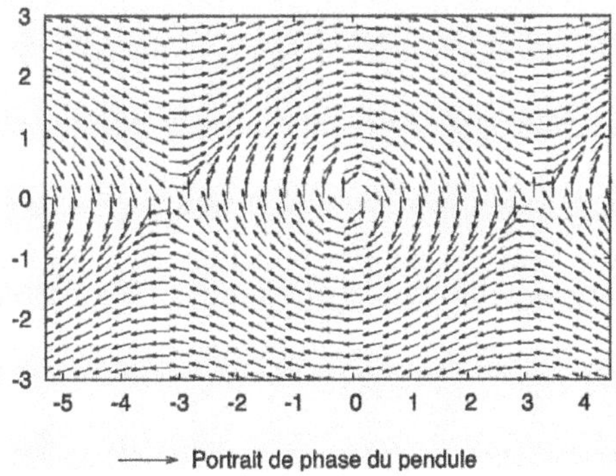

Figure 6.9
Portrait de phase pour l'équation du pendule.

Par définition, les courbes intégrales sont incluses dans les ensembles de niveau des intégrales premières. En particulier, pour un système de deux équations différentielles dont nous connaissons une intégrale première, tracer le portrait de phase revient, après avoir placé les points fixes, à tracer les courbes de niveau de cette intégrale première. Le portrait de phase du pendule simple peut aussi être tracé à la main, grâce à l'intégrale première

$$E(x, v) = \frac{1}{2}v^2 - \cos x.$$

L'allure des ensembles de niveau $\{(x, v), E(x, v) = a\}$ dépend de la valeur du paramètre a.

Ces ensembles sont :

- lorsque $a = -1$:

$$\cup_{n\in\mathbb{Z}}\{2\pi n, 0\},$$

- lorsque $-1 < a < 1$: une réunion de courbes fermées disjointes,
- lorsque $a \geqslant 1$: deux courbes symétriques par rapport à l'axe des x qui s'intersectent sur l'axe des x seulement lorsque $a = 1$, les points d'intersection $(\pi + 2\pi n, 0)$ étant alors des points fixes !

Nous voyons ainsi apparaître tous les types de solutions possibles : point d'équilibre du pendule en bas ($x = 2\pi n$), point d'équilibre en haut ($x = \pi + 2\pi n$), oscillations autour de l'équilibre du bas ($-1 < a < 1$), rotations complètes ($a > 1$). Ces solutions sont périodiques car nous avons négligé la résistance de l'air dans ce modèle simplifié, et donc l'amortissement du mouvement au cours du temps.

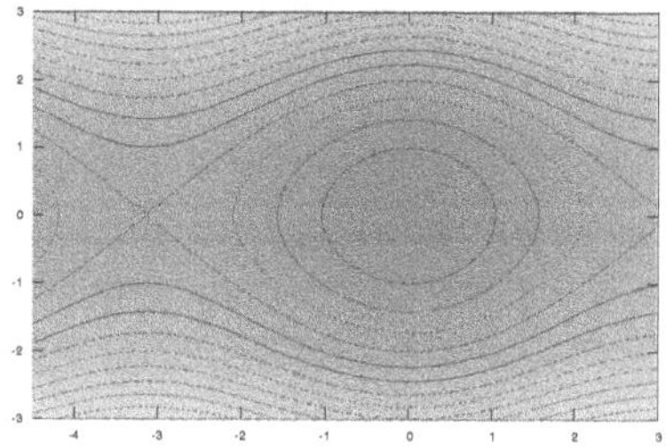

Figure 6.10
Différents niveaux d'énergie $E(x, v)$ pour l'équation du pendule.

Notons que le cas $a = 1$ est assez difficile à imaginer puisqu'il n'est pas très réaliste : le mouvement du pendule partant initialement d'un point x_0 à une vitesse v_0 telle que

$$\frac{1}{2}\left(\theta'(0)\right)^2 = \cos\theta_0 + 1$$

met un temps infini à atteindre le point d'équilibre du haut.

• *Les systèmes hamiltoniens*

Nous pouvons d'autre part ré-écrire la loi de Newton pour un champ potentiel sous une forme dite « hamiltonienne ». En définissant $H(q, p) = E(x, v)$, avec $q = x$ et $p = m\,v$, le système initial devient

$$\begin{cases} \dfrac{dq}{dt} = \nabla_p H(q, p), \\ \dfrac{dp}{dt} = -\nabla_q H(q, p). \end{cases}$$

Les systèmes hamiltoniens, c'est-à-dire de la forme ci-dessus, constituent une classe très importante d'équations différentielles, dont le hamiltonien H est toujours une intégrale première, c'est-à-dire une constante le long des solutions. Par la suite nous mettons au point des méthodes spécifiques pour la discrétisation de systèmes hamiltoniens. Écrivons le hamiltonien sous la forme $H(q, p) = T(p)+U(q)$ et le système différentiel s'écrit alors

$$\begin{cases} \dfrac{dq}{dt} = \nabla T(p), \\ \dfrac{dp}{dt} = -\nabla U(q). \end{cases} \tag{6.17}$$

Ce système possède deux propriétés intéressantes.

Proposition 6.28 ***Conservation de l'aire et de l'énergie***

Considérons le système hamiltonien de la forme (6.17). Alors la solution vérifie

- **la conservation de l'énergie ou de l'hamiltonien.** Un calcul direct montre que l'énergie totale $H(q, p) = T(p) + U(q)$ reste constante le long des trajectoires $(q(t), p(t))$. En effet,

$$\frac{d}{dt}H(q(t), p(t)) = \nabla T(p(t))\frac{dq}{dt} + \nabla U(q(t))\frac{dp}{dt} = 0\,;$$

- **la conservation de l'aire.** Soit $A \subset \mathbb{R}^2$, notons par $\varphi_t(A)$ l'ensemble

$$\varphi_t(A) = \left\{(q(t), p(t)) \in \mathbb{R}^2, \quad (q(0), p(0)) \in A\right\}.$$

Nous avons alors

$$\text{Aire}(\varphi_t(A)) = \int_{\varphi_t(A)} dq dp = \int_A J_{\varphi_t(A)} dq_0 dp_0,$$

avec

$$J_{\varphi_t(A)} = \left|\begin{pmatrix} \dfrac{\partial q(t)}{\partial q_0} & \dfrac{\partial q(t)}{\partial p_0} \\[2ex] \dfrac{\partial p(t)}{\partial q_0} & \dfrac{\partial p(t)}{\partial p_0} \end{pmatrix}\right|.$$

DÉMONSTRATION. Démontrons que $J_{\varphi_t(A)} = 1$ en vérifiant que $J_{\varphi_t(A)}$ est constant au cours du temps et vaut $J_{\varphi_t(A)} = J_{\varphi_0(A)} = 1$. En effet, d'une part,

$$\frac{\partial q'(t)}{\partial q_0} = \nabla^2 T(p(t))\frac{\partial p(t)}{\partial q_0}, \quad \frac{\partial p'(t)}{\partial q_0} = -\nabla^2 U(q(t))\frac{\partial q(t)}{\partial q_0},$$

et d'autre part

$$\frac{\partial q'(t)}{\partial p_0} = \nabla^2 T(p(t))\frac{\partial p(t)}{\partial p_0}, \quad \frac{\partial p'(t)}{\partial q_0} = -\nabla^2 U(q(t))\frac{\partial q(t)}{\partial p_0}.$$

Ainsi,

$$\frac{d}{dt}J_{\varphi_t(A)} = \frac{d}{dt}\left(\frac{\partial q(t)}{\partial q_0}\frac{\partial p(t)}{\partial q_0} - \frac{\partial q(t)}{\partial p_0}\frac{\partial p(t)}{\partial q_0}\right) = 0,$$

ce qui montre bien que le système hamiltonien préserve l'aire au cours du temps. □

Lors d'une simulation numérique d'un système hamiltonien, il est souhaitable que les propriétés géométriques du flot exact soient préservées aussi bien que possible au cours des itérations. Hélas, pour un schéma classique de type Euler explicite, l'énergie discrète de la solution numérique va croître au cours du temps tandis que l'aire d'un ensemble n'est pas conservée. Pour une méthode d'Euler implicite, c'est l'inverse. Ce phénomène peut être observé sur le cas très simple $H(q,p) = q^2/2+p^2/2$.

En définitive, aucune des deux méthodes n'est acceptable, nous proposons alors d'étudier une méthode d'Euler symplectique.

• *Méthode d'Euler symplectique*

Considérons le système hamiltonien (6.17) et appliquons un schéma d'Euler explicite pour la première équation et un schéma d'Euler implicite pour la seconde, il vient alors

$$\begin{cases} q^{n+1} = q^n + \Delta t\, \nabla T(p^n), \\ p^{n+1} = p^n - \Delta t\, \nabla U(q^{n+1}). \end{cases}$$

ou alors l'inverse

$$\begin{cases} q^{n+1} = q^n + \Delta t\, \nabla T(p^{n+1}), \\ p^{n+1} = p^n - \Delta t\, \nabla U(q^n). \end{cases}$$

Notons que les deux méthodes sont parfaitement explicites ! Pour la première, il suffit de calculer d'abord q^{n+1} puis p^{n+1} tandis que pour la seconde, c'est l'ordre inverse. Ce schéma possède une propriété d'invariance de l'aire.

Proposition 6.29 ***Conservation de l'aire***

Soit $\varphi_n(A)$ l'ensemble défini pour $A \subset \mathbb{R}^2$

$$\varphi_n(A) := \{(q^n, p^n) \in \mathbb{R}^2, \quad (q^0, p^0) \in A\},$$

où (q^n, p^n) est obtenu par l'un des schémas ci-dessus. Alors l'application $A \subset \mathbb{R}^2 \mapsto \varphi_n(A) \subset \mathbb{R}^2$ préserve l'aire, c'est-à-dire

$$\text{Aire}(\varphi_n(A)) = \text{Aire}(A);$$

nous disons que cette méthode est symplectique.

DÉMONSTRATION. Nous décomposons le membre droit du système hamiltonien comme suit

$$\begin{cases} \dfrac{dq}{dt} = 0, \\ \dfrac{dp}{dt} = -\nabla U(q), \end{cases} \quad \text{et} \quad \begin{cases} \dfrac{dq}{dt} = \nabla T(p), \\ \dfrac{dp}{dt} = 0. \end{cases}$$

Les deux systèmes peuvent être résolus de manière exacte et tous les deux proviennent d'un hamiltonien, ils préservent donc l'aire. En revanche, remarquons que cette décomposition modifie l'énergie car elle n'est plus définie de la même manière pour les deux systèmes.

$$\begin{cases} q(t) = q(0) \\ p(t) = p(0) - t\,\nabla U(q(0)) \end{cases} \quad \text{et} \quad \begin{cases} q(t) = q(0) + t\,\nabla T(p(0)) \\ p(t) = p(0) \end{cases}$$

Le schéma symplectique n'est donc que la composition des solutions exactes des deux systèmes ci-dessus. Il préserve donc l'aire. □

Une autre possibilité est de prendre la moyenne arithmétique des schémas d'Euler explicite et implicite

$$\begin{cases} q^{n+1} = q^n + \dfrac{\Delta t}{2}\left[\nabla T(p^n) + \nabla T(p^{n+1})\right], \\ p^{n+1} = p^n - \dfrac{\Delta t}{2}\left[\nabla U(q^n) + \nabla U(q^{n+1})\right], \end{cases} \tag{6.18}$$

pour laquelle cette fois-ci un problème non linéaire doit être résolu à chaque itération, ce qui peut être relativement coûteux. Néanmoins dans la pratique ce schéma est assez précis pour les systèmes hamiltoniens et est d'ordre deux. Pour le vérifier, il suffit de l'écrire comme un schéma à un pas explicite-implicite et d'appliquer la Proposition 6.18. Nous vérifions son efficacité sur l'exemple suivant pour le tracé d'un cercle.

Exemple : construction d'un cercle

Considérons le système différentiel suivant

$$\begin{cases} x'(t) = -y(t), & y'(t) = x(t), \\ x(0) = 1 & y(0) = 0, \end{cases} \tag{6.19}$$

dont les trajectoires décrivent le cercle de centre O et de rayon un. En appliquant le schéma d'Euler explicite (6.5), cela conduit à calculer les points (x^n, y^n) de coordonnées

$$\begin{bmatrix} x^n \\ y^n \end{bmatrix} = A^n \begin{bmatrix} 1 \\ 0 \end{bmatrix}, \quad \text{avec } A = \begin{bmatrix} 1 & -\Delta t \\ \Delta t & 1 \end{bmatrix} \tag{6.20}$$

En effectuant le produit scalaire de ce système algébrique avec le vecteur (x^n, y^n), nous obtenons

$$|x^n|^2 + |y^n|^2 = (1 + \Delta t^2)^n.$$

En appliquant alors le schéma d'Euler implicite (6.13), ceci conduit à calculer les points (x^n, y^n) dont les coordonnées vérifient $|x^n|^2 + |y^n|^2 = 1/(1+\Delta t^2)^n$. En revanche, en appliquant le schéma numérique (6.18), la solution vérifie $|x^n|^2 + |y^n|^2 = 1$, c'est-à-dire que les points demeurent sur le cercle de centre O et de rayon un.

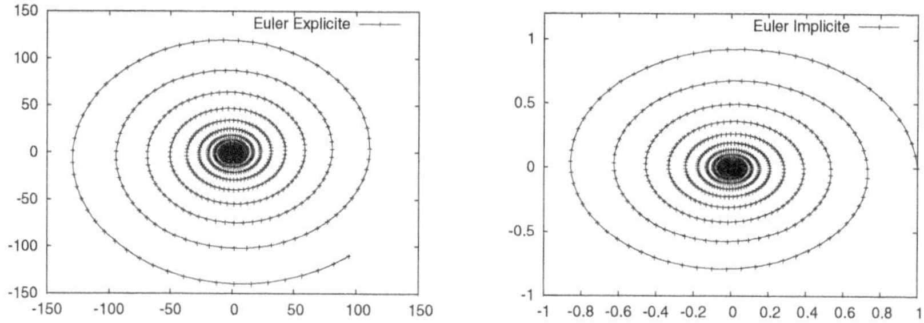

(*a*) (*b*)

Figure 6.11
Évolution de la solution (x^n, y^n) en fonction de n pour (a) un schéma d'Euler explicite et (b) un schéma d'Euler implicite.

• *Une incursion dans les schémas multipas*

Un bon moyen pour mettre au point des schémas symplectiques est d'utiliser une approche multipas. Pour cela, notre point de départ est toujours la relation

$$u(t^{n+1}) - u(t^n) = \int_{t^n}^{t^{n+1}} f(s, u(s))\, ds.$$

Il s'agit ensuite de remplacer la fonction $f(s, u(s))$ par un polynôme $p(s)$ qui sera facile à intégrer. Pour cela, nous construisons un polynôme d'interpolation de la fonction $s \mapsto f(s, u(s))$ aux points t^j, pour $j = n - k + 1, \ldots, n$. Nous obtenons alors

$$u(t^{n+1}) - u(t^n) \simeq \int_{t^n}^{t^{n+1}} p(s)\, ds.$$

Prenons par exemple l'interpolé de $s \mapsto f(s, u(s))$ aux points t^{n-1} et t^n sur l'intervalle $[t^n, t^{n+1})$, il vient alors

$$p_1(t) = f(t^{n-1}, u(t^{n-1})) + (t - t^{n-1}) \frac{f(t^n, u(t^n)) - f(t^{n-1}, u(t^{n-1}))}{\Delta t}$$

et donc en remplaçant $u(t^n)$ par son approximation v^n, nous obtenons le schéma d'ordre deux d'Adams-Bashforth

$$v^{n+1} = v^n + \frac{\Delta t}{2} \left(3\, f(t^n, v^n) - f(t^{n-1}, v^{n-1})\right).$$

Bien sûr rien n'empêche d'utiliser également le point t^{n+1} ce qui permet de construire des schémas d'Adams-Bashforth implicites. Par exemple à l'ordre deux

$$v^{n+1} = v^n + \frac{\Delta t}{2} \left(f(t^n, v^n) + f(t^{n+1}, v^{n+1})\right),$$

qui correspond au schéma (6.18) qui a déjà été mis au point pour les systèmes hamiltoniens.

Exercices

6.1 Exemple de non unicité de solution

Il se peut que la fonction f du problème (6.2) soit continue sans qu'il y ait pour autant unicité de la solution. En effet, considérons l'EDO suivante

$$\begin{cases} u' = u^{2/3} \\ u(0) = 0 \end{cases}$$

1. Justifier que cette équation admet au moins une solution sur un intervalle se temps $[0, t_0]$ avec t_0 suffisament petit.
2. Calculer deux solutions particulières.

6.2 Système d'ordre deux

Considérons le système

$$\begin{cases} (x'') + te^y + y' & = & x' - x, \\ y'y'' - \cos(xy) + \sin(tx'y) & = & x. \end{cases}$$

1. Ecrire ce système comme un système d'EDO d'ordre un
2. Montrer que ce système admet une solution pour une donnée initiale $x(0) = 1$, $x'(0) = 0$, $y(0) = 0$ et $y'(0) = 1$.

6.3 Inégalité et lemme de Gronwall

Soient a et $b \in \mathscr{C}^0([0, T], \mathbb{R})$.

1. Supposons qu'une fonction $u \in \mathscr{C}^1([0, T], \mathbb{R})$ vérifie

$$u'(t) \leqslant a(t)\, u(t) + b(t),$$

Montrer que

$$u(t) \leqslant u(0)\, e^{\int_0^t a(s)ds} + \int_0^t e^{\int_s^t a(\tau)d\tau} b(s)ds.$$

2. Supposons de plus que a est positive et une fonction u vérifiant

$$u(t) \leqslant b(t) + \int_0^t a(s)\, u(s)ds.$$

Montrer que

$$u(t) \leqslant b(t) + \int_0^t a(s)\, e^{\int_0^s a(\tau)d\tau} b(s)ds.$$

3. De manière analogue au cas continu, supposons que

$$v^{n+1} \leqslant (1 + a\Delta t)v^n + b_n$$

montrer que

$$v^{n+1} \leqslant e^{at^n} v^0 + \sum_{k=0}^{n} b_k e^{at^{n-k}}.$$

6.4 Considérons le problème de Cauchy suivant : trouver $u \in \mathscr{C}^1([0,1],\mathbb{R})$ telle que

$$\begin{cases} u'(t) = -150\, u(t) + 30 \\ u(0) = 1 \end{cases}$$

1. Donner la solution exacte de cette équation.
2. Écrire le schéma d'Euler explicite vérifié par $(v^n)_{n\in\mathbb{N}}$, correspondant à cette équation et trouver une relation de récurrence entre $v^{n+1} - 1/5$ et $v^n - 1/5$.
3. En déduire la valeur de v^n.
4. En prenant $\Delta t = 1/50$, calculer v^n et conclure.
5. Reprendre les mêmes questions pour le schéma d'Euler implicite.

6.5 Les schémas à un pas

Soit $f : [0,T] \times \mathbb{R}^d \mapsto \mathbb{R}^d$ une fonction continue et lipschitzienne en la seconde variable.

1. Montrer que le schéma d'Euler implicite suivant est bien défini et est convergent d'ordre un

$$\begin{cases} v^{n+1} = v^n + \Delta t\, f(t^n + \Delta t, v^{n+1}), \\ v^0 = u_0, \end{cases}$$

où u_0 est une donnée initiale.

2. Supposons de plus que $f \in \mathscr{C}^1(\mathbb{R}^+ \times \mathbb{R}^d, \mathbb{R}^d)$. Montrer que le schéma suivant est convergent et d'ordre deux

$$\begin{cases} v^{n+1/2} = v^n + \dfrac{\Delta t}{2} f(t^n, v^n), \\ v^{n+1} = v^n + \Delta t\, f\left(t^n + \dfrac{\Delta t}{2}, v^{n+1/2}\right), \\ v^0 = u_0. \end{cases} \tag{6.21}$$

3. **Application.** Soit l'équation différentielle ($k > 0$)

$$y' + k\,y^2 = 0, \quad y(0) = 1.$$

- Résoudre cette équation différentielle. Quelle est sa limite en $t \to \infty$?

- Écrire le schéma d'Euler explicite pour une approximation z^n de $y(t^n)$ et étudier le comportement de $(z^n)_{n\in\mathbb{N}}$ lorsque n tend vers l'infini.
- Considérons le schéma

$$\frac{z^{n+1}-z^n}{\Delta t} + k\left(\frac{z^{n+1}+z^n}{2}\right)^2 = 0.$$

Calculer la solution z^{n+1} en fonction de z^n k et Δt et en déduire une condition sur Δt pour que le comportement de la solution numérique soit correct lorsque $n \to \infty$. Montrer que le schéma est consistant d'ordre deux.

6.6 Les schémas de type Runge-Kutta

Considérons $b_1, b_2, c, a \in \mathbb{R}$ avec $0 \leqslant c_1 \leqslant c_2 \leqslant 1$. Puis nous introduisons le point intermédiaire $t^{n,2} = t^n + c\,\Delta t$ et la valeur intermédiaire $v^{n,2} = v^n + \Delta t\, a\, f(t^n, v^n)$ Le schéma de Runge-Kutta explicite à deux points étages s'écrit alors

$$\begin{cases} v^{n+1} = v^n + \Delta t\left(b_1\, f(t^n, v^n) + b_2 f(t^{n,2}, v^{n,2})\right), \\ u^0 = u_0. \end{cases}$$

1. Quelles valeurs des coefficients b_1, b_2, a et c faut-il choisir pour avoir un schéma d'ordre un et deux ?
2. Le schéma d'Euler modifié (6.21) entre-t-il dans ce cadre ?

6.7 Les systèmes hamiltoniens

Intéressons-nous au système hamiltonien suivant

$$\begin{cases} p'(t) = -\nabla U(q(t)) \\ q'(t) = +\nabla T(p), \end{cases}$$

où U et T sont des fonctions $\mathscr{C}^2(\mathbb{R}^d, \mathbb{R})$. De plus, ∇U et ∇T sont lipschitziennes. Nous proposons le schéma suivant : d'abord $(p^0, q^0) = (p_0, q_0) \in \mathbb{R}^{2d}$ donné et

$$\begin{cases} p^{n+1} - p^n = -\Delta t\, \nabla U(q^n) \\ q^{n+1} - q^n = +\Delta t\, \nabla T(p^{n+1}) \end{cases}$$

1. Montrer que ce schéma peut s'écrire comme un schéma à un pas du type

$$v^{n+1} = v^n + \Delta t\, \phi(t^n, v^n, \Delta t)$$

avec $v^n = (p^n, q^n)$. Expliciter la fonction ϕ.

2. Montrer que ce schéma est convergent.
3. Appliquer ce schéma au problème du pendule $x'' = -\sin(x)$.

6.8 Un schéma multi-pas

On définit un schéma multi-pas de la façon suivante

$$a_k v^n + a_{k-1} v^{n-1} + \ldots + a_0 v^{n-k} = \Delta t \left[b_k f^n + \ldots + b_0 f^{n-k} \right],$$

où $f^l = f(t^l, v^l)$. C'esy une méthode à k pas.

1. Pour simplifier posons $k = n$ et définissons l'opérateur L par

$$Lu = \sum_{i=0}^{k} a_i\, u(t^i) - \Delta t\, b_i u'(t^i)$$

avec $t^i = i\, \Delta t$.

2. A l'aide d'un développement de Taylor en $t = 0$, montrer que

$$Lu = d_0\, u(0) + d_1\, \Delta t\, u'(0) + \ldots$$

avec

$$\begin{cases} d_0 = \sum_{i=0}^{k} a_i \\ d_1 = \sum_{i=0}^{k} i a_i - b_i \\ \vdots \\ d_j = \sum_{i=0}^{k} \frac{i^j}{j!} a_i - \frac{i^{j-1}}{(j-1)!} b_i, \text{æ} \geqslant 1 \end{cases}$$

3. Montrer que la méthode multi-pas est d'ordre m dès que $d_i = 0$, pour tout $0 \leqslant i \leqslant m$ et $d_{m+1} \neq 0$.

Solutions des exercices

6.1 Nous proposons ici un exemple de non unicité de solution.

1. La fonction $f(u) = u^{2/3}$ est continue, le problème de Cauchy admet donc une solution locale sur un intervalle de temps $[0, t_0]$.

2. D'une part $u \equiv 0$ est une solution triviale et d'autre part en utilisant une méthode de séparation des variables, on montre aussi que $u(t) = t^3/27$ est solution.

6.2 Nous traitons ici un système différentiel d'ordre deux.

1. Nous écrivons simplement $x_1 = x$, $x_2 = x'$, $x_3 = y$ et $x_4 = y'$, il vient alors

$$\begin{cases} x_1' = x_2, \\ x_2' = (x_2 - x_1 - x_4 - t e^{x_3})^{1/2}, \\ x_3' = x_4, \\ x_4' = (x_1 - \sin(t\, x_2\, x_3) + \cos(x_1\, x_3))\, / x_4. \end{cases}$$

2. Puisque $x_4(0) \neq 0$, la fonction f associée au système differentiel est continue, il exixte donc un solution.

6.3 Voici une démonstration du lemme de Gronwall.

1. On s'inspire de la résolution de l'équation différentielle $u'(t) = a(t)u(t) + b(t)$: on multiplie par

$$e^{-\int_0^t a(s)ds}$$

et on en déduit que

$$\frac{d}{dt}\left(e^{-\int_0^t a(s)ds}u(t)\right) \leqslant e^{-\int_0^t a(s)ds}b(t).$$

Puis en intégrant il vient

$$e^{-\int_0^t a(s)ds}u(t) - u(0) \leqslant \int_0^t e^{-\int_0^s a(\tau)d\tau}b(s)ds$$

et donc

$$u(t) \leqslant u(0)\, e^{\int_0^t a(s)ds} + \int_0^t e^{\int_s^t a(\tau)d\tau}b(s)ds.$$

2. On pose

$$v(t) = \int_0^t a(s)u(s)ds$$

et l'on a $v'(t) = a(t)u(t)$. Puis d'après l'hypothèse et puisque $a(t)$ est positive, il vient

$$v'(t) \leqslant a(t)\,(b(t) + v(t)).$$

Nous appliquons alors l'inégalité précédente pour conclure.

3. On a d'abord

$$v^{n+1} \leqslant e^{a\Delta t)}v^n + b_n.$$

Puis en posant $w^n = v^n\, e^{-at^n}$, on obtient

$$w^{n+1} \leqslant w^n + b_n e^{-at^{n+1}}.$$

Ainsi en majorant le terme w^n par récurrence, il vient le résultat.

6.4 Nous traitons ici la résolution numérique d'un système différentiel raide.

1. La solution exacte est donnée par $u(t) = (u(0) - 1/5)\,\mathrm{e}^{-150\,t} + 1/5$. Observons que $u(t) \to 1/5$ lorsque $t \to +\infty$.

2. $u^0 = 1$ et pour $n \geqslant 0$, nous avons $v^{n+1} = v^n - 150\,\Delta t\, v^n + 30\Delta t$.

En reprenant ce résultat, nous obtenons

$$\left(v^{n+1} - \frac{1}{5}\right) = \left(v^n - -\frac{1}{5}\right) - 150\,\Delta t\,\left(v^n - \frac{1}{5}\right).$$

3. Il vient alors pour $w^n = v^n - 1/5$, $w^n = (1 - 150\,\Delta t)\, w^{n-1} = (1 - 150\,\Delta t)^n\, w^0$, et donc

$$v^n = \left(v^0 - \frac{1}{5}\right)(1 - 150\,\Delta t)^n + \frac{1}{5}.$$

4. Prenons $\Delta t = 1/50$ et $v^0 = 1$, il vient $v^n = \frac{4}{5}(-2)^n + 1/5$ la suite $(v^n)_{n\in\mathbb{N}}$ est très loin de décrire le comportement de la solution exacte $u(t)$. Il faut plutôt prendre un pas de temps $\Delta t < 1/150$ pour obtenir des résultats convenables.

5. Pour un schéma d'Euler implicite, la suite est donnée par

$$v^n = \left(v^0 - 1/5\right)(1 + 150\,\Delta t)^{-n} + 1/5.$$

Dans ce cas $v^n \to 1/5$ lorsque $n \to +\infty$ pour n'importe quelle valeur de $\Delta t > 0$.

6.5 Nous proposons une démonstration de convergence pour le schéma d'Euler implicite et le schéma de Runge.

1. Montrons d'abord qu'à chaque itération, la solution numérique est définie de manière unique. Pour cela, définissons l'application $g(z)$

$$z \in \mathbb{R}^d \mapsto g(z) = v^n + \Delta t\, f(t^n, z).$$

D'une part, l'espace $\mathbb{R}^d$ est bien un espace vectoriel normé complet et lorsque nous prenons Δt suffisamment petit, l'application g est une fonction contractante. En effet, pour tout $x, y \in \mathbb{R}^d$

$$\|g(x) - g(y)\| \leqslant L\,\Delta t\|x - y\|.$$

L'application g est continue, contractante, elle admet donc un unique point fixe v^{n+1}, ce qui prouve l'existence et l'unicité de v^{n+1} à chaque itération.

Montrons ensuite que le schéma est consistant. Il suffit pour cela de démontrer que l'application ϕ est continue et $\phi(t, u, 0) = f(t, u)$. Pour la continuité de ϕ, il suffit de démontrer que pour toute suite $(z_k)_{k\in\mathbb{N}}$ dont le terme générique est donné par $z_k = (t_k, u_k, \Delta t_k)$ et telle que la suite converge vers $z := (t, u, \Delta t)$ lorsque k tend vers l'infini alors $\phi(z_k)$ converge vers $\phi(z)$ lorsque $k \to +\infty$. Posons v_k l'unique solution de l'équation non linéaire

$$v_k = u_k + f(t_k + \Delta t_k, v_k)$$

et v l'unique solution de l'équation non linéaire

$$v = u + f(t + \Delta t, v).$$

En calculant la différence $v_k - v$, il vient

$$\|v - v_k\| \leqslant \|u - u_k\| + L\,\Delta t\|v - v_k\| + \Delta t_k\,\|f(t_k + \Delta t_k, v) - f(t + \Delta t, v)\|.$$

Or, par hypothèse $0 < L\,\Delta t < 1$ et donc

$$\|v - v_k\| \leqslant \frac{1}{1 - L\Delta t}\,\|u - u_k\| + \frac{\Delta t_k}{1 - L\Delta t}\,\|f(t_k + \Delta t_k, v) - f(t + \Delta t, v)\|,$$

et donc en passant à la limite, la suite $(v_k)_{k\in\mathbb{N}}$ converge bien vers v lorsque k tend vers l'infini ou encore $(\phi(z_k))_{k\in\mathbb{N}}$ converge vers $\phi(z)$ lorsque $k \to \infty$.

Il reste à démontrer que le schéma d'Euler implicite est stable par rapport aux erreurs, il suffit donc de vérifier que ϕ est lipschitzienne par rapport à la variable u : pour tout $(t, \Delta t) \in \mathbb{R}^+ \times \mathbb{R}^+$ et $(u_1, u_2) \in \mathbb{R}^d \times \mathbb{R}^d$

$$\|\phi(t, u_1, \Delta t) - \phi(t, u_2, \Delta t)\| = \|v_1 - v_2\| \leqslant \|u_1 - u_2\| + L\,\Delta t\,\|v_1 - v_2\|.$$

Puisque $L\,\Delta t < 1$, la fonction ϕ est lipschitzienne par rapport à u, le schéma est donc stable. Par application du Théorème 6.22, le schéma étant consistant et stable, il est convergent.

2. Écrivons ce schéma sous la forme d'un schéma explicite à un pas, il vient $v^{n+1} = v^n + \Delta t\,\phi(t^n, v^n, \Delta t)$ avec

$$\phi(t^n, v^n, \Delta t) = f\left(t^n + \frac{\Delta t}{2}, v^n + \frac{\Delta t}{2}\,f(t^n, v^n)\right).$$

Appliquons alors le résultat de la Proposition 6.18 : d'une part $\phi \in \mathscr{C}^1(\mathbb{R}^+\times\mathbb{R}^d\times\mathbb{R}, \mathbb{R}^d)$ et $\phi(t, u, 0) = f(t, u)$. D'autre part,

$$\frac{\partial\phi}{\partial\Delta t}(t, u, 0) = \frac{1}{2}\left(\frac{\partial f}{\partial t} + f(t, u)\,\frac{\partial f}{\partial u}\right)(t, u) = \frac{f_{(1)}}{2}(t, u).$$

Le schéma est donc consistant d'ordre deux.

Nous vérifions ensuite que ϕ est lipschitzienne par rapport à la variable u et donc le schéma est stable. Par application du Théorème 6.22, le schéma étant consistant et stable, il est convergent.

3. Nous avons $1/y(t) - 1/y(0) = -k\,t$ et donc $y(t) = 1/(1 + k\,t)$, laquelle vérifie $y(t) \to 0$ lorsque $t \to +\infty$.

Le schéma d'Euler explicite pour une approximation z^n de $y(t^n)$ s'écrit

$$z^{n+1} = z^n - k\Delta t\,(z^n)^2 = z^n\,(1 - k\,\Delta t\,z^n) = \phi(z^n)$$

avec $|\phi'(z)| = |1 - 2\,k\Delta t| < 1$ pour $\Delta t < 1/(2k)$, ce qui signifie que la fonction ϕ est dans ce cas contractante et la suite $(z^n)_{n\in\mathbb{N}}$ converge dans ce cas vers le point fixe 0. Lorsque $\Delta t > 1/(2k)$, la suite $(z^n)_{n\in\mathbb{N}}$ prend des valeurs négatives et devient incohérente.

Le nouveau schéma correspond à la solution positive z de

$$\frac{k\Delta t}{4}\,z^2 + \left(1 + \frac{k\Delta t}{2}\,z^n\right)\,z + z^n\left(1 + \frac{k\Delta t}{4}z^n\right) = 0,$$

c'est-à-dire $z^{n+1} = 2(\sqrt{1+2k\,\Delta t\, z^n} - (1 + k\,\Delta t\, z^n/2))/(k\,\Delta t) \geqslant 0$ pour tout $0 < \Delta t < 4/(k\, z^n)$.

6.6 Nous étudions ensuite des schéma plus généraux d'aordre deux.

1. Le schéma s'écrit $v^{n+1} = v^n + \Delta t\, \phi(t^n, v^n, \Delta t)$ avec

$$\phi(t^n, v^n, \Delta t) = b_1\, f(t^n, v^n) + b_2\, f\left(t^n + c\,\Delta t, v^n + a\,\Delta t f(t^n, v^n)\right).$$

Pour que le schéma soit d'ordre un, il suffit que ϕ soit continue ce qui est assuré lorsque f est continue et que

$$f(t,u) = \phi(t,u,0) = (b_1 + b_2)\, f(t,u),$$

ce qui impose $b_1 + b_2 = 1$.
Ensuite, pour que le schéma soit d'ordre deux, il suffit que

$$\frac{f_{(1)}}{2}(t,u) = \frac{\partial \phi}{\partial \Delta t}(t,u,0) = \left(b_2\, c\frac{\partial f}{\partial t} + a f(t,u)\frac{\partial f}{\partial u}\right)(t,u),$$

ce qui signifie $b_2\, c = 1/2$ et $a = 1/2$.

2. Le schéma (6.21) correspond en effet à $c = 1/2$, $b_1 = 0$, $b_2 = 1$ et $a = 1/2$, il entre donc dans ce cadre.

6.7 On s'intéresse à l'étude numérique de système hamiltoniens.

1. Posons $v^n = (p^n, q^n)$ et $\phi = (\phi_1, \phi_2)$ alors nous avons

$$\phi_1(t^n, v^n, \Delta t) = -\nabla U(q^n)$$

et

$$\phi_2(t^n, v^n, \Delta t) = \nabla T(p^n - \Delta t\, \nabla U(q^n)).$$

Le schéma est bien explicite et à un pas.

2. Pour la consistance, vérifions d'abord que ϕ est continue. En effet, U et T sont au moins de classe $\mathscr{C}^1$ et donc ϕ_1 et ϕ_2 sont continues. Il reste à vérifier que pour $u = (p,q)$, $\phi_1(t,u,0) = -\nabla U(q)$ et $\phi_2(t,u,0) = \nabla T(p - 0 \times \nabla U(q)) = \nabla T(p)$. Le schéma est donc consistant.

Concernant la stabilité, vérifions que ϕ est lipschitzienne par rapport à u. Pour $u = (p,q)$ et $v = (r,s)$

$$\|\phi_1(t,u,\Delta t) - \phi_1(t,v,\Delta t)\| = \| - \nabla U(q) + \nabla U(s)\| \leqslant \Gamma_1\, \|q - s\| \leqslant \Gamma_1\, \|u - v\|,$$

car ∇U est lipschitzienne. En outre,

$$\begin{aligned}\|\phi_2(t,u,\Delta t) - \phi_2(t,v,\Delta t)\| &= \|\nabla T(p - \Delta t \nabla U(q)) - \nabla T(r - \Delta t \nabla U(s))\| \\ &\leqslant \Gamma_2\, \|p - \Delta t \nabla U(q) - r + \Delta t \nabla U(s)\|,\end{aligned}$$

ce qui donne enfin

$$\|\phi_2(t, u, \Delta t) - \phi_2(t, v, \Delta t)\| \leqslant \Gamma_2 (1 + \Delta t \Gamma_1)\|u - v\|.$$

Puisque le schéma est consistant et stable, le schéma est convergent.
3. Il suffit de choisir $q = x$ et $p = x'$. D'où les fonctions T et U sont données par $T(p) = p^2/2$ et $U(q) = -\cos(q)$

6.8 n s'intéresse à l'étude numérique de schémas multi-pas.
1. Il suffit d'écrire le développement de Taylor associé à u et u' en $t = 0$

$$u(t^i) = \sum_{j \geqslant 0} \frac{(t^i)^j}{j!} u^{(j)}(0), \quad \text{et} \quad u(t^i) = \sum_{j \geqslant 0} \frac{(t^i)^j}{j!} u^{(j+1)}(0)$$

et l'on obtient le résultat. 2. Il suffit de montrer que cette condition signifie que $Lu = O(\Delta t^{m+1})$.

Approximation numérique des équations dérivées partielles

7

Nous abordons ici la modélisation et la résolution numérique de quelques équations aux dérivées partielles (edp). Ces équations concernent les fonctions de plusieurs variables $x \in \mathbb{R}^d$ pour les problèmes stationnaires ou $(t, x) \in \mathbb{R}^+ \times \mathbb{R}^d$ pour les problèmes d'évolution. Nous insistons sur l'obtention de ces équations à partir de lois physiques (équation de la chaleur, de transport ou des ondes). Puis proposons différentes méthodes de résolution numériques selon les propres caractéristiques du problème physique et mathématique. Pour chaque schéma numérique, nous présentons les propriétés algorithmiques et la théorie de la convergence vers la solution de l'edp.

7.1 Modélisation de la répartition de chaleur

L'exemple le plus classique d'équations aux dérivées partielles est certainement l'équation de Laplace décrivant les échanges de flux de chaleur et par conséquent le comportement de la température dans une barre rectiligne homogène modélisée par le segment $[a, b] \subset \mathbb{R}$. Plaçons-nous sous l'hypothèse qu'aucune énergie n'entre ou ne sort de la tige par les côtés et qu'aucune énergie n'est détruite ou créée par réaction chimique à l'intérieur de la barre. Soit $u(x)$ la température au point $x \in [a, b]$ de la tige. Nous obtenons l'équation de la chaleur vérifiée par u à partir des lois physiques suivantes :

- la barre est soumise à un rayonnement extérieur déterminé par une intensité f ;
- le taux d'énergie calorifique à travers une surface est proportionnel à la superficie et au gradient de température sur la surface. La constante de proportionnalité se nomme la conductivité thermique et est notée κ. Cette loi s'appelle la loi de Fourier.

Notons S la surface de la section de la barre et supposons que cette surface est éclairée par un rayonnement extérieur en chaque point d'abscisse x. Ce rayonnement a un apport de chaleur par unité de volume donné par $f(x)$. Déterminons alors l'équation vérifiée par la distribution de température $u(x)$ de la barre une fois que celle-ci atteint l'équilibre thermique.

Pour faciliter la présentation, supposons que la température augmente de gauche à droite, le flux de chaleur se déplace donc de la droite (région la plus chaude) vers la gauche (région la plus froide). Considérons la partie de la barre située entre les abscisses $x - \delta x$ et $x + \delta x$ (avec $\delta x > 0$ suffisamment petit). Celle-ci étant à l'équilibre thermique, les échanges de chaleur à l'intérieur de cette section sont nuls.

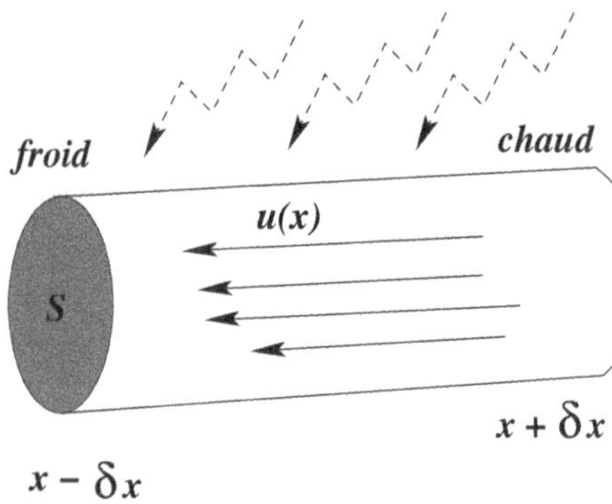

Figure 7.1
Illustration de l'échange de chaleur à l'intérieur d'une surface spécifique.

D'une part, la quantité de chaleur acquise par la section $[x - \delta x, x + \delta x]$ de la barre se fait à travers son extrémité droite qui est la région la plus chaude, elle est donnée par la loi de Fourier $Q(x+\delta x) = \kappa\, S\, u'(x+\delta x)$. De la même façon, la quantité de chaleur est perdue à travers l'extrémité gauche (plus froide) et est donnée par $Q(x-\delta x) = -\kappa\, S\, u'(x-\delta x)$, où le signe $-$ signifie que cette quantité de chaleur est perdue.

D'autre part, la chaleur acquise par le morceau de barre $[x - \delta x, x + \delta x]$ à partir du rayonnement extérieur est donnée par

$$Q = S \int_{x-\delta x}^{x+\delta x} f(s)\, ds.$$

L'équilibre thermique s'écrit alors

$$Q(x + \delta x) + Q(x - \delta x) + Q = 0,$$

ou encore

$$\kappa\, u'(x + \delta x) - \kappa\, u'(x - \delta x) = - \int_{x-\delta x}^{x+\delta x} f(y)\, dy.$$

En divisant cette dernière égalité par $2\delta x$ et en faisant tendre δx vers 0 nous obtenons formellement l'équation de Laplace

$$-\kappa\, u''(x) = f(x), \quad \forall x \in]a, b[.$$

La température de la barre est par exemple fixée aux deux extrémités, nous ajoutons alors à cette équation les conditions aux limites $u(a) = \alpha$ et $u(b) = \beta$.

Dans ce cas nous obtenons un problème aux limites, composé d'une équation différentielle du second ordre sur un intervalle $]a, b[$ et d'une condition aux extrémités $x = a$ et $x = b$, que nous écrivons alors

$$\begin{cases} -\kappa\, u''(x) = f(x), & a < x < b, \\ u(a) = \alpha, \quad u(b) = \beta. \end{cases} \tag{7.1}$$

Cette équation s'appelle l'équation de Poisson mono-dimensionelle et l'inconnue est une fonction $u : x \mapsto u(x)$ définie sur $[a,b]$. Les conditions en a et b sont appelées les conditions aux limites. Notons qu'elles portent ici sur la valeur de la solution au bord du domaine : nous parlons dans ce cas de conditions de Dirichlet. Lorsque les conditions aux limites portent sur les valeurs de la dérivée de la solution au bord, ce sont des conditions de Neumann. Nous parlons de conditions mixtes lorsque nous avons une combinaison de ces conditions.

Il est bien sûr possible d'adapter cette modélisation mathématique à un domaine $\Omega \subset \mathbb{R}^d$ avec $d > 1$. Dans le cas de la dimension deux, l'équation de la chaleur stationnaire ou équation de Poisson s'écrit pour $u(x,y)$

$$-\kappa_x \frac{\partial^2 u}{\partial x^2} - \kappa_y \frac{\partial^2 u}{\partial y^2} = f(x,y), \quad (x,y) \in \Omega \subset \mathbb{R}^2,$$

avec des conditions aux limites sur la frontière $\Gamma = \partial\Omega$. C'est une équation linéaire elliptique.

Lorsque nous souhaitons étudier le déplacement de la chaleur au cours du temps, la température u dépend également de la variable $t \in \mathbb{R}^+$ et obéit à l'équation d'évolution suivante, dite équation de la chaleur,

$$\frac{\partial u}{\partial t} - \kappa\,\Delta u = f(x,y), \quad t \geqslant 0, \quad (x,y) \in \Omega \subset \mathbb{R}^2,$$

avec des conditions aux limites sur la frontière $\Gamma = \partial\Omega$ et une donnée initiale au temps $t = 0$. Dans ce cas, cette équation est appelée équation linéaire parabolique où $\frac{\partial}{\partial t}$ désigne un opérateur d'évolution et Δ un opérateur linéaire elliptique

$$\Delta u = \frac{\partial^2 u}{\partial x^2} + \frac{\partial^2 u}{\partial y^2}.$$

Remarque

Observons que le problème (7.1) est différent de celui étudié dans le chapitre précédent bien qu'il s'agisse dans les deux cas d'un problème différentiel uni-dimensionnel. Pour une équation différentielle ordinaire la solution est connue en un point initial t^0 tandis qu'ici la solution est déterminée aux deux extrémités $x = a$ et b. En outre, l'équation de Poisson peut s'écrire sur une ouvert $\Omega \subset \mathbb{R}^d$ avec $d \geqslant 1$.

Concernant l'existence, l'unicité et la régularité des solutions, le résultat dépend bien sûr de la fonction f donnée. Lorsque f est continue, il suffit d'intégrer deux fois l'équation (7.1), ce qui donne une expression de la solution

$$u(x) = C_1 + C_2 x - \frac{1}{\kappa} \int_a^x \int_a^y f(z)\,dz\,dy, \tag{7.2}$$

où C_1 et C_2 sont déterminées à partir des conditions aux limites en $x = a$ et $x = b$. Dans ce cas, nous démontrons facilement que la solution est unique et $u \in \mathscr{C}^2([a,b],\mathbb{R})$.

Il s'agit maintenant de calculer une solution approchée de la solution de (7.1). Il n'est pas toujours possible d'obtenir une représentation intégrale de la solution (7.2) lorsque le problème est multidimensionnel $x \in \mathbb{R}^d$, $d > 1$. Le schéma numérique le plus simple est alors la méthode aux différences finies discrétisant le problème sous sa forme différentielle (7.1).

7.2 La méthode aux différences finies

La discrétisation de (7.1) par une méthode aux différences finies consiste à approcher les dérivées successives d'une fonction u à partir des valeurs de la fonction en certains points.

7.2.1 Approximation de la dérivée

Supposons par exemple que $u(x)$ est une fonction à une variable $x \in \mathbb{R}$ régulière, disons $u \in \mathscr{C}^\infty(\mathbb{R}, \mathbb{R})$. L'idée de la méthode aux différences finies est de combiner plusieurs valeurs de u en certains points pour estimer u'. Cette approximation par différences finies est à la base de la plupart des méthodes pour résoudre des équations de toutes sortes. Pour $x \in \mathbb{R}$ et un petit paramètre $\Delta x > 0$, nous notons par D_Δ une approximation de la valeur de la dérivée $u'(x)$, plusieurs choix sont alors possibles.

$$\left\{\begin{aligned} D_\Delta u(x) &= \frac{u(x+\Delta x) - u(x)}{\Delta x}, \\ D_\Delta u(x) &= \frac{u(x) - u(x-\Delta x)}{\Delta x}, \\ D_\Delta u(x) &= \frac{u(x+\Delta x) - u(x-\Delta x)}{2\Delta x}, \\ D_\Delta u(x) &= \frac{-u(x+2\Delta x) + 4u(x+\Delta x) - 3u(x)}{2\Delta x}. \end{aligned}\right.$$

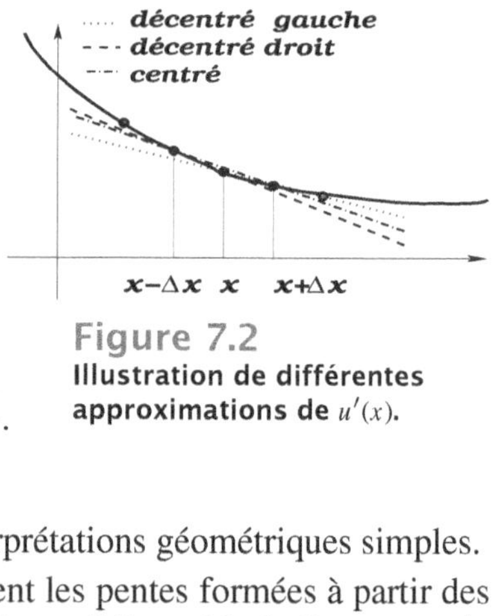

Figure 7.2
Illustration de différentes approximations de $u'(x)$.

Les trois premières approximations ont des interprétations géométriques simples.

Comme le montre la Figure 7.2, elles représentent les pentes formées à partir des points voisins de la fonction $u(x)$. En outre, la Figure 7.2 semble indiquer que la troisième formule est plus précise que les deux premières. Nous donnons une explication analytique de cela ci-dessous. Quant à la dernière formule, elle est bien plus technique et moins intuitive. Observons que cette formule est décentrée tout comme les deux premières car elles n'exploitent les valeurs de u seulement d'un côté alors que la troisième formule est centrée utilisant des points symétriques autour de x.

Effectuons d'abord une analyse d'erreur de base de la première formule à l'aide d'une développement de Taylor pour une fonction $u \in \mathscr{C}^2(\mathbb{R}, \mathbb{R})$:

$$u(x + \Delta x) = u(x) + \Delta x\, u'(x) + \frac{\Delta x^2}{2} u''(\eta_x),$$

avec $\eta_x \in [x, x + \Delta x]$, ce qui donne alors

$$u'(x) = \frac{u(x + \Delta x) - u(x)}{\Delta x} - \frac{\Delta x}{2} u''(\eta_x).$$

Ainsi pour une fonction $u \in \mathscr{C}^2(\mathbb{R}, \mathbb{R})$, l'erreur d'approximation de la première formule est proportionnelle à Δx. Une analyse similaire peut être réalisée pour la deuxième formule d'approximation.

En ce qui concerne la formule centrée, la situation est légèrement différente : nous supposons que $u \in \mathscr{C}^3(\mathbb{R}, \mathbb{R})$ et réalisons un développement de Taylor au point $x+\Delta x$

$$u(x + \Delta x) = u(x) + \Delta x\, u'(x) + \frac{\Delta x^2}{2} u''(x) + \frac{\Delta x^3}{6} u^{(3)}(\eta_x^+),$$

et au point $x - \Delta x$

$$u(x - \Delta x) = u(x) - \Delta x\, u'(x) + \frac{\Delta x^2}{2} u''(x) - \frac{\Delta x^3}{6} u^{(3)}(\eta_x^-),$$

où $\eta_x^+ \in [x, x + \Delta x]$ et $\eta_x^- \in [x - \Delta x, x]$. Ainsi, en soustrayant les deux égalités, il vient

$$u(x + \Delta x) - u(x - \Delta x) = 2\,\Delta x\, u'(x) + \frac{\Delta x^3}{6} \left[u^{(3)}(\eta_x^+) + u^{(3)}(\eta_x^-)\right]$$

ou encore

$$u'(x) = \frac{u(x + \Delta x) - u(x - \Delta x)}{2\Delta x} - \frac{\Delta x^2}{12} \left[u^{(3)}(\eta_x^+) + u^{(3)}(\eta_x^-)\right].$$

Cette fois-ci, l'erreur est proportionnelle à Δx^2, ce qui confirme bien que la formule centrée est plus précise que les deux premières à condition que la fonction u soit régulière.

Enfin pour justifier la validité de la dernière formule, il suffit une nouvelle fois de réaliser un développement de Taylor en $x + 2\Delta x$ et $x + \Delta x$, il vient alors

$$u'(x) = \frac{-u(x + 2\Delta x) + 4u(x + \Delta x) - 3u(x)}{2\Delta x} - \frac{\Delta x^2}{3} \left[u^{(3)}(\eta_x^1) - 2\,u^{(3)}(\eta_x^2)\right].$$

L'erreur est alors proportionnelle à Δx^2 lorsque la fonction $u \in \mathscr{C}^3(\mathbb{R}, \mathbb{R})$.

7.2.2 L'équation de Poisson

Dans cette partie nous appliquons un schéma aux différences finies pour discrétiser l'équation de Poisson (7.1). Pour cela, nous souhaitons approcher la solution en certains points du segment $[a, b]$ et introduisons alors une discrétisation spatiale de $[a, b]$ que nous appelons un maillage du segment $[a, b]$. Soit $n_x \geqslant 1$ un entier fixé, posons $\Delta x = (b - a)/(n_x + 1)$, et définissons les points $x_i = a + i\,\Delta x$ pour tout $i \in \{0, \ldots, n_x + 1\}$. Puis pour un point x_i quelconque intérieur à l'intervalle $]a, b[$, c'est-à-dire tel que $1 \leqslant i \leqslant n_x$, nous écrivons les développements de Taylor de la solution u :

$$u(x_{i+1}) = u(x_i) + \Delta x\, u'(x_i) + \frac{\Delta x^2}{2} u''(x_i) + \frac{\Delta x^3}{6} u^{(3)}(x_i) + \frac{\Delta x^4}{24} u^{(4)}(\eta_{i+1}),$$

avec $\eta_{i+1} \in [x_i, x_{i+1}]$ et

$$u(x_{i-1}) = u(x_i) - \Delta x\, u'(x_i) + \frac{\Delta x^2}{2} u''(x_i) - \frac{\Delta x^3}{6} u^{(3)}(x_i) + \frac{\Delta x^4}{24} u^{(4)}(\eta_{i-1}),$$

avec $\eta_{i-1} \in [x_{i-1}, x_i]$. Ainsi, en ajoutant les deux égalités :

$$u(x_{i+1}) + u(x_{i-1}) = 2\,u(x_i) + \Delta x^2 u''(x_i) + \frac{\Delta x^4}{24} \left[u^{(4)}(\eta_{i+1}) + u^{(4)}(\eta_{i-1})\right],$$

nous avons donc :

$$-\kappa\, u''(x_i) = -\kappa \frac{u(x_{i+1}) - 2\,u(x_i) + u(x_{i-1})}{\Delta x^2} + \frac{\kappa\,\Delta x^2}{24} \left[u^{(4)}(\eta_{i+1}) + u^{(4)}(\eta_{i-1})\right].$$

Puisque la fonction u est solution de (7.1), il vient pour tout $1 \leqslant i \leqslant n_x$,

$$-\kappa\, \frac{u(x_{i+1}) - 2\,u(x_i) + u(x_{i-1})}{\Delta x^2} + \frac{\kappa\Delta x^2}{24} \left[u^{(4)}(\eta_{i+1}) + u^{(4)}(\eta_{i-1})\right] = f(x_i). \quad (7.3)$$

Pour définir un schéma de discrétisation du problème par la méthode aux différences finies, nous ne prenons en compte que les termes d'ordre inférieur à deux dans le développement (7.3) en supposant que les autres sont négligeables pour Δx assez petit.

Nous notons alors v_i une approximation de la solution u au point x_i pour tout $0 \leqslant i \leqslant n_x + 1$, le schéma est alors donné par

$$-\kappa\, \frac{v_{i+1} - 2\,v_i + v_{i-1}}{\Delta x^2} = f(x_i), \quad 1 \leqslant i \leqslant n_x. \quad (7.4)$$

Ce système d'équations comporte n_x équations pour n_x+2 inconnues ; il faut éliminer des inconnues ou rajouter des équations. Pour cela, il suffit d'interpréter numériquement les conditions aux limites. Ici, comme ce sont des conditions de Dirichlet, nous pouvons éliminer deux inconnues en posant :

(i) $v_0 = \alpha$ puisque $u(x_0) = u(a) = \alpha$,

(ii) $v_{n_x+1} = \beta$ puisque $u(x_{n_x+1}) = u(b) = \beta$.

Le système à résoudre s'écrit alors :

$$\left\{\begin{array}{lll} 2\kappa\, v_1 - \kappa\, v_2 & = & \Delta x^2 f(x_1) + \kappa\,\alpha, \\ \vdots & \vdots & \vdots \\ -\kappa\, v_{i-1} + 2\kappa\, v_i - \kappa\, v_{i+1} & = & \Delta x^2 f(x_i), \\ \vdots & \vdots & \vdots \\ -\kappa\, v_{n_x-1} + 2\kappa\, v_{n_x} & = & \Delta x^2 f(x_{n_x}) + \kappa\,\beta. \end{array}\right. \tag{7.5}$$

Ce système linéaire s'écrit matriciellement

$$\kappa\, A\, v = \Delta x^2\, F,$$

où A est une matrice carrée de taille $n_x \times n_x$

$$A = \begin{pmatrix} 2 & -1 & 0 & \dots & 0 \\ -1 & 2 & -1 & \ddots & \vdots \\ 0 & \ddots & \ddots & \ddots & 0 \\ \vdots & \ddots & \ddots & \ddots & -1 \\ 0 & \dots & 0 & -1 & 2 \end{pmatrix}$$

et $v \in \mathbb{R}^{n_x}$ est le vecteur des inconnues et F la donnée

$$v = \begin{pmatrix} v_1 \\ v_2 \\ \vdots \\ v_{n_x} \end{pmatrix}, \quad F = \begin{pmatrix} f(x_1) + \dfrac{\kappa\,\alpha}{\Delta x^2} \\ f(x_2) \\ \vdots \\ f(x_{n_x}) + \dfrac{\kappa\,\beta}{\Delta x^2} \end{pmatrix}.$$

Nous avons déjà rencontré la matrice $A \in \mathscr{M}_{n_x,n_x}(\mathbb{R})$, elle est symétrique, définie positive et donc inversible. En outre, elle possède une structure particulière tridiagonale dont les seuls coefficients non nuls sont :

$$\left\{\begin{array}{ll} a_{i,i} = 2, & 1 \leqslant i \leqslant n_x, \\ a_{i,i+1} = a_{i+1,i} = -1, & 1 \leqslant i \leqslant n_x - 1. \end{array}\right. \tag{7.6}$$

C'est pourquoi, la résolution numérique de ce système ne pose pas de problème. En revanche, il faut maintenant justifier rigoureusement la validité de la discrétisation par le schéma aux différences finies. L'étude précédente montre la cohérence du schéma lorsque la solution $u \in \mathscr{C}^4([a,b],\mathbb{R})$, mais il reste à démontrer que la solution numérique est également stable.

7.2.3 Étude de l'erreur

Démontrons que la méthode aux différences finies est convergente. Cela consiste à évaluer l'« écart » entre la solution approchée $v \in \mathbb{R}^{n_x}$ donnée par (7.5) et la solution exacte u de (7.1). En observant que $u \in L^2(]a,b[)$, nous recherchons à projeter la solution sur $\mathbb{R}^{n_x}$ en introduisant la norme discrète de $\mathbb{R}^{n_x}$ associée à l'espace $L^2(]a,b[)$

$$\|u\|_{\Delta,L^2}^2 := \Delta x \, \frac{u^2(a) + u^2(b)}{2} + \sum_{i=1}^{n_x} \Delta x \, |u(x_i)|^2.$$

En outre puisque $f \in \mathscr{C}^2([a,b],\mathbb{R})$, la solution u de (7.1) vérifie $u \in \mathscr{C}^4([a,b],\mathbb{R})$. Par conséquent la formule de Newton-Cotes du Chapitre 5 assure que

$$\left| \|u\|_{\Delta,L^2}^2 - \int_a^b |u(x)|^2 \, dx \right| \to 0,$$

lorsque $\Delta x \to 0$.

L'analyse de convergence consiste donc à évaluer la quantité $e_i(\Delta x) := v_i - u(x_i)$, pour tout $i \in \{0, \ldots, n_x+1\}$. Comme $v_0 = u(a)$ et $v_{n_x+1} = u(b)$, il suffit de calculer

$$\sum_{i=1}^{n_x} \Delta x \, |e_i(\Delta x)|^2.$$

Comme nous l'avons fait pour les schémas numériques pour la discrétisation d'EDO, définissons la notion de consistance qui renseigne sur la cohérence de la discrétisation et de stabilité qui signifie le contrôle de la solution numérique. Tout d'abord, l'erreur de consistance du schéma est obtenue en appliquant le schéma numérique à la solution exacte. Plus précisément, nous avons la définition suivante.

Définition 7.1 ***Erreur de consistance***

L'erreur de consistance $R(x,u,\Delta x)$ du schéma (7.4) de la solution u de (7.1), au point x est définie par :

$$R(x,u,\Delta x) := -\kappa \, \frac{u(x+\Delta x) - 2\,u(x) + u(x-\Delta x)}{\Delta x^2} - f(x). \tag{7.7}$$

- Le schéma est consistant lorsque l'erreur de consistance tend vers zéro lorsque Δx tend vers zéro

$$\lim_{\Delta x \to 0} \|R(x,u,\Delta x)\|_{\Delta,L^2} = 0.$$

- En outre, le schéma est consistant d'ordre p s'il existe une constante $C > 0$, ne dépendant pas de Δx, telle que

$$\|R(x,u,\Delta x)\|_{\Delta,L^2} \leqslant C\,\Delta x^p.$$

En définitive, l'erreur de consistance représente l'écart entre le schéma de discrétisation et le problème différentiel vérifié par u.

Proposition 7.2

Supposons que $f \in \mathscr{C}^2([a,b],\mathbb{R})$, alors le schéma (7.4) correspondant au problème aux limites (7.1) est consistant d'ordre deux.

DÉMONSTRATION. Puisque $f \in \mathscr{C}^2([a,b],\mathbb{R})$, la représentation intégrale (7.2) montre que la solution $u \in \mathscr{C}^4([a,b],\mathbb{R})$. C'est pourquoi, le développement (7.3) peut être justifié rigoureusement et fournit l'estimation :

$$R(x,u,\Delta x) = -\frac{\kappa \Delta x^2}{24}\left[u^{(4)}(\eta_{i+1}) + u^{(4)}(\eta_{i-1})\right].$$

D'où

$$\sup_{a\leqslant x\leqslant b} |R(x,u,\Delta x)| \leqslant \kappa \frac{\Delta x^2}{12} \sup_{a\leqslant x\leqslant b} \left|u^{(4)}(x)\right|.$$

Puis en multipliant par Δx et en sommant il existe une constante $C > 0$ telle que

$$\begin{aligned}\|R(.,u,\Delta x)\|_{\Delta,L^2} &= \left(\sum_{i=1}^{n_x} \Delta x\, |R(x_i,u,\Delta x)|^2\right)^{1/2}, \\ &\leqslant \kappa\sqrt{b-a}\,\frac{\Delta x^2}{12} \sup_{a\leqslant x\leqslant b} \left|u^{(4)}(x)\right| \leqslant C\,\Delta x^2.\end{aligned}$$

□

Toutefois, la consistance ne suffit pas à démontrer la convergence de la solution numérique vers la solution exacte de (7.1). Il faut également montrer que l'approximation est bornée. Pour ce faire, démontrons un lemme connu sous le nom d'inégalité de Poincaré discrète puisqu'il s'agit d'une version discrète de (7.17) que nous verrons un peu plus tard.

Proposition 7.3

Soient $\Delta x = (b-a)/(n_x+1)$, alors pour tout vecteur $w \in \mathbb{R}^{n_x+2}$ tel que $w_0 = w_{n_x+1} = 0$

$$\sum_{i=1}^{n_x} \Delta x\, |w_i|^2 \leqslant \frac{(b-a)^2}{2} \sum_{i=0}^{n_x} \frac{|w_{i+1}-w_i|^2}{\Delta x}.$$

DÉMONSTRATION. Nous procédons comme dans le cas continu. Puisque $w_0 = 0$, il vient

$$w_i = (w_i - w_{i-1}) + (w_{i-1} - w_{i-2}) + \ldots + w_0,$$

d'où en appliquant l'inégalité de Cauchy-Schwarz

$$w_i^2 \leqslant \left(\sum_{k=0}^{i-1} |w_{k+1} - w_k|\right)^2 \leqslant \sum_{k=0}^{i-1} |w_{k+1} - w_k|^2 \sum_{l=0}^{i-1} 1^2.$$

Ainsi, en multipliant par Δx et en sommant pour $i = 1, \ldots, n_x$, nous obtenons

$$\sum_{i=1}^{n_x} \Delta x\, |w_i|^2 \leqslant \sum_{i=1}^{n_x} \Delta x \left[\sum_{k=0}^{n_x} |w_{k+1} - w_k|^2\right] (i+1).$$

ou encore

$$\begin{aligned} \sum_{i=1}^{n_x} \Delta x\, |w_i|^2 &\leqslant \frac{n_x\,(n_x+1)}{2} \sum_{k=0}^{n_x} \Delta x\, |w_{k+1} - w_k|^2 \\ &\leqslant \frac{(b-a)^2}{2} \sum_{k=0}^{n_x} \frac{|w_{k+1} - w_k|^2}{\Delta x}. \end{aligned}$$

□

Nous sommes alors en mesure de prouver le résultat de convergence suivant

Théorème 7.4 ***Théorème de convergence***

Supposons que $f \in \mathscr{C}^2([a,b], \mathbb{R})$ et notons $e(\Delta x)$ le vecteur des erreurs

$$e(\Delta x) = v - u_\Delta,$$

où $u_\Delta \in \mathbb{R}^{n_x}$ avec $u_{\Delta,i} = u(x_i), i = 1, \ldots, n_x$. Alors

$$\sum_{i=1}^{n_x} \Delta x\, |\, e_i(\Delta x)\,|^2 \to 0, \quad \text{lorsque} \quad \Delta x \to 0.$$

De plus, il existe une constante $C > 0$, dépendant de la dérivée quatrième de u et pas de Δx, telle que

$$\sum_{i=1}^{n_x} \Delta x\, |v_i - u(x_i)|^2 \leqslant C\, \Delta x^2. \tag{7.8}$$

DÉMONSTRATION. D'abord signalons que puisque $f \in \mathscr{C}^2([a,b], \mathbb{R})$, la solution u de (7.1) vérifie $u \in \mathscr{C}^4([a,b], \mathbb{R})$. Soient $u_\Delta \in \mathbb{R}^{n_x}$ le vecteur dont les composantes sont données par $u_{\Delta,i} = u(x_i)$ pour $1 \leqslant i \leqslant n_x$ et le vecteur de l'erreur de consistance $\mathcal{R}(u, \Delta x) \in \mathbb{R}^{n_x}$ donné par

$$\mathcal{R}_i(u, \Delta x) = R(x_i, u, \Delta x), \quad \forall i \in \{1, \ldots, n_x\}.$$

D'une part le schéma numérique donne

$$\kappa A v = \Delta x^2 F.$$

D'autre part, d'après la définition de l'erreur de consistance(7.7) le vecteur u_Δ vérifie

$$\kappa A u_\Delta = \Delta x^2 F - \Delta x^2 \mathcal{R}(u, \Delta x).$$

Par linéarité, il vient pour $e(\Delta x) = v - u_\Delta$

$$\kappa A e(\Delta x) = \Delta x^2 \mathcal{R}(u, \Delta x).$$

Puis en multipliant cette égalité à gauche par $e^T(\Delta x)/\Delta x$, nous obtenons

$$\kappa \frac{e^T(\Delta x) A e(\Delta x)}{\Delta x} = \Delta x e^T(\Delta x) \mathcal{R}(u, \Delta x).$$

Étant donné que $v_0 = u(a)$ et $v_{n_x+1} = u(b)$, nous posons $e_0(\Delta x) = e_{n_x+1}(\Delta x) = 0$ et observons en développant le produit de gauche

$$\begin{aligned}\kappa \sum_{i=0}^{n_x} \frac{|e_{i+1}(\Delta x) - e_i(\Delta x)|^2}{\Delta x} &= \kappa \frac{e^T(\Delta x) A e(\Delta x)}{\Delta x}, \\ &= \Delta x e^T(\Delta x) \mathcal{R}(u, \Delta x).\end{aligned}$$

En appliquant l'inégalité de Cauchy-Schwarz, le terme de droite est majoré par

$$\begin{aligned}&\kappa \sum_{i=0}^{n_x} \frac{|e_{i+1}(\Delta x) - e_i(\Delta x)|^2}{\Delta x} \\ &= \Delta x \, | e^T(\Delta x) \mathcal{R}(u, \Delta x) |, \\ &\leqslant \left(\sum_{i=1}^{n_x} \Delta x \, |e_i(\Delta x)|^2 \right)^{1/2} \left(\sum_{i=1}^{n_x} \Delta x \, |R(x_i, u, \Delta x)|^2 \right)^{1/2}.\end{aligned}$$

Finalement, en appliquant la Proposition 7.3 nous obtenons une minoration du terme de gauche, il vient alors

$$\left(\sum_{i=1}^{n_x} \Delta x \, |e_i(\Delta x)|^2 \right)^{1/2} \leqslant \frac{(b-a)^2}{2\kappa} \left(\sum_{i=1}^{n_x} \Delta x \, |R(x_i, u, \Delta x)|^2 \right)^{1/2}.$$

Puis, l'estimation de l'erreur de consistance de la Proposition 7.2 donne l'existence d'une nouvelle constante $C > 0$ telle que

$$\left(\sum_{i=1}^{n_x} \Delta x \, |e_i(\Delta x)|^2 \right)^{1/2} \leqslant C \Delta x^2,$$

ce qui démontre (7.8). En passant à la limite $\Delta x \to 0$, nous prouvons alors que v converge vers la solution u de (7.1) pour la norme de $L^2(]a, b[)$. □

7.2.4 Conditions aux limites mixtes

Dans cette partie, nous détaillons la discrétisation de conditions aux limites différentes. Considérons $f \in \mathscr{C}^2([a,b],\mathbb{R})$ et le problème aux limites suivant

$$\begin{cases} -\kappa\, u''(x) = f(x), & a < x < b, \\ u'(a) = \alpha, \quad u(b) = \beta. \end{cases} \tag{7.9}$$

Nous souhaitons discrétiser (7.9) par la méthode aux différences finies, et pour cela nous procédons comme dans la partie précédente. La seule différence se situe dans le traitement de la condition de bords $u'(a) = \alpha$. En notant v_i une approximation de la solution u de (7.9) au point $x_i = a + i\,\Delta x$, nous avons

$$-\kappa\,(v_{i-1} - 2\,v_i + v_{i+1}) = \Delta x^2\, f(x_i), \quad \forall i \in \{1,\dots,n_x\}.$$

Le système ainsi défini possède $n_x + 2$ inconnues pour n_x équations. Nous pouvons naturellement poser $v_{n_x+1} = \beta$, ce qui élimine une inconnue mais, nous ne pouvons pas éliminer v_0 de cette façon car nous ne connaissons que $u'(a)$. Nous allons donc rajouter une équation qui interprète la condition $u'(a) = \alpha$. En s'inspirant de la formule

$$u'(x) = \frac{u(x+\Delta x) - u(x)}{\Delta x} + u''(\eta_x), \tag{7.10}$$

avec $\eta_x \in [x, x+\Delta x]$, puis en ne conservant que les termes du premier ordre nous posons

$$\frac{v_1 - v_0}{\Delta x} = \alpha.$$

Nous ajoutons donc l'équation $v_0 - v_1 = -\Delta x\,\alpha$ à notre système qui s'écrit maintenant, de façon à préserver la symétrie dans $\mathbb{R}^{n_x+2}$:

$$\begin{cases} \kappa\, v_0 - \kappa\, v_1 & = & -\Delta x\,\kappa\,\alpha, \\ -\kappa\, v_0 + 2\,\kappa\, v_1 - \kappa\, v_2 & = & \Delta x^2\, f(x_1), \\ \vdots & \vdots & \vdots \\ -\kappa\, v_{n_x-1} + 2\,\kappa\, v_{n_x} & = & \Delta x^2 f(x_{n_x}) + \kappa\,\beta, \end{cases}$$

ou encore

$$\kappa\, A_m\, v = \Delta x^2\, F,$$

avec la matrice $A_m \in \mathscr{M}_{n_x+1,n_x+1}(\mathbb{R})$ définie par

$$A_m = \begin{pmatrix} 1 & -1 & 0 & \dots & 0 \\ -1 & 2 & -1 & \ddots & \vdots \\ 0 & \ddots & \ddots & \ddots & 0 \\ \vdots & \ddots & -1 & 2 & -1 \\ 0 & \dots & 0 & -1 & 1 \end{pmatrix},$$

le vecteur $v \in \mathbb{R}^{n_x+1}$ est l'inconnue et F le second membre

$$v = \begin{pmatrix} v_0 \\ v_1 \\ \vdots \\ v_{n_x} \end{pmatrix}, \quad F = \begin{pmatrix} -\kappa\,\alpha/\Delta x \\ f(x_1) \\ f(x_2) \\ \vdots \\ f(x_{n_x}) + \kappa\,\beta/\Delta x^2 \end{pmatrix}.$$

Pour $1 \leqslant i \leqslant n_x$, par un raisonnement analogue à celui que nous avons réalisé précédemment, nous montrons que l'erreur de consistance vérifie

$$\begin{aligned} R(x_i, u, \Delta x) &= -\kappa\,\frac{u(x_{i-1}) - 2\,u(x_i) + u(x_{i+1})}{\Delta x^2} - f(x_i), \\ &= -\frac{\kappa\,\Delta x^2}{24}\left[u^{(4)}(\eta_{i-1}) + u^{(4)}(\eta_{i+1})\right]. \end{aligned}$$

Par ailleurs, $R(x_0, u, \Delta x)$ est donnée par

$$R(x_0, u, \Delta x) = \kappa\frac{u(x_0) - u(x_1)}{\Delta x^2} + \frac{u'(x_0)}{\Delta x}$$

et vérifie

$$R(x_0, u, \Delta x) = -\frac{1}{2}u''(x_0) - \frac{\Delta x}{6}u^{(3)}(\eta_a), \quad \eta_a \in [a, a + \Delta x].$$

Or, pour $f \in \mathscr{C}^2([a,b],\mathbb{R})$, la solution $u \in \mathscr{C}^4([a,b],\mathbb{R})$ et par continuité

$$-\kappa\,u''(a) = f(a)$$

de sorte que l'erreur de consistance $R(x_0, u, \Delta x)$ est de l'ordre de $f(a)/2$, qui ne tend pas vers zéro lorsque Δx tend vers zéro. Le schéma n'est donc pas consistant !

Pour remédier à ce problème, proposons une discrétisation différente de la condition aux limites $u'(a) = \alpha$. Supposons que la solution u se prolonge sur $]a - \Delta x, b]$ et discrétisons le problème $-\kappa\,u''(a) = f(a)$, il vient alors naturellement

$$-\frac{\kappa\,(v_{-1} - 2\,v_0 + v_1)}{\Delta x^2} = f(a). \tag{7.11}$$

Cette discrétisation de la dérivée seconde au point a introduit une inconnue supplémentaire v_{-1} qui représente une approximation de $u(a - \Delta x)$. Elle est virtuelle et nous l'appelons quelquefois l'inconnue « fantôme » v_{-1}, car nous allons l'éliminer immédiatement. Pour cela, interprétons la condition aux limites $u'(a) = \alpha$ en nous inspirant de la formule centrée

$$u'(x) = \frac{u(x + \Delta x) - u(x - \Delta x)}{2\,\Delta x} + \frac{\Delta x^2}{3}u^{(3)}(\eta_x), \quad \eta_x \in [x - \Delta x, x + \Delta x]. \tag{7.12}$$

La formule (7.10) est d'ordre un tandis que celle-ci est d'ordre deux. Nous pouvons alors poser :

$$\frac{v_1 - v_{-1}}{2\Delta x} = \alpha.$$

Cette équation nous fournit une valeur $v_{-1} = v_1 - 2\Delta x\, \alpha$, que nous reportons dans l'équation (7.11), pour obtenir un nouveau schéma

$$\kappa \frac{v_0 - v_1}{\Delta x^2} = \frac{f(a)}{2} - \kappa \frac{\alpha}{\Delta x}.$$

Nous vérifions ainsi que $R(x_0, u, \Delta x) = -\kappa \dfrac{\Delta x}{6} f'(a)$. En outre, la matrice A_m est symétrique définie positive, ce qui assure qu'il existe une solution au système linéaire. Enfin, une analyse d'erreur en norme $L^2(]a, b[)$ analogue à celle réalisée pour le problème avec conditions aux limites de Dirichlet démontre la convergence de la solution numérique vers la solution du problème aux limites (7.9).

7.2.5 Problèmes plus généraux

En milieu hétérogène, la conductivité thermique est une fonction de la variable $x \in [a, b]$. Le problème s'écrit alors sous la forme :

$$\begin{cases} -(\kappa(x)\, u'(x))' = f(x), & a < x < b, \\ u(a) = \alpha, \quad u(b) = \beta. \end{cases} \tag{7.13}$$

Supposons toujours que $f \in \mathscr{C}^2([a, b], \mathbb{R})$ et également $\kappa \in \mathscr{C}^3([a, b], \mathbb{R})$ et telle qu'il existe $\eta > 0$ vérifiant pour tout $x \in [a, b]$,

$$\kappa(x) \geqslant \eta > 0.$$

Des hypothèses moins restrictives sont possibles mais la seule qui soit indispensable est que la fonction $\kappa(.)$ ne s'annule pas. Notons en particulier, que pour les applications la fonction $\kappa(.)$ décrivant les hétérogénéités d'un milieu est constante par morceaux. Pour simplifier l'étude, nous considérons seulement des conditions aux limites de Dirichlet.

- *Approximation directe*

Lorsque la fonction $\kappa(x)$ est connue en tout point $x \in [a, b]$, la règle de dérivation d'un produit de fonctions permet d'écrire

$$-(\,\kappa(x)\, u'(x)\,)' = -\kappa'(x)\, u'(x) - \kappa(x)\, u''(x).$$

Aussi, lorsque la fonction $\kappa(x)$ est donnée par une formule mathématique explicite, nous proposons le schéma suivant pour $1 \leqslant i \leqslant n_x$

$$-\kappa(x_i) \frac{v_{i-1} - 2\, v_i + v_{i+1}}{\Delta x^2} - \kappa'(x_i) \frac{v_{i+1} - v_{i-1}}{2\Delta x} = f(x_i). \tag{7.14}$$

Notons qu'une formule centrée d'ordre deux est mise en œuvre pour la discrétisation du terme $u'(x_i)$, de manière à conserver globalement une formule d'ordre deux.

En revanche, lorsque nous ne connaissons pas la fonction $\kappa(.)$, nous ne pouvons évidemment pas utiliser (7.14). Puisque nous ne connaissons pas les valeurs exactes de κ', il faut les remplacer par des formules aux différences finies. En utilisant la formule centrée d'ordre deux pour écrire le schéma de discrétisation au point x_i, nous obtenons en notant $\kappa_i = \kappa(x_i)$

$$-\kappa_i \frac{v_{i-1} - 2\,v_i + v_{i+1}}{\Delta x^2} - \frac{\kappa_{i+1} - \kappa_{i-1}}{2\,\Delta x}\,\frac{v_{i+1} - v_{i-1}}{2\,\Delta x} = f(x_i), \quad 1 \leqslant i \leqslant n_x,$$

ou encore en regroupant les coefficients de chaque inconnue : pour $1 \leqslant i \leqslant n_x$,

$$\frac{\kappa_{i+1} - 4\,\kappa_i - \kappa_{i-1}}{4}\,v_{i-1} + 4\,\kappa_i\,v_i + \frac{\kappa_{i-1} - 4\,\kappa_i - \kappa_{i+1}}{4}\,v_{i+1} = \Delta x^2\,f(x_i).$$

Néanmoins, ce schéma est assez compliqué, il est donc préférable de construire celui qui discrétise successivement des dérivées premières.

- *Approximations successives*

Notons $w_{i+1/2}$ une approximation de $\kappa(x_i+\Delta x/2)\,u'(x_i+\Delta x/2)$, v_i une approximation de $u(x_i)$ pour $i \in \{1, \ldots, n_x\}$.

Une première étape de la discrétisation de (7.13) s'écrit, au point x_i :

$$-\frac{w_{i+1/2} - w_{i-1/2}}{\Delta x} = f(x_i). \qquad (7.15)$$

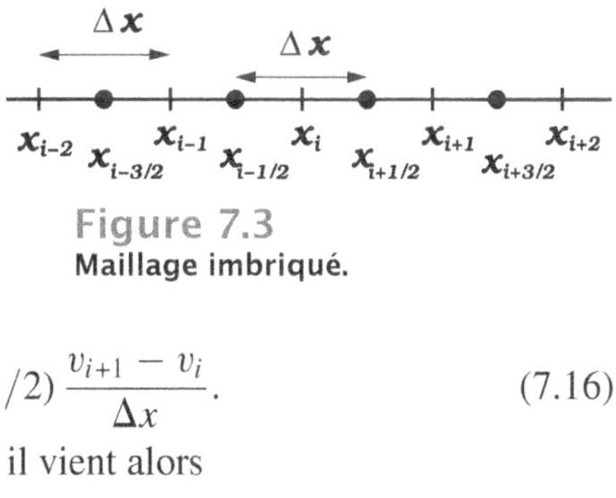

Figure 7.3
Maillage imbriqué.

Ensuite à l'aide d'une formule centrée, nous obtenons une relation liant $w_{i+1/2}$ et $(v_k)_{1\leqslant k\leqslant n_x}$

$$w_{i+1/2} = \kappa(x_i + \Delta x/2)\,\frac{v_{i+1} - v_i}{\Delta x}. \qquad (7.16)$$

En injectant cette approximation dans (7.15), il vient alors

$$-\kappa(x_i + \Delta x/2)\left(\frac{v_{i+1} - v_i}{\Delta x}\right) + \kappa(x_i - \Delta x/2)\left(\frac{v_i - v_{i-1}}{\Delta x}\right) = \Delta x\,f(x_i).$$

En regroupant les coefficients de chaque inconnue, nous obtenons

$$-\kappa_{i-1/2}\,v_{i-1} + (\kappa_{i-1/2} + \kappa_{i+1/2})\,v_i - \kappa_{i+1/2}\,v_{i+1} = \Delta x^2\,f(x_i),$$

où $\kappa_{i+1/2} = \kappa(x_i + \Delta x/2)$. Il faut disposer des valeurs de la fonction $\kappa(.)$ aux points $x_i \pm \Delta x/2$. Lorsque nous n'en disposons pas, il faudra remplacer les expressions $\kappa_{i\pm1/2}$ par des expressions interpolées. Nous remplaçons par exemple $\kappa_{i\pm1/2}$ par $\dfrac{\kappa_i + \kappa_{i\pm1}}{2}$ et vérifions que le schéma reste d'ordre deux. Comme précédemment lorsque κ et f sont suffisamment régulières, ce schéma est d'ordre deux.

7.2.6 Cas multidimensionnel

Pour des cas plus réalistes, la chaleur se propage dans tout l'espace et l'équation de la chaleur s'écrit alors pour un ouvert $\Omega \subset \mathbb{R}^d$, $d \geqslant 1$

$$\begin{cases} -\kappa\,\Delta u(x) = f(x), & x \in \Omega, \\ u(x) = g(x), & x \in \Gamma = \partial\Omega, \end{cases}$$

avec

$$\Delta u(x) = \sum_{i=1}^{d} \frac{\partial^2 u}{\partial x_i^2}(x), \quad x = (x_1, \ldots, x_d)^T \in \mathbb{R}^d.$$

Pour appliquer une méthode aux différences finies, il suffit de se donner une grille dans $\mathbb{R}^d$ recouvrant l'espace Ω et d'approcher chaque dérivée partielle $\dfrac{\partial^2 u}{\partial x_i}$ en un point de la grille à l'aide d'une formule unidimensionnelle utilisant les points voisins.

Exemple

En dimension deux, considérons $\Omega =]0,1[\times]0,1[$ et les points équidistants d'une grille $(x_i, y_j) = (i\,h, j\,h)$, avec $h = 1/(n+1)$. En écrivant un développement de Taylor en x, il vient

$$\begin{aligned} -\kappa \frac{\partial^2 u}{\partial x^2}(x_i, y_j) &= -\kappa \frac{u(x_{i+1}, y_j) - 2\,u(x_i, y_j) + u(x_{i-1}, y_j)}{h^2} \\ &+ \frac{\kappa\,h^2}{24}\left[\frac{\partial^4 u}{\partial x^4}(\eta_{i+1}, y_j) + \frac{\partial^4 u}{\partial x^4}(\eta_{i-1}, y_j)\right] \end{aligned}$$

et en y

$$\begin{aligned} -\kappa \frac{\partial^2 u}{\partial y^2}(x_i, y_j) &= -\kappa \frac{u(x_i, y_{j+1}) - 2\,u(x_i, y_j) + u(x_i, y_{j-1})}{h^2} \\ &+ \frac{\kappa\,h^2}{24}\left[\frac{\partial^4 u}{\partial y^4}(x_i, \eta_{j+1}) + \frac{\partial^4 u}{\partial y^4}(x_i, \eta_{j-1})\right]. \end{aligned}$$

Pour finalement obtenir

$$\begin{aligned} -\kappa\,\Delta u &= \frac{-4\,u(x_i, y_j) + u(x_{i-1}, y_j) + u(x_{i+1}, y_j) + u(x_i, y_{j-1}) + u(x_i, y_{j+1})}{h^2} \\ &+ \varepsilon(h^2), \end{aligned}$$

où $\varepsilon(h^2)$ est telle que $|\varepsilon(h^2)| \leqslant C\,h^2$. En notant $v_{i,j}$ l'inconnue approchant u la solution de l'équation de Poisson aux points (x_i, y_j), nous obtenons le système suivant de n^2 équations en négligeant les termes d'ordre supérieur à trois, c'est-à-dire les termes $\varepsilon(h^2)$,

$$-\kappa \frac{-4\,v_{i,j} + v_{i-1,j} + v_{i+1,j} + v_{i,j-1} + v_{i,j+1}}{h^2} = f(x_i, y_j) =: f_{i,j},$$

ce qui aboutit à la résolution numérique d'un système linéaire dont la matrice est creuse, symétrique et définie positive.

7.3 La méthode des éléments finis

Lorsque la fonction vérifie seulement $f \in L^2(]a,b[)$, il est également possible de démontrer l'existence et l'unicité d'une solution faible c'est-à-dire que la solution u n'est pas $\mathscr{C}^2$. Pour cela, il suffit d'écrire le problème aux limites sous une forme plus faible ne faisant intervenir que des dérivées d'ordre un, nous parlons de formulation variationnelle. C'est le point de départ de la méthode des éléments finis.

7.3.1 Formulation variationnelle

Notons par $\mathscr{C}_c^\infty(\Omega)$ l'ensemble des fonctions de classe $\mathscr{C}^\infty$ sur Ω à support compact, c'est-à-dire telle que pour tout $v \in \mathscr{C}_c^\infty(\Omega)$, il existe $R > 0$ vérifiant $\mathrm{supp} v \subset \mathcal{B}(0, R)$.

Définition 7.5 ***Dérivée faible***

Soit v une fonction régulière de $[a,b]$ à valeur dans $\mathbb{R}$, nous appelons dérivée faible de la fonction v, la forme linéaire T_v de $\mathscr{C}_c^\infty([a,b])$ à valeur dans $\mathbb{R}$ vérifiant

$$\int_a^b T_v(x)\,\varphi(x)\,dx = -\int_a^b v(x)\,\varphi'(x)dx, \qquad \forall \varphi \in \mathscr{C}_c^\infty([a,b]).$$

Remarquons que cette égalité est bien définie dès que $v \in L^2(]a,b[)$ et $T_v \in L^1(]a,b[)$. On note alors $T_v = v'$.

Nous observons que lorsque v' est une dérivée classique alors elle est aussi une dérivée faible.

Considérons par exemple le problème de Dirichlet (7.1) homogène ($\alpha = \beta = 0$) et choisissons une fonction quelconque $v \in \mathscr{C}_c^\infty([a,b],\mathbb{R})$ c'est-à-dire une fonction indéfiniment dérivable et à support compact. En multipliant (7.1) par v et en intégrant sur le segment $[a,b]$, une simple intégration par partie donne : pour toute fonction $v \in \mathscr{C}_c^\infty([a,b],\mathbb{R})$,

$$\kappa \int_a^b u'(x)\,v'(x)\,dx = \int_a^b f(x)\,v(x)\,dx.$$

Pour que cette dernière égalité ait un sens, il suffit que les fonctions u' et $v' \in L^2(]a,b[)$ et $v \in L^2(]a,b[)$. Introduisons l'espace de Hilbert

$$H^1(]a,b[) := \left\{ v \in L^2(]a,b[), \quad v' \in L^2(]a,b[) \right\},$$

muni de la norme $\|.\|_{H^1}$ donnée par : $u \in H^1(]a,b[)$

$$\|v\|_{H^1}^2 = \int_a^b |v(x)|^2\,dx + \int_a^b |v'(x)|^2\,dx$$

et le sous-espace $H_0^1(]a,b[)$ de $H^1(]a,b[)$ défini par [5]

$$H_0^1(]a,b[) := \left\{ v \in H^1(]a,b[), \quad v(a) = v(b) = 0 \right\},$$

muni de la norme $\|.\|_{H_0^1}$

$$\|v\|_{H_0^1}^2 = \int_a^b |v'(x)|^2 \, dx.$$

Cette dernière application est effectivement une norme : il est facile de vérifier que c'est une semi-norme tandis que la propriété $\|u\|_{H_0^1} = 0$ implique $u = 0$ est vérifiée puisque $\|u\|_{H_0^1}$ signifie que $u' = 0$ dans $L^2(]a,b[)$, puis comme $u(a) = 0$, il est alors évident que $u = 0$. En outre, les normes $\|.\|_{H^1}$ et $\|.\|_{H_0^1}$ sont équivalentes dans $H_0^1(]a,b[)$ et vérifient l'inégalité de Poincaré

$$\|v\|_{L^2} \leqslant C_{a,b} \, \|v'\|_{L^2}, \quad \forall\, v \in H_0^1(]a,b[). \tag{7.17}$$

Le problème (7.1) revient ainsi à rechercher $u \in H_0^1(]a,b[)$ tel que

$$\kappa \int_a^b u'(x)\, v'(x)\, dx = \int_a^b f(x)\, v(x)\, dx, \quad \forall v \in H_0^1(]a,b[).$$

Démontrons l'existence et l'unicité d'une solution de (7.1) pour une donnée $f \in L^2(]a,b[)$ à l'aide du Théorème de Lax-Milgram.

Théorème 7.6 ***Théorème de Lax-Milgram***

Soient $(V, \|.\|)$ un espace de Hilbert, $a(.,.)$ une forme bilinéaire, continue $(|a(u,v))| \leqslant M \, \|u\| \, \|v\|)$ et coercive $(a(u,u) \geqslant \alpha \, \|u\|^2)$ et $l(.)$ une forme linéaire continue. Alors le problème variationnel : trouver $u \in V$

$$a(u,v) = l(v), \quad \forall v \in V,$$

admet une solution unique.

Nous renvoyons le lecteur à [5] pour plus de détail sur l'analyse fonctionnelle des espaces $H_0^1(]a,b[)$. Dans une première partie nous présentons la méthode de Galerkin[1] puis nous nous concentrons sur la méthode des éléments finis unidimensionnels pour la construction du système linéaire à résoudre.

1. Boris Grigoryevich Galerkin mathématicien et ingénieur russe (1871-1945).

7.3.2 Méthodologie générale

Considérons le problème type

$$\begin{cases} -\kappa \Delta u = f, \text{ dans } \Omega, \\ u = 0, \text{ sur } \partial\Omega, \end{cases}$$

où Ω est un ouvert de $\mathbb{R}^d$. Écrivons la formulation variationnelle en utilisant des intégrations par parties et définissons $H_0^1(\Omega)$ par

$$H_0^1(\Omega) = \left\{ u \in L^2(\omega), \quad \nabla u \in L^2(\omega) \quad \text{et} \quad u = 0 \text{ sur } \partial\Omega \right\}$$

et recherchons $u \in H_0^1(\Omega)$ tel que

$$\kappa \int_\Omega \nabla u(x) \cdot \nabla v(x)\, dx = \int_\Omega f(x) v(x)\, dx, \qquad \forall\, v \in H_0^1(\Omega).$$

De manière plus générale, nous pouvons considérer un problème plus abstrait de la forme

$$a(u, v) = l(v), \qquad \forall\, v \in V, \tag{7.18}$$

où $a(.,.)$ est une forme bilinéaire, continue et coercive tandis que $l(.)$ est une forme linéaire continue et V est un espace de Hilbert. Nous sommes donc sous les hypothèses du Théorème de Lax-Milgram qui assure l'existence et l'unicité d'une solution $u \in V$.

Pour un petit paramètre $h > 0$, la méthode de Galerkin conforme consiste alors à rechercher une solution u_h dans un sous-espace vectoriel de dimension finie $V_h \subset V$. Le problème discret s'écrit alors : trouver $u_h \in V_h$ tel que

$$a(u_h, v_h) = l(v_h), \qquad \forall\, v_h \in V_h. \tag{7.19}$$

Supposons que V_h est de dimension n, nous pouvons alors trouver une base $\{\varphi_1, \ldots, \varphi_n\}$ de V_h. Ensuite, en écrivant le vecteur solution u_h dans cette base, nous sommes amenés à rechercher $(u_1, \ldots, u_n) \in \mathbb{R}^n$ tel que

$$u_h(x) = \sum_{i=1}^{n} u_i\, \varphi_i(x).$$

Ainsi, en prenant successivement $v_h = \varphi_i$ pour $i = 1, \ldots, n$ il vient

$$\sum_{j=1}^{n} u_j\, a(\varphi_j, \varphi_i) = l(\varphi_i).$$

La formulation variationnelle conduit donc à résoudre le système linéaire

$$Au = F, \tag{7.20}$$

avec la matrice $A \in \mathscr{M}_{n,n}(\mathbb{R})$, composée des coefficients

$$a_{i,j} = a(\varphi_j, \varphi_i), \quad (i, j) \in \{1, \ldots, n\}^2,$$

le vecteur $u = (u_1, \ldots, u_n)^T \in \mathbb{R}^n$ et $F = (l(\varphi_1), \ldots, l(\varphi_n))^T \in \mathbb{R}^n$.

Théorème 7.7 ***Existence pour le problème discret***

Supposons que $a(.,.)$ soit une forme bilinéaire continue, coercive sur un espace de Hilbert de dimension finie V_h et $l(.)$ une forme linéaire continue sur V_h. Alors le système (7.20) est équivalent à la formulation variationnelle discrète (7.19) et admet une solution unique.

L'étude de la convergence de la méthode de Galerkin dans le cas d'une approximation conforme découle du Lemme de Céa suivant :

Lemme 7.8 ***Lemme de Céa***

Soit $u \in V$ la solution de (7.18) et $u_h \in V_h$ la solution de (7.19) avec $V_h \subset V$. Alors nous avons,

$$\|u - u_h\| \leqslant C \inf_{v_h \in V_h} \|u - v_h\|.$$

DÉMONSTRATION. Nous avons d'une part

$$a(u, v) = l(v), \qquad \forall v \in V,$$

et d'autre part

$$a(u_h, v_h) = l(v_h), \qquad \forall v_h \in V_h.$$

Comme $v_h \subset V$, nous pouvons prendre $v = v_h$ dans la première égalité et faire la différence. Il vient alors

$$a(u - u_h, v_h) = 0, \qquad \forall v_h \in V_h.$$

Ensuite, nous avons pour tout $v_h \in V_h$

$$a(u - u_h, u - u_h) = a(u - u_h, u - v_h + v_h - u_h) = a(u - u_h, u - v_h),$$

puisque $u_h - v_h \in V_h$ et $a(u - u_h, u_h - v_h) = 0$. Enfin, en utilisant la coercivité et la continuité de $a(.,.)$; nous obtenons

$$\begin{aligned} \alpha \|u - u_h\|^2 &\leqslant a(u - u_h, u - u_h), \\ &\leqslant a(u - u_h, u - v_h), \\ &\leqslant M \|u - u_h\| \, \|u - v_h\|. \end{aligned}$$

D'où,

$$\|u - u_h\| \leqslant \frac{M}{\alpha} \|u - v_h\|, \qquad \forall v_h \in V_h.$$

□

7.3.3 Cas uni-dimensionnel

Une des idées essentielles pour la construction d'une approximation de Galerkin efficace est d'avoir une matrice A la plus creuse possible, c'est-à-dire que les coefficients $a(\varphi_i, \varphi_j)$ sont nuls pour un grand nombre de couples (i, j), ce qui permettra de diminuer le nombre d'opérations à effectuer pour la résolution du système linéaire. Nous essayons de prendre des fonctions de bases avec un petit support. Nous revenons au problème

$$\begin{cases} -\kappa\, u''(x) = f(x), & x \in]a, b[, \\ u(a) = u(b) = 0, \end{cases} \tag{7.21}$$

dont la formulation variationnelle s'écrit : trouver $u \in H_0^1(]a, b[)$ tel que

$$\kappa \int_a^b u'(x)\, v'(x)\, dx = \int_a^b f(x)\, v(x)\, dx, \quad v \in H_0^1(]a, b[).$$

Nous recherchons alors un espace $V_h \subset H_0^1(]a, b[)$. Pour cela, introduisons un maillage $\{x_0, x_1, \ldots, x_{n+1}\}$ de l'intervalle $[a, b]$ tel que $x_i = a + i\, h$, avec $h = 1/(n+1)$ et construisons alors pour $i = 1, \ldots, n$

$$\varphi_i(x) = \begin{cases} \dfrac{x - x_{i-1}}{x_i - x_{i-1}}, & x \in [x_{i-1}, x_i], \\ \dfrac{x - x_{i+1}}{x_i - x_{i+1}}, & x \in [x_i, x_{i+1}], \\ 0, \text{ sinon.} \end{cases}$$

Définissons alors $V_h = \mathrm{Vect}\{\varphi_1, \ldots, \varphi_n\}$.

Proposition 7.9

L'espace V_h est un sous-espace vectoriel de $H_0^1(]a, b[)$ de dimension n.

DÉMONSTRATION. Les fonctions $(\varphi_i)_{1 \leqslant i \leqslant n}$ forment un système libre de n vecteurs fonctions. En effet, supposons qu'il existe $(\lambda_i)_{1 \leqslant i \leqslant n} \subset \mathbb{R}$ tels que

$$0 = \sum_{i=1}^{n} \lambda_i\, \varphi_i(x), \quad \forall x \in [a, b].$$

Alors en particulier au point x_i pour n'importe quel point $i \in \{1, ldots, n\}$ et donc $\lambda_i = 0$. Il en résulte que $(\varphi_i)_{1 \leqslant i \leqslant n}$ forment une famille libre et génératrice de V_h, c'est donc une base et $\dim(V_h) = n$.

Il reste à démontrer que V_h est un sous-espace vectoriel de $H_0^1(]a, b[)$. Nous vérifions facilement que pour tout $v_h \in V_h$,

$$\int_a^b |v_h(x)|^2\, dx \leqslant (b - a) \max_{x \in [a,b]} |v_h(x)|^2 < \infty,$$

d'où $v_h \in L^2(]a,b[)$. Vérifions ensuite que $v_h'(x)$ appartient à l'espace $L^2(]a,b[)$. En effet, la fonction v_h est linéaire par morceau et n'est pas dérivable aux points x_i pour tout $0 \leqslant i \leqslant n+1$; il faut donc calculer v_h' au sens des distributions : pour toute fonction $\varphi \in C^\infty([a,b],\mathbb{R})$ à support compact

$$\langle v_h', \varphi \rangle = -\langle v_h, \varphi' \rangle.$$

Ainsi $v_h \in H^1(]a,b[)$.
Enfin, puisque $v_h(a) = v_h(b) = 0$, nous avons donc le résultat $v_h \in H_0^1(]a,b[)$. □

Nous démontrons finalement la convergence de la méthode des éléments finis. Pour cela, introduisons l'opérateur de projection de $H_0^1(]a,b[)$ sur l'espace V_h : pour tout $v \in H_0^1(]a,b[)$

$$\Pi_h v = \sum_{i=1}^{n} v(x_i)\,\varphi_i(x).$$

Nous avons alors

Théorème 7.10 ***Théorème de convergence***

Supposons que la solution exacte u de (7.21) appartient à l'espace $H^2(]a,b[)$. Alors l'erreur vérifie

$$\|u - u_h\|_{H^1} \leqslant C\,h,$$

où $u_h \in V_h$ est la solution du problème approchée par la méthode des éléments finis.

DÉMONSTRATION. Nous avons d'abord

$$\|u - u_h\|_{H^1}^2 = \|u - u_h\|_{L^2}^2 + \|u' - u_h'\|_{L^2}^2.$$

En appliquant le Lemme de Céa (Lemme 7.8), nous obtenons

$$\|u - u_h\|_{H^1} \leqslant C \inf_{v_h \in V_h} \|u - v_h\|_{H^1} \leqslant C\,\|u - \Pi_h u\|_{H^1}.$$

Il suffit donc d'estimer $\|u - \Pi_h u\|_{H^1}$. Pour $x \in [x_i, x_{i+1}]$, nous avons donc

$$\begin{aligned}\Pi_h u(x) &= u(x_i)\,\varphi_i(x) + u(x_{i+1})\,\varphi_{i+1}(x),\\ &= u(x_i)\,\frac{x - x_{i+1}}{x_i - x_{i+1}} + u(x_{i+1})\,\frac{x - x_i}{x_{i+1} - x_i}.\end{aligned}$$

Or, nous avons

$$(u - \Pi_h u)(x_i) = 0$$

et donc

$$\begin{aligned}(u-\Pi_h u)(x) &= \int_{x_i}^{x} (u-\Pi_h u)'(y)\,dy,\\ &= \int_{x_i}^{x} u'(y) - \frac{u(x_{i+1})-u(x_i)}{x_{i+1}-x_i}\,dy.\end{aligned}$$

Ensuite, puisque $u \in H^2(]a,b[)$, cela implique que $u \in C^1([a,b],\mathbb{R})$ et donc d'après la formule des accroissements finis, il existe $\xi \in [x_i, x_{i+1}]$ tel que

$$u'(\xi) = \frac{u(x_{i+1})-u(x_i)}{x_{i+1}-x_i}.$$

et donc pour $y \in [x_i, x]$ et en utilisant l'inégalité de Cauchy-Schwarz, nous obtenons

$$u'(y) - \frac{u(x_{i+1})-u(x_i)}{x_{i+1}-x_i} = \int_{\xi}^{y} u''(s)\,ds \leqslant \left(\int_{x_i}^{x_{i+1}} |u''(s)|^2\,ds\right)^{1/2} h^{1/2}.$$

Ainsi, nous avons pour tout $x \in [x_i, x_{i+1}]$

$$|u'(x) - (\Pi_h u)'(x)|^2 \leqslant h \int_{x_i}^{x_{i+1}} |u''(s)|^2\,ds,$$

puis

$$\int_{x_i}^{x_{i+1}} |u'(x) - (\Pi_h u)'(x)|^2 dx \leqslant h^2 \int_{x_i}^{x_{i+1}} |u''(s)|^2\,ds$$

et en sommant pour $i = 0, \ldots, N_x$

$$\int_a^b |u'(x) - (\Pi_h u)'(x)|^2\,dx \leqslant h^2 \int_a^b |u''(s)|\,dx,$$

ce qui signifie que

$$\|u' - \Pi_h u'\|_{L^2} \leqslant h\,\|u''\|_{L^2}.$$

À l'aide de l'inégalité de Poincaré (7.17), nous obtenons le résultat

$$\|u - \Pi_h u\|_{H^1} \leqslant C\|u''\|_{L^2}\,h.$$ □

7.4 Les équations d'évolution

Considérons par exemple la propagation de la chaleur dans un fil de fer dont la section S est constante, égale à un et pour lequel la conductivité thermique est constante, égale à $\kappa > 0$, l'équation décrivant l'évolution au cours du temps de la diffusion de la chaleur s'écrit alors simplement

$$\frac{\partial u}{\partial t}(t,x) - \kappa \frac{\partial^2 u}{\partial x^2}(t,x) = f(x). \tag{7.22}$$

Désormais nous possédons tous les ingrédients en main pour le calcul de valeurs approchées de la solution en appliquant une méthode en ligne : une discrétisation en la variable d'espace est effectuée comme pour un problème stationnaire, ensuite un schéma discret permet d'approcher le système différentiel qui en découle.

Avant de présenter plusieurs exemples, nous proposons une étude abstraite permettant de démontrer la convergence de schémas numériques pour des équations d'évolution. Comme nous l'avons fait pour l'étude des schémas à un pas pour les équations différentielles, nous démontrons la consistance et la stabilité des solutions numériques, ce qui permettra par la suite de prouver la convergence.

On s'intéresse à des équations aux dérivées partielles d'évolution, c'est-à-dire dépendant du temps $t \in [0,T]$, où T représente le temps final. Nous considérons l'équation d'évolution suivante pour $u : [0,T] \mapsto H$ avec H un espace fonctionnel,

$$\begin{cases} \dfrac{\partial u}{\partial t} + \mathcal{L}u = f, \\ u(t=0) = u_0. \end{cases} \tag{7.23}$$

Nous disons que ce problème est bien posé dans $V \subset H$ lorsque

$$\|u(t)\|_V \leqslant K_0 \left(\|u_0\|_V \, e^{K_1 t} + K_2 t\right), \tag{7.24}$$

c'est-à-dire que la solution dépend continûment de la donnée initiale.

L'énergie pour l'équation de la chaleur

Prenons $V = L^2(\mathbb{R})$, une fonction $f \in V$ donnée et un opérateur différentiel linéaire

$$\mathcal{L}u = -\kappa \frac{\partial^2 u}{\partial x^2}.$$

En multipliant l'équation par u et en intégrant sur $\mathbb{R}$ sachant que $u(t,x) \to 0$ lorsque $|x| \to +\infty$, nous obtenons l'estimation d'énergie suivante

$$\|u(t)\|_{L^2} \leqslant \|u_0\|_{L^2} + t\,\|f\|_{L^2}.$$

La discrétisation de l'intervalle de temps $[0, T]$ et de l'intervalle pour la variable d'espace $[a, b]$ est obtenue en subdivisant ces intervalles

$$\begin{cases} t^n = n\,\Delta t, & n = 0, \ldots, n_T, \\ x_i = a + i\,\Delta x, & i = 0, \ldots, n_x + 1, \end{cases}$$

avec $\Delta t = T/n_T$ et $\Delta x = (b-a)/(n_x+1)$. Puis en notant pour $i \in \{0, \ldots, n_x + 1\}$, v_i^n une approximation de $u(t^n, x_i)$ solution de (7.23), un schéma numérique s'écrit alors sous la forme

$$\frac{v^{n+1} - v^n}{\Delta t} + \mathcal{L}_\Delta(v^n) = F, \tag{7.25}$$

où $\mathcal{L}_\Delta$ est un opérateur linéaire,

$$F = (f(x_1), \ldots, f(x_{n_x})) \in \mathbb{R}^{n_x} \quad \text{et} \quad v^n = (v_1, \ldots, v_{n_x}) \in \mathbb{R}^{n_x}$$

tandis que v_0^n et $v_{n_x+1}^n$ sont calculées à partir des conditions aux limites.

Notons alors $u_\Delta(t^n)$ la projection de la solution exacte $u(t^n) \in V$ sur $\mathbb{R}^{n_x}$ et $\|.\|_{\Delta,V}$ une norme discrète de $\mathbb{R}^{n_x}$ telle que pour tout $u_\Delta \in \mathbb{R}^{n_x}$, projection d'un élément $u \in V$,

$$\|u_\Delta\|_{\Delta,V} \to \|u\|_V, \quad \text{lorsque} \quad \Delta t,\, \Delta x \to 0.$$

Exemple

Soient $V = L^2(]a, b[)$ et $x_i = a + i\,\Delta x$, avec $\Delta x = (b-a)/(n_x+1)$. Introduisons $w_\Delta = (w_{\Delta,1}, \ldots, w_{\Delta,n_x})^T \in \mathbb{R}^{n_x}$ la projection de $w \in L^2(]a, b[)$ telle que $w_{\Delta,i} = w(x_i)$ pour $1 \leqslant i \leqslant n_x$. La norme discrète associée $\|.\|_{\Delta,L^2}$ est donnée par

$$\|w_\Delta\|_{\Delta,L^2} := \left(\sum_{i=1}^{n_x} \Delta x\, |w_{\Delta,i}|^2 \right)^{1/2}.$$

Par passage à la limite, nous avons

$$\|w_\Delta\|_{\Delta,L^2} \to \|w\|_{L^2}, \quad \text{lorsque} \quad \Delta x \to 0.$$

Nous souhaitons établir des conditions sur la solution numérique pour assurer la convergence vers la solution de (7.23).

Définition 7.11 ***Convergence***

Considérons l'équation d'évolution (7.23), le schéma numérique est convergent lorsque pour $\Delta t = T/n_T$

$$\lim_{\substack{\Delta t \to 0 \\ \Delta x \to 0}} \max_{0 \leqslant n \leqslant n_T} \|v^n - u_\Delta(t^n)\|_{\Delta,V} = 0,$$

où $u_\Delta(t^n)$ est la projection de la solution exacte $u(t^n) \in V$ sur $\mathbb{R}^{n_x}$ et $\|.\|_{\Delta,V}$ est une norme discrète associée à V.
D'autre part, pour $p, q \in \mathbb{N}$, le schéma est dit convergent d'ordre p en temps et q en espace s'il existe une constante $C > 0$ ne dépendant pas de Δt et Δx telle que

$$\max_{0 \leqslant n \leqslant n_T} \|v^n - u_\Delta(t^n)\|_{\Delta,V} \leqslant C \left(\Delta t^p + \Delta x^q\right).$$

Pour démontrer la convergence, nous introduisons la consistance et la stabilité de la solution numérique.

- *Consistance et stabilité du schéma numérique*

Soit u la solution exacte du problème aux limites (7.23). Notons $u_\Delta(t^n) = (u(t^n, x_1), \ldots, u(t^n, x_{n_x}))^T \in \mathbb{R}^{n_x}$ et définissons l'erreur de consistance ou de troncature pour le schéma (7.25),

$$\mathcal{R}(t, u, \Delta t, \Delta x) = \frac{u_\Delta(t + \Delta t) - u_\Delta(t)}{\Delta t} + \mathcal{L}_\Delta\left(u_\Delta(t)\right) - F.$$

Définition 7.12 ***Consistance***

Le schéma (7.25) est dit consistant lorsque l'erreur de troncature $\mathcal{R}(t, u, \Delta t, \Delta x)$ tend vers zéro, lorsque Δt et Δx convergent vers zéro.
De plus, nous disons que le schéma est consistant d'ordre p en temps et q en espace où $p, q \in \mathbb{N}$ lorsqu'il existe une constante $C > 0$ telle que

$$\sup_{0 \leqslant t \leqslant T} \|\mathcal{R}(t, u, \Delta t, \Delta x)\|_{\Delta,V} \leqslant C \left(\Delta t^p + \Delta x^q\right),$$

où $\|.\|_{\Delta,V}$ est une norme discrète associée à l'espace V.

La condition (7.24) assurant que la solution u est bornée dans un sous-espace V de H est nécessaire pour démontrer que le problème (7.23) est bien posé. La stabilité numérique consiste à fournir un équivalent discret de cette condition pour la solution numérique v. Ainsi, en s'inspirant de la définition de stabilité pour un schéma discret en temps, nous donnons la définition suivante.

Définition 7.13 ***Stabilité***

Le schéma numérique (7.25) est stable pour la norme discrète $\|.\|_{\Delta,V}$ associée à l'espace V, si pour tout $T > 0$, il existe une constante $K_T > 0$ telle que

$$\|v^n\|_{\Delta,V} \leqslant K_T, \qquad \forall 0 \leqslant t^n = n\Delta t \leqslant T.$$

7.4.1 L'équation de la chaleur

Pour calculer l'évolution de la température, nous tenons compte du fait que les extrémités de la barre sont maintenues à une température constante, ici égale à zéro. Aussi, la température initiale à $t = 0$ est prescrite, ce qui assure que le problème d'évolution est bien posé, c'est-à-dire il existe une solution unique. Supposons que le fil est à la température u_0 lorsque nous commençons à chauffer en apportant l'énergie $f(x)$. La fonction $u(t, x)$ qui donne la température au point x à l'instant t sera alors solution de

$$\begin{cases} \dfrac{\partial u}{\partial t}(t,x) - \kappa \dfrac{\partial^2 u}{\partial x^2}(t,x) = f(x), & t \geqslant 0, \quad a < x < b, \\ u(t,a) = u(t,b) = 0, & t \geqslant 0, \\ u(0,x) = u_0(x), & a \leqslant x \leqslant b. \end{cases} \tag{7.26}$$

Nous souhaitons calculer une solution approchée de (7.26). Tout d'abord, intéressons-nous aux conditions aux limites, nous posons

$$v_0(t) = v_{n_x+1}(t) = 0, \quad t \geqslant 0. \tag{7.27}$$

D'autre part en appliquant un schéma aux différences finies pour la dérivée partielle seconde en x, le vecteur $v(t) = (v_1, \ldots, v_{n_x}) \in \mathbb{R}^{n_x}$ est solution du système différentiel

$$\begin{cases} \dfrac{dv(t)}{dt} + \dfrac{\kappa}{\Delta x^2} A\, v(t) = F, & t > 0, \\ v(0) = v_0, \end{cases} \tag{7.28}$$

où $v_0 = (u_0(x_1), \ldots, u_0(x_{n_x}))^T$, $F = (f(x_1), \ldots, f(x_{n_x})) \in \mathbb{R}^{n_x}$ et la matrice A est donnée par (7.6). Il reste maintenant à discrétiser ce système différentiel en utilisant les techniques du chapitre précédent.

Nous présentons ici différents schémas de discrétisation : la méthode de Richardson, d'Euler explicite et implicite.

Soient $T > 0$ le temps final de la simulation et $\Delta t = T/n_T$ le pas de temps, où n_T correspond au nombre d'itérations en temps et enfin $t^n = n\,\Delta t$ désigne le temps auquel nous calculons une approximation numérique. Notons v_i^n une approximation de la solution $u(t^n, x_i)$ de (7.26) pour $1 \leqslant i \leqslant n_x$ et $0 \leqslant n \leqslant n_T$ et $v^n = (v_1^n, \ldots, v_{n_x}^n) \in \mathbb{R}^{n_x}$.

La Figure 7.4 représente des résultats numériques obtenus à l'aide des différents schémas pour une donnée initiale

$$u_0(x) = |\sin(\pi x)|, \quad x \in [0, 1],$$

un terme source nul $f(x) = 0$ et nous choisissons $n_x = 100$, $T = 0,25$.

- ### *La méthode de Richardson*

Le premier schéma numérique pour résoudre l'équation de la chaleur (7.26) a été celui de Richardson (1910). Il s'agit d'un schéma centré en espace et en temps. Le schéma de Richardson est donc donné par

$$\frac{v^{n+1} - v^{n-1}}{2\,\Delta t} + \frac{\kappa}{\Delta x^2}\,A\,v^n = F$$

et la solution numérique v^{n+1} s'écrit alors

$$v^{n+1} = v^{n-1} - \frac{2\,\kappa\,\Delta t}{\Delta x^2}\,A\,v^n + 2\,\Delta t\,F. \tag{7.29}$$

Il est donc nécessaire de connaître deux itérés successifs pour appliquer ce schéma puisque v^{n+1} dépend à la fois de v^{n-1} et v^n, c'est un schéma multipas. Hélas, la solution numérique produite par ce schéma n'est pas bornée et les calculs ne convergent pas vers la solution de l'équation de la chaleur (7.26). Ce schéma est instable numériquement et les valeurs de la solution numérique explosent.

- ### *La méthode d'Euler explicite*

Nous proposons alors d'utiliser la méthode explicite. En effet elle peut sembler plus simple *a priori*. Pour chaque valeur de $0 \leqslant n \leqslant n_T$, il suffit de calculer :

$$v^{n+1} = \left(I_{n_x} - \frac{\kappa\,\Delta t}{\Delta x^2}\,A\right)\,v^n + \Delta t\,F. \tag{7.30}$$

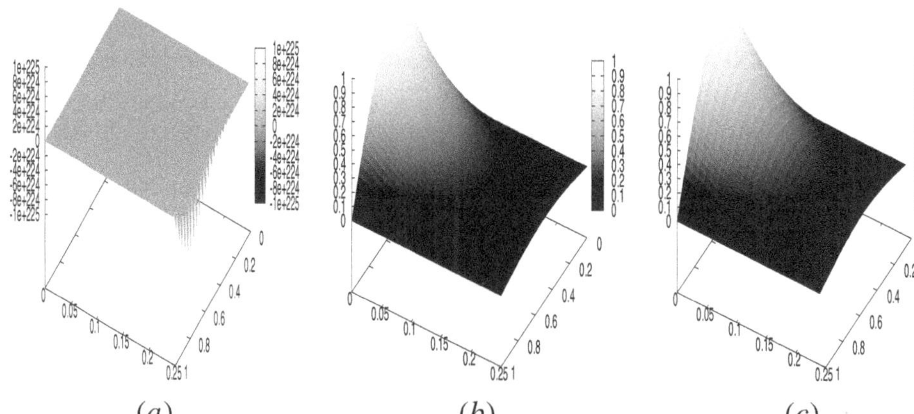

(*a*) (*b*) (*c*)

Figure 7.4

Simulations numériques pour l'équation de la chaleur à l'aide du schéma d'Euler explicite (*a*) $\Delta t = 0,001$, (*b*) $\Delta t = 10^{-4}$ **et** (*c*) **le schéma d'Euler implicite pour un pas de temps** $\Delta t = 0,01$

Observons alors les résultats d'une simulation numérique pour un pas de temps $\Delta t = 0,001$ sur la Figure 7.4 (a), la solution numérique oscille fortement en prenant des valeurs de plus en plus grandes. En revanche en prenant $\Delta t = 1.E-4$ (voir la Figure 7.4 (b)), la solution converge vers un état d'équilibre et les valeurs sont stables en choisissant des valeurs de plus en plus petites pour Δt et Δx. Ainsi, il semble que la solution numérique ne soit pas toujours stable au cours des itérations. Ce problème est en effet raide et la méthode explicite n'est valide que pour un pas de temps très petit. Vérifions d'abord que la méthode est bien consistante au sens de la Définition 7.12, l'erreur de consistance est simplement donnée par

$$\mathcal{R}(t,u,\Delta t,\Delta x) = \frac{u(t+\Delta t)-u(t)}{\Delta t} + \frac{\kappa}{\Delta x^2}\, A\, u(t) - F \qquad (7.31)$$

et nous avons

Proposition 7.14 ***Consistance du schéma d'Euler explicite***

Supposons que fonction f est bornée dans L^∞ et que la solution u de (7.26) vérifie $u \in \mathscr{C}^2([0,T],\mathscr{C}^4([a,b]))$. Alors le schéma d'Euler explicite (7.30) est consistant d'ordre un en temps et d'ordre deux en espace pour la norme $\|.\|_\infty$: il existe une constante $C > 0$, ne dépendant que de u, telle que

$$\|\mathcal{R}(t^n,u,\Delta t,\Delta x)\|_\infty \leqslant C\,(\Delta x^2 + \Delta t).$$

DÉMONSTRATION. Supposons que la fonction f est bornée dans L^∞ et que la solution u de (7.26) appartient à $\mathscr{C}^2([0,T],\mathscr{C}^4([a,b]))$. D'abord par définition de la consistance, nous avons

$$\mathcal{R}(t,u,\Delta t,\Delta x) = \frac{u(t+\Delta t)-u(t)}{\Delta t} + \frac{\kappa}{\Delta x^2}\, A\, u(t) - F.$$

À l'aide d'un développement de Taylor en temps t, il vient

$$\frac{\partial u}{\partial t}(t,x) = \frac{u(t+\Delta t,x)-u(t,x)}{\Delta t} - \frac{\Delta t}{2}\left(\frac{\partial^2 u}{\partial t^2}\right)(\eta_t,x), \qquad \eta_t \in [t,t+\Delta t]$$

et en espace x, nous avons aussi

$$\begin{aligned}\frac{\partial^2 u}{\partial x^2}(t,x) &= \frac{u(t,x+\Delta x) - 2\,u(t,x) + u(t,x-\Delta x)}{\Delta x^2}\\ &- \frac{\Delta x^2}{24}\left[\frac{\partial^4 u}{\partial x^4}(t,\eta^+) + \frac{\partial^4 u}{\partial x^4}(t,\eta^-)\right], \qquad \eta^\pm \in [x,x\pm\Delta x].\end{aligned}$$

Ainsi, en utilisant que u est la solution exacte de (7.26)

$$\frac{\partial u}{\partial t}(t,x) - \kappa\,\frac{\partial^2 u}{\partial x^2}(t,x) = f(x),$$

nous obtenons

$$\mathcal{R}(t,u,\Delta t,\Delta x) = \kappa\frac{\Delta x^2}{24}\left[\frac{\partial^4 u}{\partial x^4}(t,\eta^+) + \frac{\partial^4 u}{\partial x^4}(t,\eta^-)\right] + \frac{\Delta t}{2}\left(\frac{\partial^2 u}{\partial t^2}\right)(t,\eta_t).$$

Lorsque Δt et Δx tendent vers zéro, l'erreur de troncature $\mathbb{R}(t,u,\Delta t,\Delta x)$ tend aussi vers zéro, le schéma est donc consistant. □

Étudions alors la stabilité de la solution numérique obtenue par le schéma d'Euler explicite.

Proposition 7.15 ***Stabilité conditionnelle du schéma d'Euler explicite***

Si le pas de temps satisfait la condition de stabilité, dite condition CFL[1], suivante

$$0 < \lambda := \kappa\,\frac{\Delta t}{\Delta x^2} < \frac{1}{2}. \tag{7.32}$$

Alors le schéma d'Euler explicite (7.30) est stable pour la norme L^∞

$$\|v^n\|_\infty \leqslant \|v^0\|_\infty + t^n\,\|f\|_{L^\infty}.$$

DÉMONSTRATION. Pour tout $i \in \{1,\ldots,n_x\}$, nous avons

$$v_i^{n+1} = \left(1 - \frac{2\,\kappa\,\Delta t}{\Delta x^2}\right) v_i^n + \frac{\kappa\,\Delta t}{\Delta x^2}\left(v_{i+1}^n + v_{i-1}^n\right) + \Delta t\, f(x_i).$$

Or en prenant la valeur absolue et puisque sous la condition CFL,

$$0 < 1 - \frac{2\,\kappa\,\Delta t}{\Delta x^2} < 1,$$

il vient

$$|v_i^{n+1}| \leqslant \left(1 - \frac{2\,\kappa\,\Delta t}{\Delta x^2}\right)|v_i^n| + \frac{\kappa\,\Delta t}{\Delta x^2}\left(|v_{i+1}^n| + |v_{i-1}^n|\right) + \Delta t\,|f(x_i)|.$$

Puis en prenant le maximum $\max\limits_{0\leqslant i\leqslant n_x+1} |v_i^n|$, nous obtenons que pour tout $i \in \{1,\ldots,N_x\}$

$$|v_i^{n+1}| \leqslant \max_{0\leqslant j\leqslant n_x+1} |v_j^n| + \Delta t\,\|f\|_{L^\infty}.$$

D'où, le résultat par récurrence

$$\|v^{n+1}\|_\infty \leqslant \|v^0\|_\infty + t^{n+1}\,\|f\|_{L^\infty}.$$ □

Ainsi, la méthode d'Euler explicite est seulement stable pour un pas de temps de l'ordre de Δx^2, ce qui peut être contraignant lorsque la pas d'espace devient petit.

1. En référence à Richard Courant, Kurt Friedrichs et Hans Lewy qui ont découvert cette condition dans un article publié en 1928.

• *Théorie L^2 et méthode de Fourier*

Les équations linéaires ayant naturellement une structure L^2, il est assez naturel de se poser également la question de l'analyse des méthodes numériques dans cette norme. Considérons donc l'équation de la chaleur (7.26) avec $f = 0$ pour avoir décroissance de la norme L^2 et un schéma d'Euler explicite (7.30).

Afin d'appliquer la transformée de Fourier, passons au continu en espace en écrivant

$$v^n(x) = I_{\{x_{i-1/2} < x \leqslant x_{i+1/2}\}}\, v_i^n,$$

avec $x_{i+1/2} = x_i + \Delta x/2$ et I_A tel que $I_A(x) = 1$ lorsque $x \in A$ et 0 sinon. L'équation algébrique (7.30) s'écrit donc aussi

$$\begin{cases} v^{n+1}(x) = v^n(x)[1 - 2\lambda] + \lambda\, v^n(x - \Delta x) + \lambda v^n(x + \Delta x), \\ \lambda = \kappa \dfrac{\Delta t}{\Delta x^2}, \end{cases}$$

où λ est donné par le nombre CFL (7.32). Ceci permet de passer en Fourier et d'obtenir,

$$\begin{cases} \hat{v}^{n+1}(k) = \hat{v}^n(k)\, b(k), \\ b(k) = 1 - \lambda \left(2 - (e^{ik\Delta x} + e^{-ik\Delta x})\right). \end{cases}$$

Définition 7.16 ***Coefficient d'amplification***

La fonction $b(k)$ est appelée coefficient d'amplification. De plus, le schéma est dit stable au sens de Von Neumann si $\|b(.)\|_\infty \leqslant 1$.

Elle permet d'énoncer le résultat suivant qui se déduit directement de l'égalité des normes $\|v^n\|_{L^2}$ et $\|\hat{v}^n\|_{L^2}$.

Proposition 7.17

Avec les notations ci-dessus, nous avons l'estimation

$$\|v^{n+1}\|_{L^2} \leqslant \|b\|_{L^\infty} \|v^n\|_{L^2}.$$

En outre, le schéma d'Euler explicite (7.30) est donc stable L^2 lorsque le nombre CFL λ vérifie $0 \leqslant \lambda \leqslant 1/2$.

Nous en déduisons alors le résultat de convergence sous une condition de stabilité.

Théorème 7.18 ***Convergence du schéma d'Euler explicite***

Supposons que fonction f est bornée dans L^∞ et que la solution u de (7.26) vérifie $u \in \mathscr{C}^2([0,T], \mathscr{C}^4([a,b]))$ et que le pas de temps satisfait la condition CFL

$$0 < \lambda := \kappa \frac{\Delta t}{\Delta x^2} < \frac{1}{2}.$$

Alors le schéma d'Euler explicite (7.30) est convergent d'ordre un en temps et deux en espace pour la norme $\|.\|_\infty$.

DÉMONSTRATION. Pour tout $1 \leqslant i \leqslant n_x$a solution numérique v_i^{n+1}est donnée par

$$v_i^{n+1} = \left(1 - \frac{2\,\kappa\,\Delta t}{\Delta x^2}\right) v_i^n + \frac{\kappa\,\Delta t}{\Delta x^2}\left(v_{i+1}^n + v_{i-1}^n\right) + \Delta t\, f(x_i),$$

tandis que la solution exacte de (7.26) vérifie $u \in \mathscr{C}^2([0,T], \mathscr{C}^4([a,b]))$ et pour tout $1 \leqslant i \leqslant n_x$

$$\begin{aligned} u(t^{n+1}, x_i) &= \left(1 - \frac{2\,\kappa\,\Delta t}{\Delta x^2}\right) u(t^n, x_i) + \frac{\kappa\,\Delta t}{\Delta x^2}\left(u(t^n, x_{i+1}) + u(t^n, x_{i-1})\right) + \Delta t\, f(x_i) \\ &\quad + \Delta t\, \mathcal{R}_i(t^n, u, \Delta t, \Delta x), \end{aligned}$$

où $\mathcal{R}_i(t^n, u, \Delta t, \Delta x)$ représente la i-ème composante du vecteur définissant l'erreur de consistance (7.31) tel que

$$\|\mathcal{R}(t^n, u, \Delta t, \Delta x)\|_\infty \leqslant C\,(\Delta x^2 + \Delta t).$$

En posant $e_i^n = v_i^n - u(t^n, x_i)$, on obtient alors par linéarité du schéma

$$e_i^{n+1} = \left(1 - \frac{2\,\kappa\,\Delta t}{\Delta x^2}\right) e_i^n + \frac{\kappa\,\Delta t}{\Delta x^2}\left(e_{i+1}^n + e_{i-1}^n\right) - \Delta t\; \mathcal{R}_i(t^n, u, \Delta t, \Delta x).$$

L'analyse de stabilité montre alors que sous la condition CFL (7.32), on a

$$\|e^{n+1}\|_\infty \leqslant \|e^n\|_\infty + \Delta t\, \|\mathcal{R}(t^n, u, \Delta t, \Delta x)\|_\infty,$$

où $\|e\|_\infty = \max\limits_{1 \leqslant i \leqslant n_x} |e_i|$. D'où par récurrence, l'erreur $\|e^n\|_\infty$ est donné par

$$\begin{aligned} \|e^n\|_\infty &\leqslant \|e^0\|_\infty + \Delta t \sum_{k=0}^{n-1} \|\mathcal{R}(t^k, u, \Delta t, \Delta x)\|_\infty, \\ &\leqslant \|e^0\|_\infty + C\, t^n\, (\Delta x^2 + \Delta t). \end{aligned}$$

Ainsi lorsque la donnée initiale est connue exactement au point x_i ou approcher au moins à l'ordre deux en espace, nous obtenons le résultat

$$\|e^n\|_\infty \leqslant C\, t^n\, (\Delta x^2 + \Delta t). \qquad \square$$

- *La méthode d'Euler implicite*

En définitive, le système (7.28) est un problème différentiel raide comme (voir chapitre précédent). Pour ce type de problème, les méthodes implicites peuvent être envisagées. Intéressons-nous à la méthode d'Euler implicite. Puisqu'il s'agit d'un problème linéaire, il suffit de résoudre un système linéaire à chaque itération, le schéma est donné par

$$\frac{v^{n+1} - v^n}{\Delta t} + \frac{\kappa}{\Delta x^2} A\, v^{n+1} = F.$$

ou encore

$$v^{n+1} = \left(I_{n_x} + \frac{\kappa\, \Delta t}{\Delta x^2} A \right)^{-1} \left(v^n + \Delta t\, F \right). \tag{7.33}$$

Dans ce cas, nous observons la stabilité de la méthode pour n'importe quelle valeur de $\Delta t > 0$.

Intéressons-nous maintenant à l'analyse de convergence de cette méthode et vérifions théoriquement les observations des expériences numériques. D'une part, l'erreur de consistance vaut

$$\mathcal{R}(t, u, \Delta t, \Delta x) = \frac{u(t + \Delta t) - u(t)}{\Delta t} + \frac{\kappa}{\Delta x^2} A\, u(t + \Delta t) - F \tag{7.34}$$

et comme pour le schéma d'Euler explicite, nous montrons que le schéma d'Euler implicite est consistant d'ordre un en temps et deux en espace.

Proposition 7.19 ***Consistance du schéma d'Euler implicite***

Supposons que fonction f est bornée dans L^∞ et que la solution u de (7.26) vérifie $u \in \mathscr{C}^2([0, T], \mathscr{C}^4([a, b]))$. Alors le schéma d'Euler implicite (7.33) est consistant d'ordre un en temps et d'ordre deux en espace : il existe une constante $C > 0$, ne dépendant que de u, telle que

$$\|\mathcal{R}(t, u, \Delta t, \Delta x)\|_\infty \leqslant C\, (\Delta x^2 + \Delta t).$$

Ensuite, vérifions que la solution numérique est stable pour n'importe quelle valeur de Δt.

Proposition 7.20 ***Stabilité inconditionnelle du schéma d'Euler implicite***

Le schéma d'Euler implicite (7.33) est inconditionnellement stable pour la norme L^∞

$$\|v^n\|_\infty \leqslant \|v^0\|_\infty + t^n \, \|f\|_{L^\infty}.$$

DÉMONSTRATION. Pour tout $i \in \{1, \dots, n_x\}$, nous avons

$$-\frac{\kappa \Delta t}{\Delta x^2} \left(v_{i+1}^{n+1} + v_{i-1}^{n+1} \right) + \left(1 + \frac{2\,\kappa \Delta t}{\Delta x^2} \right) v_i^{n+1} = v_i^n + \Delta t \; f(x_i)$$

ou encore

$$\left(1 + \frac{2\,\kappa \Delta t}{\Delta x^2} \right) v_i^{n+1} = v_i^n + \Delta t \; f(x_i) + \frac{\kappa \Delta t}{\Delta x^2} \left(v_{i+1}^{n+1} + v_{i-1}^{n+1} \right).$$

Or, puisque $1 + \dfrac{2\,\kappa \Delta t}{\Delta x^2} > 0$ et en prenant la valeur absolue et le maximum sur $(v_i^n)_{1 \leqslant i \leqslant N_x}$ puis sur $(v_i^{n+1})_{1 \leqslant i \leqslant v_x}$, il vient

$$\|v^{n+1}\|_\infty \leqslant \|v^n\|_\infty + \Delta t \; \|f\|_{L^\infty}$$

et donc pour tout $n \geqslant 0$

$$\|v^n\|_\infty \leqslant \|v^0\|_\infty + t^n \; \|f\|_{L^\infty}.$$ □

Remarque

Pour un schéma d'Euler implicite l'étude de la stabilité au sens de Von Neumann, montre que le coefficient d'amplification $b(k)$ donné par la Définition 7.16 vérifie

$$b(k) = \frac{1}{1 + 4\,\lambda \, \sin^2\left(\frac{k\,\Delta x}{2}\right)},$$

ce qui signifie que le schéma d'Euler implicite est inconditionnellement stable au sens de Von Neumann.

Pour conclure puisque le schéma d'Euler implicite est consistant et stable, en adaptant la démonstration du Théorème 7.18, nous montrons que le schéma est convergent.

Théorème 7.21 ***Convergence du schéma d'Euler implicite***

Supposons que la fonction f est bornée dans L^∞ et que la solution u de (7.26) vérifie $u \in \mathscr{C}^2([0, T], \mathscr{C}^4([a, b]))$. Alors le schéma d'Euler implicite (7.33) est convergent d'ordre un en temps et deux en espace.

7.4.2 L'équation des ondes

Comment une onde se propage-t-elle ?

Dans cette partie, nous appliquons la loi de Newton à une corde élastique, et montrons que les vibrations transversales de petite amplitude obéissent à l'équation des ondes.

Considérons au temps $t \geqslant 0$, une section caractéristique de la corde $[x, x + \delta x]$ où x désigne la position sur l'axe des abscisses et notons $u(t, x)$ le déplacement vertical de la corde, $\theta(t, x)$ l'angle entre la corde et l'axe horizontal à la position x, $T(t, x)$ la tension de la corde et enfin $\rho(x)$ désigne la densité de masse de la corde au point x.

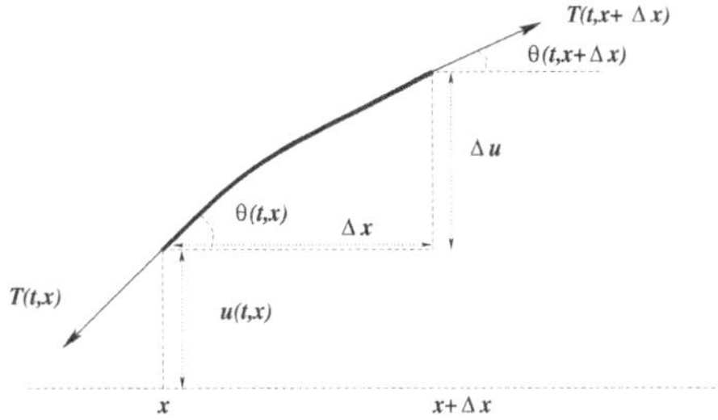

Figure 7.5
Illustration de la modélisation d'une onde.

Tout d'abord, il nous faut recenser les forces agissant sur la section de la corde au temps t, nous avons :

- une tension tirant vers la droite de magnitude $T(t, x+\delta x)$ et agissant avec un angle $\theta(t, x + \delta x)$ avec l'horizontale vers le haut ;
- une tension tirant vers la gauche de magnitude $T(t, x)$ et agissant avec un angle $\theta(t, x)$ avec l'horizontale vers le bas ;
- diverses forces externes, comme la pesanteur. Supposons pour simplifier que toutes ces forces agissent verticalement et notons par $f(t, x)\, \delta x$ l'amplitude de cette force agissant sur l'élément de la corde.

La masse de la section de la corde est donnée par $\rho(x)\sqrt{\delta x^2 + \delta u^2}$ de sorte que l'équation de la composante verticale décrivant la loi de Newton s'écrit

$$\begin{aligned}\rho(x)\sqrt{\delta x^2 + \delta u^2}\,\frac{\partial^2 u}{\partial t^2}(t, x) &= T(t, x + \delta x)\, \sin(\theta(t, x + \delta x)) \\ &- T(t, x)\, \sin(\theta(t, x)) + f(t, x)\,\delta x.\end{aligned}$$

En divisant par δx et en passant à la limite $\delta x \to 0$, il vient alors

$$\rho(x)\sqrt{1 + \frac{\partial^2 u}{\partial x^2}}\,\frac{\partial^2 u}{\partial t^2}(t, x) = \frac{\partial}{\partial x}\left(T(t, x)\, \sin(\theta(t, x))\right) + f(t, x). \tag{7.35}$$

En observant simplement la Figure 7.5, nous sommes en mesure de lier les inconnues θ et u

$$\tan(\theta(t, x)) = \lim_{\delta x \to 0} \frac{\delta u}{\delta x} = \frac{\partial u}{\partial x}(t, x),$$

ce qui implique

$$\sin(\theta) = \frac{\frac{\partial u}{\partial x}}{\sqrt{1 + \left(\frac{\partial u}{\partial x}\right)^2}}, \qquad \cos(\theta) = \frac{1}{\sqrt{1 + \left(\frac{\partial u}{\partial x}\right)^2}}$$

et

$$\theta = \tan^{-1}\left(\frac{\partial u}{\partial x}\right), \qquad \frac{\partial \theta}{\partial x} = \frac{\frac{\partial^2 u}{\partial x^2}}{1+\left(\frac{\partial u}{\partial x}\right)^2}.$$

En supposant de plus que les vibrations de la corde sont très petites, c'est-à-dire $|\theta(t,x)| \ll 1$ pour tout t et x, nous avons alors $\tan(\theta(t,x)) \ll 1$ et

$$\sqrt{1+\left(\frac{\partial u}{\partial x}\right)^2} \simeq 1, \quad \sin(\theta) \simeq \frac{\partial u}{\partial x} \quad \cos(\theta) \simeq 1, \quad \frac{\partial \theta}{\partial x} = \frac{\partial^2 u}{\partial x^2}.$$

En substituant alors ces quantité dans (7.35), il vient

$$\rho(x)\,\frac{\partial^2 u}{\partial t^2}(t,x) = \frac{\partial T}{\partial x}(t,x)\frac{\partial u}{\partial x}(t,x) + T(t,x)\frac{\partial^2 u}{\partial x^2}(t,x) + f(t,x),$$

qui est une équation relativement simple mais possède un problème : il y a une équation pour deux inconnues u et T.

Nous utilisons alors l'équation sur la composante horizontale décrivant la loi de Newton et en supposant qu'il y a seulement des vibrations transverses, c'est-à-dire que la corde se déplace seulement de manière verticale, les forces horizontales étant nulles et nous obtenons

$$T(t,x+\delta x)\cos(\theta(t,x+\delta x) - T(t,x)\cos(\theta(t,x) = 0.$$

En divisant par δx et en passant à la limite $\delta x \to 0$, cela donne simplement

$$\frac{\partial}{\partial x}\left(T(t,x)\cos(\theta(t,x))\right) = 0,$$

c'est-à-dire que $T(t,x)\cos(\theta(t,x))$ est indépendant de x et en rappelant l'hypothèse de petites vibrations, cela signifie que $T(t,x)$ ne dépend pas de x, l'équation devient alors

$$\rho(x)\,\frac{\partial^2 u}{\partial t^2}(t,x) = T(t)\,\frac{\partial^2 u}{\partial x^2}(t,x) + f(t,x).$$

Lorsque la densité de masse ρ est constante par rapport à x, la tension de la corde est indépendante du temps et en négligeant les forces extérieures, l'équation s'écrit plus simplement

$$\frac{\partial^2 u}{\partial t^2}(t,x) = c^2\frac{\partial^2 u}{\partial x^2}(t,x),$$

avec $c = \sqrt{T/\rho}$.

Cette équation du deuxième ordre peut aussi être écrite comme un système de deux « lois de conservation » du premier ordre. On introduit pour cela les quantités (u_1, u_2) telles que pour tout $t \geqslant 0$ et $x \in \mathcal{R}$

$$\begin{cases} u_1(t,x) = \dfrac{\partial u}{\partial t}(t,x) \in \mathbb{R}, \\[2ex] u_2(t,x) = c\,\dfrac{\partial u}{\partial x}(t,x) \in \mathbb{R}. \end{cases}$$

Nous obtenons alors deux équations pour le vecteur à deux dimensions :

$$\begin{cases} \dfrac{\partial u_1}{\partial t} - c\,\dfrac{\partial u_2}{\partial x} = 0, \\[2ex] \dfrac{\partial u_2}{\partial t} - c\,\dfrac{\partial u_1}{\partial x} = 0. \end{cases} \tag{7.36}$$

Cette formulation est intéressante quand on considère l'énergie du système. On rappelle que l'énergie des solutions de l'équation des ondes est

$$\begin{aligned} E(t,x) &= \frac{1}{2}\left[\left|\frac{\partial u}{\partial t}\right|^2 + c^2\left|\frac{\partial u}{\partial x}\right|^2\right], \\ &= \frac{1}{2}\left[|u_1|^2 + |u_2|^2\right]. \end{aligned}$$

Retrouvons cela en termes du système (7.36). En multipliant la première équation par u_1, la seconde par u_2, nous obtenons en additionnant

$$\frac{1}{2}\frac{\partial}{\partial t}[u_1^2 + |u_2|^2] - c\,\frac{\partial u_1 u_2}{\partial x} = 0.$$

En intégrant l'équation ci-dessus et en utilisant une intégration par partie, nous obtenons pour les solutions qui tendent vers 0 lorsque $|x|$ tend vers l'infini (en fait L^2 suffit),

$$\begin{cases} \displaystyle\int_{\mathbb{R}} [u_1^2(t) + |u_2(t)|^2]\,dx = \int_{\mathbb{R}} [u_1^2(0) + |u_2(0)|^2]\,dx, \quad t \geqslant 0, \\[2ex] u_2(0) = c\,\dfrac{\partial u_0}{\partial x}. \end{cases}$$

Pour les systèmes du premier ordre non linéaires une telle « loi de conservation » supplémentaire est appelée entropie. Ce concept joue un rôle important dans la théorie et pour les méthodes numériques.

Discrétisation de l'équation des ondes

Comme la corde est fixée à ses deux extrémités, nous pouvons facilement donner des conditions aux limites pour accompagner l'équation des ondes. En outre, nous fixons une position initiale $u(0,x)$ et une vitesse initiale $\dfrac{\partial u}{\partial t}(0,x)$. Ainsi, le problème aux limites s'écrit

$$\begin{cases} \dfrac{\partial^2 u}{\partial t^2}(t,x) - c^2\,\dfrac{\partial^2 u}{\partial x^2}(t,x) = 0, \quad (t,x) \in \mathbb{R}^+ \times]a,b[, \\[2ex] u(t,a) = u(t,b) = 0, \quad t \in \mathbb{R}^+, \\[2ex] u(0,x) = u_0(x), \quad \dfrac{\partial u}{\partial t}(0,x) = u_1(x), \quad x \in]a,b[. \end{cases} \tag{7.37}$$

La constante c qui apparaît dans cette équation désigne la vitesse de propagation de l'onde dans cette corde. Cette vitesse est déterminée par $c^2 = T/\rho$, où T désigne la tension et ρ la masse linéique de la corde.

Ayant fixé comme précédemment un pas $\Delta x = (b - a)/(n_x + 1)$ et choisi les points $x_i = a + i\Delta x$ du segment $[a, b]$, nous recherchons $v_i(t)$ une approximation de $u(t, x_i)$. D'après les conditions aux limites, nous posons $v_0(t) = v_{n_x+1}(t) = 0$ pour tout $t \in [0, T]$. Puis $v(t) = (v_1, \ldots, v_{n_x}(t))$ est solution du système différentiel :

$$\begin{cases} \dfrac{d^2 v(t)}{dt^2} + \dfrac{c^2}{\Delta x^2} A\, v(t) = 0, \quad t > 0, \\ \\ v(0) = u_0, \ \dfrac{dv(0)}{dt} = u_1, \end{cases} \tag{7.38}$$

où $u_0 = (u_0(x_1), \ldots, u_0(x_{n_x}))^T \in \mathbb{R}^{n_x}$, $u_1 = (u_1(x_1), \ldots, u_1(x_{n_x}))^T \in \mathbb{R}^{n_x}$ et A est la matrice discrétisant l'opposée de la dérivée seconde (7.6).

Il s'agit d'un système différentiel du second ordre. En nous inspirant du chapitre précédent (exemple du pendule), nous le transformons en un système du premier ordre. Posons alors $x_1(t) = v(t)$ et $x_2(t) = v'(t)$ et introduisons la fonction

$$t \mapsto X(t) = \begin{pmatrix} x_1(t) \\ x_2(t) \end{pmatrix}.$$

La fonction $X(.)$ est à valeurs dans $\mathbb{R}^{2\,n_x}$ et solution du système différentiel :

$$X'(t) = \begin{pmatrix} 0_{n_x} & I_{n_x} \\ -\dfrac{c^2}{\Delta x^2} A & 0_{n_x} \end{pmatrix} X(t).$$

- *Mise en œuvre de la méthode d'Euler explicite*

Nous choisissons l'intervalle d'étude $[0, T]$ et fixons à n_T le nombre d'itérations en temps. Posons alors $\Delta t = T/n_T$ et Y^n une solution approchée de $X(t^n)$. Le schéma d'Euler explicite s'écrit

$$Y^{n+1} = Y^n + \Delta t \begin{pmatrix} 0_{n_x} & I_{n_x} \\ -\dfrac{c^2}{\Delta x^2} A & 0_{n_x} \end{pmatrix} Y^n.$$

En séparant ensuite les blocs de taille n_x, nous obtenons pour $Y^n = (y_1^n, y_2^n)$ où y_α^n est une approximation de $x_\alpha(t^n)$ pour $\alpha \in \{1, 2\}$

$$\begin{cases} y_1^{n+1} = y_1^n + \Delta t\, y_2^n, \\ y_2^{n+1} = y_2^n - \dfrac{c^2\, \Delta t}{\Delta x^2} A\, y_1^n. \end{cases}$$

• *Méthode d'Euler implicite*

En reprenant les mêmes notations, le schéma s'écrit

$$\begin{cases} y_1^{n+1} = y_1^n + \Delta t \, y_2^{n+1}, \\ \\ y_2^{n+1} = y_2^n - \dfrac{c^2 \, \Delta t}{\Delta x^2} A \, y_1^{n+1}. \end{cases}$$

Il est donc nécessaire de résoudre un système de taille $2n_x \times 2n_x$ dont les inconnues sont y_1^{n+1} et y_2^{n+1}

$$\begin{cases} y_1^{n+1} - \Delta t \, y_2^{n+1} = y_1^n, \\ \\ y_2^{n+1} + \dfrac{c^2 \, \Delta t}{\Delta x^2} A \, y_1^{n+1} = y_2^n. \end{cases}$$

Pour mettre en œuvre ce schéma, utilisons cette forme matricielle en procédant à une élimination de Gauss par blocs. Il s'agit de s'inspirer de ce que nous ferions pour un système de deux équations linéaires à deux inconnues. Cela consiste tout simplement à multiplier le premier bloc d'équations par $-c^2 \, \Delta t \, A$ et à ajouter ce nouveau premier bloc au second, pour éliminer le vecteur inconnu y_1^{n+1} du second bloc d'équations. Nous résolvons alors en cascade :

$$\begin{cases} \left(I_{n_x} + \dfrac{c^2 \, \Delta t^2}{\Delta x^2} A \right) y_2^{n+1} = y_2^n - \dfrac{c^2 \, \Delta t}{\Delta x^2} A \, y_1^n, \\ y_1^{n+1} = y_1^n + \Delta t \, y_2^{n+1}. \end{cases}$$

Cela fournit un schéma inconditionnellement stable. Cependant, un autre problème survient. Il s'agit d'un amortissement de l'onde : cet amortissement est purement numérique, car l'équation des ondes ne conduit pas à cet amortissement puisqu'elle est conservative (conservation de l'énergie). Bien sûr si nous observons le mouvement d'une corde vibrante, il finit par s'amortir à cause des frottements de l'air, mais ceux-ci ne sont pas pris en compte dans ce modèle simplifié. Il est important que la solution numérique se comporte de manière similaire à la solution exacte du modèle qui permet d'isoler l'ensemble des phénomènes physiques.

• *Une méthode inconditionnellement stable sans amortissement*

Pour discrétiser l'équation des ondes, nous pouvons appliquer le schéma qui suit. Tout d'abord le terme $\dfrac{\partial^2 u}{\partial t^2}$ au point x_i et à l'instant t^n est approché par

$$\frac{v_i^{n+1} - 2 \, v_i^n + v_i^{n-1}}{\Delta t^2}.$$

Ensuite, pour discrétiser le terme $c^2 \dfrac{\partial^2 u}{\partial x^2}$ au point x_i à l'un des instants qui apparaissent ci-dessus, nous appliquons le schéma d'Adams-Bashforth vu au chapitre précédent. En explicitant la discrétisation en espace, nous obtenons pour $1 \leqslant i \leqslant n$:

$$\begin{aligned}\frac{v_i^{n+1} - 2\,v_i^n + v_i^{n-1}}{\Delta t^2} &= \frac{c^2}{2\,\Delta x^2}\left(v_{i+1}^{n+1} - 2\,v_i^{n+1} + v_{i-1}^{n+1}\right)\\ &+ \frac{c^2}{2\,\Delta x^2}\left(v_{i+1}^{n-1} - 2\,v_i^{n-1} + v_{i-1}^{n-1}\right).\end{aligned}$$

Sa mise en œuvre dans les conditions précédentes fournit le résultat illustré par la Figure 7.6(c). En utilisant la notation matricielle, nous résolvons les systèmes :

$$\left\{\begin{aligned} y_1^{n+1} &= y_1^n + \Delta t\, y_2^{n+1}\\ y_2^{n+1} &= y_2^n - \frac{c^2\,\Delta t}{2\Delta x^2} A\, y_1^{n+1} - \frac{\Delta t}{2\,\Delta x^2} A\, y_1^{n-1}.\end{aligned}\right.$$

7.5 La méthode des volumes finis pour les équations de transport

7.5.1 L'équation de transport

Dans cette partie, intéressons-nous à des équations de la forme

$$\frac{\partial u}{\partial t} + \frac{\partial f(x,u)}{\partial x} = 0,$$

où $u : (t,x) \in \mathbb{R}^+ \times \mathbb{R} \mapsto u(t,x) \in \mathbb{R}^d$. Notons alors la matrice jacobienne $A = \nabla_u f$, et supposons que $A \in \mathcal{M}_{d,d}(\mathbb{R})$ est une matrice diagonalisable dont les valeurs propres sont réelles. Un tel système est appelé système hyperbolique et modélise le transport de la densité u. Dans cette partie, nous nous limiterons aux équations linéaires de la forme :

$$\frac{\partial u}{\partial t} + \frac{\partial a(t,x)\,u}{\partial x} = 0.$$

Cependant les méthodes que nous développons pourront être adaptées aux systèmes non linéaires.

Commençons par donner quelques exemples d'équations de ce type.

- *Un premier exemple : le transport de polluants*

L'exemple type d'équation hyperbolique est obtenu lorsqu'on modélise un phénomène de transport.

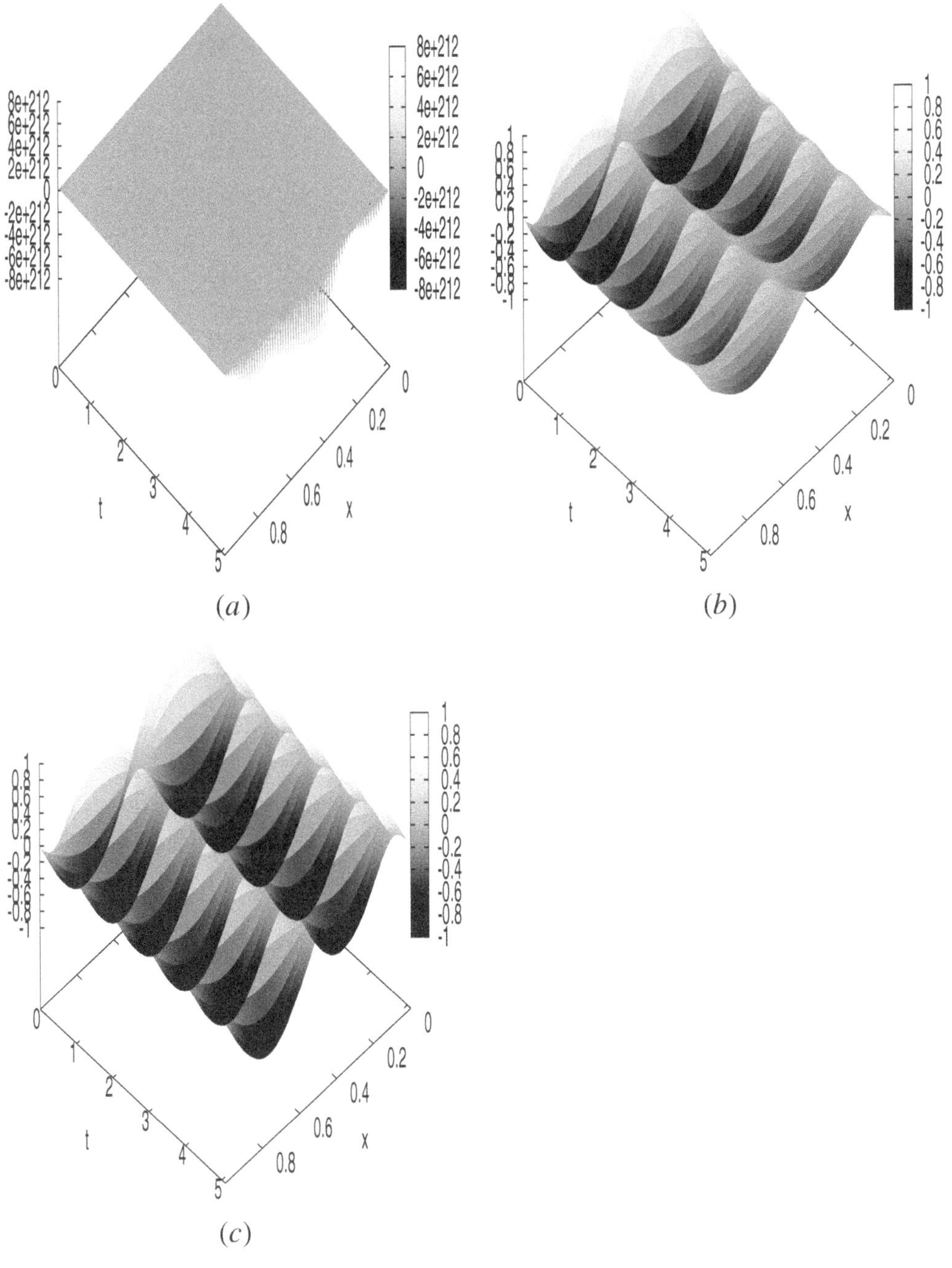

Figure 7.6
Simulations numériques pour l'équation des ondes à l'aide du schéma d'Euler (a) **explicite** (b) **implicite et** (c) **d'Adams-Bashforth pour un pas de temps** $\Delta t = 0,01$.

Supposons par exemple, que nous connaissions l'emplacement d'une nappe de pétrole due au dégazement intempestif d'un *supertanker* au large des côtes atlantiques. Nous cherchons à prévoir son déplacement dans les heures à venir pour la mise en œuvre efficace de barrages. Supposons connu $a : \mathbb{R}^+ \times \mathbb{R}^d \mapsto \mathbb{R}^d$, le champ des vecteurs vitesse des courants marins, qui dépend de la variable d'espace $x \in \mathbb{R}^d$ et du temps $t \geqslant 0$, ce champ de vecteurs est donné par exemple par la table des marées.

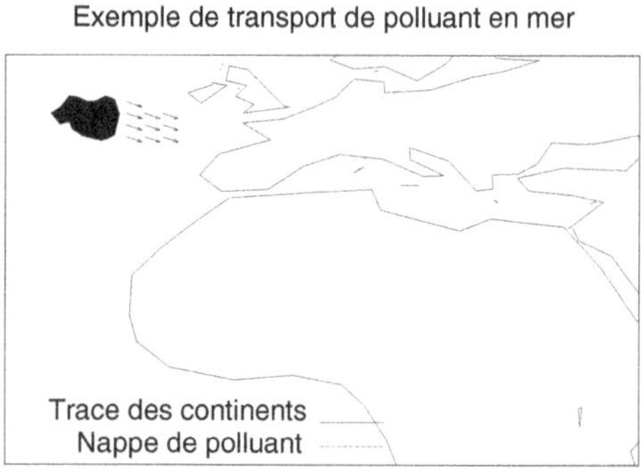

Figure 7.7
Illustration du transport d'un polluant.

À $t = 0$, nous connaissons $u_0(x)$ qui représente la densité initiale d'hydrocarbure, et souhaitons calculer la densité d'hydrocarbure $u(t, x)$ au point $x \in \mathbb{R}^d$ et au temps t. Pour cela, écrivons l'équation de conservation de la masse :

$$\frac{\partial u}{\partial t} + \mathrm{div}_x(a\, u) = 0,$$

avec l'opérateur divergence div_x qui agit sur une fonction à valeur vectorielle $v := (v_1, \ldots, v_d)$ à valeurs dans $\mathbb{R}^d$,

$$\mathrm{div}_x v = \sum_{i=1}^{d} \frac{\partial v_i}{\partial x_i}$$

et une donnée initiale

$$u_0(x) = \begin{cases} 1 & x \in A, \\ 0 & x \in \mathbb{R}^d \setminus A, \end{cases}$$

où A représente le lieu initial de la nappe de pétrole.

Dans le cas d'un déplacement maritime, le vecteur $a : \mathbb{R}^+ \times \mathbb{R}^d \mapsto \mathbb{R}^d$, n'est évidemment pas constant puisque la marée n'est pas la même à différents endroits. De plus le déplacement de la nappe dépend des courants qui affectent le vecteur a. Cependant, pour simplifier la présentation supposons que a est constant en espace et en temps. Alors le problème devient une équation de transport linéaire et admet comme solution :

$$u(t, x) = u_0(x - a\,t), \tag{7.39}$$

ce qui exprime le transport de la nappe à la distance $a\,t$ du point de départ dans la direction de a, au temps t. En effet,

$$\frac{\partial u}{\partial t} = -a \cdot \nabla_x u_0(x - at) = -\mathrm{div}_x\,[a\,u_0(x - a\,t)] = -\mathrm{div}_x \cdot [a\,u(t, x)]\,.$$

En outre, il est clair que $u(t, x)$ n'est pas une solution « classique » puisque u n'est pas continue, et que ses dérivées partielles ne sont pas définies au sens habituel. Nous verrons par la suite comment donner une formulation correcte pour ces solutions. Notons que les systèmes d'équations hyperboliques sont très importants en mécanique des fluides ; les équations d'Euler, par exemple, sont utilisées pour modéliser l'écoulement de l'air autour d'une aile d'avion [24].

Cette équation peut sembler très simple mais pose des difficultés numériques considérables, elle est d'ailleurs toujours l'objet de recherches actuellement. Essentiellement il s'agit de savoir calculer une solution approchée sur des temps très grands sans que cela n'affecte trop la précision. Les équations de transport sont souvent utilisées pour construire des modèles plus intéressants que les équations paraboliques (comme l'équation de la chaleur) ayant un sens « physique » intuitif.

Modèle de démographie/renouvellement cellulaire.

Ici $u(t, x)$ représente la densité d'individus d'âge x à l'instant t. Le taux de mortalité est noté $d(x)$ et les individus peuvent donner naissance à des nouveau-nés d'âge $x = 0$ avec un taux de fécondité $b(x)$

$$\begin{cases} \dfrac{\partial u}{\partial t}(t, x) + \dfrac{\partial u}{\partial x}(t, x) + d(x)u(t, x) = 0, \\ u(t, x = 0) = \displaystyle\int_0^\infty b(x)\, u(t, x)dx. \end{cases}$$

Dans le cas de la mitose cellulaire, il est naturel de choisir $d(x) = I_{\{x > x_0\}}$ modélisant la disparition des cellules qui se divisent, et $b(x) = 2I_{\{x > x_0\}}$ représentant la mitose qui donne naissance à deux cellules identiques.

• *Méthodes des caractéristiques et solutions faibles*

Rappelons tout d'abord quelques outils classiques d'analyse :

Définition 7.22

Soient f et $g \in L^1(\mathbb{R})$ deux fonctions, alors pour presque tout $x \in \mathbb{R}$, les applications $y \to f(x - y)\, g(y)$ et $y \to g(x - y)\, f(y)$ sont dans $L^1(\mathbb{R})$ et

$$\int_{\mathbb{R}} f(x - y)\, g(y)\, dy = \int_{\mathbb{R}} g(x - y)\, f(y)\, dy.$$

Nous appelons produit de convolution de f et g, l'application, notée $f \star g$, définie sur $\mathbb{R}$ pour presque tout x,

$$f \star g(x) = \int_{\mathbb{R}} f(x - y)\, g(y)\, dy.$$

Le produit de convolution vérifie alors les propriétés suivantes.

Proposition 7.23

Nous avons $f \star g = g \star f$ et $f \star g \in L^1(\mathbb{R})$ et $\|f \star g\|_{L^1} \leqslant \|f\|_{L^1} \|g\|_{L^1}$.
En outre, si $g \in \mathscr{C}_c^m(\mathbb{R},\mathbb{R})$ et $f \in L^1(\mathbb{R})$ nous avons la propriété pour presque tout $x \in \mathbb{R}$, $f \star g \in \mathscr{C}^m(\mathbb{R},\mathbb{R})$ et la dérivée j-ème est donnée par $(f \star g)^{(j)} = g^{(j)} \star f$ pour tout $1 \leqslant j \leqslant m$.

Nous pouvons alors construire une suite régularisante $(\rho_j)_{j\in\mathbb{N}}$.

Définition 7.24

Nous disons que $(\rho_j)_{i\in\mathbb{N}}$ est une suite régularisante dans $\mathbb{R}$ si pour tout $j \in \mathbb{N}$, $\rho_j \in \mathscr{C}^\infty(\mathbb{R})$ et

$$\operatorname{supp}(\rho_j) \subset [-1/j, 1/j], \quad \int_{\mathbb{R}} \rho_j(x)dx = 1, \quad \rho_j(x) \geqslant 0.$$

Par exemple nous avons $\rho : \mathbb{R} \mapsto \mathbb{R}$, définie par

$$\rho(x) = \begin{cases} 0 & \text{si } |x| \geqslant 1, \\ e^{-1/(1-|x|^2)} & \text{si } |x| \leqslant 1. \end{cases}$$

et construisons alors

$$\rho_j(x) = \frac{j}{\lambda}\,\rho(j\,x), \quad \text{avec} \quad \lambda = \int_{\mathbb{R}} \rho(x)\,dx.$$

À partir de cette suite $(\rho_j)_{j\in\mathbb{N}}$ et du produit de convolution, nous pouvons régulariser n'importe quelle fonction $f \in L^1(\mathbb{R})$ par $f_j(x) = f \star \rho_j(x)$, pour tout $x \in \mathbb{R}$ et $\|f_j - f\|_{L^1} \to 0$, lorsque $j \to +\infty$.

Considérons maintenant une équation de transport générale sous forme conservative pour une fonction donnée a à valeur vectorielle : $\mathbb{R}^+ \times \mathbb{R}^d \mapsto \mathbb{R}^d$, nous recherchons une solution $u : \mathbb{R}^+ \times \mathbb{R}^d \mapsto \mathbb{R}$ vérifiant

$$\begin{cases} \dfrac{\partial u}{\partial t} + \operatorname{div}_x (a(t,x)\,u) = 0, \\ u(t=0) = u_0 \in L^1_{loc}(\mathbb{R}^d). \end{cases} \tag{7.40}$$

Nous allons voir, dans cette partie qu'il s'agit bien de la donnée initiale naturelle pour cette équation mais avant cela débutons par quelques résultats d'existence de solutions classiques ou fortes. Tout d'abord, notons qu'il est possible de construire des solutions explicites de cette équation grâce à la méthode des caractéristiques.

Pour cela nous avons besoin des hypothèses de Cauchy-Lipschitz : il existe des constantes $M_1(T,R) > 0$ et $M_2(T) > 0$ telles que pour tout $|t| \leqslant T$,

$$\begin{cases} \|a(t,x) - a(t,y)\| \leqslant M_1(T,R)\,\|x-y\|, & \forall x,y \in \mathcal{B}(O,R), \\ \\ \|a(t,x)\| \leqslant M_2(T)\,(1 + \|x\|), & x \in \mathbb{R}^d, \end{cases} \tag{7.41}$$

où $\mathcal{B}(0, R)$ est la boule de centre O et de rayon R. À partir de ces hypothèses nous pouvons définir les courbes caractéristiques correspondant à l'équation de transport (7.40).

Définition 7.25 ***Courbes caractéristiques***

Les courbes caractéristiques de l'équation de transport (7.40) correspondent aux trajectoires du système différentiel :

$$\begin{cases} \dfrac{dX}{ds}(s,t,x) = a(s, X(s,t,x)), \\ \\ X(t,t,y) = x \in \mathbb{R}^d. \end{cases} \tag{7.42}$$

Par application du théorème de Cauchy-Lipschitz, nous montrons que le système (7.42) admet bien une unique solution et les trajectoires existent pour tout temps. En outre l'application, appelée flot

$$x \in \mathbb{R}^d \mapsto X(s,t,x) \in \mathbb{R}^d,$$

est un difféomorphisme de classe $\mathscr{C}^1$ lorsque la fonction $a \in \mathscr{C}^1(\mathbb{R}^+ \times \mathbb{R}^d, \mathbb{R}^d)$. En effet, la première hypothèse de (7.41) assure l'existence locale d'une solution pour le système différentiel (7.42) tandis que la seconde hypothèse de (7.41) assure que la vitesse croît au plus linéairement vers l'infini lorsque $\|x\| \to +\infty$, ce qui assure l'existence globale en temps [4].

Proposition 7.26 ***Propriété du flot***

Supposons que la fonction $a \in \mathscr{C}^1(\mathbb{R}^+ \times \mathbb{R}^d, \mathbb{R}^d)$ vérifie les hypothèses de Cauchy-Lipschitz (7.41). Alors

(i)pour tout t_1, t_2 et $t_3 \in [0, T]$ et $x \in \mathbb{R}^d$, nous avons

$$X(t_3, t_2, X(t_2, t_1, x)) = X(t_3, t_1, x), \tag{7.43}$$

(ii)pour tout $s, t \in [0, T]$ le flot $x \to X(s,t,x)$ est un $\mathscr{C}^1$-difféomorphisme de $\mathbb{R}^d$, avec comme inverse $x \to X(t,s,x)$,

(iii)le jacobien $J(s,t,x) = \det(\nabla_x X(s,t,x))$ vérifie

$$\frac{\partial J}{\partial s} = (\mathrm{div}_x a(s, X(s,t,x)))\ J$$

et $J > 0$.

DÉMONSTRATION. Le point (i) découle directement de la définition de $X(s,t,x)$ et de l'existence et unicité des trajectoires tandis que le point (ii) est une conséquence du point (i) en prenant $t_1 = t_3$. Pour démontrer (iii), notons $I(A)$ la transposé de la co-matrice de A, et rappelons aussi la « formule de Jacobi »

$$d\,(\det(B)) = \mathrm{tr}\,(I(B)\,dB),$$

il vient alors

$$\frac{\partial J}{\partial s} = \mathrm{tr}\left(I\,(\nabla_x X(s,t,x))\,\frac{\partial \nabla_x X}{\partial s}(s,t,x) \right).$$

Ensuite en supposant la régularité nécessaire sur la solution X de l'équation (7.42), nous avons

$$\begin{aligned} \frac{\partial J}{\partial s} &= \mathrm{tr}\,(I\,(\nabla_x X(s,t,x))\;\nabla_x\,[a(s,X(s,t,x))]), \\ &= \mathrm{tr}\,(I(\nabla_x X(s,t,x))\;\nabla_x a(s,X(s,t,x))\,\nabla_x X(s,t,x)). \end{aligned}$$

Étant donné que pour deux matrices carrées $\mathrm{tr}(A\,B) = \mathrm{tr}(B\,A)$, il vient

$$\frac{\partial J}{\partial s} = \mathrm{tr}\,(\nabla_x a(s,X(s,t,x))\,\nabla_x X(s,t,x)\,I(\nabla_x X(s,t,x))).$$

Puis, en utilisant que pour une matrice carrée B, nous avons l'égalité

$$I(B)\,B = B\,I(B) = \det(B),$$

ce qui donne alors

$$\begin{aligned} \frac{\partial J}{\partial s} &= \det\,(\nabla_x X(s,t,x))\;\mathrm{tr}\,(\nabla_x a(s,X(s,t,x))), \\ &= J\,\mathrm{div}_x a(s,X(s,t,x)). \end{aligned}$$

Puisque $J(t,t,x) = 1$, nous avons bien $J > 0$. □

À l'aide de cette dernière proposition, nous en déduisons un résultat sur le flot $x \mapsto X(s,t,x)$.

Proposition 7.27 ***Équation du flot***

Le flot vérifie

$$\frac{\partial X}{\partial t}(s,t,x) + a(t,x)\cdot\nabla_x X(s,t,x) = 0. \tag{7.44}$$

DÉMONSTRATION. Calculons la dérivée de (7.43) par rapport à la variable t_2, ce qui donne

$$\frac{\partial X}{\partial t}(t_3, t_2, X(t_2, t_1, x)) + \nabla_x X(t_3, t_2, X(t_2, t_1, x)) \frac{\partial X}{\partial s}(t_2, t_1, x) = 0.$$

En utilisant l'équation (7.42) vérifiée par X,

$$\frac{\partial X}{\partial s}(t_2, t_1, x) = a(t_2, X(t_2, t_1, x)),$$

nous obtenons le résultat en prenant $t_3 = s$ et $t_2 = t_1 = t$:

$$\frac{\partial X}{\partial t}(s, t, x) + a(t, x) \cdot \nabla_x X(s, t, x)) = 0.$$ □

Ces dernières propriétés permettent alors de démontrer le résultat suivant d'existence et unicité d'une solution classique ou forte [4].

Théorème 7.28 ***Existence d'une solution forte***

Sous les hypothèses de Cauchy-Lipschitz (7.41) et en prenant $a \in \mathscr{C}^1(\mathbb{R}^+ \times \mathbb{R}^d)$, div$a \in \mathscr{C}^1(\mathbb{R} \times \mathbb{R}^d)$, et pour tout $u_0 \in \mathscr{C}^1(\mathbb{R}^d)$, il existe une unique solution $u \in \mathscr{C}^1(\mathbb{R}^+ \times \mathbb{R}^d)$ donnée par la formule :

$$u(s, X(s, 0, x))\, J(s, 0, x) = u_0(x), \tag{7.45}$$

avec

$$J(s, 0, x) = \det(\nabla_x X(s, 0, x)) = \exp\left(\int_0^s \mathrm{div}_x a(\alpha, X(\alpha, 0, x)) d\alpha\right).$$

Lorsque la donnée initiale n'est pas dérivable, l'équation (7.40) n'est plus vérifiée de manière classique et la notion de solution forte n'est plus valide. Néanmoins comme nous l'avons vu dans l'exemple du transport de polluant, le modèle mathématique reste valide, il suffit donc de généraliser la notion de solution. Pour ce faire, introduisons la définition d'une solution faible.

Définition 7.29 ***Solution faible***

Une solution faible de l'équation (7.40) est une fonction $u(t, x) \in L^1_{loc}(\mathbb{R}^+ \times \mathbb{R}^d)$ telle que, pour toute fonction test $\varphi \in \mathscr{C}_c^\infty(\mathbb{R}^+ \times \mathbb{R}^d)$,

$$-\int_0^\infty \int_{\mathbb{R}^d} u(t, x) \left[\frac{\partial \varphi}{\partial t}(t, x) + a \cdot \nabla_x \varphi\right] dt dx = \int_{\mathbb{R}^d} u_0(x)\, \varphi(0, x) dx.$$

Pour $u \in \mathscr{C}^0(\mathbb{R}^+, L^1_{loc}(\mathbb{R}^d))$ nous pouvons utiliser la définition équivalente :

$$\int_{\mathbb{R}^d} u(t,x)\,\varphi(t,x) - \int_0^t \int_{\mathbb{R}^d} u(s,x)\left[\frac{\partial \varphi}{\partial t}(s,x) + a \cdot \nabla_x \varphi\right] dsdx$$
$$= \int_{\mathbb{R}^d} u_0(x)\,\varphi(0,x)dx.$$

L'intérêt principal de la forme de l'équation de transport (7.45), écrite sous forme conservative, apparaît surtout dans une propriété que nous énonçons maintenant.

Théorème 7.30 ***Existence d'une solution faible***

Sous les hypothèses du Théorème 7.28 sur a, supposons que $u_0 \in L^1(\mathbb{R}^d)$ alors l'équation (7.40) admet une unique solution faible, donnée par la formule (7.45), qui vérifie

- une propriété de régularité $u \in \mathscr{C}^0(\mathbb{R}^+, L^1(\mathbb{R}^d))$ et $|u| \in \mathscr{C}^0(\mathbb{R}^+, L^1(\mathbb{R}^d))$,
- une propriété de conservation

$$\int_{\mathbb{R}^d} u(t,x)\,dx = \int_{\mathbb{R}^d} u_0(x)\,dx$$

et

$$\int_{\mathbb{R}^d} |u(t,x)|dx = \int_{\mathbb{R}^d} |u_0(x)|dx,$$

- une propriété de positivité : si $u_0 \geqslant 0$, alors $u(t,x) \geqslant 0$ pour tout $t \geqslant 0$,
- nous avons aussi $|u|$ est une solution faible de (7.40) pour la donnée initiale $|u(t=0)| = |u_0|$.

La démonstration rigoureuse de ces propriétés n'est pas évidente surtout lorsque u est seulement dans l'espace $L^1(\mathbb{R}^d)$. L'idée consiste donc à vérifier ces propriétés de manière formelle lorsque la donnée initiale est régulière. Puis à l'aide des suites régularisantes et par passage à la limite sur ces solutions régulières, nous obtenons le résultat [4].

Intéressons-nous maintenant à la discrétisation des équations du type (7.40) où l'objectif est d'approcher des solutions qui peuvent être discontinues. Dans ce cas, la méthode aux différences finies n'est pas toujours la mieux adaptée pour les problèmes de transport, elles nécessitent en effet beaucoup de régularité. Pas la suite, nous présentons des méthodes volumes finis, très similaires des méthodes aux différences finies dans l'approche mais qui ne nécessitent pas beaucoup de régularité sur la solution de (7.40).

7.5.2 Les volumes finis

Notons d'abord que nous pourrions appliquer la méthode des différences finies pour les équations de transport. Notons toutefois que pour un problème non-linéaire ou pour une donnée initiale discontinue, la solution n'est plus forcément régulière et les techniques de convergence précédentes ne sont plus valables. Nous proposons ici des démonstration de convergence d'une solution numérique vers la solution faible des équations de transport. Ces techniques sont plus robustes et permettent dans certains cas de traiter des problèmes non-linéaires.

Présentons la méthode des volumes finis en dimension un pour des équations d'advection :

$$\begin{cases} \dfrac{\partial u}{\partial t} + \dfrac{\partial (a(x)\, u)}{\partial x} = 0, \quad t \geqslant 0, \quad x \in \mathbb{R}, \\[2ex] u(t=0,x) = u_0(x) \in L^1(\mathbb{R}). \end{cases} \tag{7.46}$$

La méthode des volumes finis a pour objectif de garder au niveau discret les principales propriétés théoriques de l'équation (7.46) tout en permettant des extensions aux cas non linéaires. D'après le Théorème 7.30, nous cherchons en particulier à ce que la solution numérique vérifie les propriétés de positivité et de conservation, et d'utiliser au plus $\dfrac{\partial u}{\partial x}(t) \in L^1$ mais pas d'information de ce type sur $\dfrac{\partial^2 u}{\partial x^2}$ car ce serait incompatible avec des discontinuités. Les difficultés principales proviennent alors du manque de contrôle des dérivées, ce qui peut provoquer des oscillations ; nous verrons que la solution est le décentrage suivant le signe de la vitesse et le suivi des courbes caractéristiques. Il est aussi difficile de combiner stabilité et ordre élevé, cela est même impossible en gardant la linéarité. Enfin, nous voulons capturer des discontinuités (propagation de fronts ou formation de chocs pour les équations non linéaires).

Par la suite, notons $(x_{i+1/2})_{i\in\mathbb{Z}}$ les nœuds du maillage, $\Delta x_i = x_{i+1/2} - x_{i-1/2}$ et $\Delta x = \max\limits_{i\in\mathbb{Z}} \Delta x_i$. D'autre part, pour la discrétisation en temps, Δt désigne le pas de temps, $t^n = n\,\Delta t$. Définissons

$$u_i^n = \frac{1}{\Delta x_i} \int_{x_{i-1/2}}^{x_{i+1/2}} u(t^n, x)dx, \tag{7.47}$$

où u représente la solution exacte de (7.46) tandis que la valeur v_i^n désigne la solution approchée par une méthode numérique de u_i^n.

Définition 7.31

Nous appelons nombre CFL pour l'équation (7.46), le nombre $\lambda \in \mathbb{R}^+$ donné par

$$\lambda = \|a(.)\|_{L^\infty} \times \max_{i\in\mathbb{Z}} \frac{\Delta t}{\Delta x_i}. \tag{7.48}$$

En général nous utilisons des pas de temps assez petits pour que $\lambda < 1$. Ceci n'est pas très restrictif, contrairement aux équations de diffusion (équation de la chaleur) qui mènent à des pas de temps beaucoup plus petits car la condition est alors définie par $\kappa\,\Delta t \leqslant \Delta x_i^2$.

Définition 7.32

Un maillage de $\mathbb{R}$ est faiblement régulier s'il existe une constante positive $\alpha > 0$ telle que

$$\alpha\,\Delta x \leqslant \Delta x_i \leqslant \Delta x. \tag{7.49}$$

Le principe de la méthode des volumes finis consiste à écrire que la solution exacte vérifie une forme conservative discrète. Après intégration de l'équation (7.46) sur $[t^n, t^{n+1}] \times [x_{i-1/2}, x_{i+1/2}]$, nous obtenons

$$\begin{cases} u_i^{n+1} - u_i^n + \dfrac{\Delta t}{\Delta x_i}(F_{i+1/2} - F_{i-1/2}) = 0, \\ F_{i+1/2} = \dfrac{1}{\Delta t}\displaystyle\int_0^{\Delta t} a(x_{i+1/2})\,u(t^n + s, x_{i+1/2})\,ds. \end{cases} \tag{7.50}$$

La difficulté est de trouver de bonnes « approximations » ou « interpolations » pour le calcul des valeurs

$$\frac{1}{\Delta t}\int_0^{\Delta t} u(t^n + s, x_{i+1/2})\,ds$$

seulement à l'aide des valeurs $(u_j^n)_{j\in\mathbb{Z}}$. Pour ce faire, définissons des méthodes numériques grâce à une formule imitant (7.50) mais où la valeur v_i^{n+1} est directement calculable à partir des valeurs $(v_j^n)_{j\in\mathbb{Z}}$ autrement dit à l'aide d'un schéma explicite

$$v_i^{n+1} - v_i^n + \frac{\Delta t}{\Delta x_i}\left(\mathcal{F}_{i+1/2} - \mathcal{F}_{i-1/2}\right) = 0,$$

avec $\mathcal{F}_{i+1/2}$ une approximation de $F_{i+1/2}$ obtenue seulement en fonction de $(v_j^n)_{j\in\mathbb{Z}}$. Les choix spécifiques de ces quantités $\mathcal{F}_{i+1/2}$ sont appelés flux numériques.

• *Le flux centré*

Le choix le plus naturel consiste à faire une moyenne centrée pour estimer le flux. Nous arrivons alors à

$$\mathcal{F}_{i+1/2} = a(x_{i+1/2})\,\frac{v_i^n + v_{i+1}^n}{2}.$$

Ce schéma mène à des résultats numériques catastrophiques. Nous rencontrons en effet des problèmes d'instabilités numériques.

- *Le flux décentré amont*

Le flux décentré consiste à choisir une valeur gauche ou droite suivant le signe de la vitesse, suivant en cela la méthode des caractéristiques. Nous obtenons

$$\mathscr{F}_{i+1/2} = \begin{cases} a(x_{i+1/2})\, v_i^n & \text{pour } a(x_{i+1/2}) \geqslant 0, \\ a(x_{i+1/2})\, v_{i+1}^n & \text{pour } a(x_{i+1/2}) \leqslant 0. \end{cases} \tag{7.51}$$

Proposition 7.33

Le schéma décentré amont (7.51) vérifie, sous la condition CFL suivante :

$$\lambda := \frac{\|a\|_{L^\infty}\, \Delta t}{\Delta x_i} \leqslant \frac{1}{2}, \quad \forall i \in \mathbb{Z},$$

la propriété de positivité

$$v_i^n \geqslant 0, \quad i \in \mathbb{Z} \;\Rightarrow\; v_i^{n+1} \geqslant 0, \quad i \in \mathbb{Z}.$$

DÉMONSTRATION. Posons $a_{i+1/2} := a(x_{i+1/2})$ et $a^+ = \max(a,0)$, $a^- = \max(0,-a)$. Nous ré-écrivons alors le schéma de façon directe

$$\begin{aligned} v_i^{n+1} &= v_i^n - \frac{\Delta t}{\Delta x_i}\left[a_{i+1/2}^+\, v_i^n - a_{i+1/2}^-\, v_{i+1}^n - a_{i-1/2}^+\, v_{i-1}^n + a_{i-1/2}^-\, v_i^n\right], \\ &= \left[1 - \frac{\Delta t}{\Delta x_i}\left[a_{i+1/2}^+ + a_{i-1/2}^-\right]\right] v_i^n + \frac{\Delta t}{\Delta x_i}\left[a_{i+1/2}^-\, v_{i+1}^n + a_{i-1/2}^+\, v_{i-1}^n\right], \\ &\geqslant \left[1 - \frac{\Delta t}{\Delta x_i}\left[a_{i+1/2}^+ + a_{i-1/2}^-\right]\right] v_i^n, \\ &\geqslant 0. \end{aligned}$$

En utilisant successivement la positivité de $v_{i\pm1}^n$ puis la condition de CFL, nous aboutissons au résultat. □

Un point remarquable est qu'aucune régularité des vitesses a n'est nécessaire ici hormis la borne L^∞. En outre, la démonstration montre que la condition $\lambda \leqslant 1/2$ est pessimiste car si les deux valeurs positives et négatives sont présentes, cela signifie que a s'annule entre $x_{i+1/2}$ et $x_{i-1/2}$, et donc ces valeurs sont plutôt petites et ont peu de chance d'être atteintes dans le max définissant la CFL.

Nous pouvons également étudier la stabilité au sens de Von Neumann déjà rencontrée pour la discrétisation de l'équation de la chaleur dans la Définition 7.16. Prenons dans (7.51), $a^+ = a$, $a^- = 0$, c'est-à-dire que $a > 0$. Nous trouvons alors

$$b(k) = 1 - \lambda\,(1 - \mathrm{e}^{ik\Delta x})$$

et

$$|b(k)|^2 = \left[1 - \lambda + \lambda \cos(k\Delta x)\right]^2 + \lambda^2[\sin(k\Delta x)]^2 = 1 + 2\lambda(1 - \lambda)[\cos^2(k\Delta x) - 1],$$

donc

$$|b(k)|^2 \leqslant 1 \Leftrightarrow 0 \leqslant \lambda = \frac{a\Delta t}{\Delta x} \leqslant 1.$$

Nous retrouvons donc la condition CFL habituelle $\lambda \leqslant 1$ obtenue lors de la stabilité L^∞.

• *Convergence de la méthode des volumes finis*

Pour simplifier, considérons seulement un maillage uniforme

$$\Delta x := \Delta x_i, \quad \forall i \in \mathbb{Z}$$

et plaçons-nous aussi dans le cas $a > 0$ constant, ce qui simplifie la présentation des preuves sans en modifier les grandes lignes. Dans ce cas, cette méthode généralise la méthode aux différences finies pour des solutions non régulières.

Définition 7.34 ***Erreur de consistance***

L'erreur de consistance pour le schéma décentré est la quantité en $\mathcal{R}(t, u, \Delta t, \Delta x)$ définie par :

$$\mathcal{R}_i(t^n, u, \Delta t, \Delta x) = \frac{u_i^{n+1} - u_i^n}{\Delta t} + \frac{a}{\Delta x}\left[u_i^n - u_{i-1}^n\right], \quad i \in \mathbb{Z},$$

où u est la solution exacte de (7.46) et u_i^n est la moyenne de la solution exacte sur $[x_i - h/2, x_i + h/2]$. Cette erreur s'écrit donc naturellement

$$\mathcal{R}_i(t^n, u, \Delta t, \Delta x) = \frac{\varepsilon_{i+1/2}^n - \varepsilon_{i-1/2}^n}{\Delta x},$$

avec

$$\varepsilon_{i+1/2}^n = \frac{a}{\Delta t}\int_0^{\Delta t} u(t^n + s, x_{i+1/2})ds \; - \; a\, u_i^n. \tag{7.52}$$

Par la suite, présentons un résultat de convergence de la solution numérique $(v^n)_{n\in\mathbb{N}}$ vers la solution u de l'équation de transport (7.46) lorsque u est régulière et $a > 0$ constant. Pour ce faire, nous reprenons les arguments développés pour l'analyse des schémas aux différences finies pour l'équation de la chaleur : contrôle de l'erreur de consistance, stabilité des solution numériques.

Théorème 7.35 *Consistance du schéma numérique*

Considérons le schéma décentré et la condition de CFL donnée par

$$\lambda := a\Delta t/\Delta x \leqslant 1,$$

nous avons

- une estimation de l'erreur de consistance

$$\sum_{i\in\mathbb{Z}} \Delta x\, |\mathcal{R}_i(t^n, u, \Delta t, \Delta x)| \leqslant \frac{a}{2}\,\Delta x\,(1-\lambda)\int_{\mathbb{R}}\left|\frac{\partial^2 u}{\partial x^2}(t^n, x)\right| dx,$$

- une estimation de l'erreur entre la solution exacte et la solution numérique en fonction de l'erreur de consistance

$$\sum_{i\in\mathbb{Z}} \Delta x\, |u_i^n - v_i^n| \leqslant \sum_{i\in\mathbb{Z}} \Delta x\, |u_i^0 - v_i^0| + \frac{a\,t^n}{2}\,\Delta x\,(1-\lambda)\int_{\mathbb{R}}\left|\frac{\partial^2 u}{\partial x^2}(0, x)\right| dx,$$

où u_i^n est donnée par (7.47).

DÉMONSTRATION. Estimons l'erreur en utilisant la formule de la méthode des caractéristiques et le Théorème 7.28. En posant, $y = \Delta x\, s/\Delta t$ dans l'expression de $\varepsilon^n_{i+1/2}$ dans (7.52), il vient

$$\begin{aligned}
\varepsilon^n_{i+1/2} &= \frac{a}{\Delta t}\int_0^{\Delta t} u(t^n + s, x_{i+1/2})ds - a\, u_i^n),\\
&= \frac{a}{\Delta t}\int_0^{\Delta t} u(t^n, x_{i+1/2} - as)ds - \frac{a}{\Delta x}\int_0^{\Delta x} u(t^n, x_{i+1/2} - y)dy,\\
&= \frac{a}{\Delta x}\left[\int_0^{\Delta x} u(t^n, x_{i+1/2} - \lambda y)dy - \int_0^{\Delta x} u(t^n, x_{i+1/2} - y)dy\right],\\
&= \frac{a}{\Delta x}\left[\int_{y=0}^{\Delta x}\int_{z=\lambda y}^{y} \frac{\partial u}{\partial x}(t^n, x_{i+1/2} - z)dz dy\right].
\end{aligned}$$

À partir de ce résultat, nous obtenons une estimation de l'erreur de consistance et trouvons donc

$$\begin{aligned}
\mathcal{R}_i(t^n, u, \Delta t, \Delta x) &= \frac{\varepsilon^n_{i+1/2} - \varepsilon^n_{i-1/2}}{\Delta x},\\
&= \frac{a}{\Delta x^2}\left[\int_0^{\Delta x}\int_{\lambda y}^{y} \frac{\partial u}{\partial x}(t^n, x_{i+1/2} - z) - \frac{\partial u}{\partial x}(t^n, x_{i-1/2} - z)dz dy\right],\\
&= \frac{a}{\Delta x^2}\left[\int_0^{\Delta x}\int_{\lambda y}^{y}\int_{x=x_{i-1/2}}^{x_{i+1/2}} \frac{\partial^2 u}{\partial x^2}(t^n, x - z)dx\, dz\, dy\right]
\end{aligned}$$

et enfin nous pouvons estimer

$$\begin{aligned}\sum_{i\in\mathbb{Z}} \Delta x\, |\mathcal{R}_i(t^n, u, \Delta t, \Delta x)| &\leqslant \frac{a}{\Delta x}\int_0^{\Delta x}\int_{\lambda y}^{y}\left[\sum_{i\in\mathbb{Z}}\int_{x_{i-1/2}}^{x_{i+1/2}}\left|\frac{\partial^2 u}{\partial x^2}(t^n, x-z)\right| dx\right] dz\, dy,\\ &= \frac{a}{\Delta x}\int_0^{\Delta x}\int_{\lambda y}^{y}\left[\int_{\mathbb{R}}\left|\frac{\partial^2 u}{\partial x^2}(t^n, x-z)\right| dx\right] dz\, dy,\\ &= \frac{a}{2}\Delta x(1-\lambda)\int_{\mathbb{R}}\left|\frac{\partial^2 u}{\partial x^2}(t^n, x)\right| dx\end{aligned}$$

et le premier résultat est démontré.

L'estimation d'erreur s'en déduit simplement en remarquant que pour l'équation de transport à coefficient constant, nous avons

$$\int_{\mathbb{R}} |\frac{\partial^2 u}{\partial x^2}(t, x)| dx = \int_{\mathbb{R}} |\frac{\partial^2 u}{\partial x^2}(t=0, x)| dx.$$

En effet, $\dfrac{\partial^2 u}{\partial x^2}$ vérifie la même équation et nous pouvons donc utiliser la deuxième propriété de la Proposition 7.30.

Par linéarité, nous savons que $e_i^n(\Delta) = u_i^n - v_i^n$ satisfait la même égalité que u_i^n dans la définition de la consistance :

$$e_i^{n+1}(\Delta) - e_i^n(\Delta) + \frac{a\Delta t}{\Delta x}\left[e_i^n(\Delta) - e_{i-1}^n(\Delta)\right] = \Delta t\, \mathcal{R}_i(t^n, u, \Delta t, \Delta x),$$

ou encore

$$e_i^{n+1}(\Delta) = e_i^n(\Delta)\left(1 - \frac{a\Delta t}{\Delta x}\right) + \frac{a\Delta t}{\Delta x} e_{i-1}^n(\Delta) + \Delta t\, \mathcal{R}_i(t^n, u, \Delta t, \Delta x).$$

Ceci permet d'estimer

$$|e_i^{n+1}(\Delta)| \leqslant |e_i^n(\Delta)|(1 - \frac{a\Delta t}{\Delta x}) + \frac{a\Delta t}{\Delta x}|e_{i-1}^n(\Delta)| + \Delta t\, |\mathcal{R}_i(t^n, u, \Delta t, \Delta x)|.$$

Puis, en multipliant par Δx et en sommant sur $i \in \mathbb{Z}$

$$\begin{aligned}\sum_{i\in\mathbb{Z}} \Delta x\, |e_i^{n+1}(\Delta)| &\leqslant \sum_{i\in\mathbb{Z}} \Delta x\, |e_i^n(\Delta)|\left(1 - \frac{a\Delta t}{\Delta x}\right) + \frac{a\,\Delta t}{\Delta x}\sum_{i\in\mathbb{Z}} \Delta x\, |e_{i-1}^n(\Delta)|\\ &\quad + \Delta t \sum_{i\in\mathbb{Z}} \Delta x\, |\mathcal{R}_i(t^n, u, \Delta t, \Delta x)|,\\ &= \sum_{i\in\mathbb{Z}} \Delta x\, |e_i^n(\Delta)| + \Delta t \sum_{i\in\mathbb{Z}} \Delta x\, |\mathcal{R}_i(t^n, u, \Delta t, \Delta x)|,\\ &\leqslant \sum_{i\in\mathbb{Z}} \Delta x\, |e_i^n(\Delta)| + \frac{a\Delta t}{2}\Delta x\,(1-\lambda)\left[\int_{\mathbb{R}}\left|\frac{\partial^2 u}{\partial x^2}(0, x)\right| dx\right].\end{aligned}$$

Enfin en sommant de $n = 0$ jusqu'à l'instant final, nous aboutissons au résultat annoncé. □

En outre, nous proposons un résultat de convergence vers des solutions peu régulières en supposant simplement que $u_0 \in L^1 \cap L^\infty(\mathbb{R})$ et $\dfrac{\partial u_0}{\partial x} \in L^1(\mathbb{R})$. Montrons alors le résultat de convergence suivant.

Théorème 7.36 ***Convergence du schéma numérique***

Considérons le schéma décentré et la condition de CFL donnée par

$$\lambda := a\Delta t/\Delta x \leqslant 1,$$

nous avons pour une donnée initiale $u_0 \in L^1(\mathbb{R}^d)$ et $\dfrac{\partial u_0}{\partial x} \in L^1(\mathbb{R})$,

$$\sum_{i\in\mathbb{Z}} \Delta x \; |u_i^n - v_i^n| \leqslant \sum_{i\in\mathbb{Z}} \Delta x \, |u_i^0 - v_i^0| + C\,\sqrt{t^n\, a\, \Delta x(1-\lambda)} \int_{\mathbb{R}} |\frac{\partial u}{\partial x}(0,x)|dx.$$

DÉMONSTRATION. Pour prouver ce résultat, il faut se ramener au cas précédent par régularisation à l'aide du produit de convolution. Considérons la donnée initiale $u_0 \in L^1(\mathbb{R})$ et construisons une nouvelle donnée initiale régulière $u_{0,\delta} = u_0 \star \rho_\delta$ où $(\rho_\delta)_{\delta>0}$ est une suite régularisante et le paramètre $\delta > 0$ sera déterminé plus tard. Notons alors u_δ la solution de l'équation de transport (7.46) correspondant à la donnée initiale $u_{0,\delta}$. Décomposons alors l'erreur $e_i^n(\Delta)$ comme suit

$$|e_i^n(\Delta)| \leqslant |u_i^n - u_{\delta,i}^n| + |e_{\delta,i}^n(\Delta)| \tag{7.53}$$

avec $e_{\delta,i}^n(\Delta) := u_{\delta,i}^n - v_i^n$. Le résultat précédent donne pour $e_{\delta,i}^n(\Delta)$

$$\sum_{i\in\mathbb{Z}} \Delta x \, |e_{\delta,i}^n(\Delta)| \leqslant \sum_{i\in\mathbb{Z}} \Delta x |e_{\delta,i}^0(\Delta)| + \frac{a\,t^n}{2}\,\Delta x\,(1-\lambda) \int_{\mathbb{R}} \left|\frac{\partial^2 u_\delta}{\partial x^2}(0,x)\right| dx.$$

D'une part, en appliquant l'inégalité triangulaire au premier terme de droite et les propriétés de dérivation du produit de convolution, nous obtenons puisque $\dfrac{\partial u}{\partial x}(0,x) \in L^1(\mathbb{R})$

$$\begin{aligned}\sum_{i\in\mathbb{Z}} \Delta x \, |e_{\delta,i}^n(\Delta)| \;&\leqslant\; C\,\delta \left\|\frac{\partial u}{\partial x}(0,.)\right\|_{L^1} + \sum_{i\in\mathbb{Z}} \Delta x \, |e_i^0(\Delta)| \\ &\quad + \frac{a\,t^n}{2}\,\Delta x\,(1-\lambda) \left\|\frac{\partial u}{\partial x}(0,.)\star\rho_\delta'\right\|_{L^1}.\end{aligned}$$

Puis en utilisant les propriétés de la suite régularisante et du produit de convolution, il vient encore

$$\begin{aligned}\sum_{i\in\mathbb{Z}} \Delta x\, |e^n_{\delta,i}(\Delta)| &\leqslant C\,\delta \left\| \frac{\partial u}{\partial x}(0,.)\right\|_{L^1} + \sum_{i\in\mathbb{Z}} \Delta x\, |e^0_i(\Delta)| \\ &\quad + \frac{C}{\delta}\,\frac{a\,t^n}{2}\,\Delta x\,(1-\lambda)\left\| \frac{\partial u}{\partial x}(0,.)\right\|_{L^1} \|\rho'\|_{L^1}, \\ &\leqslant C\,\delta \left\| \frac{\partial u}{\partial x}(0,.)\right\|_{L^1} + \sum_{i\in\mathbb{Z}} \Delta x\, |e^0_i| \\ &\quad + \frac{C}{\delta}\,\frac{at^n}{2}\,\Delta x\,(1-\lambda)\left\| \frac{\partial u}{\partial x}(0,.)\right\|_{L^1}.\end{aligned}$$

D'autre part, il reste à estimer le premier terme de (7.53) :

$$\begin{aligned}\sum_{i\in\mathbb{Z}} \Delta x\, |u^n_{\delta,i} - u^n_i| &\leqslant C \int_{\mathbb{R}} |u_\delta(t^n,x) - u(t^n,x)|\, dx, \\ &\leqslant C \int_{\mathbb{R}} \int_{\mathcal{B}(0,\delta)} |u(t^n,x-y) - u(t^n,x)|\, \rho_\delta(y)\, dy\, dx, \\ &\leqslant C \int_{\mathbb{R}} \int_{\mathcal{B}(0,\delta)} \int_x^{x-y} \left|\frac{\partial u}{\partial x}(t^n,z)\right| \rho_\delta(y)\, dz\, dy\, dx, \\ &\leqslant C\,\delta \int_{\mathbb{R}} \left|\frac{\partial u}{\partial x}(t^n,x)\right| dx = C\,\delta \int_{\mathbb{R}} \left|\frac{\partial u}{\partial x}(0,x)\right| dx.\end{aligned}$$

En rassemblant, les résultats, il vient alors

$$|e^n_i(\Delta)| \leqslant \sum_{i\in\mathbb{Z}} \Delta x\, |e^0_i| + \frac{C}{\delta}\, at^n\, \Delta x\,(1-\lambda) \left\| \frac{\partial u}{\partial x}(0,.)\right\|_{L^1} + C\,\delta \left\| \frac{\partial u}{\partial x}(0,.)\right\|_{L^1},$$

où $C > 0$ est une constante. Puisque cette inégalité reste vraie pour toute valeur de $\delta > 0$, il reste à choisir le paramètre $\delta > 0$ de façon optimale. Pour cela, il suffit de minimiser la fonction

$$\phi(\delta) = \frac{a\,t^n \Delta x(1-\lambda)}{\delta} + \delta,$$

qui atteint son minimum au point $\delta_0 > 0$ vérifiant $\phi'(\delta_0) = 0$. Nous trouvons alors $\delta_0 = \sqrt{t^n\, a\Delta x(1-\lambda)}$, ce qui conclut la démonstration. □

Ce résultat est nettement plus intéressant que le Théorème 7.35 car il s'applique aux solutions u discontinues. Nous pouvons démontrer qu'il est optimal et que la convergence en $\Delta x^{1/2}$ ne peut être améliorée pour ce schéma. Il met aussi en évidence comment une absence de régularité suffisante pour que l'erreur de consistance converge peut être compensée par une perte sur le taux de convergence.

• *Le schéma de Lax-Wendroff*

Nous avons vu que le schéma centré est assez instable pour l'approximation des équations de transport (7.46). Pourtant, c'est un schéma bien plus précis que le schéma décentré qui est seulement d'ordre un, tandis que le schéma centré est d'ordre deux en la variable d'espace. L'idée du schéma de Lax-Wendroff consiste à stabiliser le schéma centré en augmentant l'ordre de la discrétisation en temps et en choisissant aussi une approximation centré en temps. Il apparaît que l'ordre deux en temps ajoute de la diffusion numérique et diminue donc les oscillations tout en augmentant la précision. Pour établir cette méthode, supposons que la vitesse a est constante et strictement positive dans (7.46). Effectuons alors un développement limité de la solution u de l'équation de transport (7.46), il vient

$$u(t^{n+1},x) = u(t^n,x) + \Delta t\,\frac{\partial u}{\partial t}(t^n,x) + \frac{\Delta t^2}{2}\,\frac{\partial^2 u}{\partial t^2}(t^n,x) + \epsilon(\Delta t^3),$$

avec $|\epsilon(\Delta t^3)| \leqslant C\,\Delta t^3$ lorsque la solution u est régulière. Nous obtenons alors

$$\frac{\partial u}{\partial t}(t^n,x) = \frac{u(t^{n+1},x) - u(t^n,x)}{\Delta t} - \frac{\Delta t}{2}\frac{\partial^2 u}{\partial t^2}(t^n,x) + \epsilon(\Delta t^2).$$

Or, puisque u est solution de (7.46), elle vérifie

$$\frac{\partial^2 u}{\partial t^2} = \frac{\partial}{\partial t}\left(-a\frac{\partial u}{\partial x}\right) = -a\,\frac{\partial}{\partial x}\left(\frac{\partial u}{\partial t}\right) = a^2\,\frac{\partial^2 u}{\partial x^2}.$$

À partir de cette observation, nous construisons alors le schéma de Lax-Wendroff en remplaçant la dérivée partielle seconde par rapport au temps par $a^2\,\dfrac{\partial^2 u}{\partial x^2}$, ce qui donne

$$\frac{v_i^{n+1} - v_i^n}{\Delta t} - \frac{a^2\Delta t}{2}\,\frac{v_{i+1}^n + v_{i-1}^n - 2\,v_i^n}{\Delta x^2} + a\,\frac{v_{i+1}^n - v_{i-1}^n}{2\Delta x} = 0.$$

Ce terme de diffusion supplémentaire ne permet pas de prouver de la stabilité L^∞, mais nous pouvons réaliser une étude de la stabilité L^2 par la méthode de Fourier par exemple. Nous trouvons alors le résultat de stabilité sous une condition CFL.

Théorème 7.37 ***Stabilité du schéma de Lax-Wendroff***

Sous la condition de stabilité $0 \leqslant \lambda = \dfrac{a\,\Delta t}{\Delta x} \leqslant 1$, nous avons

$$|b_{\rm LW}(k)| \leqslant 1.$$

DÉMONSTRATION. Écrivons d'abord

$$v_i^{n+1} = v_i^n[1-\lambda^2] + v_{i+1}^n\left[\frac{\lambda^2}{2}-\frac{\lambda}{2}\right] + v_{i-1}^n\left[\frac{\lambda^2}{2}+\frac{\lambda}{2}\right]$$

et en appliquant une transformée de Fourier discrète

$$\begin{aligned} b_{\mathrm{LW}}(k) &= 1-\lambda^2+\left[\frac{\lambda^2}{2}-\frac{\lambda}{2}\right]\mathrm{e}^{ik\Delta x}+\left[\frac{\lambda^2}{2}+\frac{\lambda}{2}\right]\mathrm{e}^{-ik\Delta x} \\ &= 1-\lambda^2(1-\cos(k\Delta x))-i\lambda\sin(k\Delta x). \end{aligned}$$

Nous obtenons donc puisque pour le schéma centré $b_C = 1 - i\lambda(k\Delta x)$ que

$$|b_{\mathrm{LW}}(k)| \leqslant |b_C(k)|$$

et en posant $\sigma = \cos(k\Delta x)$, $\sigma \in [-1, 1]$, il vient

$$\begin{aligned} |b_{\mathrm{LW}}(k)|^2 &= |1-\lambda^2(1-\sigma)|^2+\lambda^2(1-\sigma^2) \\ &= 1+\lambda^4+\lambda^2\sigma^2-2\lambda^2+2\lambda^2\sigma+\lambda^2-\lambda^2\sigma^2, \\ &= 1-\lambda^2(1-\lambda^2)+2\lambda^2(1-\lambda^2)\sigma-\lambda^2\sigma^2(1-\lambda^2), \\ &= 1-\lambda^2(1-\lambda^2)[1-\sigma]^2. \end{aligned}$$

Ainsi, sous la condition CFL, $0 \leqslant \lambda \leqslant 1$, et puisque $\sigma \in [-1, 1]$, nous obtenons le résultat $b_{\mathrm{LW}}(k) \leqslant 1$. □

BIBLIOGRAPHIE

[1] G. Allaire et S.M. Kaber, *Algèbre linéaire numérique. Cours et exercices*, Ellipses, (2002).

[2] G. Allaire, *Analyse numérique et optimisation*, les Éditions de l'École Polytechnique, (2005).

[3] M. Bierlaire, *Introduction à l'optimisation différentiable*, Presses polytechniques et universitaires romandes, (2006).

[4] F. Bouchut, F. Golse et M. Pulvirenti, *Kinetic equations and asymptotic theory*, Gauthier-Villars, (2000).

[5] H. Brézis, *Analyse fonctionelle, théorie et applications*, Dunod, Sciences sup, (2005).

[6] K. Chemla et S. Guo, *Les neuf chapitres : le classique mathématique de la Chine ancienne et ses commentaires*, Paris, Dunod, (2005).

[7] Ph. G. Ciarlet, *Introduction à l'analyse matricielle et à l'optimisation numérique*, Dunod, (2007).

[8] J. W. Cooley et J. W. Tukey, *An algorithm for the machine calculation of complex Fourier series*, Math. Comput. **19**, pp. 297–301, (1965).

[9] M. Crouzeix et A.L. Mignot, *Analyse numérique des équations différentielles*, Masson, (1984).

[10] T.A. Davis, *Direct methods for sparse linear systems. Fundamentals of Algorithms, 2*, Society for Industrial and Applied Mathematics (SIAM), Philadelphia, PA, (2006).

[11] J.-P. Demailly, *Analyse numérique et équations différentielles*, PUG Grenoble, (1996).

[12] J. E. Dennis et R. B. Schnabel, *Numerical Methods for Unconstrained Optimization and Nonlinear Equations*, Prentice-Hall, (1983).

[13] I.S. Duff, A.M. Erisman et J.K. Reid, *Direct methods for sparse matrices. Fundamentals of Algorithms, 2*, Oxford Univ. Press, (1989).

[14] L. Dumas, *Modélisation à l'oral de l'agrégation. Calcul scientifique*, Ellipses, (1999).

[15] P. S. Dwyer, *The square root method and its use in correlation and regression*, J. Amer. Statist. Assoc. **40**, (1945). 493–503.

[16] J.-P. Escofier, *Mathématiques pour la licence, Tome 5 : Toute l'algèbre de la licence*, Dunod, (2011).

[17] G. Evans, *Practical numerical integration*, John Willey & Sons (1993).

[18] J.-P. Ferrier, *Mathématiques pour la licence, variable complexe, calcul différentiel et tensoriel, espaces normés et calcul intégral, analyse de Fourier*, Masson, (1984).

[19] C. F. Gauss, *Nachlass « Theoria interpolationis methodo nova tractata »*, Werke band **3**, pp. 265–327 (Königliche Gesellschaft der Wissenschaften, Göttingen), (1866). Voir aussi M. T. Heideman, D. H. Johnson, et C. S. Burrus, Gauss and the history of the fast Fourier transform, *IEEE ASSP Magazine* **1**, pp. 14–21 (1984).

[20] E. Hairer, S.P. Norsett et G. Wanner, *Solving ordinary differential equations I. Nonstiff problems*, Springer Series in Comput. Math. vol. 8 2nd edition (1993).

[21] E. Hairer et G. Wanner, *Solving ordinary differential equations II. Stiff and differential algebraic problems*, Springer Series in Comput. Math., vol. **14**, 2nd edition (1996).

[22] J.-B. Hiriart-Urruty, *Optimisation et analyse convexe*, PUF, (1998).

[23] P. Lascaux et R. Théodor, *Analyse numérique matricielle appliquée à l'art de l'ingénieur*, Dunod, (2004).

[24] R.J. LeVeque, *Numerical methods for conservation laws*, Second edition, Lectures in Mathematics ETH Zürich, Birkhäuser Verlag, Basel, (1992).

[25] A. Quarteroni, R. Sacco et F. Saleri, *Méthodes numériques pour le calcul scientifique. Programmes en MATLAB, Springer*, (2005).

[26] Y. Saad, *Iterative Methods for Sparse Linear Systems*, Second edition. Society for Industrial and Applied Mathematics, Philadelphia, PA, (2003).

[27] M. Schatzman, *Analyse numérique*, Dunod, Paris, (2004).

[28] M. Smoluchowski, *Drei vorträge über diffusion, brownsche molekularbewegung und koagulation von Kolloidteilchen*, Phys Z, **7** (1916) 557-571 and 585-599.

[29] G.W. Stewart, *Introduction to matrix computations*, Academic Press (1973).

[30] A.M. Stuart et A.R. Humphries, *Dynamical systems and numerical analysis*, Cambridge Univ. Press, (1996).

[31] J. Stoer and R. Bulirsch, *Introduction to numerical analysis*, Traduit de l'allemand par R. Bartels, W. Gautschi et C. Witzgall. Springer-Verlag, New York-Heidelberg, (1980).

[32] C. Wagshal, *Dérivation et intégration*, Hermann, (1997).

INDEX

087379 - (I) - OSB80° - PUB - MPN

Achevé d'imprimer par
La Nouvelle Imprimerie Laballery
58500 Clamecy (Nièvre)
N° d'impression : 404217
Dépôt légal de la 1re édition : mars 2009
Dépôt légal : avril 2024

Imprimé en France